COSMECEUTICAL BIOCHEMISTRY

미용생화학

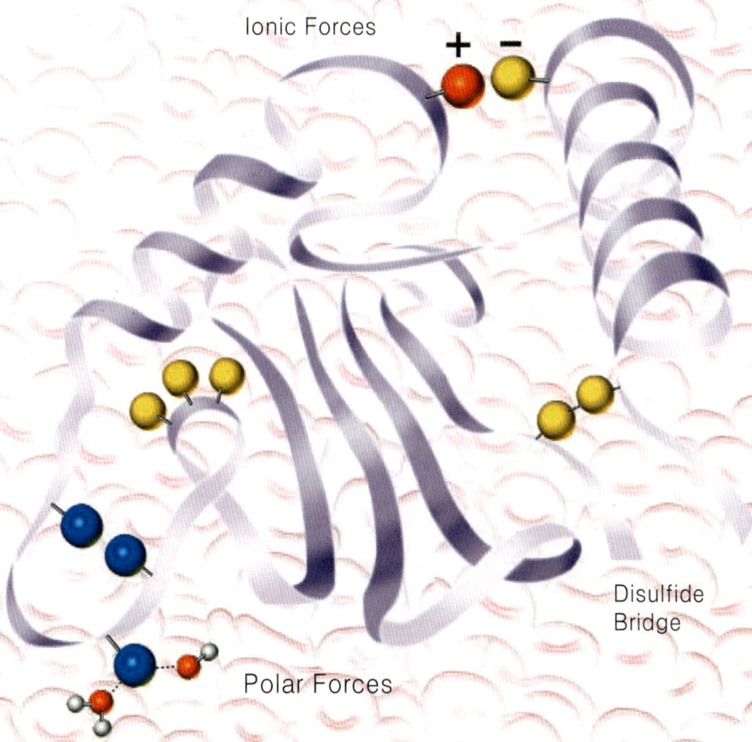

청구문화사

머리말

미용분야는 사람의 인체를 대상으로 다양한 수기요법과 기기 그리고 도구 및 화장품을 활용하여 사람의 아름다움과 만족감을 추구하고자 하는 학문으로 자리를 잡아가고 있다. 또한 사람의 일상생활 및 신체의 일부와 밀접하게 관련되기 때문에 인체의 해부생리학, 피부와 모발의 생리와 기능 및 여러 가지 특성을 다루고 있는 미용과학을 토대로 영양학과 식이요법 그리고 코디네이션과 외적 아름다움을 표현하는 미학적인 측면 등의 예술에 관련된 학문 분야까지 매우 다양한 복합 학문으로 인식되고 있다. 이는 결국 '웰빙과 건강'을 토대로 '사람의 미적 창조와 만족'을 추구하는 학문분야로 생각된다. 이러한 목적을 위하여 인접 학문을 잘 설계하고 구성함으로써 미용분야의 이론과 기술이 접목된 학문적 체계가 이루어져야 한다.

지금까지는 미용의 기능적 측면에서 발전되어 왔고, 세계적으로 상당한 수준에 이르렀지만 이론과 기술적인 측면에서는 아직도 학문적 깊이와 체계의 미흡으로 전문성을 인정받지 못하고 있을 뿐만 아니라 응용력에 있어서 한계가 있다. 본 저자는 18년 동안 광주여자대학교 미용과학과에서 미용생화학을 강의하면서 피부와 모발 그리고 화장품 등의 이론적인 측면을 이해하기 위해서는 미용생화학이 필요로 하지만 어려운 전공교과목으로 인식하고 있기 때문에 보다 더 쉽게 접근할 수 있도록 구성하였을 뿐만 아니라 가능한 미용 분야와 관련지어 설명하고자 노력하였다. 즉 화학적인 두려움을 갖는 학생들을 위하여 가능한 대사 부분은 간략하게 생리학적 측면과 영양학적인 측면으로 국한하여 다루었으며, 인체와 화장품의 구성 물질은 화학구조식을 첨가하여 이해를 돕도록 하였다. 본 저서를 통하여 저자의 바라는 바가 있다면 미용과학을 전공하는 학생들은 일반인들로 하여금 미용의 전문성을 인정받기 위해서는 다소 어려운 교과목, 특히 미용생화학을 충분히 이해하여야 하고, 또한 충분히 이해하여야 만이 미용에 접목하고 응용할 수 있다고 생각한다. 일반인들이라 하더라도 학력 수준과 인터넷 등의 정보 홍수로 인하여 미용에 대한 지식이 매우 높기 때문이다. 최근에 의사들도 환자들에게 질병에 대해서 자세히 설명하고 치료함으로써 신뢰성을 더욱더 높이고 있다. 이러한 측면에서 향후 미용을 하는 학생이나 전문가들도 전문성을 인정받기 위해서는 미용분야이든 화장품 분야이든 고객들에게 논리적이고 합리적으로 설명이 가능하여야 하는데 조금이나마 도움이 되었으면 하는 바램으로 저술하게 되었다.

본 저서는 인체의 구성과 영양소의 흡수와 대사의 기본적인 메카니즘, 즉 피부와 모발의 생리와 구조 및 기능에 대하여 분자수준에서 이해할 수 있도록 정리하였고, 영양학적 측면과 화장품에 이용되는 부분을 종합적으로 설명함으로써 미용 분야의 이론적인 측면을 이해할 수 있도록 노력하였다. 다시 말하면 인체의 구성과 생명의 기본 단위인 세포 그리고 생명과 미용에 필수적인 물에 대해서 설명하였고, 인체의 열량소와 세포외 기질 및 화장품의 보습제로 이용되고 있는 탄수화물, 세포막의 주요 성분과 비만에 관련될 뿐만 아니라 화장품의 유성원료 그리고 계면활성제의 기제인 지질, 구성소와 조절소로서 인체의 대부분을 차지하는 단백질과 효소 이외에 호르몬, 비타민, 무기질 그리고 영양과 건강 등에 대하여 미용과 화장품 분야의 이해에 도움이 될 수 있도록 깊이 있게 다루고자 심사숙고 하였다. 본 저서는 총 12장으로서 이론적인 이해를 돕기 위하여 반복하여 언급하였고, 그림과 사진 그리고 표를 가능한 많이 이용하였다. 미용생화학은 미용관련 학생들의 전문성과 화장품을 연구하는 연구원들에게 학술적인 부문과 미용기술에 실제적으로 도움이 될 수 있도록 미용의 전문지식 전달에 최선을 다하려고 애를 썼다. 그러나 원고를 마무리하고 보니 부족하고 미진한 부분이 많음을 실감한다. 짧은 집필기간으로 인하여 잘못된 부분이나 미비한 점에 대해서는 독자 여러분의 많은 지도편달을 바라며 계속하여 수정, 보완하도록 노력할 것이다.

끝으로 본 저서의 출판을 위하여 적극적으로 지원해주신 청구문화사 이상태 사장님을 비롯한 편집부 여러분과 표지 디자인에 힘을 써주신 정기석 교수님 그리고 삽화와 그림에 힘을 써준 장서영, 마은정 학생의 노고에 깊은 감사를 드린다.

2009년 8월

저 자

목 차

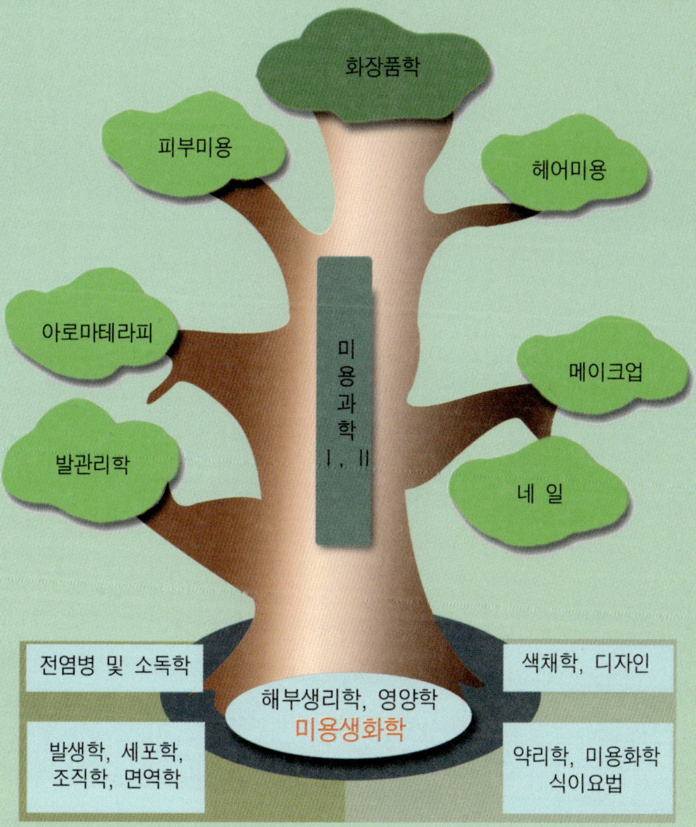

Chapter 1. 서 론(Introduction)

1. 생물의 특성(diagnosis)
2. 생명유지와 항상성(homeostasis)
3. 인체의 화학적 조성(function composition)
4. 인체의 구성(organigation)과 기능(function)

생물은 구조와 기능을 가진 하나의 개체로서 이들의 특성을 다루는 학문을 생물학(biology) 혹은 생명과학(biological science)이라 한다. 이러한 생명과학은 생명체의 형태와 구조를 연구대상으로 하는 해부학(anatomy)과 기능을 연구대상으로 하는 생리학(physiology)이 있다. 생리학(physiology)이라는 용어는 라틴어에서 유래한 'physio(자연 nature)'와 'logy(학문, science)'의 합성어로써 자연의 성질이나 그 기능을 연구하는 학문이라는 의미이다. 특히 인체를 구성하는 각 부위의 기관이나 조직의 위치와 형태 등 인체의 구조를 연구하는 학문을 인체해부학(human anatomy)이라 한다. 인체를 구성하고 있는 세포와 조직 그리고 각 부위의 기능과 그에 수반되는 물리, 화학적 요소의 여러 가지 반응과정에 대하여 연구하는 학문을 인체생리학(human physiology)이라 한다. 복잡하고 다양한 기능을 가진 인체를 이해하기 위해서는 인체해부학과 인체생리학은 불가분의 관계를 가지고 있기 때문에 연구가 동시에 이루어져야 한다. **생화학(biocehmistry)**은 인제뿐만 아니라 모든 생물의 생명현상을 화학적으로 해석하고, 그 본질을 분자 수준으로 이해하려고 하는 학문이다. 즉 인체를 구성하는 물질의 화학적 성질을 명백히 하고 생체 내에서 화학적 변화를 관찰하며, 이러한 물질의 화학적 변화와 생명현상이 어떠한 관계가 있는 지를 연구하는 것이나.

모든 생물은 외부에서 끊임없이 물질을 도입하고, 그것을 몸의 구성 물질로 이용한다. 다른 한편으로는 체내의 물질을 분해하여 생명현상을 경영하기 위한 에너지를 생성하고 사용하지 않게 된 물질을 체외로 배출한다. 이와 같은 생물은 생명을 유지하고 활동하며 번식하기 위해 필요한 물질을 다른 곳에서 도입하고 이용한다. 인체의 외부로부터 적당한 물질을 가져오는 것을 '영양(nutrition)'이라 하고, 이때의 물질을 '영양소(nutrient)'라 한다. 즉 영양소는 식품으로부터 얻어지는 물질로 신체의 유지, 성장 및 조직의 재생에 이용되는 물질을 말한다. 영양학은 생물이 받아들인 영양소가 어떻게 대사되고 변화되며, 생명현상을 영유하는지에 대하여 연구하는 분야이다.

인체의 복잡한 구조와 생리적 기능 중에서 주로 피부와 피부의 부속기관, 즉 모발 및 손톱과 발톱 등을 분리하여 연구하고, 이를 바탕으로 사람의 미적 아름다움과 건강을 유지, 창출하기 위한 새로운 실용학문을 미용과학(beauty science)이라 한다. 다시 말하면 사람의 피부와 피부 부속기관의 해부학적 구조와 각 부분의 생리적인 기능 그리고 이에 관련된 세포학, 조직학, 발생학 등을 토대로 그에 수반되는 물리, 화학적 요소 및 과정을 이해하고 연구함으로써 사람의 아름다움과 건강을 유지하기 위한 분야이다.

피부와 피부 부속기관의 해부학적, 생리학적 생명현상을 분자수준에서 이해하고, 피부와 모발 건강에 밀접하게 영향을 미칠 뿐만 아니라 비만과 식이요법 등을 포함한 미용학적 측면에서의 영양학 그리고 화장품의 구성 성분을 이해하기 위하여 반드시 요구되는 분야를 생소하지만 본 저자는 미용생화학(cosmeceutical biachemistry)이라 하였다. 따라서 미용생화학은 피부와 모발의 해부생리 등을 다루는 미용과학(beauty science)과 피부미용(skin care), 헤어미용(hair care), 메이크업(make-up) 그리고 화장품(cosmetics)을 연구하기 위한 기초학문으로써 미용의 특수성에 근거하여 새로운 분야의 학문적 기틀이 마련되기를 기대한다.

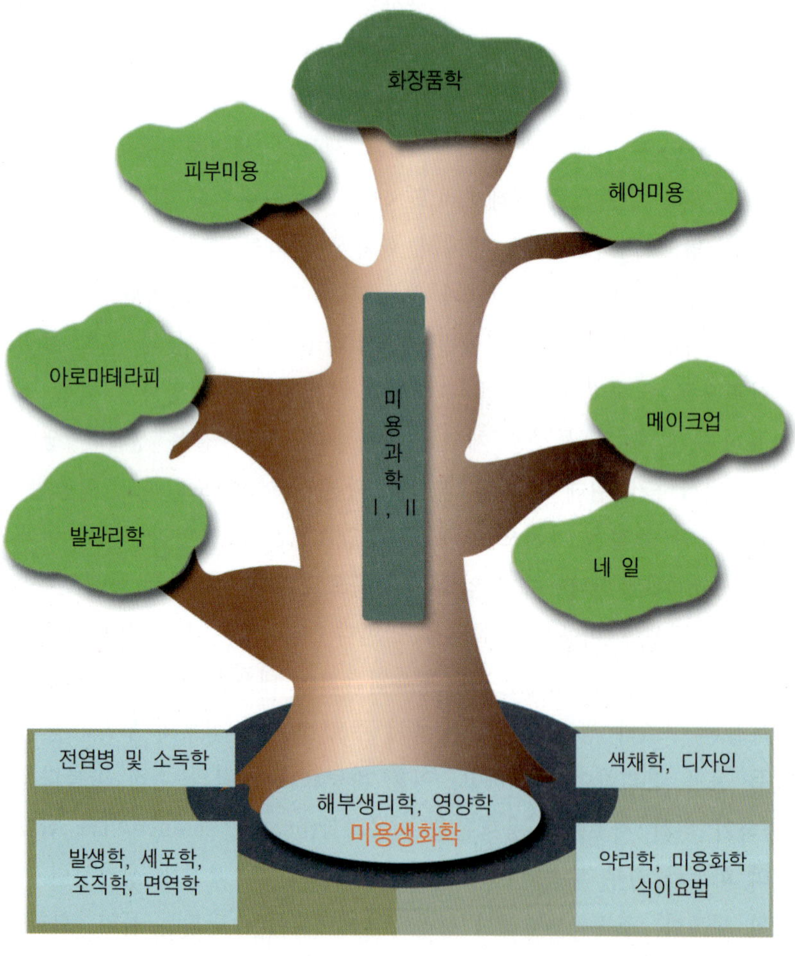

그림 1-1. 미용생화학과 미용분야의 유기적인 관계

1. 생물의 특성

생물은 복잡하고 미묘한 생명현상을 유지하기 위하여 많은 특성을 가지고 있다. 즉 생물은 외부에서 끊임없이 물질을 도입하고, 그것을 몸의 구성 물질로 이용한다. 한편 생명현상을 운영하고 유지하기 위해 체내의 물질을 분해하여 에너지로 사용하고, 사용하지 않은 물질을 체외로 배출한다. 이와 같이 생물은 필요한 물질을 다른 곳에서 흡수하여 이용함으로써 생명을 유지하고 활동하며 번식한다. 이러한 생물의 특성이 바로 생명현상이다.

1) 물질 대사(metabolism)

모든 생물은 주위 환경으로부터 자신에게 필요한 물질을 흡수하고, 흡수한 물질을 이용하여 자신에게 필요한 물질을 합성하기도 한다. 그리고 물질을 분해하여 생명활동에 필요한 에너지를 얻기도 하며, 이로 인하여 생성된 부산물이나 노폐물을 배출한다. 이러한 과정을 통하여 생물체가 사신의 생명유지를 위해 물리적, 화학적으로 진행하는 모든 과정을 물질 대사(metabolism)라 한다. 즉 대사란 생물을 구성하는 각각의 세포 구조와 기능에 필요한 특정 분자들의 합성과 분해는 물론 기능 수행에 필요한 에너지를 생산하고 저장을 위한 수많은 화학반응을 말한다. 물질대사는 크게 동화작용(anabolism)과 이화작용(catabolism)으로 나눌 수 있다.

동화작용(anabolism)은 주위로부터 흡수한 저분자 유기물이나 무기물을 이용하여 고분자 화합물을 합성하는 과정이고, 동화작용을 위해서는 빛 또는 화학에너지가 필요하다. 녹색식물은 저분자의 이산화탄소(CO_2)와 태양에너지를 이용하여 녹말과 같은 복잡한 고분자화합물을 형성한다. 이와 같은 과정을 광합성(photosynthesis)이라 하며, 광합성은 동화작용의 대표적인 예이다. 또한 사람의 머리카락이 자라는 것은 몸속에서 많은 아미노산으로부터 케라틴이라는 단백질이 합성되고 있기 때문이다. 이와 같은 현상도 동화작용의 한 예이다.

반대로 이화작용(catabolism)은 고분자 화합물을 저분자 유기물이나 무기물로 분해하는 과정을 말한다. 생물체는 이화작용을 거치면서 생명활동에 필요한 에너지를 얻게 된다. 즉 산소를 이용하여 고분자 화합물을 이산화탄소와 저분자 물질로 분해하고 에너지를 얻는 것이 이화작용의 예이다. 사람이 섭취한 단백질, 지질 등의 영양소가 소화 작용에 의하여 아미노산이나 지방산 등으로 분해되는 것도 이화작용이다.

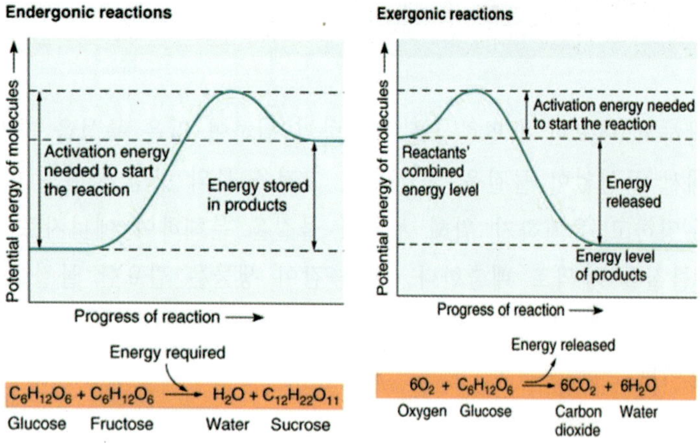

그림 1-2. 동화작용과 이화작용

일반적으로 어린이의 경우 생장하고 성숙할 때는 동화과정률이 이화과정률보다 더 크지만 건강한 성인으로 발육하면 이화과정이 둔화되고 성장이 멈춘다. 병에 걸리거나 임신 중인 경우를 제외하고는 일생을 통해 조직은 정류상태(steady state)로 있다. 정류상태란 동화과정률이 이화과정률과 거의 동일한 상태를 말한다. 따라서 사람의 모양과 기능은 거의 변하지 않고, 다만 오랜 시간이 지나면 노화의 징후가 나타날 뿐이다.

사람의 경우 신경계와 내분비계가 주로 대사를 조정하고 통합한다. 신경계는 환경 정보의 수집과 가공을 위해 신속하고 효율적인 메카니즘을 제공한다. 신경세포는 신경전달물질을 축삭에서 시냅스로 방출한다. 신경전달물질은 인접 세포와 결합하여 그 세포로부터 특성 반응을 유발한다.

내분비계에 의한 대사조절은 혈액으로 분비되는 호르몬에 의해 이루어진다. 내분비계는 선(gland)에서 발견되는 전문화된 세포로 구성된다. 호르몬은 분비된 후 표적세포에 도달할 때까지 혈액을 통해 이동한다. 세포 기능에서 호르몬에 의한 변화는 효소의 활성 또는 농도의 변화로부터 온다. 호르몬은 특정수용체와 결합함으로써 세포와 상호작용한다.

2) 성 장(growth)

대사에 의해 만들어진 물질은 개체의 구성 요소로 쓰이게 된다. 그 결과 생물체는 부피와 무게가 커지게 되는데, 이를 성장(growth)이라 한다. 이때는 세포의 원형질 양이 증가하여 세포 크기가 커지거나 세포 수가 증가한다.

또한 다세포 생체에서 개개의 세포들은 특정한 기능을 수행하기 위하여 특수화되는데, 이를 분화(differentiation)이라 한다. 피부 중 표피에 기저세포가 분화되어 각질세포로 이행된다.

3) 번 식(reproduction)

자신의 유전자를 후세에 전달하려는 의지는 생물체의 가장 기본적이고 강한 본능이다. 대부분의 생물은 정자(sperm)와 난자(ovum)의 수정을 통하여 모체의 태반 속에서 이루어진다.

4) 적 응(adaptation)

생물은 자신의 주위 환경 변화에 대하여 적절하게 형태나 기능을 조정하여 환경에 순응(adaptation)한다. 오랜 세월을 거치면서 유전적으로 고정되어 진화(evolution) 단계를 거치게 된다. 그러나 변화하는 주위환경에 적절한 대처를 하지 못한 경우는 그 종의 퇴화(degeneration)와 멸종(extermination) 과정으로 유전적 단절을 하게 된다.

5) 유기체(organization)

생물체는 매우 복잡한 기관들로 구성되어 있다. 그러나 이들은 상호 연관성을 가지고 결합되어 단일체로서 전체가 하나의 통일된 행동을 할 수 있도록 체제를 이루고 있다. 이러한 체제를 유기체(organization)라고 한다.

2. 생명유지와 항상성(homeostasis)

1) 생명유지

생체의 생식기능을 제외하고, 몸의 구조와 기능은 생명유지에 관여한다. ① 물은 몸에서 가장 풍부한 구성 물질이다. 이는 다양한 대사과정에 필요하며, 대사가 일어나는 장소를 제공한다. 또한 물은 생체 내부에서 물질 이동에 이용되며 체온조절에 중요하다. ② 음식물은 물 이외에 필요한 영양소를 제공하는 물질이다. 이러한 영양소는 새로운 생명을 구성하는데 필요한 기초물질을 제공한다. ③ 산소는 공기의 약 21%를 구성하는 기체로서 영양소로부터 에너지를 생성하는 과정에 이용된다. 유리에너지는 대사과정에 이용된다. ④ 열은 에너지의 한 형태로 대사반응의 산물이며, 일부는 반응속도 조절에 관여한다. 일반적으로 열이 더 많을수록 화학반응은 더 빠르게 일어난다. ⑤ 압력은 물건이나 물질에 가해지는 힘이다. 예를 들어 대기압은 사람의 호흡에 중요한 역할을 하고 심장운동을 통해서 일어나는 혈압은 혈액을 온몸으로 이동시킨다. 수중 생체는 물의 무게로 인한 수압을 받는다.

우리 몸은 이와 같이 물, 음식물, 산소, 열 그리고 압력을 필요로 하지만 이러한 요소가 존재하는 것만으로 생존이 유지되는 것은 아니다. 여러 계통들이 외부 환경에 대응해서 서로 상호 협력을 통하여 항상성을 유지함으로서 건강한 몸을 영위해 갈 수 있다.

2) 항상성(homeostasis)

생물은 주위의 외부 환경 변화나 자극에 대해서 생체 내부는 거의 일정한 상태를 유지하려는 성질이 있다. 이를 항상성(homeostasis)이라 하며, 인체는 생명을 정상적으로 유지하기 위해서 항상성이 기초가 된다. 즉 사람은 체온, pH, 혈당, 전해질의 농도, 세포외액의 양 등 신체의 내부 환경이 일정하게 유지되어야 정상적인 생명현상을 유지할 수 있다. 체내에서 이상 현상이나 질병은 항상성 균형이 깨질 때 나타난다. 이러한 생체 내부 환경의 항상성 유지를 위하여 개체를 구성하고 있는 각 기관의 기능이 지나치면 억제하고 부족하면 촉진시키는 2가지 자동조절 장치, 즉 자율신경계에 의한 신경성 조절(nerval coordination)과 호르몬에 의한 체액성 조절(humoral coordination)에 의해서 이루어진다. 하나는 간뇌 시상하부가 중추인 자율신경계에 의한 신경성 조절(nerval coordination)이고, 또 다른 하나는 뇌하수체를 비롯한 내분비계의 호르몬이라는 체액성 조절(humoral coordination)이다. 신경성 조절은 간뇌 시상하부가 중추인 자율신경계에 의하여 무의식적으로 조절되는 것으로써 심장, 혈압, 호흡, 소화기계 등의 매우 짧은 시간에 활발하게 조절되는 기능이다. 체액성 조절은 뇌하수체를 비롯한 내분비기관에서 분비되는 호르몬(hormone)에 의하여 혈액이나 림프액을 통하여 이루어지는 조절이다. 이는 대사, 발육, 성장 등의 기능을 하며 지속적이고 장기적으로 작용이 이루어진다.

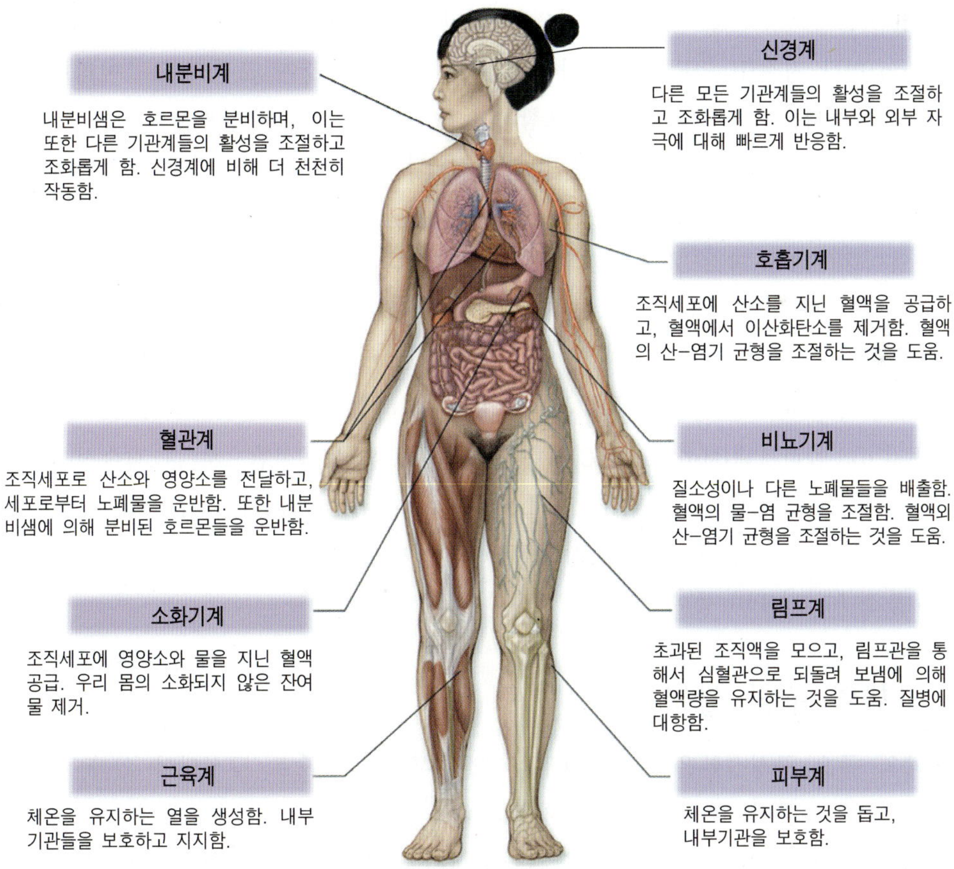

그림 1-3. 인체의 항상성 유지

3. 인체의 화학적 조성

1) 인체의 구성 원소

생명체 활동의 최소단위는 분자이며, 분자는 원소들이 모여서 구성된다. 즉 모든 생물은 원소로 구성되어 있다. 특히 인체를 구성하는 원소의 95% 이상은 산소(O), 탄소(C), 수소(H), 질소(N)의 4가지 원소가 차지하고, 칼슘(Ca)을 비롯한 10여 종의 무기 원소가 수 %의 적은 량이 함유되어 있다. 원소의 수에서는 수소가 산소보다 훨씬 많지만 산소의 중량 비율이 높은 것은 원소의 중량이 수소 1에 비하여 산소는 16이기 때문이다. 또한 산소의 비율이 극히 높은 것은 인체의 60% 이상을 수분이 차지하고 있으며 산소가 그 구성 원소에 포함되어 있기 때문이다. 한편 몸을 구성하는 단백질(protein)이나 지질(lipid) 등의 유기물은 탄소, 산소, 수소가 포함되므로 이러한 비율도 비교적 높다. 분자 내에 질소를 포함하고 있는 것은 대부분 단백질이다.

무기원소 중 뼈의 주요 구성성분인 칼슘(Ca)과 인(P)이 많다. 이들 이외에 비교적 비율이 높은 것으로는 혈장, 림프액, 조직간액, 세포내액에 나트륨 양이온(Na^+)이나 칼륨 양이온(K^+)과 염소 음이온(Cl^-) 등이 존재한다. 철(Fe)은 적혈구의 헤모글로빈이나 호흡 효소의 구성성분이고, 마그네슘(Mg)은 골 조직, 조직간액, 세포내액 등의 염류에 포함되어 있다. 생체에 필요한 원소나 불필요한 원소도 식품을 섭취함으로써 신체에 흡수되고 축적된다. 그 외의 무기 원소와 극히 미량이지만 생리적으로 필수적인 코발트(Co), 몰리브덴(Mo), 크롬(Cr) 등이 있다. 또한 동물실험으로 그 필수성이 확인되고 있는 플루오르(F), 니켈(Ni), 규소(Si), 주석(Sn), 바나듐(V) 등이 있다. 그리고 비필수라고 말할 수는 없지만 항상 생체 내에 미량으로 존재하는 원소로 알루미늄(Al), 붕소(B), 납(Pb) 등이 있다.

2) 인체의 구성 성분

인체의 주요 구성성분은 물, 단백질, 지질, 무기질 등으로 구성되어 있다. 인체의 구성성분 중 수분이 60% 이상으로 가장 많은 양을 차지한다. 인체에 수분의 함량이 많기 때문에 땀이 많은 운동을 하면 1～2kg의 체중이 쉽게 감소한다. 이러한 체중 감소는 지질의 감소라기보다는 1차적으로 수분의 상실에 의한 결과이다. 따라서 목의 갈증이 없어질 무렵에는 거의 본래 체중으로 되돌아오는 경우가 많다. 수분의 함량은 유아기에서 높으며 신생아의 경우 약 80% 정도에 이른다. 그러나 연령이 많아짐에 따라 감소하며 70세 이상이 되면 체중의 약 50% 정도까지 감소한다. 특히 세포내액이 현저히 감소한다. 여성의 경우 지질 함량이 많기 때문에 그만큼 수분의 함유량이 적다.

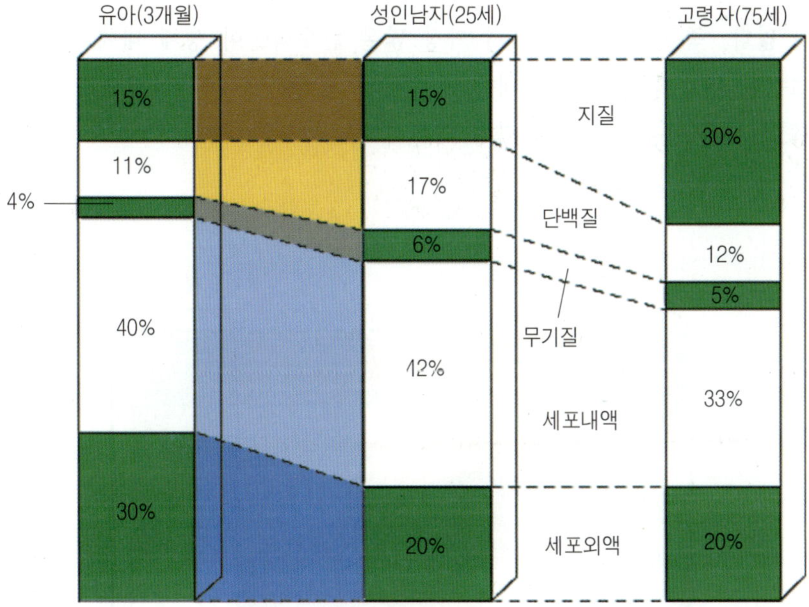

그림 1-4. 인체의 구성 성분

인체의 구성성분 중에 성인의 경우 단백질이 약 17%를 차지한다. 연령이 증가함에 따라 단백질의 비율이 낮아지고, 동시에 체중이 감소한다. 지질 함량은 보통 15~20% 정도 차지한다. 지질의 경우 가장 변동이 큰 저장 물질로서 비대한 사람의 경우에는 지질의 양이 많고, 마른 사람의 경우에는 지질의 양이 적다. 이러한 결과는 비대한 사람의 수분 함량이 상대적으로 적고, 마른 사람의 경우에는 수분 함량이 상대적으로 많게 된다. 인체의 구성성분으로서 당질은 0.1% 이하의 극소량으로 존재하고, 글리코겐(glycogen)으로 저장된다. 사체에서는 당질이 대부분 포함되어 있지 않은데,

이것은 근육에 저장된 글리코겐이 해당계에 의해 분해되기 때문이다. 무기질의 비율은 약 6%로서 나이의 변화에 의한 변동이 비교적 적다.

3) 인체의 구성 성분과 식사의 조성

생명을 유지하고 활동하기 위하여 인체에 필요한 영양소를 항상 섭취하여야 한다. 영양소에는 탄수화물, 지질, 단백질, 무기질, 비타민이 있다. 매일 섭취하는 식사성분은 탄수화물이 전체의 70%로 가장 많고, 인체 구성의 주요 성분인 단백질 함량은 그다지 많지 않다. 즉 식사 성분으로서 가장 많은 탄수화물이 생체 내에서는 가장 적다. 이것은 섭취한 탄수화물이 인체 내에서 대사가 활발하게 이루어짐으로서 에너지원으로 이용되고, 다른 성분으로 전환되기 때문이다.

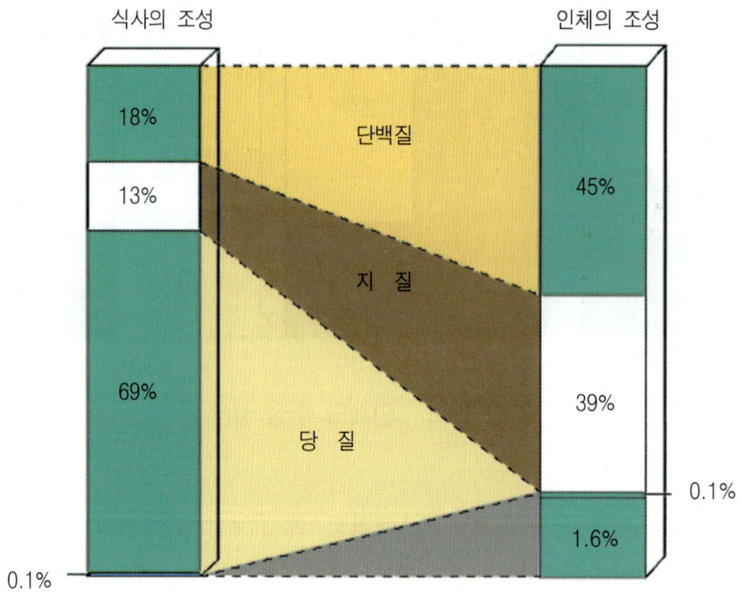

그림 1-5. 인체를 구성하는 성분과 음식물을 구성하는 성분

영양소 중 탄수화물, 지질, 단백질은 하루에 섭취량이 많기 때문에 3대 영양소라 한다. 이에 비하여 무기질이나 비타민은 1일 섭취량이 많게는 수백 mg부터 적게는 수 μg에 불과하다. 일반적으로 무기질과 비타민이라 하는 것은 종류도 많고, 기능도 다양하지만 흔히 총체적으로 명명한다. 실제 사람의 경우에 필요로 하는 무기질과 비타민은 십여 종에 이른다. 각 영양소는 각각 특유의 생리작용을 가지기 때문에 특정 영양소의 경우 과부족을 일으키면 실조증이 생긴다. 각 영양소의 생리 기능에 따라 분류하면 3가지로 나눌 수 있다.

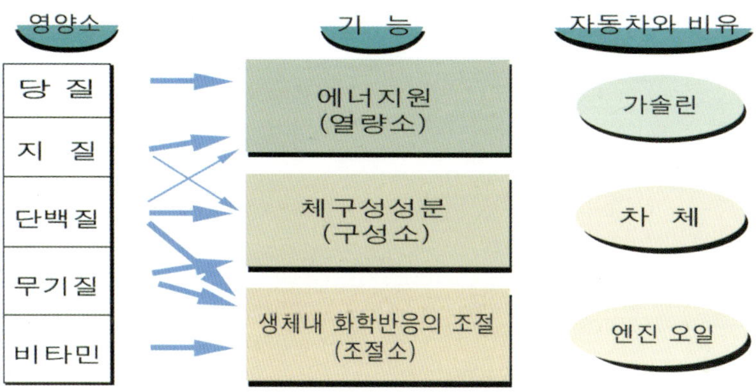

그림 1-6. 영양소의 기능에 의한 분류

첫째는 주로 인체의 에너지원(energy source)으로 사용되는 열량소이다. 사람이 육체적, 정신적 활동에 필요로 하는 에너지가 소비되는 것은 물론이고, 수면 시에도 심장이나 폐, 기타의 제 장기는 항상 에너지를 소비한다. 인체에서는 열량소의 소비량이 많으므로 섭취량이 많다. 하루에 섭취한 열량 중 1/4은 뇌에서 이용된다. 일반적으로 이러한 에너지를 공급하는 영양소는 탄수화물, 지질, 단백질이며, 탄수화물만을 에너지원으로 사용하는 조직도 있다. 둘째는 근육이나 내장의 제 기관, 골격 등 주로 생체의 구성에 사용되는 구성소이다. 이러한 구성소는 주로 단백질과 무기질이다. 근육, 내장의 제 기관, 골조직 등을 구성하는 단백질이나 무기질을 다른 영양소로 대용할 수는 없다. 몸의 구성에 사용되는 영양소도 비교적 많이 섭취하여야 하는 성분이다. 지질도 인체의 구성성분에 포함되기 때문에 구성소라고도 하지만 다른 영양소로부터 합성되기 때문에 필수 성분은 아니다. 또한 그 섭취량에 대한 본래의 기능성을 생각하면 에너지원으로서의 작용이 보다 더 크다. 셋째는 생체 내에서 행해지는 여러 가지의 화학반응을 조절하는 것으로 조절소이다. 이러한 조절소는 주로 비타민, 단백질, 무기질이다. 자동차에 비교하면 윤활유에 해당하는 것으로 소량으로도 충분하다. 어떤 종류의 비타민이나 무기질은 조효소나 보조인자로서 효소 반응에 관여하고 있다. 또한 단백질은 효소, 호르몬, 기타의 생리활성물질의 합성에 사용된다. 이와 같은 조절소에 해당하는 영양소는 특유의 생리기능을 가진 것이어서 다른 영양소로 대용하는 것은 가능하지 않다. 그 외에 탄수화물이나 지질도 면역글로블린(immunoglobulin)이나 프로스타그란딘(prostaglandin) 등 여러 가지 생리활성물질의 구성성분이나 전구체가 되므로 조절소로도 가능하지만 일반적으로 조절소로는 다루지 않는다.

4. 인체의 구성과 기능

인체는 복잡한 구조로서 각 구성요소의 상호 연관성을 가지고 결합된 유기체(organization)이다. 물질을 구성하는 가장 작은 단위는 원자(atom)이다. 이러한 원자들이 화학결합에 의하여 분자(molecule)를 구성하고, 분자들은 다시 거대분자(macromolecule)를 형성한다. 각종 세포들은 대사와 합성기능을 담당하며, 독자적인 역할을 수행하는 소기관(organelle)은 거대분자들의 집합체들이다. 각각의 소기관들이 독특한 기능을 수행하는 장소이고, 인체를 구성하는 생명의 기본단위는 세포(cell)이다. 이와 같은 세포들은 조직(tissue) → 기관(organ) → 계통(system) → 개체(body)라는 일련의 구조적 체계를 형성하고 있다.

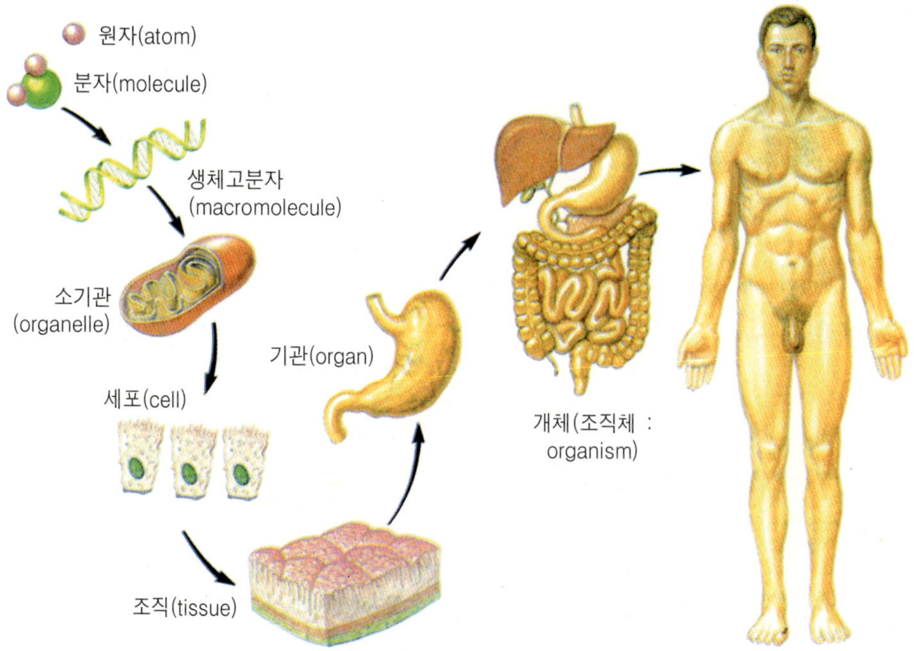

그림 1-7. 인체의 구성

세포(cell)는 인체의 구성과 기능 및 유전적인 기본 단위로서 위치에 따라 모양과 크기가 다르며, 수명이나 기능에도 커다란 차이가 있다. 인체를 구성하는 다세포 생물의 생체 세포는 고도로 분화(differentiation)되어 있다. 조직(tissue)은 분화의 방향이 같고 구조와 기능이 비슷한 세포들의 집단을 말한다. 이러한 세포들은 일정한 형태를 유지하며 대사 작용을 수행하기 위하여 세포간질(intercelluar substance)이라는 여러 형태의 물질을 생산하여 각각의 세포사이를 채우고 있다. 세포간질은 생명력이 없으며 조직에 따라 종류가 다르고 성분도 다르다. 상피조직(epithelial tissue)과 결합조직(connective tissue), 신경조직(nervous tissue), 근육조직(muscle tissue)을 인체의 4대 기본조직(primary tissue)이라 한다. 그리고 인체의 특수한 기능이나 활동을 수행하기 위하여 각 조직들이 일정하게 결합된 조직의 복합체를 기관(organ)이라 한다. 즉 간, 신장, 갑상선 등과 같이 속이 조직으로 차 있는 실질성기관(parenchymal organ)과 위, 방광 등과 같이 속이 비어 있는 유강성기관(hallow organ)으로 구분한다. 이러한 몇 개의 기관이 서로 연결되어 같은 기능을 수행하는 기관계(organ system)를 구성한다. 인체는 일정한 위치에 배치된 여러 가지 기관계로 구성되어 있다.

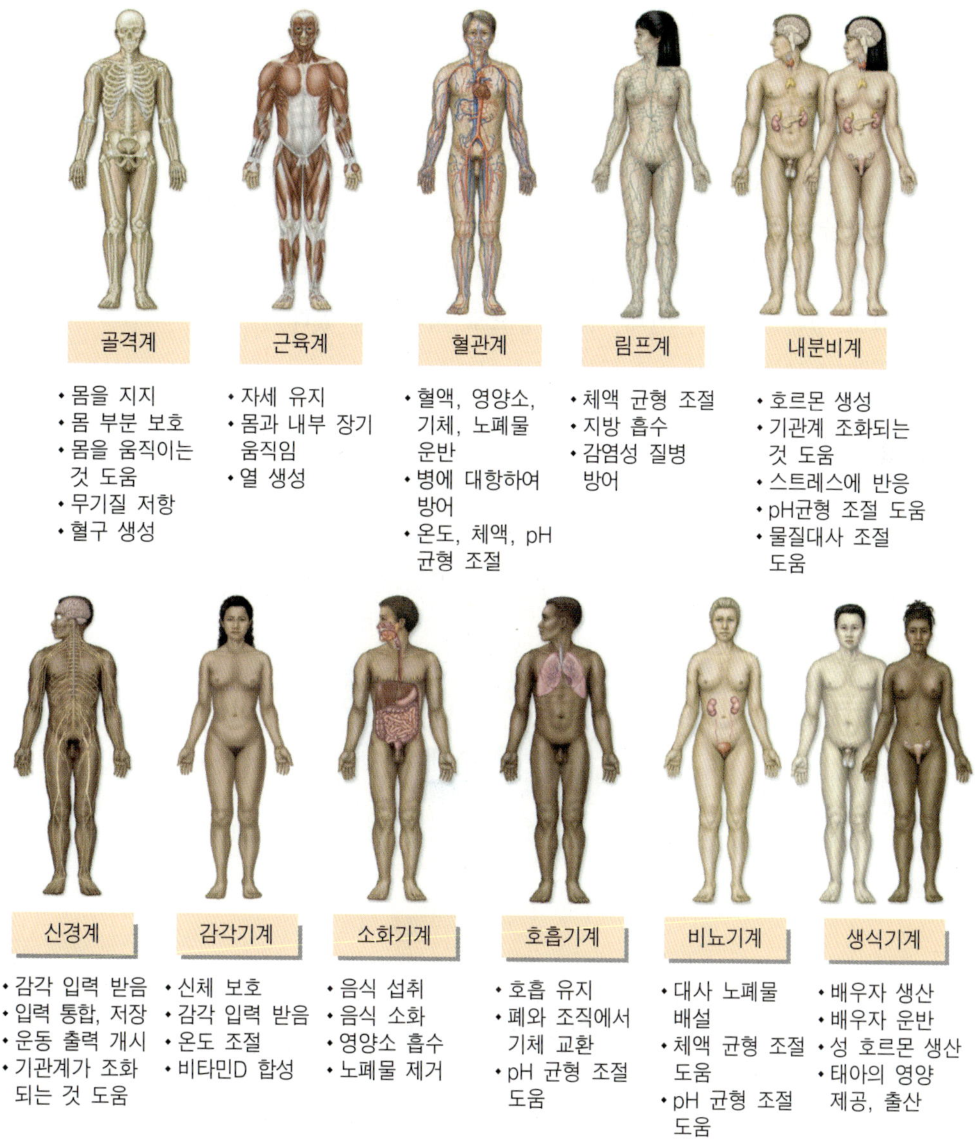
골격계
• 몸을 지지
• 몸 부분 보호
• 몸을 움직이는 것 도움
• 무기질 저항
• 혈구 생성
근육계
• 자세 유지
• 몸과 내부 장기 움직임
• 열 생성
혈관계
• 혈액, 영양소, 기체, 노폐물 운반
• 병에 대항하여 방어
• 온도, 체액, pH 균형 조절
림프계
• 체액 균형 조절
• 지방 흡수
• 감염성 질병 방어
내분비계
• 호르몬 생성
• 기관계 조화되는 것 도움
• 스트레스에 반응
• pH균형 조절 도움
• 물질대사 조절 도움
신경계
• 감각 입력 받음
• 입력 통합, 저장
• 운동 출력 개시
• 기관계가 조화되는 것 도움
감각기계
• 신체 보호
• 감각 입력 받음
• 온도 조절
• 비타민D 합성
소화기계
• 음식 섭취
• 음식 소화
• 영양소 흡수
• 노폐물 제거
호흡기계
• 호흡 유지
• 폐와 조직에서 기체 교환
• pH 균형 조절 도움
비뇨기계
• 대사 노폐물 배설
• 체액 균형 조절 도움
• pH 균형 조절 도움
생식기계
• 배우자 생산
• 배우자 운반
• 성 호르몬 생산
• 태아의 영양 제공, 출산

그림 1-8. 인체의 기관계

(1) 골격계(skeletal system)

골격계는 뼈(bone), 연골(cartilage), 관절(joint)로 구성되는 신체의 피동적 운동기관이다. 주로 신체를 지지(supporting)하고, 신체의 내부 기관을 보호하는 기관계이다.

갓난아기는 약 270여개의 뼈를 가지고 태어나는데 커 가면서 여러 개가 합쳐져서 206개 정도로 줄어든다. 이러한 뼈들은 제각기 따로 있는 것이 아니고 서로 연결되어 하나의 계통을 이루고 있기 때문에 이를 골격계(skeletal system)라 한다.

활막관절은 무릎, 손가락, 고관절 등 움직임이 많고, 자유로운 관절로서 관절연골, 관절을 싸고 있는 관절낭, 인대, 활액 등으로 이루어져 있다.

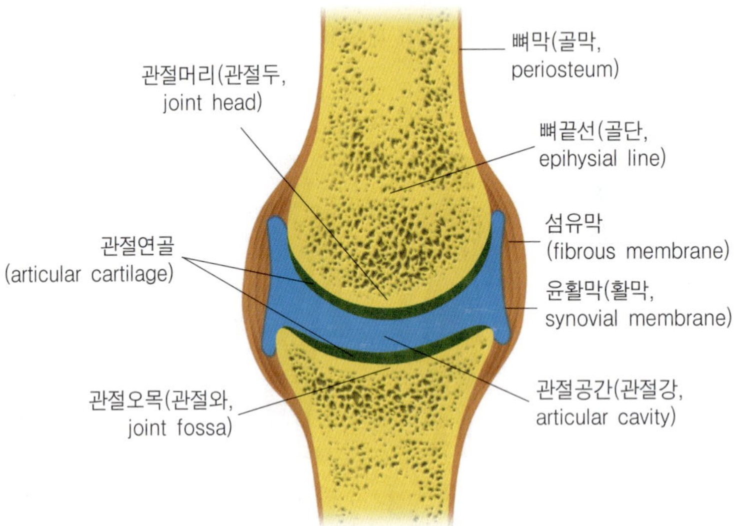

그림 1-9. 관절의 구조

(2) 근육계(muscular system)

신체는 체중의 약 40 ~ 50%를 점유하고 있는 근육에 의해서 움직일 수 있다. 근육계(muscular system)는 골격근(skeletal muscle), 근막(fascia), 건(tendon), 건막(aponeurosis), 심장근(cardiac muscle), 평활근(smooth muscle) 등으로 구성된다. 근육은 수축과 이완을 특징으로 하는 기관이기 때문에 그에 알맞은 가늘고 긴 세포

내에 수축성 구조물인 미세섬유가 일정한 형태로 배열되어 있다. 이러한 근육은 골격이나 피부 등에 부착하여 몸의 형태를 이루고 유강 장기나 혈관, 도관 등의 벽을 구성하고 있다. 따라서 근의 주된 기능은 신체의 능동적 운동과 이동, 정지상태의 뼈와 자세를 지지하고 유지한다. 즉 골격을 움직이는 전신적인 운동이나 호흡운동, 심장의 박동, 혈관이나 각종 선과 도관들의 수축운동 및 내장의 연동운동 등 부착하는 위치에 따라 배우 다양하다. 또한 골격근은 수축 시에 많은 열을 발생시켜 정상적인 체온을 유지하는데 관여한다.

(3) 순환기계(circulatory system)

인체의 모든 조직은 항상 물질대사에 필요한 영양분과 산소를 공급하고 대사산물인 이산화탄소(CO_2)와 노폐물은 체외로 배출되어야 한다. 이러한 물질의 운반을 위하여 일정한 관을 통하여 액체를 순환시키고 있는데, 이를 순환기계(circulatory system)라 한다. 이는 혈액을 운반하는 혈관계(blood vascular system)와 림프를 운반하는 림프계(lymphatic system)로 구성되어 있다. 즉 심장(heart), 혈액(blood), 혈관(blood vessel), 림프(lymph), 림프관(lymphatic vessel), 림프절(lymph node), 비장(spleen), 흉선(thymus), 편도(tonsil) 등으로 구성된다. 산소, 이산화탄소, 효소, 호르몬, 영양분, 노폐물 등의 운반과 림프구 및 항체를 생산하여 면역에 관여하기도 한다.

(4) 내분비계(endocrine system)

내분비선은 신체 여러 곳에 분포되어 있으며, 이들의 분비물은 배설관이 따로 없이 혈관 속의 혈액에 의해 운반된다. 이러한 내분비선에서 분비되는 물질을 호르몬(hormone)이라 한다. 호르몬이란 원래 "자극하는 것"이라는 뜻이지만 기관의 기능을 증진시킬 뿐만 아니라 억제하는 것도 있다. 이는 효소와는 달리 적은 양으로 충분히 작용을 한다. 여러 기관의 기능을 자극하거나 조절하는 점이 신경계와 유사하다. 그러나 신경계는 체내 · 외의 환경변화나 자극에 대해 반응이 빠르지만 내분비계는 길고 느리며 지속적이고 반응 범위도 넓다.

내분비계는 뇌하수체(hypophysis), 갑상선(thyroid gland), 부갑상선(parathyroid gland), 부신(adrenal gland), 췌장(pancreas), 난소(ovary), 고환(testis), 송과선(pineal gland) 등이 내분비계에 속하며, 호르몬의 생산 및 분비하여 생리조절과 통일성 유지에 관여한다.

(5) 신경계(nervous system)

생체를 구성하는 모든 세포는 일정한 범위 내의 조건하에서만 제 기능을 수행할 수 있다. 이러한 조건을 유지하기 위하여 신체의 내부와 외부에서 일어나는 여러 가지 정보를 받아들이고, 이를 종합 분석하여 기능이 다른 수많은 세포의 활동을 조절함으로써 신체활동을 상황에 맞도록 조절하고 통제하는 고도로 발달된 특수 조직계통이 신경계(nervous system)이다.

신경계는 뇌(brain)와 척수(spinal cord) 등의 중추신경계와 뇌신경(cranial nerve), 척수신경(spinal nerve) 등의 말초신경계 그리고 교감신경과 부교감신경으로 구성된 자율신경계로 이루어진다. 인체의 생리기능을 조절하고, 신체의 감각과 운동 및 내외 환경에 대한 적응을 조절하는데 관여하는 기관계이다.

(6) 감각기계(sensory system)

신체의 외부로부터 오는 물리적, 화학적 자극을 수용하는 기관으로 인체에서는 크게 외피(integument), 시각기(organ of sight), 평형 · 청각기(organ of hearing · equilibrium), 후각기(organ of smell) 그리고 미각기(organ of taste)의 5종으로 구성된다. 그러나 감각기관으로서의 독립성은 없지만 고유감각이 유래되는 근육, 건 그리고 관절 등은 물론 공복감, 오심 그리고 장기 통각 등이 느껴지는 내장장기들도 특수한 신경종말을 가지고 있다.

감각의 분류는 자극원과 수용기의 위치 그리고 수용기의 종류에 따라 구분한다. 일반적으로 시각, 청각, 평형각, 미각 그리고 후각을 특수감각(special sensation)이라하고, 피부에서 느끼는 촉각, 압각, 온각, 냉각 그리고 통각은 피부감각(cutaneous sensation), 근, 건 그리고 관절 등에서 느껴지는 것은 고유부감(proprioception) 그리고 오심 공복감 등과 같이 내장에서 유래하는 감각을 내장감각(splanchnic sensation)이라고 한다.

(7) 소화기계(digestive system)

소화기계(digestive system)는 인체를 구성하는 세포들이 기능을 유지하고 성장과 재생을 할 수 있도록 음식물을 섭취하며, 이런 음식물을 물리적 · 화학적 작용에 의하여 소화시켜 필요한 영양분을 흡수하고 나머지 찌꺼기를 배설시키는 기관이다.

이는 입(mouth), 식도(esophagus), 위(stomach), 소장(small intestine), 대장(large intestine), 항문(anus) 등의 소화관과 간(liver), 췌장(pancreas), 담낭(gallbladder) 등의 소화 부속기관 그리고 타액선(salivery gland) 등으로 구성 된다.

(8) 호흡기계(respiratory system)

호흡이란 폐포와 혈관사이에서 가스가 교환되는 과정인 외호흡(external respiration)과 전신의 모세혈관과 각 조직의 세포 사이에서 이루어지는 내호흡(internal respiration)으로 구분할 수 있다. 일반적으로 호흡기계(respiratory system)는 외부의 공기를 대기압과 흉강내압 그리고 폐포내압 등의 차에 의하여 폐포내로 흡입시켜 혈액에 산소를 공급하고, 조직에서 운반된 혈액 속의 이산화탄소를 공기 중으로 내보내는 일련의 작용, 즉 외호흡을 주 기능으로 하며 후각과 발성에도 관여하는 계통이다.

이러한 호흡기계는 코(nose), 인두(pharynx), 후두(larynx), 기관(trachea), 기관지(bronchus), 폐(lung) 등으로 구성되며 산소와 이산화탄소의 가스교환 및 배출에 관여한다.

(9) 비뇨기계(urinary system)

인체를 구성하는 세포는 일정한 내부 환경이 유지되어야 각자의 기능을 발휘할 수 있고, 그 결과 생명을 영위할 수 있다. 비뇨기계(urinary system)는 이러한 내부 환경을 일정하게 유지시키는 항상성 유지에 가장 큰 기여를 하는 계통이다.

비뇨기계는 신장(kidney), 요관(ureter), 방광(urinary bladder), 요도(urethra) 등으로 구성되며 노폐물의 여과, 재흡수, 재분비 그리고 소변의 체외 배설에 관여한다.

(10) 생식기계(reproductive system)

여성의 경우에는 난소(ovary), 자궁(uterus), 난관(oviduct), 질(vagina), 외음부(external genitalia) 등이 있다. 그리고 남성에게는 고환(testis), 부고환(epididymis), 정관(ductus deferens), 정낭(seminal vesicle), 전립선(prostate), 음경(penis) 등으로 구성되어 있다. 이러한 생식기계는 난자 및 정자를 생산하고 배출하며 수정란의 착상과 성장 그리고 분만에 관여한다.

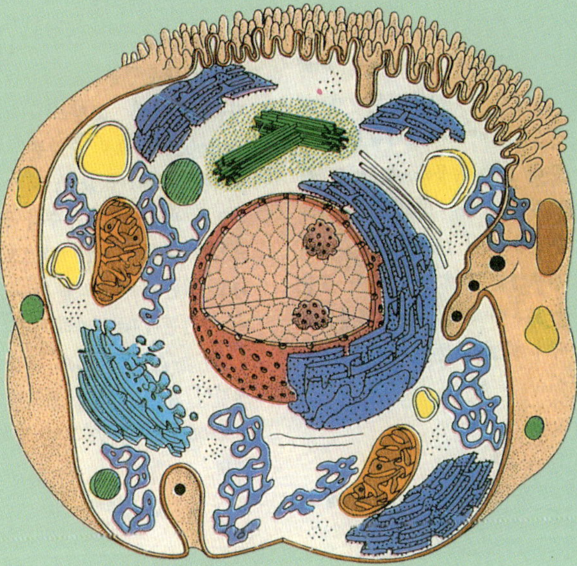

Chapter 2. 세포(The Cell)

1. 세포의 구조(structure)와 기능(function)
2. 단백질 합성(protein biosynthesis)
3. 세포주기(cell cycle)
4. 세포분열(cell division)
5. 세포막에 의한 물질의 이동

1. 세포의 구조(structure)와 기능(function)

생명의 기본 단위는 세포이다. 생물은 세포로 구성되어 있고 모든 생명현상은 세포 안에서 이루어진다. 세포(cell)는 생물체의 구성과 기능 및 유전적인 기본 단위로써 다양한 형태와 크기 그리고 각각의 독립된 기능을 가지고 있다. 즉 생물체를 구성하는 각각의 세포는 개체 전체와 같아서 대사를 담당하고 생명활동을 하기 때문에 그 자체가 독립된 생명의 기본 단위이다. 그러나 사람과 같은 고등동물의 세포는 고도로 분화(differentiation)되어 종류가 매우 많고 다양하다. 또한 분화된 세포는 각 기능이 다르기 때문에 세포사이에 상호 연관되어 생명을 유지한다. 사람은 약 10^{14}개의 세포로 구성되어 있고, 220여종의 세포가 있다. 세포는 발생, 성장 과정에서 분열을 거듭하는 동안 점차적으로 형태가 바뀐다. 어떤 세포는 근 세포로, 어떤 세포는 신경세포 등으로 분화된다. 이와 같은 많은 유사 세포가 모여 하나의 기능을 담당하게 되는데 이것이 조직(tissue)이다.

이러한 세포는 핵(nucleus)과 세포질(cytoplasm) 그리고 세포막(cell membrane)으로 구성되어 있다. 핵은 세포의 중심부에 위치하며 세포의 발생과 기능을 조절을 한다. 세포질은 여러 가지 소기관과 포함물을 함유하여 물질의 대사 기능을 수행한다.

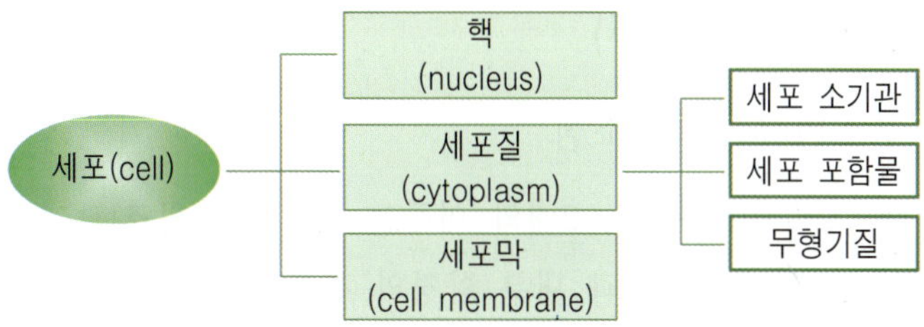

그림 2-1. 세포의 구성

세포막은 세포의 최외곽을 싸고 있으면서 세포기질과 조직액 사이에서 영양분과 각종 이온의 통로 역할을 한다. 세포를 구성하는 생명력이 있는 물질을 원형질(protoplasm)이라고도 하며, 세포막은 원형질을 싸고 있으므로 원형질막(plasma membrane)이라고도 한다.

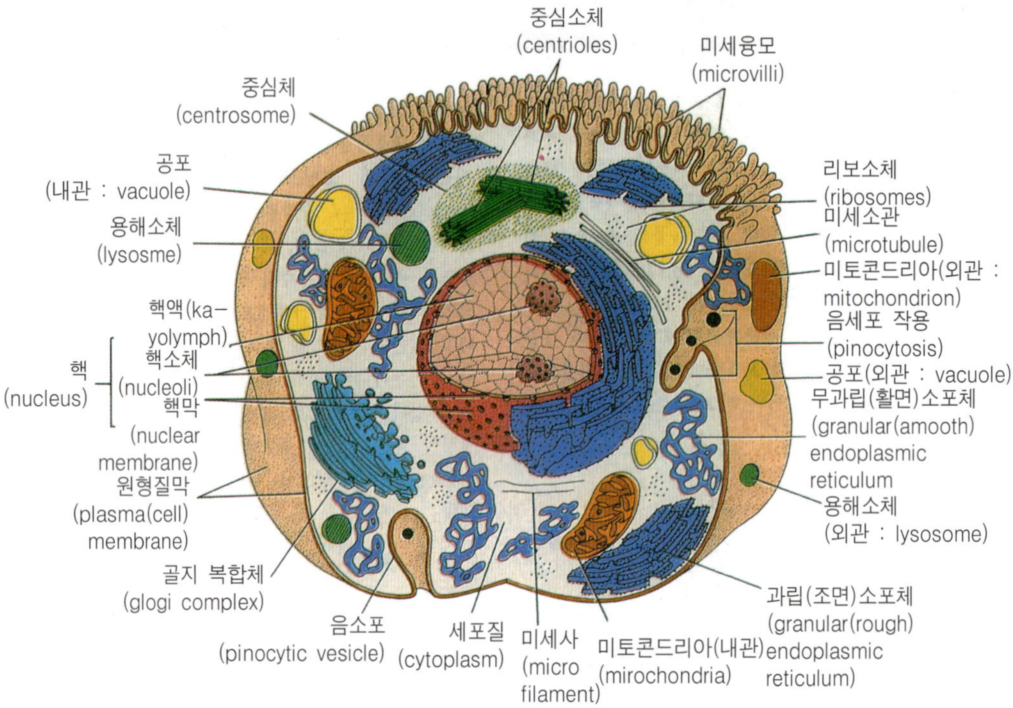

그림 2-2. 세포의 구조

1) 세포막(cell membrane)

(1) 세포막의 구조와 화학적 조성

세포막은 두께가 75 ~ 100 Å이고, 2개의 어두운 층(내엽, 외엽)과 1개의 밝은 층(중엽)으로 세포를 둘러싸서 외부환경과 내부 환경의 경계를 형성한다. 이와 같은 3층 구조는 세포 내의 다른 소기관의 막에서도 관찰되고 있고, 모든 생체막의 기본구조가 되고 있다. 세포막은 세포가 생명을 유지하는 동안 영양물질과 산소 및 노폐물 등을 선택적으로 투과시키는 선택적 반투막(selective semipermeable membrane) 특성을 가지고 있다. 즉 세포에 필요한 모든 물질은 이 세포막을 투과하여 받아들여지고, 또한 사용되지 않는 물질은 배설되는 등 물질의 출입을 조절한다. 이러한 세포막은 일반적으로 지질, 단백질 및 탄수화물(carbohydrate) 등으로 구성되어 있으며, 주로 2중층의 인지질(phospholipid layer)과 구형단백질(globular protein)로 이루어져 있다.

① 지질(lipid)

세포막에 함유되어 있는 지질은 약 20 ~ 40%로 주성분은 인지질, 당지질, 콜레스테롤이다. 인지질 층은 안쪽의 소수성(hydrophobic) 부분이 막의 내측에 2중층으로 구성되어 있고, 친수성(hydrophillic) 부분은 막의 양면을 향해 규칙적으로 배열되어 있다. 인지질은 전체 지질 량의 약 70%를 차지하며 생리적 온도에서는 반액체 상태로 존재한다. 지질에 녹을 수 있는 산소(O_2), 이산화탄소(CO_2)는 쉽게 통과할 수 있으나 아미노산, 단백질, 핵산과 같은 수용성분자는 수송을 제한한다. 당지질(glycolipid)은 세포막에 존재하지만 세포내 구조물 막에는 없다. 적혈구 세포막에 있는 당지질은 적혈구 응집반응을 일으키는 주된 물질이며, 일반적으로 면역반응에서 항원(antigen) 역할을 한다. 콜레스테롤(cholesterol)은 전체 지질량이 약 25%로 수용성 물질이 세포막을 지나 이동할 때 속도를 결정하는 유동성을 조절하여 수용성 물질의 세포막 통과를 제한한다. 지질은 세포막의 이중층을 이루며 대다수의 수용성 물질의 투과를 제한하는 역할을 한다.

② 단백질(protein)

세포막에 함유되어 있는 단백질은 약 60 ~ 70%로 대부분 당단백질(glycoprotein)로 구성되어 있다. 당단백질 중 내재성 단백질(intrinsic protein)은 인지질의 이중층을 관통하고 있다. 이는 이온, 포도당, 요소 등 수용성물질의 중요한 통로가 되며, 그 외에 운반체, 수용체 그리고 세포막에 관여하는 효소로서 촉매작용을 한다. 또 다른 표재성 단백질(extrinsic protein)은 대부분 막 내층에 연결되어 세포 면에서 일어나는 화학반응의 효소로 작용한다. 그 외 기능은 신경전달 물질이나 호르몬과 같은 조절 분자의 수송체 역할을 하며, 식균작용과 같은 특수한 형태의 흡수를 돕기도 한다.

③ 탄수화물(carbohydrate)

탄수화물은 세포막의 약 1 ~ 5%를 차지하며 단백질 또는 지질과 결합하여 당단백질(glycoprotein)과 당지질(glycolipid)의 형태로 세포막의 외층에 있다. 탄수화물은 음전하를 띠고 있어서 세포막 내의 조절분자의 상호작용에 영향을 미친다. 그 외 세포막의 결합 능력과 체내에 들어오는 물질의 존재를 인식하는 역할을 하기도 한다.

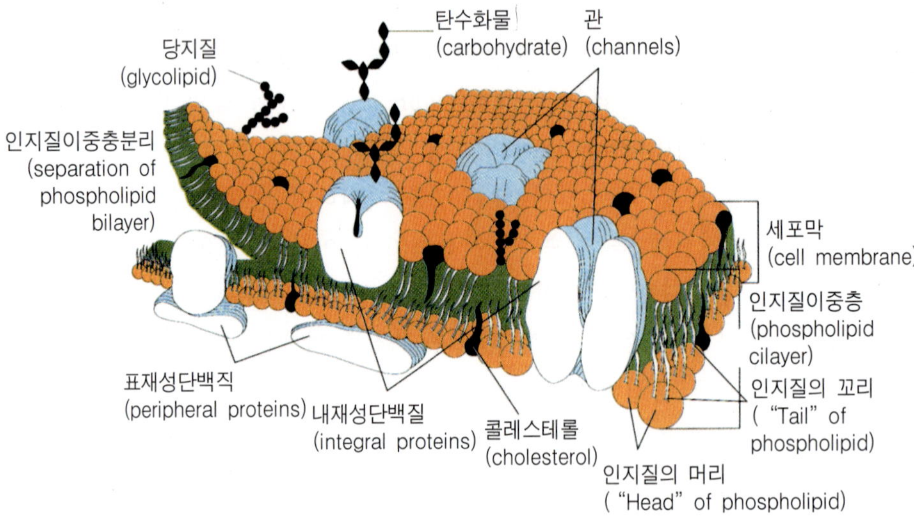

그림 2-3. 세포막의 구조

(2) 세포막의 주요 기능

① 물질의 이동

세포는 생명을 유지하기 위하여 항상성을 가져야 한다. 항상성 유지를 위하여 세포에 필요한 물질은 세포 외로부터 흡수하고, 불필요한 것은 세포 내로부터 방출하는 끊임없는 물질이동을 조절하고 있다. 이러한 물질이동은 확산(diffusion), 여과(filtration), 삼투(osmosis), 능동적 운반(active transport)이라는 여러 가지 방식으로 진행된다.

② 인지(recognition)

세포와 세포는 종류에 따라 각각의 결합상태를 이룬다. 이때 세포막은 이웃하는 세포가 동일 개체의 세포인가를 인지(recognition)하는 능력을 가지고 있다. 이러한 현상은 장기 이식 시 거부반응을 일으키기도 한다. 세포의 인지 능력은 세포막 바깥쪽에 위치하는 단백질에 기여한다. 이러한 단백질은 세포내의 유전인자에 의하여 생산된다.

③ **촉매**(catalysis)

세포막에는 여러 종류의 효소가 존재하기 때문에 특별한 화학적 반응을 촉진하다. 예를 들면 세포막에는 Na^+-K^+ 펌프(pump)를 활성화하는 ATP 분해효소인 아데노신삼인산화효소(adenosine triphosphatase)가 존재하므로 Na^+와 K^+의 능동적 운반에 관여한다.

④ **수용체**(receptor)

세포막은 특정 물질과 결합하는 수용기(receptor)로서의 기능을 가지고 있다.

(3) 세포연접(cell junction)

조직을 이루고 있는 여러 세포들의 세포막에는 이웃하는 세포 사이를 부착시키고 물질이 흐르는 것을 막아 주는 봉합과 세포 사이의 교통로 역할을 하는 특수화된 여러 구조가 있다.

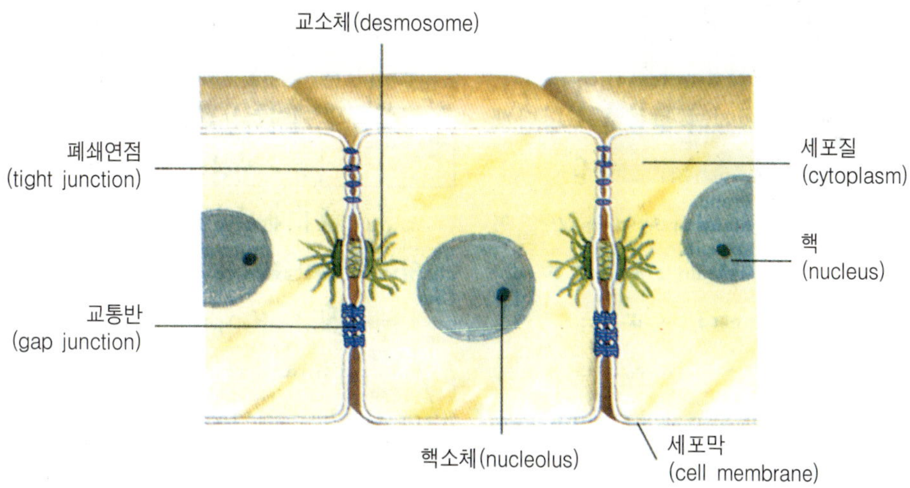

그림 2-4. **세포연접**

① **폐쇄연접**(tight junction)

폐색 띠(zonula occludens)라고도 하며 세포의 둘레를 따라 전체가 띠(belt)모양으로 되어 있는 가장 위쪽에 존재하는 연접이다. 이는 세포간질을 통한 이온이나 물질의 이동을 막는 역할을 한다.

② 중간연접(intermediate junction)

부착 띠(zonula adherens)라고 하는데, 이는 비슷한 세포끼리 결합시키고 세포에 가해지는 기계적 힘을 세포 내로 전달하는 기능이 있다.

③ 교소체(desmosome or macula adherens)

두 세포 사이 또는 상피세포와 기저막 사이를 부착시키는 원판상의 구조이다.

④ 교통반(gap junction or nexus)

이웃 세포와 2 ~ 3nm의 간격을 두고 근접해 있으며, 몇 곳의 연결 입자에 의하여 서로 연결되고 있다. 이 연결 입자 속에는 이온과 분자량 1500 이하인 물질들이 이동할 수 있는 작은 관이 뚫려 있다.

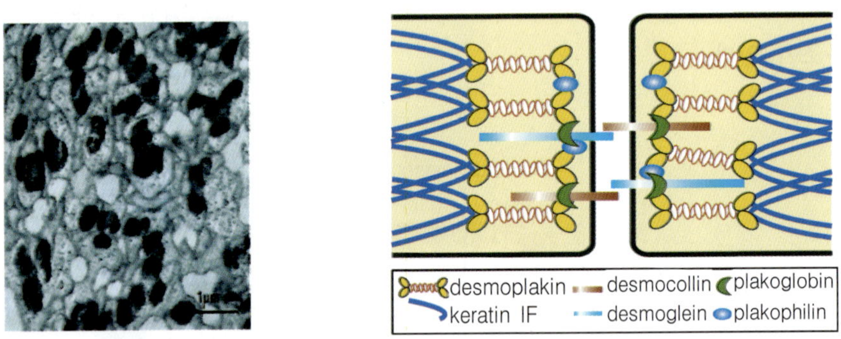

그림 2-5. 교소체

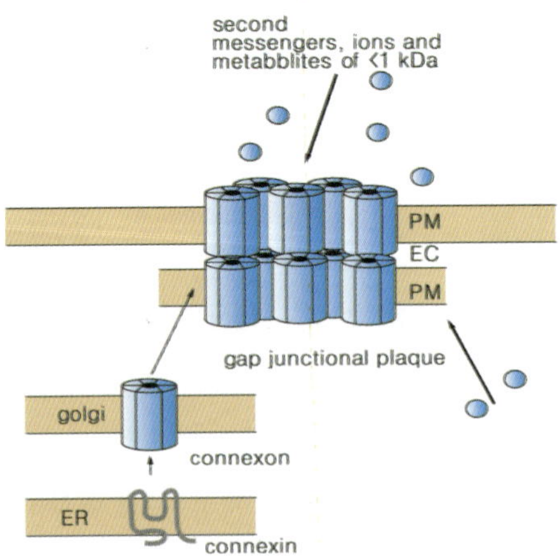

그림 2-6. 교통반

(4) 이온통로(ion channel)

인체는 내 · 외로부터 정보라는 자극을 지속적으로 감수하고, 그 자극에 상응하는 생체반응을 나타내면서 복잡한 생명현상을 유지하고 있다. 이러한 과정이 진행되기 위해서는 신체를 구성하고 있는 각 세포들 사이에 일정한 신호전달(cell signal transduction) 체계가 이루어져야 한다.

일반적으로 우리 신체에서 일어나는 주요 신호전달 방법은 심장근에서와 같이 교통반이라는 간극결합을 통하여 세포에서 세포로 직접 전달하는 과정, 신경전달물질이라는 화학매개체가 시냅스 간극을 통하여 전달되는 방법, 염증과정에서도 볼 수 있듯이 전달물질이 세포간질로 확산되어 이웃 세포에게 전달되는 방법, 그리고 순환하는 혈액을 통하여 전신의 표적세포를 흥분시키는 내분비계통 등이 있다. 특히 신경세포나 근육세포 등과 같은 흥분성 세포들의 신호 발생과 전달은 세포막 전위의 변화라는 방식을 이용하는데, 짧은 순간에 막전위가 변할 수 있는 것은 세포막에 존재하는 이온통로(ion channel)라는 단백질 때문이다. 이런 이온통로를 통한 물질의 이동은 일반적으로 ATP 소모가 없는 수동적인 방법이며, 생체막에 있는 이온통로들은 다음과 같은 공통적인 특성을 가지고 있다.

첫째, 특정 이온만을 인식하여 선택적으로 통과시킨다.

둘째, 이온통로는 해당 이온을 매우 빠른 속도로 통과시킨다.

셋째, 이온통로는 각각의 자극에 의하여 열리고 닫히는 문(gate)을 가지고 있는데, 일반적으로 세포막전위 자체에 의하여 열리는 통로를 전위의존성 통로(voltage gated channel)라고 하며, 신경전달물질 등과 같은 화학적 자극에 의하여 문이 열리고 닫히는 것들을 리간드의존성 통로(ligand gated channel)라고 한다.

2) 세포질(cytoplasm)

세포질은 세포막과 핵 사이의 세포기질로서 물(water) 75 ~ 85%, 전해질(electrolyte) 1.5%, 단백질(protein) 10 ~ 20%, 지질(lipid) 2 ~ 3%, 탄수화물(carbohydrate) 1% 등으로 구성된 반유동성인 무형성분과 소기관 및 포함물로 이루어진 유형 성분이다. 소기관(organelles)은 각각의 특수한 형태를 유지하며 일정한 기능을 수행하는 세포질 내의 구조물로서 미토콘드리아(mitochondria), 형질내세망(endoplasmic reticulum), 골지체(Golgi' s apparatus), 용해소체(lysosome), 리보솜(ribosome), 중심소체(centrosome), 과산화소체(peroxisome), 미세관(microtuble), 미세섬유(microfilament) 등이 있다. 포함물(inclusion)은 세포의 활동 과정에서 형성된 것으로 세포의 종류에 따라 다르다. 보통 색소과립(pigment granule), 분비과립(secretory granule), 난황과립(yolk granule), 당원과립(glycogen granule), 지방소적(lipid droplet), 결정체(crystal) 등이 있다.

(1) 미토콘드리아(mitochondria)

미토콘드리아는 세포 호흡과 에너지 생산의 주된 세포 소기관 중의 하나이다. 세포의 종류에 따라 크기나 형태 및 수가 다르지만 대부분 원형, 타원형 혹은 막대형으로 크기는 0.1 ~ 0.5nm이고, 외막과 내막으로 구분된다.

외막은 주름이 없는 막상구조이고 내막은 많은 주름을 이루고 있다. 내막의 주름을 크리스테(cristae)라고 하며, 그 내벽에는 길이 약 5nm의 목이 있는 직경 8 ~ 10nm의 구형입자가 나란히 붙어 있는데 이를 기본 입자라 한다. 내막의 안쪽에는 미토콘드리아 기질(mitochondria matrix)로 채워져 있는데, 이곳에는 많은 효소와 보조효소, 과립 및 핵산 등이 존재한다. 특히 미토콘드리아는 기질과 내막에 TCA 회로에 관계하는 효소와 전자전달계에 관여하는 효소들을 모두 포함하고 있다. TCA 회로와 전자전달계를 거치는 동안 많은 양의 ATP를 합성하여 세포의 에너지원으로 제공한다. ATP는 세포의 각종 기능, 즉 물질합성과 물질 이동 및 근수축 등의 에너지원으로 쓰인다.

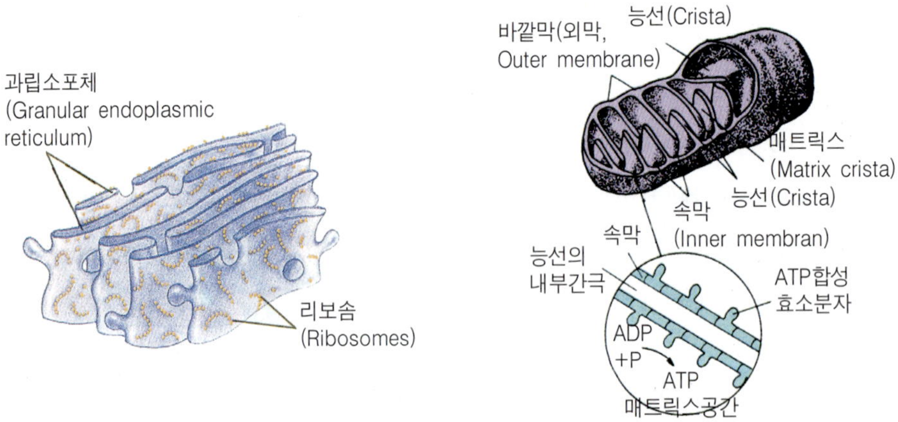

그림 2-7. 미토콘드리아와 내형질세망의 구조

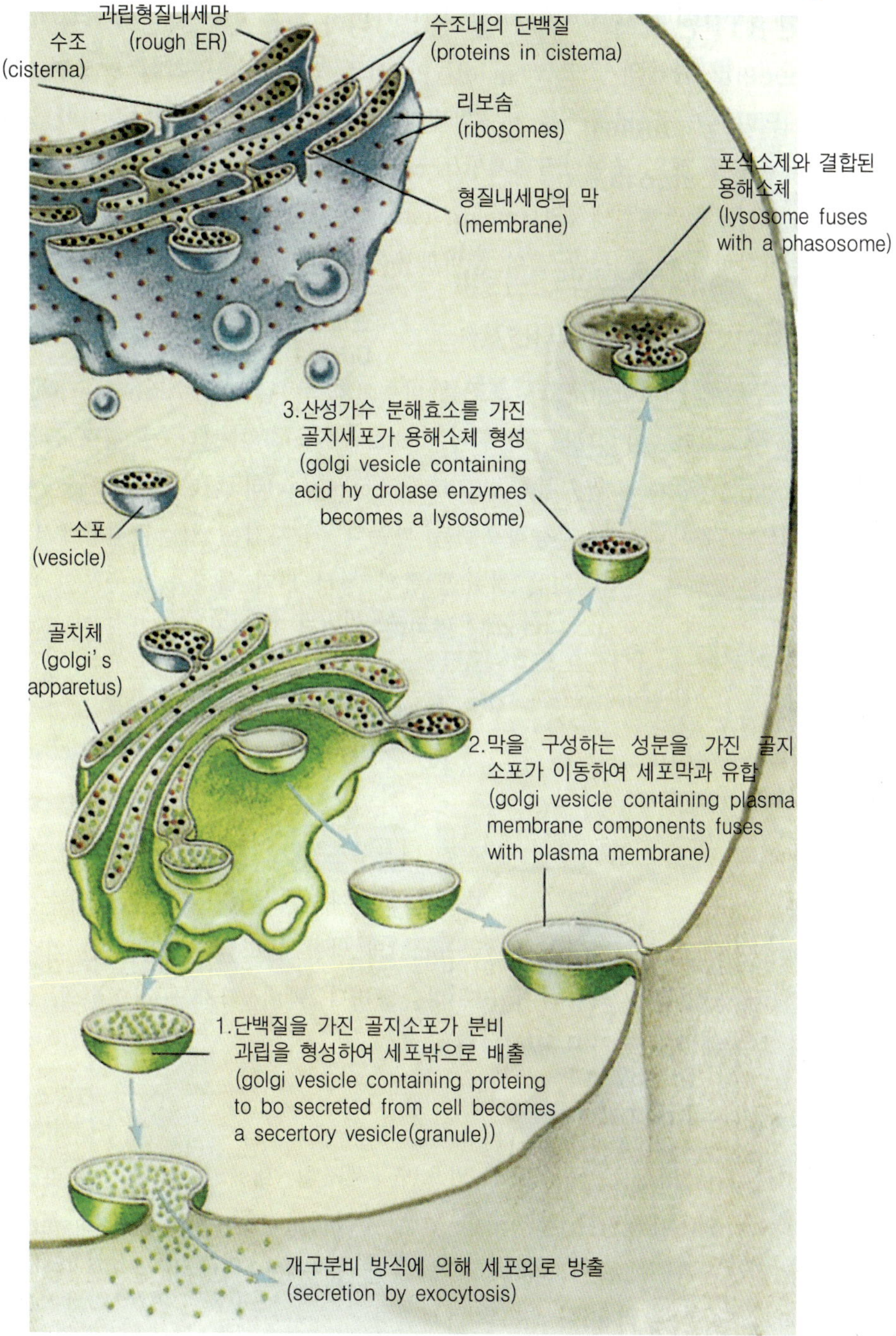

그림 2-8. 형질내세망, 골지체, 리소솜의 구조와 기능적 관계

(2) 형질내세망(endoplasmic reticulum)

형질내세망은 여러 형태의 소포(vesicle)들이 서로 연결된 불규칙한 망상구조이며, 핵막과 미토콘드리아 등을 연결하는 세포질내의 교통로(network)이다. 표면에 리보솜(ribosome)이 부착된 것은 조면형질내세망(rough endoplasmic reticulum)이라 하고, 리보솜이 없는 것은 활면형질내세망(smooth endoplasmic reticulum)이라 한다. 형질내세망은 내분비선이나 간장 등과 같이 분비활동이 활발한 세포에 잘 발달해 있다.

(3) 골지체(Golgi's apparatus)

골지체는 핵 주위에 위치하며 층판 구조를 이루고 있는 납작한 수조(cisterna)가 평행으로 중층된 구조이다. 이 층판 주변부에는 소포(vesicle)와 보다 큰 공포(vacuole)로 구성되며, 이들을 합쳐서 골지복합체(Golgi's complex)라 한다. 골지체는 형질내세망과 구조적으로 유사하지만 기능적으로는 다르다. 골지체는 형질내세망에서 생산하여 운반되어 온 물질을 받아들이는 볼록한 쪽의 형성 면과 물질을 농축하여 배출하는 오목한 쪽의 성숙된 면으로 구분한다. 골지체는 주로 단백질 및 점액성 선세포의 분비물 형성과 용해소체 형성 그리고 지방을 흡수하는 기능이 있다. 즉 물질의 저장, 합성 및 운반 역할을 한다.

(4) 리소솜(lysosome)

리소솜은 홑겹의 막으로 둘러싸인 소포로 내부구조를 오래 동안 지속하지 못하는 소기관이다. 내부에는 거대분자를 대사 가능한 저분자까지 분해하는 각종 가수분해효소를 다량으로 포함하고 있다. 리소솜(lysosome)의 막을 깨뜨릴 수 없는 한 가수분해효소는 세포질 내의 기질에 작용하지 않는다. 그러나 막이 깨지면 리소솜의 효소가 유출되어 세포의 용해가 급속하게 일어난다.

(5) 리보솜(ribosome)

리보솜은 RNA와 단백질로 구성되어 있으며, 세포질 내에 유리되어 유리리보솜(free ribosome)과 형질내세망에 부착되어 있는 부착리보솜(attached ribosome)으로 구분된다. 유리리보솜은 주로 세포의 성장과 분열 등 세포 내에서 필요한 단백질을 합성하고, 부착리보솜은 분비용 단백질을 합성한다.

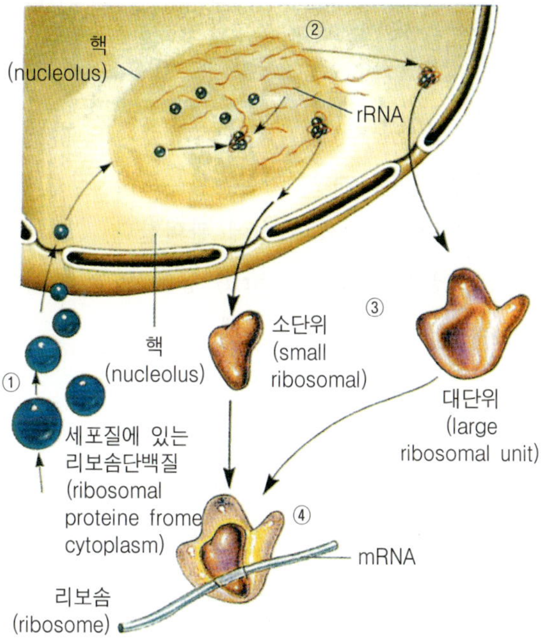

그림 2-9. 리보솜의 생성과정

(6) 과산화소체(peroxisome)

과산화소체는 직경이 0.5nm인 구형의 막성기관으로 간장이나 신장을 구성하는 세포에 존재한다. 과산화수소(H_2O_2)의 발생을 촉진시키는 과산화효소(peroxidase)를 함유하고 있다.

(7) 중심소체(centriole)

원통형 모양으로 배열된 9조의 미소관 2개가 서로 직각을 이루고 있는 구조를 중심소체라고 한다. 이러한 중심소체는 세포분열(mitosis) 중에 자가 복제를 하고 방추사(spindle fiber)를 형성하여 염색체를 양극으로 이동시키는 역할, 즉 분극을 조절한다.

(8) 미세소관(microtubule)

미세소관은 원섬유(protofilament)가 조합된 직경 약 25nm의 긴 막대기 모양의 작은 관으로 되어 있다. 세포골격(cytoskeleton) 및 세포 내 물질의 이동에 관여한다.

중심소체(centriole), 기저소체(basal body), 섬모(cilia), 편모(flagella), 방추사(spindle fiber) 등의 기본 구조가 된다.

(9) 미세섬유(microfilament)

미세섬유란 세포질 내에 있는 매우 가는 섬유로서 장상피세포에서는 장원섬유(tonofibril)로 존재하여 세포의 점성과 탄성에 관여한다. 그 외 근육세포의 근원섬유(myofibril), 신경세포의 신경원섬유(nerofibril) 등은 이들 미세섬유들이 적절하게 배열된 구조로 세포의 구조 유지, 수축 및 운동에 기여한다.

3) 핵(nucleus)

핵은 세포의 대사, 단백질의 합성, 성장 및 분열을 조정하는 조절 센터 그리고 유전인자의 정보센터라고 할 수 있다. 구형 혹은 난원형으로 보통은 1개의 세포에 1개씩 있다. 그러나 골격근 세포와 같이 여러 개의 핵이 있는 경우와 적혈구나 혈소판처럼 핵이 존재하지 않는 경우도 있다. 핵은 핵막과 핵소체, 염색질, 핵형질로 구성되어 있다.

(1) 핵막(nuclear membrane)

핵막은 안팎의 두 단위막으로 구성되어 있다. 여러 곳에 직경이 50 ~ 70nm의 핵공(nuclear pore)이 있으며 핵과 세포질 사이의 물질교환 통로가 된다.

(2) 핵소체(nucleolus)

핵소체는 인이라고도 하며 구형 혹은 난원형이다. 또한 RNA와 단백질로 구성되어 있으며 각종 RNA를 합성하는 곳이다. 핵소체는 세포분열 중에 흩어졌다가 분열이 끝나면 염색체의 한쪽에 다시 형성되는데, 이곳을 핵소체 부위(nucleolus region)라고 한다.

(3) 염색질(chromatin)

염색질은 DNA와 염기성 단백질인 히스톤(histone)으로 구성되어 있다. 실처럼 꼬여진 불활성부위인 이염색질(heterochromatin)과 풀어진 활성 부위인 진염색질(euchromatin)로 구분된다. 유사분열시 염색질이 조밀하게 뭉쳐져서 염색체(chromosome)로 되었다가 분열이 끝나면 다시 염색질로 환원된다.

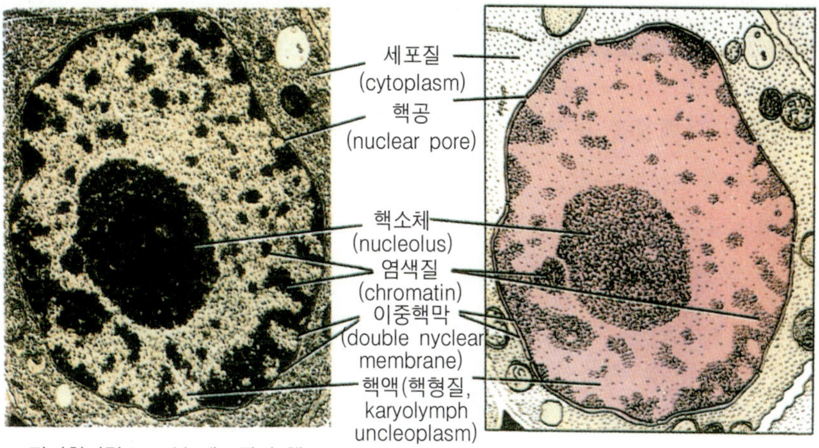

전자현미경으로 본 세포질과 핵

핵의 현미경적 소견

그림 2-10. 세포핵의 구조

(4) 핵형질(nucleoplasm)

핵형질은 핵질(karyplasm)이라고도 하며 리보솜과 핵산 그리고 그 외의 핵 구성 물질을 합성하는 데에 필요한 분자들과 물로 이루어진 혼합물이다.

2. 단백질 합성(protein biosynthesis)

인체의 구성소인 단백질을 구성하는 아미노산은 약 20여종에 불과하나 결합된 아미노산의 순서와 수에 따라 수많은 종류의 단백질이 인체에 존재한다. 이들 단백질은 필요에 따라 합성되어 세포의 성장과 분비 활동에 이용되고 있다. 단백질 합성에 관한 모든 정보는 유전자의 본체인 DNA에 저장되어 있다. 즉 DNA에 있는 유전정보는 단백질 분자를 구성하는 아미노산의 배열 순서를 결정하게 된다. 이러한 배열순서가 단백질의 형태와 특성 및 기능을 결정한다. 그러나 DNA는 너무 큰 분자이기 때문에 핵막을 통과하여 단백질 합성이 일어나는 세포질로 갈 수 없다. 따라서 DNA 대신에 유전 정보를 운반하는 전달자가 핵으로부터 세포질로 이동하여야 한다.

DNA 사다리가 두 갈래로 분리되면서 단백질 합성과정이 진행된다. 이어서 그 한쪽 기둥의 형태에 따라서 mRNA가 만들어지며, 이때 DNA의 뉴클레오티드(nucleotide) 순위에 입력된 유전정보는 생성되는 mRNA의 뉴클레오티드(nucleotide)에 이동된다. 이를 전사(transcription)라고 한다. 생성된 mRNA는 핵막을 통하여 세포질로 나오게 된다. 이 mRNA에 있는 염기의 순서가 단백질 합성과정에서 아미노산의 결합 순서를 의미한다. 즉 3개의 염기(base) 서열이 한 단위가 되는 코돈(codon)을 형성하는데, 이러한 코돈이 하나의 아미노산을 나타낸다. 한 개의 mRNA가 형성할 수 있는 코돈 수는 64개(43개)가 된다. 3개의 머리핀 고리(hairpin turn) 구조를 하고 있는 tRNA는 비교적 작으며, 핵 속에서 전사되어 세포질 내로 이동하게 된다. 이들은 특정 아미노산을 운반하여 mRNA 코돈과 결합시키는 역할을 한다.

tRNA가 특정한 아미노산과 결합하여 아미노산이 활성화되면서 세포질 내에서 단백질 합성이 시작된다. mRNA가 리보솜과 결합하면 리보솜은 mRNA에 있는 기호를 한쪽 끝에서부터 해독하기 시작한다. 출발 코돈인 AUG(methionine)에서 시작하여 이동하다가 어떤 특정한 아미노산 기호에 도달하면 tRNA-ATP-아미노산 복합체가 리보솜으로 들어와 결합한다. 리보솜의 이동에 따라 tRNA에 의하여 운반된 아미노산은 서로 결합하여 단백질을 이루고 tRNA는 떨어져 나간다. 이와 같이 진행하다가 더 이상 tRNA가 결합할 수 없는 코돈에 도달하면 단백질 합성이 종결된다. 이러한 과정에서 분리된 tRNA는 몇 번이고 되풀이하여 사용할 수 있으나 mRNA는 핵에서 새로이 만들어 세포질 내로 공급하게 된다.

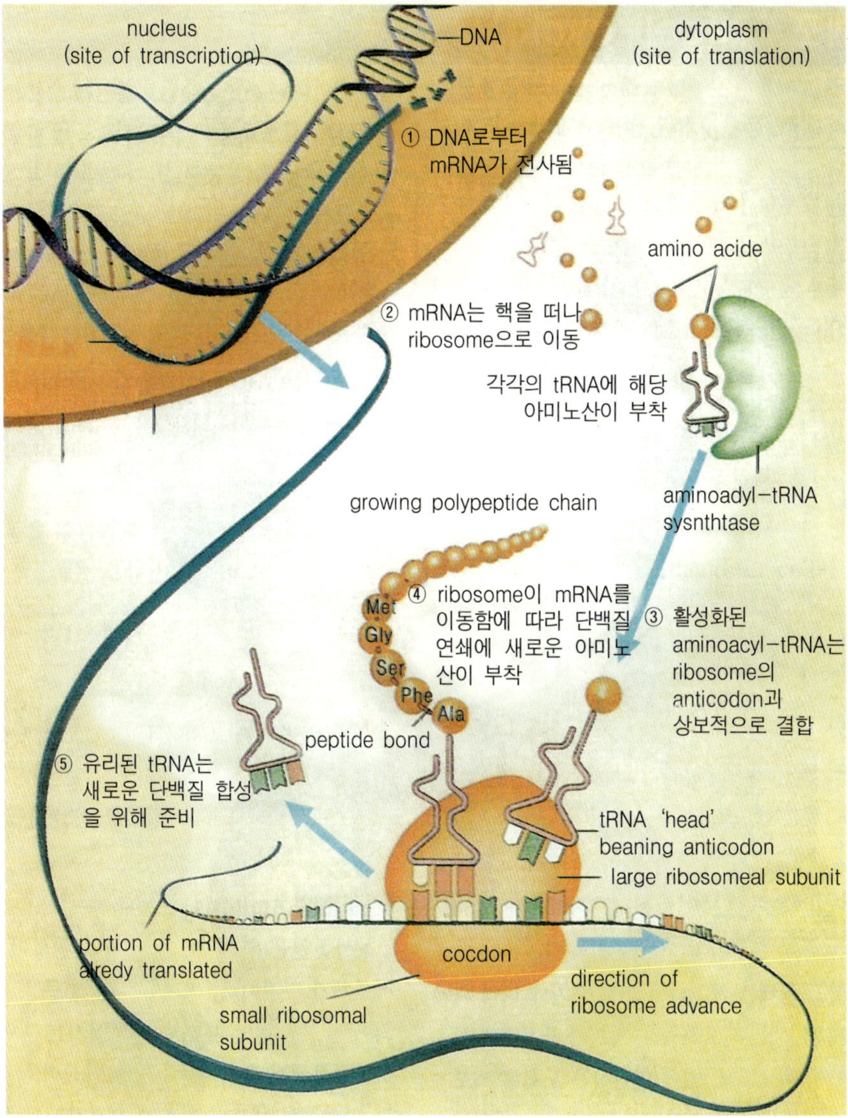

그림 2-11. 단백질의 생합성

3. 세포주기(cell cycle)

모든 세포는 각자의 일정한 주기를 가지고 있으므로 수명도 다양하다. 위장관 내면의 상피세포는 2 ~ 3일에 대치되고, 적혈구의 수명은 약 120일 정도 된다. 그러나 신경세포나 심장근세포는 개체의 수명과 같다.

일반적으로 세포주기는 DNA 복제나 단백질 합성 등 세포분열을 위한 준비 단계인 간기(interphase)와 핵과 세포질 등이 둘로 갈라지는 분열기(mitotic phase, M phase) 구분한다. 간기는 다시 DNA 합성 전기(pre-DNA synthetic phase, G_1 phase), DNA 합성기(DNA synthetic phase, S-phase), DNA 합성후기(post-DNA synthetic phase, G_2 phase)로 세분된다.

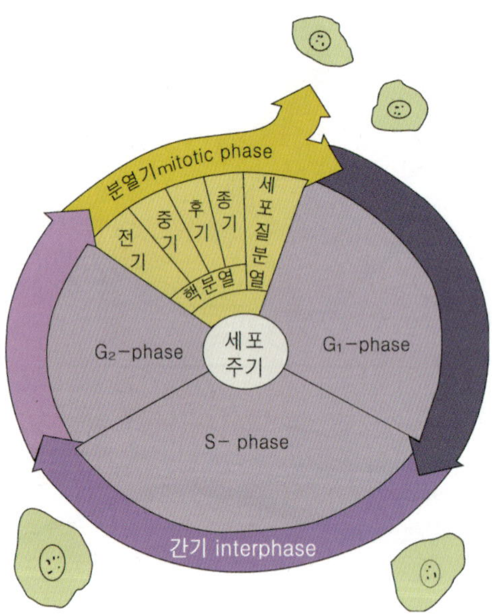

그림 2-12. 세포주기

G_1기에서는 mRNA, tRNA, 리보솜, 효소 및 이외의 세포 성분들이 합성되어 세포 체적이 증가되는 시기이다. S기는 DNA가 복제되는 시기이다. 그리고 G_2기는 세포가 분열되기 위한 마지막 준비단계로 방추사 형성에 필요한 단백질이 합성된다.

Chapter 3. 물, 혈액과 림프, 소변

(Water, Blood and Lymph, Urine)

1. 물(water)
2. 혈액(blodd)
3. 림프(lymph)
4. 소변(urine)

1. 물(water)

지구상의 모든 생물은 물이 있는 곳에 존재한다. 지구상의 생물 진화 과정에서 가장 중요한 요소는 지구표면을 덮고 있는 물이다. 사실상 물은 지구 표면의 70%를 덮고 있고, 모든 생명체는 절대적으로 필요한 것이다. 물의 독특한 화학적, 물리적 특성이 생명활동에 필수적인 요인으로 작용하기 때문에 물이 없는 상태에서 생명체는 거의 불가능하다. 특히 사람은 물이 없이 일주일을 버티지 못한다. 이러한 특성 중 가장 주목할 만한 것은 물의 용매성과 화학적 안전성이다. 호수와 바다처럼 물이 풍부한 곳에는 수많은 다양한 생물이 서식한다. 또한 자연환경이 매우 열악한 곳, 즉 물의 공급이 극히 부족한 사막에도 생물이 존재한다. 예를 들면 사막에서는 비가 오면 식물이 꽃을 피우는데, 이러한 식물들은 빗물이 증발하기 전에 꽃이 지고 만다. 그리고 기후가 극도로 덥거나 추운 상태에서도 물은 생명의 존재를 가능하게 한다. 뜨거운 온천이나 극지방의 얼음 바다에서 서식하는 원핵생물이 살아가고 있다.

생명활동 과정에서 물의 중요한 역할을 이해하려면 물 분자의 구조와 물리적, 화학적 성질을 이해하여야 한다.

1) 물의 화학적 구조

물 분자(H_2O)는 두 개의 수소원자(H)와 한 개의 산소원자(O)로 구성된다. 산소는 수소보다 전기음성도(electronegativity)가 크기 때문에 수소원자와 공유 결합을 형성할 때 전자를 자기 쪽으로 끌어당기는 힘이 더 크다. 그 결과 전자가 수소원자보다 산소원자 쪽으로 치우침으로써 산소는 부분적인 음전하(σ^-)를 띠는 반면에 두 개의 수소는 각각 부분적인 양전하(σ^+)를 띤다.

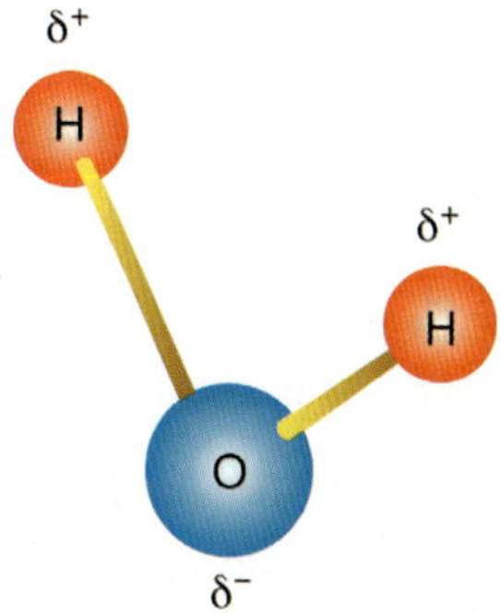

그림 3-1. 물 분자의 전하

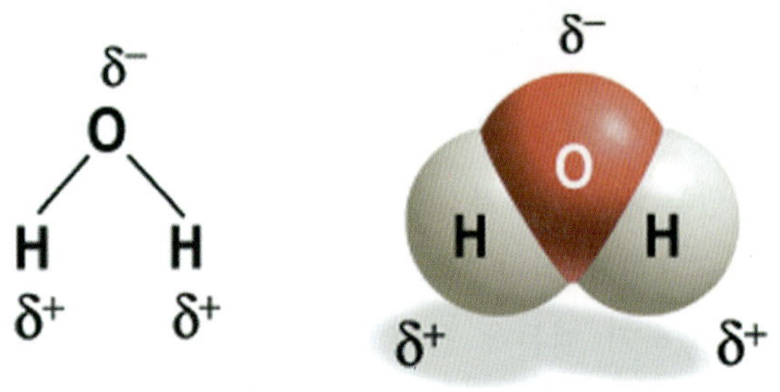

그림 3-2. 물 분자의 공간 채움 모형

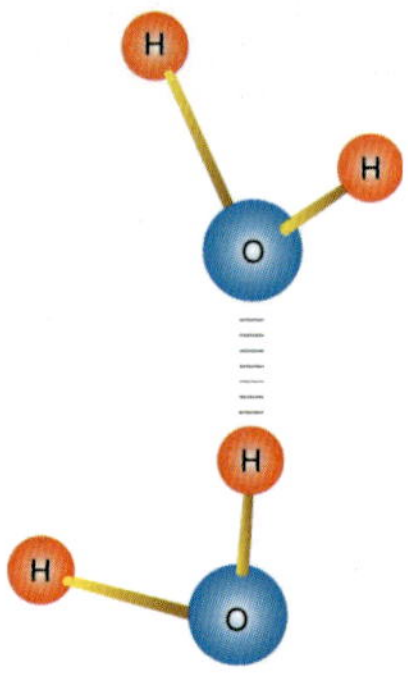

그림 3-3. 수소결합

이와 같이 산소-수소 결합에 존재하는 전자의 분포가 동일하지 않고 비대칭적으로 분산되어 있는 현상을 극성(polar)이라 한다. 물 분자의 실제 구조는 구부러져 있고, 그 결합 각도는 105° 이다. 대조적으로 극성의 공유결합을 하는 이산화탄소(O = C = O)는 분자가 직선상에 놓여 있기 때문에 비극성이다.

수소와 산소는 전기음성도의 차이가 크기 때문에 한 물 분자의 전자 결핍 수소가 다른 물 분자의 비공유전자 쌍에 끌려가 있다. 즉 어떤 물 분자 내의 산소 음전하($O^{\delta-}$)는 다른 물 분자내의 수소 양전하($H^{\delta+}$)를 끌어들여 수소결합을 형성한다. 이와 같은 상호작용을 수소결합(hydrogen bond)이라 한다.

한 분자의 물은 분자적 구조 때문에 4개의 다른 물 분자와 수소결합을 형성할 수 있다. 그리고 4개의 물 분자는 다른 물분자와 수소결합을 할 수 있다. 물이 얼 때 최대 수의 수소결합이 형성된다.

액체의 물은 어느 정도 근거리 배열(short-range order)을 하지만 원거리 배열(long-range order)을 하지 않는다. 즉 근거리 배열은 몇몇 물분자간의 일시적인 회합을 하지만 얼음은 대부분의 물 분자가 수소결합으로 인하여 원거리 배열을 하고 있다. 물이 얼 때에는 수소결합으로 인한 원거리 배열을 하기 때문에 얼음은 물보다 비중이 낮아서 물에 뜨게 된다. 얼음이 물에 뜨기 때문에 호수와 강위의 얼음은 밑바닥으로 가라앉지 않고, 고기와 다른 수생 생물이 겨울에 살아갈 수 있다.

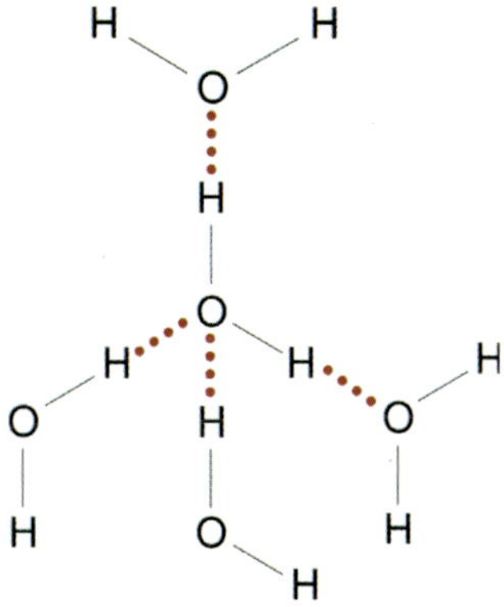

액체 물분자

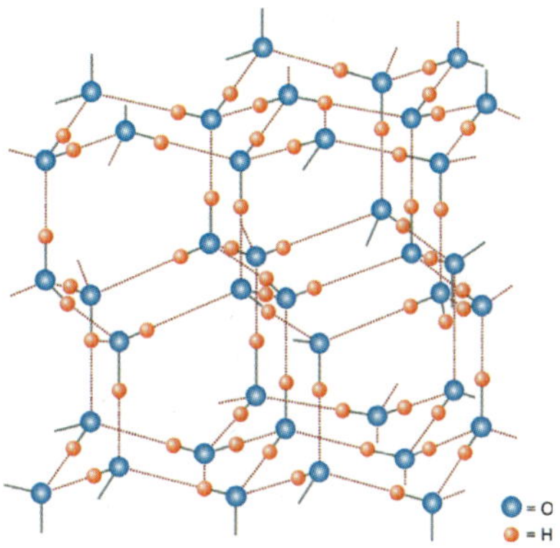

얼음속 물분자

그림 3-4. 액체와 얼음속의 물 분자 사이의 수소결합

2) 물의 열적 성질

실온에서 물은 액체 상태로 존재하는 특성이 있다. 액체인 물은 수소결합으로 인하여 물분자 상호간의 높은 내부 응집력을 갖는다. 이러한 물의 응집력 때문에 물 분자와 분자량이 비슷한 다른 분자에 비하여 물의 어는점이나 끓는 점이 높다. 이는 물 분자의 수소결합을 파괴하여 분리된 분자로 유리시키는데 많은 열에너지가 요구되기 때문이다.

표 3-1. 물과 분자량이 비슷한 물질의 물리적 특성

물리적 특성	물 H_2O(18)	암모니아 NH_3(17)	황화수소 H_2S(34)	메탄 CH_4(16)
어는점(℃)	0	-78	-85.5	-183
끓는점(℃)	100	-33	-260.7	-161

* ( )안의 수는 물질의 분자량을 나타낸다.

그러나 물이 액체 암모니아(NH_3)의 끓는 점과 비슷하다면 지구상의 모든 물은 수증기로 되고, 바다나 강, 호수뿐만 아니라 모든 생명도 존재할 수 없을 것이다. 그러나 다행히 물은 0℃에서 녹고, 100℃에서 끓기 때문에 물은 지구 표면에 광범위하게 액체 상태로 존재한다. 이러한 물의 특성은 수소결합에 의한 것이다.

또한 얼음이 녹을 때 약 15%의 수소결합이 파괴되고, 온도가 증가할수록 물 분자의 운동과 진동이 가속화되며 수소결합이 추가적으로 끊어진다. 끓는 점에 도달하면 물 분자는 서로 분리되어 증발하게 된다. 각각의 수소결합을 파괴하는 에너지는 공유결합에 비하여 훨씬 약하다. 즉 1개의 수소결합을 파괴하는데 필요한 에너지는 4.5kcal/mol이고, 물 분자 내의 공유결합을 파괴하는데 필요한 에너지는 110kcal/mol이다. 이와 같은 화학결합을 파괴하는데 필요한 에너지를 비교 해 보면 공유결합 〉 이온결합 〉 수소결합 〉 반데르발스 힘(Van Der Waals force) 순이다.

그림 3-5. 물의 증발

1기압에서 1mol의 액체를 기화시키는데 필요한 에너지인 물의 기화열과 온도를 1℃ 변화시키기 위해 가해주거나 제거하는데 필요한 에너지인 열용량(heat capacity) 때문에 물은 온도를 효과적으로 조절할 수 있다. 그 결과물은 태양열을 흡수하여 저장한 다음 서서히 방출한다. 즉 바닷가의 경우 계절이 바뀔 때 온도의 변화가 서서히 일어나지만 사막이나 내륙의 경우에는 계절간의 온도차가 심하게 일어나는 것은 이러한 현상 때문이다.

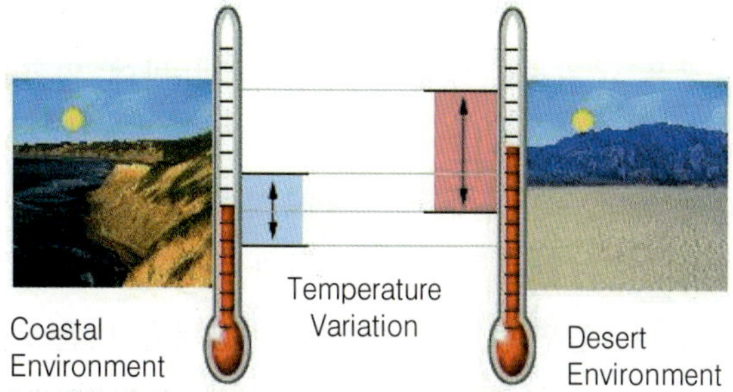

그림 3-6. 물에 의한 일교차

물은 생물의 온도 조절에도 중요한 역할을 한다. 즉 사람의 경우 물이 신체의 약 60%를 차지하고, 물의 열용량으로 인하여 체온을 일정하게 유지하는데 도움이 된다. 물의 증발은 열손실을 초래하기 때문에 냉각작용을 한다. 예를 들면 성인은 소변과 땀 그리고 호흡으로 인하여 하루에 1 ~ 1.2L의 수분을 배설한다. 이와 같은 열손실은 대사과정을 통해 형성된 전체 열의 약 20%에 해당된다.

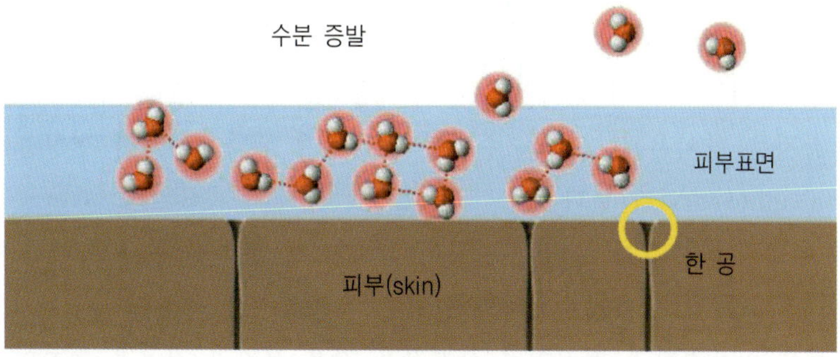

그림 3-7. 물에 의한 체온 유지

3) 물의 용매 성질

물은 많은 종류의 용질을 녹이는 뛰어난 용매이다. 물속에 녹아 있는 어떤 용질은 산소와 같이 유익할 수 있다. 어떤 용질은 물의 특성을 바꿀 수 있다. 어떤 것은 대단히 독성이 있어서 심각성을 띈다.

물속에 녹아 있는 높은 농도의 무기물에 의하여 해로울 수 있고, 많은 비용의 이유가 될 수 있다. 이와 같은 무기물이 풍부한 물은 물의 맛에 영향을 미치거나 시설과 수도관에 침전물을 만들 수 있으며, 비누거품을 만들지 못하게 할 뿐만 아니라 비누때가 세탁물에 남아있게 한다. 즉 물에 높은 농도의 칼슘 이온(Ca^{2+})과 마그네슘 이온(Mg^{2+})이 녹아 있는 물을 경수(hard water)라 하고, 이들 이온들은 중탄산염 및 황산염의 형태로 물에 존재한다. 반면에 칼슘 이온과 마그네슘 이온이 거의 녹아 있지 않는 물을 연수(soft water)라 한다. 물의 경화로 인하여 가장 흔히 나타나는 현상은 칼슘 이온과 마그네슘 이온이 비누의 성능을 저하시키는 것이다. 그들은 비누와 반응하여 용액에서 분리되어 물에 녹지 않는 화합물을 만든다. 이 불용성 화합물은 경수에서 세탁한 옷에 묻은 찌꺼기들이다. 따라서 많은 양의 비누가 이들 앙금과 결합하므로 세탁하는데 연수에서보다 경수에서 더 많은 비누가 필요하게 된다.

물은 Na^+, K^+ 등의 다양한 이온과 당, 아미노산 등 생물체의 다양한 구성 성분을 쉽게 녹이는 생물학적 용매이다. 물에 녹지 않는 지질과 아미노산은 막(membrane)과 같은 초분자 구조와 3차구조의 단백질을 형성한다.

(1) 친수성 분자

물의 쌍극자 구조와 수소결합 때문에 이온화 물질과 극성 물질을 쉽게 녹일 수 있다. 이온결합을 한 NaCl과 같은 염은 물에 의하여 이온화된다. 즉 NaCl이 물에 녹을 때 극성의 물 분자가 Na^+과 Cl^-이온 사이의 상호인력보다 더 강하게 이온들을 끌기 때문에 물 분자는 양이온과 음이온 주위를 둘러싸게 된다. 이러한 현상을 용매화 구형(solvation spheres)이라 한다.

이온들이 수화되면서 그들 사이의 인력이 감소하고, 전하를 띤 이온들이 녹는다. 이온들 사이의 인력을 감소시키는 용매의 능력은 유전상수로 측정한다.

생체분자들은 이온결합과 정전기적 상호작용 같은 분자간 작용을 통하여 서로 인식하고 결합하기 때문에, 이러한 상호작용의 약화는 물을 상호작용하는 표면으로부터 제거함으로써 방지할 수 있다. 예를 들어 효소활성 부위 내 기질 분자의 신속한 촉매작용은 촉매표면에서 물을 제거함으로써 가능하다.

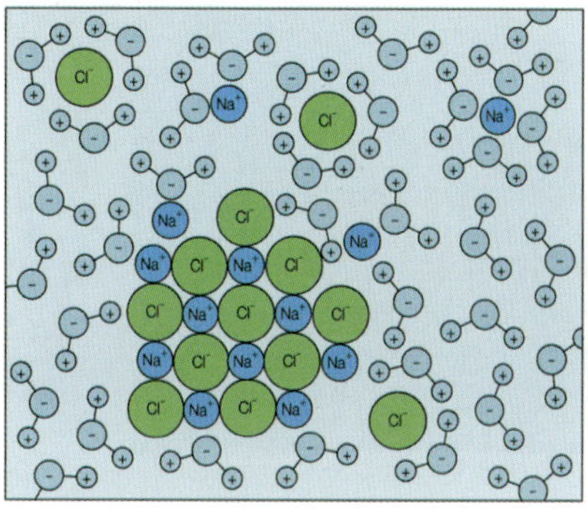

그림 3-8. 물 분자의 용매화 구형

이온결합을 하고 있는 유기분자와 극성의 작용기(functional group)를 갖고 있는 많은 중성 유기 분자들도 물에 잘 녹는다. 이는 이들 분자가 수소결합을 할 수 있기 때문이다. 이러한 수소결합은 물 분자와 알데히드, 케톤의 카르보닐기 그리고 알코올의 수산기 사이에 형성된다. 따라서 물은 설탕, 알코올 그리고 포도당과 같은 극성 물질을 쉽게 용해시킬 수 있다. 또한 대부분의 단백질, 탄수화물, 아미노산 그리고 핵산은 극성분자로 구성되어 있기 때문에 생물분자들은 쉽게 용해된다. 이와 같이 물은 다양한 이온과 극성물질을 녹이기 때문에 만능용매(universal solvent)라고 하는데, 이는 매우 큰 유전상수를 갖는다.

(2) 소수성 분자

소량의 비극성 분자를 물과 혼합할 때 서로 섞이지 않고 비극성 분자끼리 작은 방울(droplet)로 뭉친다. 즉 탄소(C)와 수소(H)의 화학결합에 의하여 형성된 탄화수소(hydrocarbon) 화합물과 같은 소수성 분자는 물에 녹지 않는다. 이와 같은 현상을 소수성 효과(hydrophobic effect)라 한다. 소수성 효과는 비극성 분자 사이의 약한 인력에 의한 것이 아니라 물의 특유한 용매 성질 때문이다.

비극성 분자와 물을 혼합할 때 수소결합 된 물 분자가 비극성 분자 주위에 새장 모양(cagelike)의 구조를 형성한다. 비극성 분자는 서로 반데르발스 힘에 의하여 상호 끌어당기지만 용매화 구형을 형성하는 것은 물 분자 사이에 일어나는 수소결합 때문이다. 이와 같은 소수성 상호작용(hydrophobic interaction)은 막 구조와 단백질의 안정성에 매우 중요한 역할을 한다.

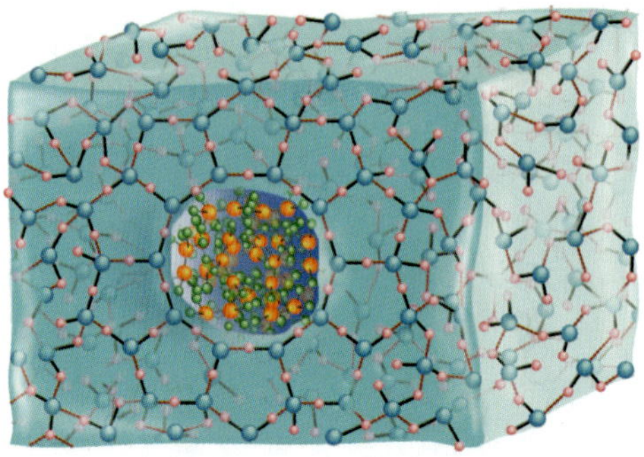

그림 3-9. 소수성 효과

(3) 양극성 분자

한 분자 내에 극성기(polar group)와 비극성기(nonpolar group)를 둘 다 가지고 있는 분자를 양극성(amphipathic) 분자라 한다. 이러한 분자는 생체 내에 존재할 뿐만 아니라 물속에서 여러 가지 구조적 특성을 나타낸다. 예를 들면 이온화된 지방산은 친수성 카르복실산염 기(carboxylate group)와 소수성 탄화수소 기(hydrocarbon group)를 함유하고 있기 때문에 양극성 분자이다. 이와 같은 양극성 분자를 물에 첨가하면 일정 농도 이상에서 미셀(micelle)을 형성한다.

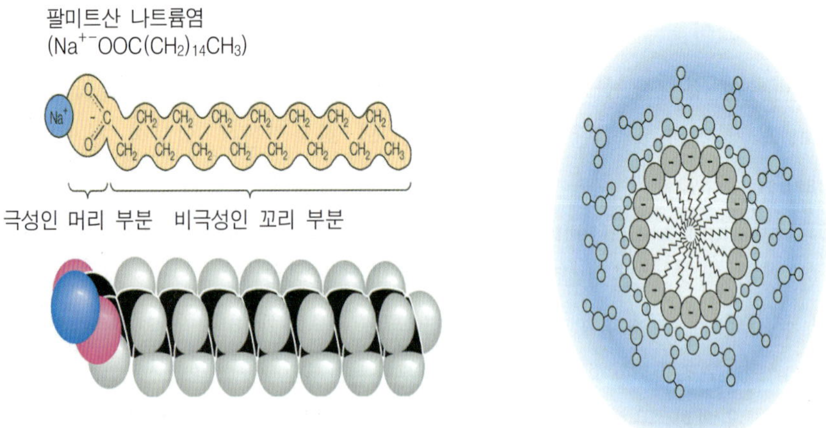

그림 3-10. 양극성 분자와 미셀(micelle)

미셀은 극성인 머리(head) 부분과 비극성인 꼬리(tail) 부분으로 구성되어 있다. 즉 카르복실산염은 머리 부분으로 친수성을 띠며 물과 접촉해 있고, 탄화수소는 꼬리 부분으로 소수성을 띠며 물과 멀리하기 때문에 미셀의 내부에 있다. 물 속에서 스스로 재배열을 하는 양극성 생체 분자는 중요한 특징을 가지고 있다. 즉 생물학적 막의 기본 구조는 인지질의 이중층으로 구성되어 있다. 또한 이러한 양극성 분자는 화장품을 제조하는데 가용화제나 유화제 등의 계면활성제로 이용되기도 한다.

(4) 삼투압(osmosis)

용질이 낮은 농도의 용액으로부터 높은 농도의 용액으로 용매가 반투과성막(semi-permeable membrane)을 통과할 때 생성되는 압력을 삼투압이라 한다. 반투과성 막은 용매는 쉽게 통과시킬 수 있으나 용질이나 이온은 너무 커서 통과시키지 못한다. 용매인 물 분자의 농도가 높은 곳에서 물 분자의 농도가 낮은 곳으로 물 분자가 흐르게 되고, 용액의 물 분자 농도 차가 클수록 막을 통과하는 물의 이동은 빨라진다.

삼투압은 생명활동 과정에서 매우 중요하다. 즉 키가 큰 나무의 뿌리에서 잎으로 물이 올라갈 수 있는 원인 중 하나이다. 또한 생체 내에서 수많은 세포와 조직사이에 에너지가 사용되지 않고 물질이 이동할 수 있는 수동적 과정 중의 하나이다. 이와 같은 수동적 과정은 삼투 이외에도 확산과 여과 등이 있다.

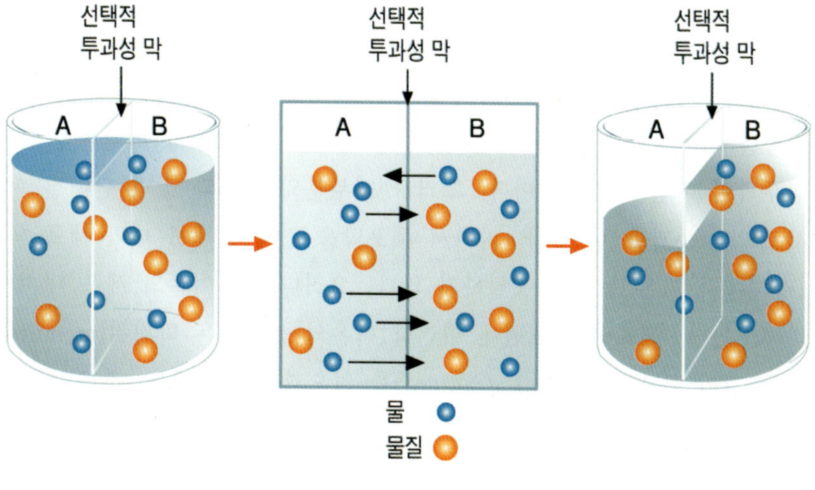

그림 3-11. 삼투압

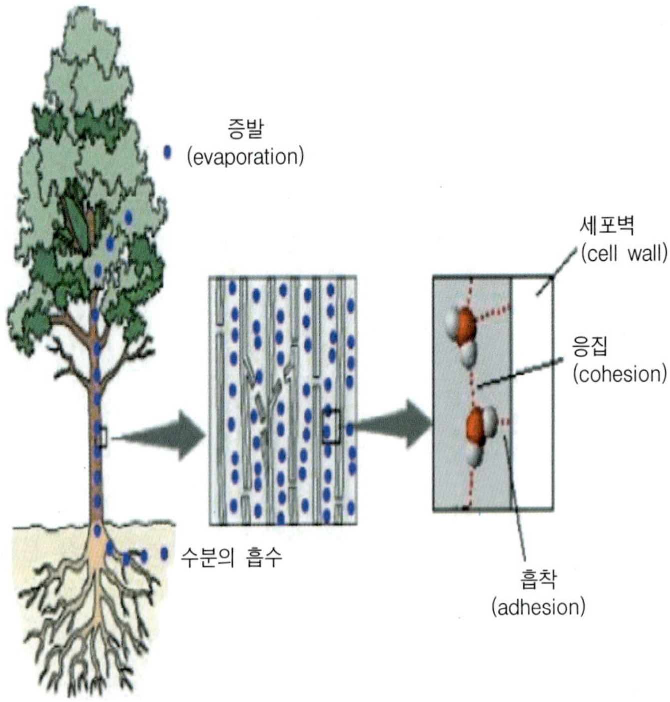

그림 3-12. **삼투압에 의한 수분의 이동**

일반적으로 세포 내에 함유되어 있는 고분자는 비교적 낮은 세포 삼투몰 농도에 직접적인 영향을 미치지는 못한다. 그러나 단백질과 같은 고분자는 많은 이온화 작용기를 가지고 있다. 이러한 이온화 작용기에 결합된 반대 전하의 이온은 세포 내 삼투몰 농도에 영향을 미치게 된다. 세포막은 여러 가지 이온, 영양소와 노폐물을 통과시키기 때문에 삼투막이 아닌 투과성막이다. 그러나 대부분의 이온과 달리 단백질 이온화 작용기는 세포막을 통과할 수 없다. 따라서 세포막을 경계로 세포 내와 세포 외의 용액은 평형 상태에서 이온 농도가 동일하지 않다. 그러나 무기이온의 세포 내 농도는 세포 외보다 더 높다. 세포막의 표면에 이러한 이온의 불균형은 막전위(membrane potential)라는 전기 구배(electrical gradient)를 일으키며, 이는 전기전도, 수동적 과정과 능동적 과정을 조절한다.

이와 같은 돈난효과(Donnan effect) 때문에 삼투압으로부터 유래하는 물 진입에 의하여 세포가 팽창하는 경향이 있다. 따라서 세포는 삼투몰 농도를 조절하여야 한다.

예를 들면 동물세포와 박테리아 세포는 Na^+와 같은 무기이온을 세포 밖으로 펌프하는데, 이와 같이 에너지를 이용하여 물질을 이동하는 능동적 과정에 의하여 세포 부피를 조절한다.

세포 내와 세포 외의 평형이 유지되지 못하면 세포의 모양과 부피가 변형된다. 즉 세포와 주변 환경 사이에서 작은 용질 평형의 변화에도 세포는 삼투압의 변화로 인하여 손상을 받을 수 있다. 그러나 동물과 같은 다세포 생물의 경우 각 세포는 보통 심각한 삼투몰 농도의 변화에 노출되어 있지 않다. 하지만 세포는 정상적인 대사과정에서 발생하는 내부의 여러 가지 변화에 지속적으로 영향을 받는다. 예를 들면 탄수화물, 지방산, 아미노산과 같은 영양소의 흡수와 H^+, CO_2 등과 같은 노폐물의 배설 그리고 단백질, 글리코겐과 같은 고분자의 합성과 분해 등은 삼투의 불균형을 유발시킨다.

그림 3-13. 저장액과 고장액이 동물세포에 미치는 영향

4) 물의 이온화

물은 수소이온 또는 양성자(protone, H^+)와 수산화 이온(OH^-)으로 이온화 한다. 그러나 실제 해리된 물의 수용액에서는 양성자가 존재하지 않고, 양성자가 물과 결합하여 히드로니움 이온(hydronium ion, H_3O^+)으로 존재한다. 물의 이온화 반응에서 양성자(H^+)는 편의상 사용된다.

물의 해리는 다음과 같다.

$$H_2O \rightleftharpoons H^+ + OH^-$$

$$Keq = \frac{[H^+][OH^-]}{[H_2O]}$$

K_{eq}는 반응의 평형상수(equilibrium constant)이다. 물의 순수한 농도는 물 1L 속에 있는 그램(g)수, 즉 1000g을 물의 분자량(18g/mol)로 나눈 값이다. 이는 55.5M이며 어느 용질보다 농도가 훨씬 높기 때문에 보통 상수로 사용한다.

$$K_{eq}[H_2O] = K_{eq} \times 55.5 = [H^+][OH^-] = K_W$$

$K_{eq} \times 55.5$를 물의 이온적(ion product of water, K_W)이라 한다. 25℃에서 물의 이온화 상수는 1.8×10^{-16}M이므로

$$K_W = (1.8 \times 10^{-16})(55.5) = [H^+][OH^-] = 1.0 \times 10^{-14}$$

이는 25℃에서 물의 $[H^+][OH^-]$의 적이 항상 1.0×10^{-14}임을 의미한다. 순수한 물이 해리할 때 양성자의 농도($[H^+]$)와 수산화 이온의 농도($[OH^-]$)는 같다.

$$[H^+] = [OH^-] = 1.0 \times 10^{-7}M$$

따라서 순수한 물의 수소이온 농도($[H^+]$)는 1.0×10^{-7}M이다. 만일 $[H^+] = [OH^-]$이면 그 용액은 중성이다. 그리고 $[H^+] > [OH^-]$인 용액은 산성(acidic)이고, $[H^+] < [OH^-]$인 용액은 염기성(basic)이다. 수소이온 농도는 보통 $100 \sim 10^{-14}$M 범위이고, 이는 $pH = -\log[H^+]$를 측정하는데 사용된다.

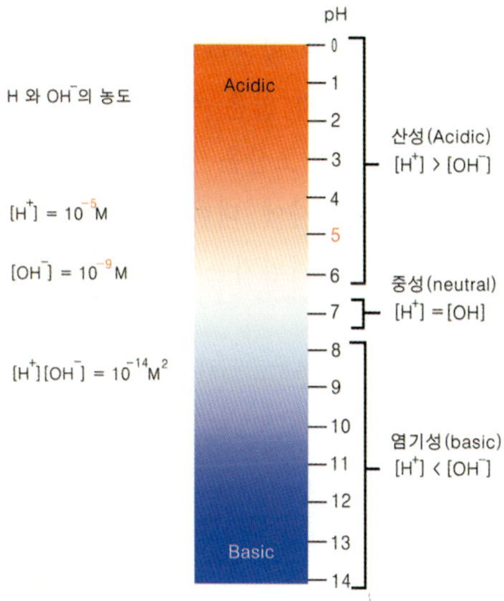

그림 3-14. 수소이온 농도

(1) 산과 염기, pH

생물계에서 수소이온은 가장 중요한 이온 중 하나이며, 수소이온의 농도는 대부분의 세포와 생물체의 대사과정에 영향을 미친다. 예를 들면 단백질의 구조와 기능 그리고 대부분의 생화학 반응 속도는 수소이온 농도에 의해 영향을 받는다. 뿐만 아니라 수소이온은 에너지 생성과 세포내 이입(endocytosis)과 같은 대사 과정에 중요한 역할을 한다.

세포 내 많은 생체 분자들은 산성 또는 염기성을 띤다. Brönsted-Lowry의 정의에 의하면 산은 양성자 공여체(donor)이고, 염기성은 양성자 수용체(acceptor)이다. 염산(HCl)과 같은 전형적인 강산과 수산화나트륨(NaOH)과 같은 강염기는 물에 거의 100% 이온화된다. 강산은 자체 내의 양성자에 대한 친화력이 거의 없기 때문에 쉽게 이온화하여 양성자를 잃는다. 그리고 강염기는 양성자에 대한 강한 친화력을 가지고 있기 때문에 용액으로부터 쉽게 양성자를 받아들인다.

$$HCl \rightarrow H^+(H_3O^+, \text{실제적 이온}) + Cl^-$$

$$NaOH \rightarrow Na^+ + OH^-$$

그러나 약산(HA)은 자체의 양성자에 대한 강한 친화력을 가지고 있기 때문에 강산처럼 자신의 양성자를 쉽게 내어 놓지 않는다. 따라서 약산은 한정된 이온화반응만 일어난다. 산의 대부분은 계속 해리되지 않은 형태로 존재한다. 유기산 중 초산은 대표적인 약산이다. 물이 들어있는 컵에 초산을 첨가하면 초산의 대부분(약 99%)은 비해리 형으로 존재한다. 약염기는 양성자에 대한 친화력이 거의 없으며, 용액 상에서 쉽게 양성자를 받아들이지 못한다. 유기염기는 많지 않지만 약염기는 아미노기를 가지고 있다.

유기산의 해리는 다음과 같다.

$$\underset{\text{약산}}{HA} \rightleftharpoons H^+ + \underset{\text{약산의 짝염기}}{A^-}$$

해리반응에 의하여 약산(HA)이 양성자(H^+)를 잃고 A^-가 되는데, 이때의 A^-를 짝염기(conjugate base)라 한다. 예를 들면 초산(CH_3COOH)은 해리하여 짝염기인 초산염(CH_3COO^-)을 형성한다.

pH란 용액 중의 양성자의 농도를 측정하는 단위이며, 양성자의 농도($[H^+]$)를 음의 대수로 나타낸 것이다.

$$pH = -\log[H^+]$$

순수한 물의 경우 양성자의 농도($[H^+]$)가 10^{-7}M이므로 pH = 7로써 중성을 나타낸다. 양성자의 농도($[H^+]$)가 10^{-7}M보다 더 큰 농도의 용액은 산성($pH < 7$)이고, 반면에 10^{-7}M보다 더 적은 농도의 용액은 염기성($pH > 7$)이다. 또한 이러한 값은 산술적인 값이 아니라 대수값이다. 즉 2개의 용액에서 pH가 1단위만큼 차이가 있는 것은 한쪽 용액의 양성자의 농도($[H^+]$)가 다른 쪽의 10배가 된다는 의미이다.

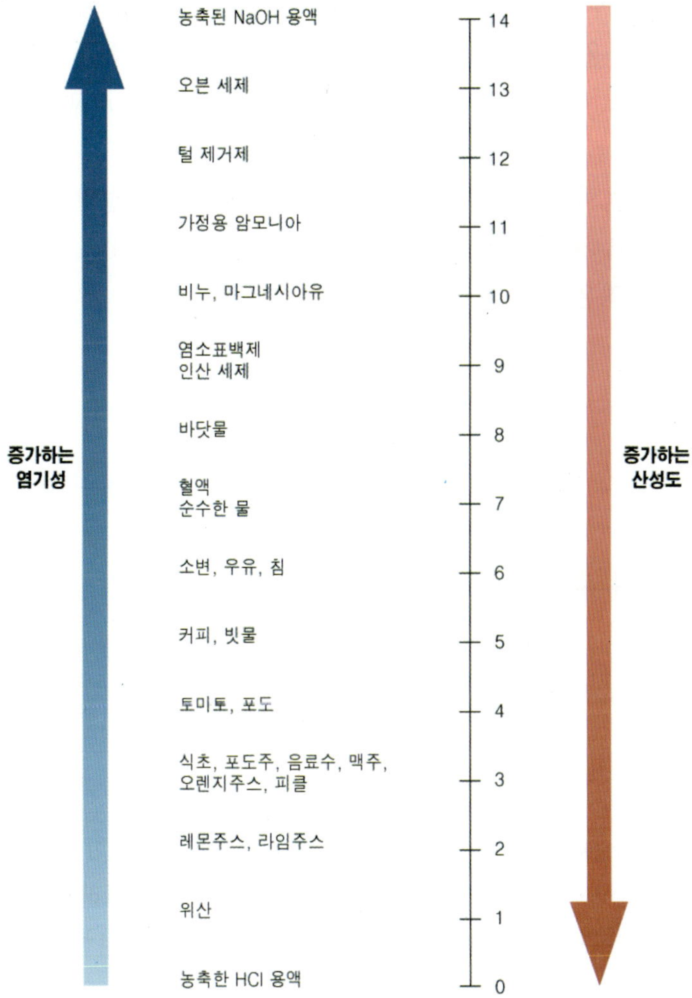

그림 3-15. 실생활에서 사용되는 물질의 pH

(2) 완충용액(buffer solution)

생체는 외부 환경이 변화해도 여러 가지 조절계가 대응하여 내부 환경의 항상성을 유지하고 있다. 생물은 완충용액으로 수소이온의 농도를 일정하게 유지한다. 즉, 과잉의 산 또는 염기가 가해졌을 때 그의 pH 변화에 저항하는 경향을 갖는 수성의 계를 완충용액이라 한다. 이와 같은 완충용액은 약산으로 만들며, 가장 흔한 완충용액은 약산과 그의 짝염기로 구성된다. 완충용액은 그 구성 성분의 평형 때문에 pH 변화를 억제한다. 그리고 완충용액은 평형상태에서 한 반응에 어떤 변화를 가하면 그 변화를 제거하려는 방향으로 평형이 일어난다는 르샤틀리 원리(Le Chatelier's principle)에 의하여 작용한다.

완충용액의 작용을 이해하기 위하여 다음과 같이 예를 들어 설명하고자 한다.

① 용액에 약산(HA)이 존재한다.

② 약산은 매우 적은 양이 해리된다.

$$HA \rightarrow H^+ + A^-$$

③ 대부분의 약산은 HA 상태로 존재하며, 해리된 H^+와 A^-는 단지 한정된 양만 존재한다.

④ 여기에 과잉의 강염기(OH^-)를 첨가하면

$$\begin{array}{ccccl} HA & \rightarrow & H^+ & + & A^- \\ & & \downarrow & \curvearrowleft & OH^-(\text{과잉}) \\ & & H_2O & & \end{array}$$

⑤ 과잉의 OH^-가 첨가되면 OH^-은 소수의 H^+과 중화반응을 한다.

⑥ 이것은 평형상태를 깨뜨리고 더 많은 HA를 H^+와 A^-로 해리시킨다.

⑦ 새로이 생성된 H^+는 더 많은 OH^-와 반응하여 물을 형성한다. 이러한 과정이 모든 OH^-가 중화될 때까지 계속된다.

⑧ 그러므로 HA가 더 많이 H^+와 A^-로 해리되기 때문에 HA의 농도가 감소하고 A^-농도는 증가한다. 만약 원래부터 충분한 HA가 존재한다면 과잉의 OH^-를 중화하여 그 용액의 pH는 거의 혹은 전혀 변화되지 않음을 볼 수 있다.

아세트산(acetic acid)과 아세트산염 나트륨(sodium acetate)으로 구성된 아세트산염 완충용액의 예이다. 완충용액은 아세트산염과 아세트산의 혼합용액이 적정 pH와 이온 강도의 평형을 이루려는 데에서 만들어 진다.

만약 수소이온을 첨가하면 아세트산염 음이온(acetate anion)과 반응하여 아세트산이 되어 약간의 $[H^+]$에 변화가 있다.

$$H^+ + CH_3COO^- \rightarrow CH_3COOH$$

수산기가 첨가되면 자유로운 수소이온과 결합하여 물이 생성되고 아세트산염이온으로 평형이 약간 변하고 pH도 달라진다.

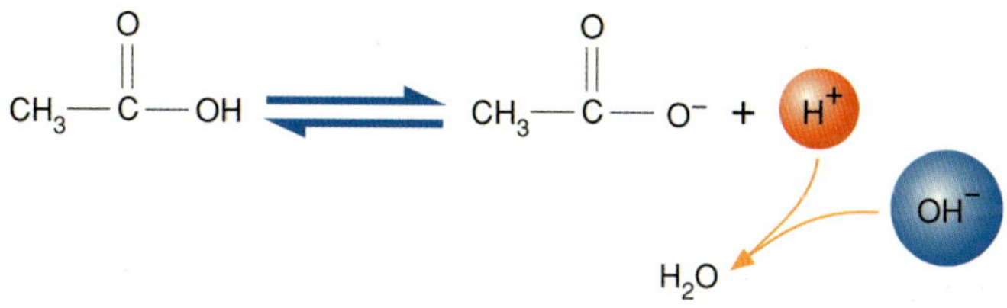

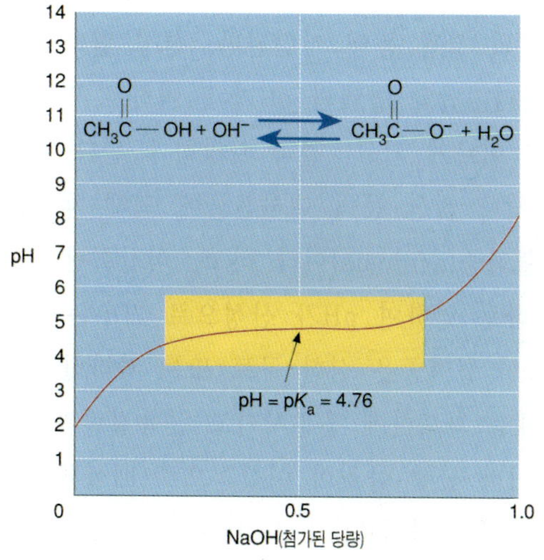

그림 3-16. NaOH를 사용한 아세트산의 적정

정상적인 혈액의 pH는 7.4이며, 여러 가지 요인에 의하여 변화가 있더라도 혈액의 pH는 7.35 ~ 7.45의 범위에 있다. 이러한 pH를 유지하지 못하고 7.4를 벗어나게 되면 병에 걸리게 되고, 제대로 교정하지 않으면 생명을 잃을 수도 있다. 혈액의 pH가 7.35 이하로 떨어지면 산성 혈액증(acidosis)이라 하고, 7.45 이상으로 오르면 알칼리성 혈액증(alkalosis)이라 한다.

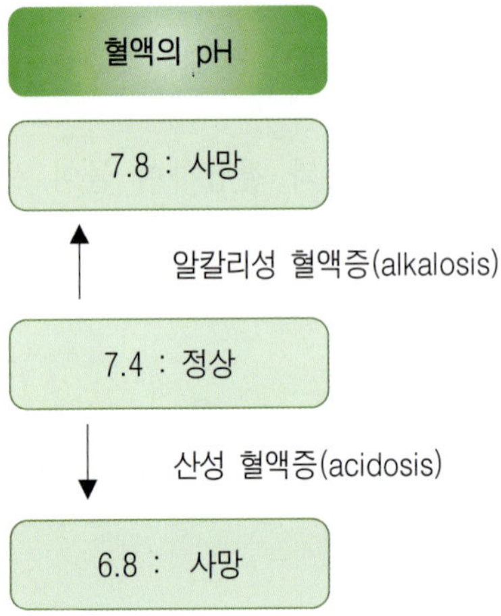

산성 혈액증은 조직의 과도한 농도의 산 생산, 체액으로부터 염기 손실 또는 신장의 산성 대사 물질 배설의 결핍 등에 기인된다. 산성 혈액증은 당뇨병이나 기아상태(starvation)에서 발생한다. 만약 혈액의 pH가 7 이하로 떨어지면 중추신경계의 기능이 저하되어 혼수상태에 이르게 되고, 결국 사망하게 된다. 즉 당뇨병이나 심한 운동 등에 의해 생산된 케톤체나 젖산 등의 대사산물에 의해 체액의 pH가 산성으로 기우는 것을 대사성 산성 혈액증(acidosis)이라 하고, 이산화탄소의 생산이 높아졌음에도 불구하고 그 배설의 저하로 인하여 pH가 산성으로 기우는 것을 호흡성 산성 혈액증이라 한다. 또한 알칼리성 혈액증은 심한 구토 또는 과다한 양의 알칼리성 약물 복용 시 나타나며, 중추신경계를 과도하게 흥분시키고 근육경련과 호흡장애를 일으킨다. 심한 구토 등으로 전해질이나 산성 물질이 이상적으로 배설되어 체액의 pH가 알칼리로 기우는 것을 대사성 알칼리성 혈액증(alkalosis)이라 하고, 과호흡에 의하여 이산화탄소의 배출이 항진되어 체액의 pH가 알칼리성으로 기우는 것을 호흡성 알칼리성 혈액증이라 한다.

이와 같이 특별한 질병이나 생리적인 변화로 인하여 중탄산염(HCO_3^-) 농도가 변하는 것을 대사효과(metabolic effect)라 하며, 비정상적인 세포 대사로 인하여 발생한다. 탄산(H_2CO_3)의 농도 변화가 일어나는 상태를 호흡효과(respiratory effect)라 하며, 혈액 내에 녹아 있는 CO_2의 농도는 호흡에 의하여 조절되기 때문이다.

(3) 생리적 완충용액

사람 혈액의 pH를 7.4로 유지하는 4가지의 중요한 완충계가 있다. 즉 중탄산 완충계, 인산완충계, 단백질완충계 그리고 혈색소계 등이다. 각 완충용액은 생체 내의 생리적 변화 등에 중요한 영향을 미친다.

① 중탄산완충계(carbonic acid/bicarbonate, H_2CO_3/HCO_3^-)

중탄산완충계는 혈액에서 가장 중요한 완충용액으로 작용한다. 이러한 완충용액의 성분 중 이산화탄소(CO_2)는 물과 반응하여 탄산(H_2CO_3)이 생성된다. 탄산(H_2CO_3)은 carbonic anhydrase에 의하여 적혈구에서 만들어진다.

$$CO_2(d) + H_2O \rightarrow H_2CO_3$$

적혈구의 세포질과 혈장에 녹아 있는 CO_2를 $CO_2(d)$로 나타낸다. 이 용해된 $CO_2(d)$는 허파에 있는 기체상의 CO_2와 평형을 이루고 있다.

$$CO_2(\text{허파에 존재}) \rightleftharpoons CO_2(d)$$

호흡에 의한 기체상의 CO_2 분압은 일정하며, 혈액 내에 용해되어 있는 CO_2의 농도를 조절한다. 그러므로 혈액 내의 용존 CO_2 농도는 비교적 일정한 수준으로 유지된다. 생성된 탄산(H_2CO_3)은 약산이며, 양성자(H^+)와 중탄산염(HCO_3^-)으로 해리된다.

$$CO_2(d) + H_2O \rightleftharpoons H_2CO_3 \rightleftharpoons H^+ + HCO_3^-$$

중탄산염(HCO_3^-)의 농도는 신장에 의하여 조절된다. 중탄산염의 농도가 감소하면, 신장은 혈액으로부터 양성자를 제거하여 평형을 오른쪽 방향으로 이동시키고 중탄산염의 농도를 증가시킨다. 이 과정에서 감소된 탄산(H_2CO_3)은 세포 대사의 노폐물인 CO_2의 수화작용에 의하여 보충된다. 중탄산염이 과량 생성되면 신장에 의하여 배설된다. 따라서 산이 신체 내 중탄산염계에 첨가되면 중탄산염(HCO_3^-)의 농도는 감소하고 CO_2가 생성된다. 그러나 과량의 CO_2가 방출되기 때문에 HCO_3^-와 CO_2의 비율은 거의 일정하게 유지된다.

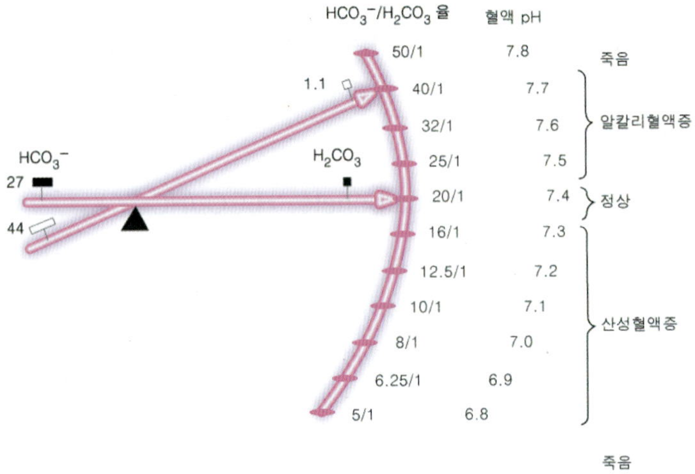

그림 3-17. $[HCO_3^-]$ / $[H_2CO_3]$과 혈액의 pH

탄산(H_2CO_3) / 중탄산염(HCO_3^-) 농도의 비율에 따라 여러 가지 질병이 발생한다. 즉 $[HCO_3^-]$ / $[H_2CO_3]$에 의한 혈액의 pH가 현저하게 달라진다. 혈액의 가장 효율적인 완충능을 갖는 것은 중탄산염(HCO_3^-)의 농도가 탄산(H_2CO_3)의 농도에 비하여 20배일 때이다. 즉 혈액은 $[HCO_3^-]$ / $[H_2CO_3]$ = 20 / 1의 경우에 가장 효율적인 완충능을 갖는다.

② 인산완충계(hydrogen phosphate/dihydrogen phosphate, HPO_4^{2-}/$H_2PO_4^-$)

인산완충계는 혈액의 pH가 7.4의 영역 내일 경우에는 혈액 속의 인산수소(hydrogen phosphate, HPO_4^{2-})와 인산이수소(dihydrogen phosphate, $H_2PO_4^-$)의 농도(4mEq/L)가 너무 낮아 영향을 크게 미치지 못한다. 그러나 세포 내에서는 이와 같은 물질의 농도(75mEq/L)가 높기 때문에 세포 내 유동액의 중요한 완충작용을 한다. 즉 세포 내에서 인산완충계(HPO_4^{2-}/$H_2PO_4^-$)의 작용에 의하여 비교적 일정한 세포 내 pH를 유지한다.

$$H_2PO_4^- \rightleftharpoons H^+ + HPO_4^{2-}$$

세포 유동액의 정상 pH가 7.2(6.9 ~ 7.4)이기 때문에 HPO_4^{2-}의 농도와 $H_2PO_4^-$의 농도는 거의 같다. 이와 같은 인산완충계는 세포의 완충작용이 매우 크다.

③ 단백질완충계

생물체 내의 단백질 농도는 높고, 단백질 구조상 아미노산 곁사슬의 이온기가 양성자(H^+)를 주고받을 수 있기 때문에 강력한 완충작용을 하는 완충용액이 된다. 예를 들면 헤모글로빈의 구조와 세포 내 높은 농도 때문에 혈액의 pH를 유지하는데 중요한 역할을 한다. 또한 높은 농도로 존재하고, 혈액을 완충작용하는 물질로서 혈청 알부민(serum albumin)과 다른 단백질이 있다.

5) 체 액(body fluid)

일반적으로 신체 내에 유기질과 무기질이 녹아 있는 모든 액상 성분을 체액이라하며, 그 양은 체중의 50 ~ 70%(40L)나 된다. 제지방(lean muscle) 조직은 73%가 수분이고, 지방 조직은 약 20%가 수분이다. 따라서 체지방 함량이 증가할수록 신체 내 총 수분의 함량은 50%까지 감소한다.

일반적으로 성인 남자의 경우 수분은 체중의 60%를 차지한다. 그러나 성인에 비하여 어린이의 경우에는 체액의 함량이 많지만 노인의 경우에는 체액이 감소한다. 체내에서 수분은 세포막을 통해 세포 내부와 외부로 이동한다. 인체를 구성하는 세포의 세포막 밖에 있거나 혈액(intravascular fluid, 혈류와 림프의 수분)에 있는 체액은 세포외액(extracellular fluid)이라 하고, 세포내에 있는 체액을 세포내액(intracellular fluid)이라 한다.

세포외액은 체중의 20% 정도이고, 세포내액은 체중의 40% 정도이다. 세포외액은 혈관 내에 있는 순환혈장(plasma)과 세포와 세포사이에 있는 세포 간질액(interstitial fluid) 혹은 조직액(tissue fluid)으로 구분한다. 순환혈장은 세포외액의 20%, 세포간질액을 세포외액의 80%를 차지한다. 세포간질액은 조직세포와 혈액 간의 운반 연결부를 형성한다. 세포내액과 세포외액은 전해질 조성에서 상당한 차이가 있으며, 세포 내의 항상성을 유지하기 위하여 끊임없이 물질이동이 이루어지고 있다.

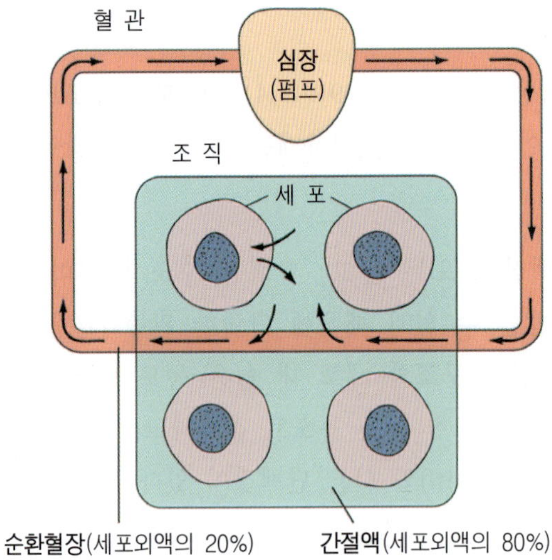

그림 3-18. 세포내액과 세포외액의 물질 이동

그러나 뇌척수액과 안방수, 흉막액, 심막액, 복막액, 관절액, 소화액, 복강액, 요 그리고 각종 분비선의 액체와 같이 세포외액에는 속하지만 그 구분이 명확하지 못하는 특수체액을 세포횡단액(transcellular fluid)이라고도 한다.

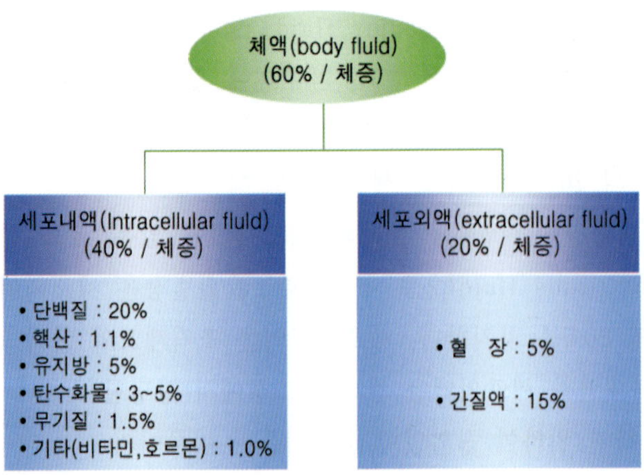

그림 3-19. 체액의 성분

세포내액은 유기물질이 많고 무기물질은 적다. 세포외액보다 세포내액의 농도가 높은 물질들은 K^+, Mg^{2+}, 아미노산 등이다. 특히 세포막에 아미노산의 능동적 운반이 있을 뿐만 아니라 단백질 상태로 결합되어 있는 아미노산까지 포함하고 있기 때문에 아미노산의 경우 세포내액의 농도가 훨씬 높다. 또한 지질도 세포막과 세포내 포함물들의 주된 성분이기 때문에 훨씬 많으며, 중성지질과 인지질 및 콜레스테롤 등으로 존재한다.

표 3-2. 세포내액과 세포외액의 화학적 성분

화학성분	세포내역	세포외액
Na^+	10mEq/L	142mEq/L
K^+	141mEq/L	4mEq/L
Ca^{++}	0mEq/L	5mEq/L
Mg^{++}	62mEq/L	3mEq/L
Cl^-	4mEq/L	103mEq/L
HCO^-_3	10mEq/L	28mEq/L
phosphate	75mEq/L	4mEq/L
SO^-_s	2mEq/L	1mEq/L
glucose	0~20mg%	90mEq/L
aminoacid	200mg%	30mg%
cholesterol phospholipid neutral fat	2~5mg%	0.5mg%
P_{O2}	20mmHg?	35mmHg
P_{CO2}	50mmHg?	46mmHg
pH	7.1?	7.4

세포외액은 세포막을 통해 세포내액과 물질 교환이 일어난다. 전해질 농도 차에 의하여 세포내액과는 뚜렷한 차이를 보인다. 즉 Na^+, Ca^{2+}, Cl^- 등의 농도는 세포내액보다 몇 배나 높지만 K^+, Mg^{2+} 및 인산기 등의 농도는 훨씬 낮다. 이러한 결과는 세

포막의 투과성 차이와 능동적 운반에 의한 것으로써 근육이나 신경세포에서의 막전위를 생성하는 원인이 된다. 또한 산소는 세포내액 보다 더 많으나 이산화탄소와 전반적인 영양물질은 더 적다.

(1) 체액의 변화 원인

① 지 방

체액의 함량은 주로 체내 지방의 함량에 따라 변화되며, 지방의 함량이 많을수록 수분의 함량 비는 감소한다. 21 ~ 23세의 평균 지방 함량은 남자가 12.4%이고, 여자가 21.0% 정도이므로 체액은 여자보다 남자가 많다.

② 전해질 Na^+, K^+

체내의 전해질에 가장 많이 존재하는 Na^+, K^+은 체액의 분포와 보존에 가장 큰 영향을 미친다. 주로 Na^+은 세포외액, K^+은 세포내액에 존재하며, 이들 농도의 변화에 따라 삼투압 차에 의하여 수분의 이동이 일어난다.

③ 분자량이 큰 유기물(주로 단백질)

전체 체액의 변화에는 영향을 미치지 않으나 혈장 단백질은 혈액과 조직액을 교환하는데 매우 중요한 역할을 한다. 즉 기근으로 혈장 단백질의 함량이 낮아지면 혈관 내의 물이 세포 내로 이동해서 부종이 생긴다.

④ 분자량이 적은 유기물(글루코오스, 요소, 아미노산)

분자량이 적은 유기화합물은 쉽게 세포막을 통하여 확산되므로 물의 분포에 중요하지 않지만 대량 존재할 경우 수분을 보존하는데 도움이 되므로 전체 체액에 영향을 미친다.

⑤ 기타 성분

중성지질(triglyceride), 인지질, 콜레스테롤 등을 포함하는 지질과 젖산, 요산, 크레아틴 등도 전체 체액에 변화시키는 원인이 될 수 있다.

(2) 부 종(edema)

체액의 수분과 전해질은 적당량의 섭취와 배설에 의하여 항상 평형을 유지하고 있다. 그러나 여러 가지 원인에 의하여 혈관과 조직 사이에서 액체 이동의 압력 변화가 발생한다. 그 결과 세포와 세포 사이의 수분, 즉 조직액이 많아지면서 조직압이

2mmHg 보다 높은 상태가 되는 순환장애가 일어난다. 이러한 현상을 부종이라 한다. 부종이 발생하는 이유는 다음과 같다. 첫째, 모세혈관내 액압이 비정상적으로 상승하면 조직 속으로 액체가 빠져나가 조직압이 상승하게 된다. 둘째, 일반적으로 혈장단백질인 알부민에 의하여 형성되는 압력을 혈장교질삼투압이라 한다. 영양실조 등으로 혈장단백질이 감소되면 혈장교질삼투압이 저하되고, 이로 인하여 모세혈관 내의 액체가 조직으로 빠져나가 부종을 일으킨다. 셋째, 여러 독성 물질 등에 의하여 모세혈관 벽의 투과성이 증가되면 직경이 큰 혈장단백질 등이 조직으로 빠져나가게 되고, 조직의 교질삼투압이 증가 되어 부종이 일어난다. 넷째, 림프관 폐쇄로 인하여 조직으로 나온 혈장성분이 회수되지 못할 경우 부종이 야기된다.

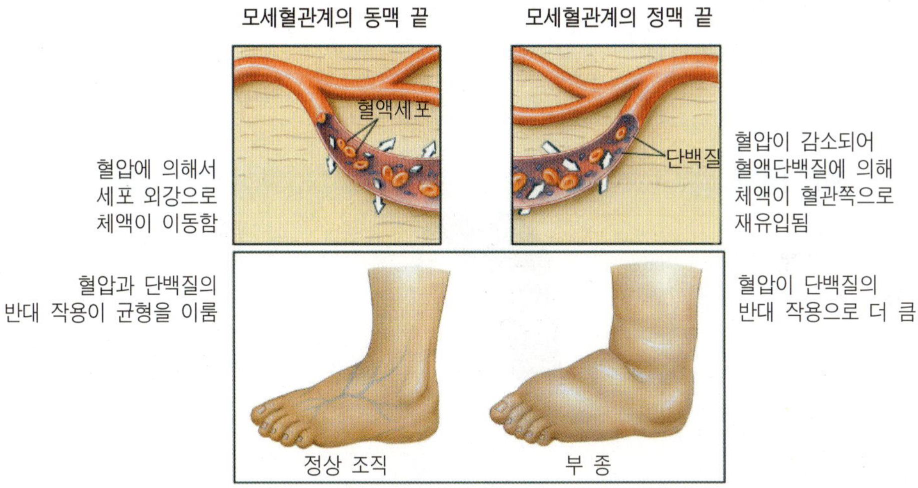

그림 3-20. 부 종

(3) 물의 섭취와 배설

생체의 수분은 주로 물, 음식물, 영양소의 산화에 의한 대사수 등의 수분 섭취와 소변, 대변, 피부나 폐에서의 불감증설, 땀에 의한 수분배설에 의존하고 있다. 이러한 조절에 의하여 체액의 항상성이 유지되고 있다.

물의 섭취량은 하루에 2500mL 정도이다. 물 또는 기타 음료로 섭취하는 양이 1,200mL 정도이고 음식물 속의 수분으로 섭취하는 양이 1,000mL 정도이며 대사수가 300mL 정도이다. 생체 내에서 섭취된 영양소가 산화되는 과정에서 생성되는 물을 산화수(oxidation water) 혹은 대사수(metabolism water)라고 한다.

또한 피부의 표면에서 땀에 의하지 않은 수분이나 호흡에 의해 폐로부터 물을 잃게 되는 등 사람이 의식하지 않고 수분이 손실되는 물을 불감증설(insensible perspiration)이라 한다. 하루에 체표면으로만 약 600mL가 불감증설에 의하여 수분을 잃기 때문에 일상생활에서 600 ~ 900mL가 불감증설량이다. 섭취하는 수분의 양에 의해서도 영향을 받지만 하루 소변의 양은 약 1,500mL 정도이다. 정상적인 신장의 사구체에서는 1분에 약 125mL의 비율로 수분이 여과되며, 그 99%가 재흡수되고 있다. 수분을 잃은 경로는 신장, 장, 폐, 피부 등이지만 일부는 눈물, 타액, 콧물 등이고 유즙으로도 수분을 잃게 된다. 성인은 하루에 2,000 ~ 2,500mL의 물을 섭취하고, 배설의 양과 거의 평형을 유지한다.

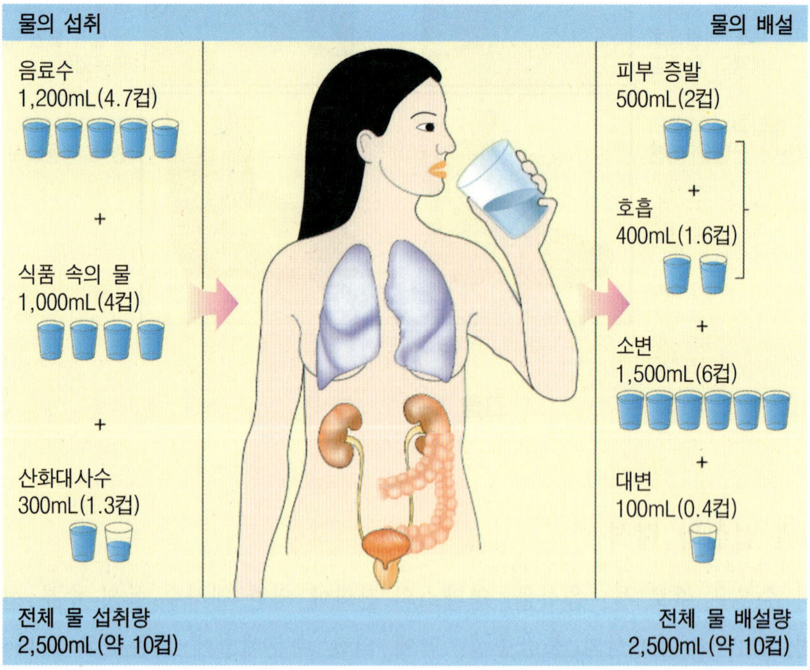

그림 3-21. 물의 섭취와 배설

표 3-3. 성인의 하루 물 섭취량과 배설량

섭취량(mL)		배설량(mL)	
음료수	1,200	소 변	1,500
음식물 중의 물	1,000	대 변	100
대사수	300	불감증설	900
계	2,500	계	2,500

수분 섭취량이 매일 약 1,200mL 이하이면 체액이 점점 농축되어 간다. 이와 같은 상태에서는 강한 갈증을 느껴 물을 찾게 되며, 점점 체중도 감소된다. 이 상태를 물 결핍성 탈수증이라 한다. 특히 유아의 경우에는 물 결핍 때문에 체온이 상승되어 고열이 나기도 한다.

이와 같은 수분의 섭취와 배설은 생리적 기능에 의하여 조절되고, 체액량이 일정하게 조절된다. 혈액이 손실되면 1차적으로 수분은 조직에서 혈액쪽으로 이동하게 되고, 2차적으로 세포내액이 이동하게 된다. 이렇게 수분이 부족하게 되면 타액 분비가 감소되고, 구강 내의 점막은 건조하게 된다. 구강 점막의 건조로 갈증을 느끼게 된다. 이와 같은 감각신경은 구심신경으로 시상하부에 있는 물의 섭취 중추에 전달된다. 전달된 흥분은 시상하부에서 다시 원심신경을 통하여 흥분을 전달하여 물을 섭취하게 한다. 적당한 물의 섭취는 위의 팽대를 가져오게 되고 위점막의 자극은 반사적으로 물 섭취 행위를 중지하게 된다.

(4) 탈 수(dehydration)

어떤 이유로 수분 섭취가 제한되거나 손실이 많아졌을 때 탈수 현상이 나타난다. 이때 세포외액은 농축되어 고장액이 되며, 세포 내의 수분은 세포 외로 이동하기 때문이다. 또한 물의 과다 섭취에 의해 탈수현상이 나타나는 경우도 있다.

① 물을 과다 섭취하면 상대적인 전해질 결핍으로 세포외액의 Na^+이 상대적으로 결핍됨으로써 저장성을 초래하여 물이 세포 내로 들어가 부종을 일으킨다.

② 세포 외액의 감소로 혈액량이 감소하고, 이로 인하여 혈압의 저하, 혈행의 완만 그리고 신장 기능의 장해 등을 수반하게 된다.

③ 이러한 경우 몸이 쇠약해지지만 갈증을 호소하지 않으며 소변량도 현저하게 감소되므로 전체 혈장 단백질이 상승되고 혈장의 Na^+와 Cl^- 등의 농도가 감소된다.

탈수는 설사, 구토 등의 소화관 장해에서 주로 발생하고, 그 외에도 진성 당뇨병, 극심한 피로감, 진행성 빈혈, 저혈압, 설사, 소화기 장애 등의 질환과 지나친 화상과 충격 등이 원인이 될 수 있다. 이러한 탈수 증상은 심한 갈증, 구토, 뜨겁고 건조한 체온 조절의 상실 그리고 소량의 소변 등으로 나타난다.

6) 체내 물의 특성과 기능

대부분 세포는 전 무게의 70 ~ 90%가 물이며, 물은 생명에 필수적이다. 체내에서 물은 $2H_2O \leftrightarrows H_3O^+ + OH^-$와 같이 해리되어 전해질 등을 녹이기 쉽고, 세포내액과 세포외액의 체액 대부분을 차지하고 있다. 물은 성인 남자의 경우 체중의 약 60%, 성인 여자의 경우 약 55%, 소아의 경우 약 70%를 차지하는 주요 구성성분이다. 인체의 뇌는 75%가 물이며, 혈액은 83%, 폐는 90%가 물이다. 고체인 뼈의 경우도 22%의 물을 가지고 있다. 우리 몸은 음식을 먹지 않고 수 주일을 견딜 수 있지만 물을 마시지 않고는 5 ~ 7일 밖에 견디지 못한다. 우리 몸은 수분이 1%만 감소해도 갈증을 느끼게 된다. 5%의 수분이 감소하면 근육의 힘이 감소한다. 10%의 수분을 잃게 되면 일시적인 정신착란이 일어나거나 시야가 흐려지게 된다. 20%의 수분이 감소하게 되면 사망에 이르게 된다. 이것은 수분이 탄수화물, 지방, 단백질, 비타민이나 무기질보다 더 중요해서가 아니라 체내 수분저장고가 없기 때문이다. 물은 체내에서 여러 가지 기능을 한다.

① 체내에 필요한 여러 가지 성분을 용해하는 용매로 작용하고, 생체 내의 화학반응을 용이하게 한다.

② 전해질을 녹여 그 균형을 유지한다. 삼투압의 평형이 유지되어 세포의 물리적 형태를 유지할 수 있다.

③ 혈액의 약 80%를 차지하는 수분은 영양소 등의 수송, 체내에서 생산한 불필요한 대사물인 체내 노폐물을 제거하는 중요한 운반체이다. 체내의 이롭지 않은 대부분의 물질은 수용성이고, 소변을 통해 외부로 방출된다. 게다가 간은 지용성 물질을 수용성 물질로 전환시켜 지용성 약물과 발암물질을 소변으로 배출한다. 또한 체내 주요 폐기물은 요소이다. 단백질 대사의 부산물은 질소를 함유

하고 있다. 섭취한 단백질의 체내 필요량을 초과하면 과잉의 질소는 요소의 형태로 소변으로 배설된다. 많은 양의 나트륨을 섭취하면 과잉의 나트륨은 소변으로 배설된다. 따라서 소변의 생성은 주로 과잉으로 섭취한 단백질과 염분의 양에 의해 결정된다.

④ 발한작용 등에 의해 체온조절을 한다. 식품 내 화학열량의 약 60%가 체내에서 체열로 전환되고, 오직 40%만이 ATP로 전환된다. 체내의 열에너지가 증가할수록 조직 주변을 둘러싸고 있는 수분은 과잉의 열에너지를 흡수한다. 이때 신체는 땀의 형태로 체액을 분비하고, 이것은 피부 모공을 통해 증발된다. 수분을 증발시키기 위해서 열에너지가 필요하고, 땀이 증발함에 따라 피부에서 열에너지가 사용됨으로써 피부를 차갑게 한다. 만일 이 열이 발산되지 않는다면 체온이 상승하여 효소체계를 방해할 것이다. 땀을 흘리는 것은 체온의 상승을 막는 가장 중요한 방법이다.

⑤ 관절과 내부기관들 사이의 윤활작용을 돕는다. 또한 수분은 침과 담즙, 양수의 기본 물질이다. 양수(amniotic fluid)는 성장하고 있는 태아의 중요한 충격 흡수제로 작용한다.

2. 혈 액(blood)

표 3-4. 혈액의 구성 성분

- 혈 액
  - 유형성분(45%) (혈 류)
    - 적혈구
      - 남 500만/mm^3
      - 여 450만/mm^3
    - 백혈구 (6000~7000/mm^3)
      - 호중구 53%
      - 호산구 3%
      - 호염기구 1%
      - 단구 5%
      - 림프구 30%
    - 혈소판 — 23만/mm^3
  - 무성성분(55%) (혈 장)
    - 혈 청
    - 피브리노겐
      - 유기물
        - 단백질 (7%)
          - 알부민
          - 글로불린
        - 당 질 (0.1%)
          - 글루코오스
        - 지 질
          - 트리아실글리세롤
          - 콜레스테롤
          - 인지질
          - 지방산 등
        - 대사산물
          - 요 소
          - 요 산
          - 케톤체
          - 젖산 등
      - 물
      - 무기질
        - Ca, P, Na, K
        - Fe, Mg 등

순환 혈액량은 체중의 약 8% 혹은 1 / 12 ~ 1 / 13 정도이며, 체중 당 혈액량은 남자가 여자보다 약 20% 정도 많다. 혈액에는 순환 혈액 외에 피부, 간, 비장 등에 체류해 있는 저장혈액(약 2L)이 있다.

1) 혈액의 구성성분

혈액은 45%의 혈구와 55%의 혈장으로 구성되어 있다. 혈구는 적혈구(erythrocyte), 백혈구(leucocyte), 혈소판(blood platelet) 등의 유형성분이고, 혈장(plasma)은 무형성분이다. 적혈구 내에 존재하는 헤모글로빈(hemoglobin)은 산소를 운반하는 것 이외에 이산화탄소의 제거 작용을 한다. 백혈구는 생체방어에 관여하고, 혈소판은 혈액의 응고작용에 관여한다. 혈장은 단백질, 지질, 탄수화물, 전해질 등을 포함하고, 간질 액을 매개로 세포와 물질 교환을 한다.

(1) 혈 구

① 혈 구(erythrocytes, red blood corpucle, RBC)

적혈구는 가장자리가 두껍고 가운데는 얇은 원반형의 무핵세포로 생후에는 골수에서 생산되지만 태생기에는 비장이나 간에서도 만들어진다. 적혈구의 직경이 7.6μm, 두께는 1 ~ 2μm이고 수명은 120일이다. 적혈구는 산소를 조직에 운반하는 헤모글로빈(hemoglobin)이 대부분을 차지하고, 그 외에 약간의 지질로 구성되어 있다. 산소가 많이 함유된 동맥혈액은 선홍색이고, 이산화탄소를 많이 함유한 정맥혈액은 암적색을 띈다.

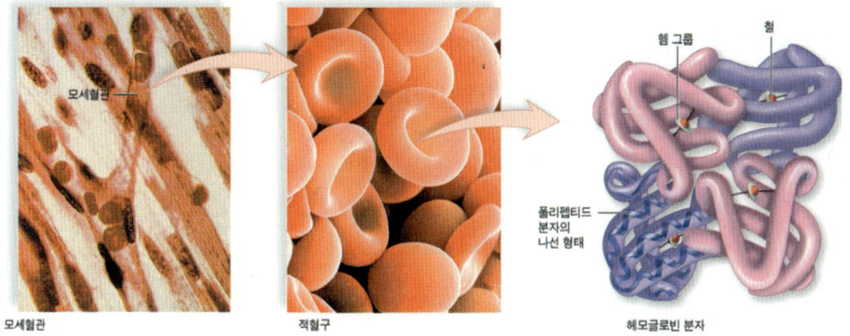

그림 3-22. 적혈구와 헤모글로빈

헤모글로빈은 산소와 결합하는 성질이 있으며, 폐에서 산소와 결합한 헤모글로빈을 옥시헤모글로빈(oxy-Hb)이라 하고 동맥혈관을 통하여 말초조직으로 산소를 운반한다. 또한 말초조직에서 산소와 결합하지 않는 헤모글로빈을 데옥시헤모글로빈(deoxy-Hb) 또는 환원 헤모글로빈이라 하고 정맥혈관을 통하여 폐로 되돌아온다.

$$\text{deoxy-Hb} + O_2 \rightleftarrows \text{oxy-Hb}$$

헤모글로빈이 산소와 결합하여 옥시헤모글로빈으로 되는 비율은 산소의 분압(Po_2)이 높을수록 많아지고, 산소의 분압이 낮을수록 적어진다. 폐포 내에는 산소의 분압이 높기 때문에 혈액이 폐의 모세혈관을 통과할 때 적혈구 내의 헤모글로빈은 산소와 결합하여 옥시헤모글로빈이 되어 선홍색으로 변한다. 이것이 동맥혈(arterial blood)이다. 일반적으로 동맥혈에서는 헤모글로빈의 95% 이상이 옥시헤모글로빈이다.

동맥혈이 조직으로 들어가면 조직은 산소의 농도가 낮기 때문에 옥시헤모글로빈은 산소를 조직쪽으로 방출하여 암적색의 데옥시헤모글로빈이 된다. 이것이 정맥혈(venous blood)이다. 정맥혈에서는 약 25%의 헤모글로빈이 데옥시헤모글로빈으로 되어 있다. 정맥혈은 폐에서 다시 산소와 결합하여 동맥혈이 된다. 이것을 반복함으로써 헤모글로빈은 폐로부터 조직으로 산소를 운반하고 있다. 산소 운반은 헤모글로빈 중에서 특히 햄(heme)의 기능이다.

폐포 중에서 산소분압은 약 100mmHg이기 때문에 헤모글로빈의 90% 이상은 옥시헤모글로빈이다. 그러나 말초조직에서의 산소분압은 약 35 ~ 40mmHg에 지나지 않기 때문에 헤모글로빈으로부터 산소가 해리되고, 옥시헤모글로빈은 60% 이하로 감소된다. 즉 헤모글로빈은 말초조직에서 산소를 공급하기 쉬워진다.

헤모글로빈의 또 다른 기능은 혈장이 조직으로부터 폐포로 이산화탄소 운반을 돕는다. 이것은 헤모글로빈 중에서 글로빈(globin)의 기능이다.

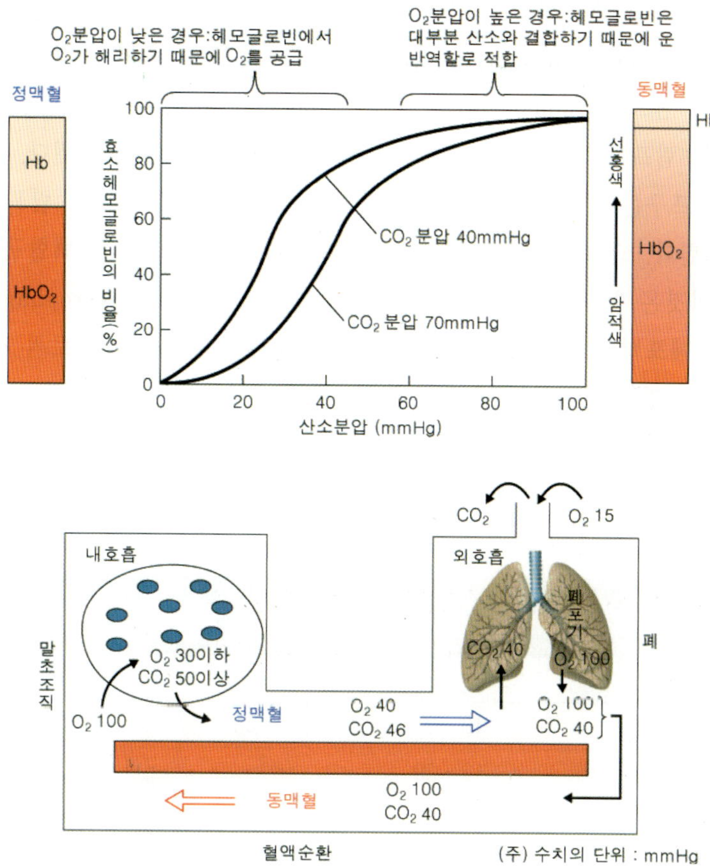

그림 3-23. 헤모글로빈과 산소해리곡선

② 백혈구(leucocytes, white blood corpucle, WBC)

백혈구는 보통 세포와 같이 핵과 세포질 그리고 세포소기관을 가지고 있으며, 적혈구에 비하여 약간 더 크지만 훨씬 적은 양이 혈액에 함유되어 있다. 백혈구의 세포질에 있는 과립의 유무에 따라 과립구(granular leucocyte)와 무과립구(agranular leucocyte)로 구분된다.

과립구는 과립의 염색성에 따라 호산구(acidophil leucocyte), 호염구(basophil leucocyte), 호중구(neutrophil leucocyte)로 구분하며 각기 다른 색소에 잘 염색된다. 급성감염의 경우 호중구의 수가 급증하고, 혈관 밖으로 유출되어 감염된 조직에 모이게 된다. 호염구는 항응고제인 헤파린(heparin)과 히스타민(histamin)을 함유하고 있다. 그리고 호산구는 이종단백질(foreign protein)이나 기생충이 있는 부위에 나타나며, 알레르기(allergy) 등 과민성 질환에서도 그 수가 증가된다.

무과립구는 림프구(lymphocyte)와 단핵구(monocyte)로 구분된다. 림프구는 약 30%를 차지하며, 림프절, 비장, 흉선, 골수, 편도선, 충수 등에서 생성된다. 흉선에서 생성되는 T 림프구는 세포성 면역에 관여하고, 골수에서 생성되는 B 림프구는 체액성 면역에 관여한다. 단핵구는 약 5%를 차지하며 골수에서 생성된다. 백혈구 중 가장 큰 세포이다. 이것은 혈관 내에서 조직으로 이동한 후 대식세포(macrophage)로 성숙하며, 림프절, 폐포벽, 간의 정맥동, 비장 또는 골수에 항상 존재함으로써 결핵, 백혈병 등 만성감염의 경우에 식작용을 한다.

표 3-5. 백혈구의 분류와 기능

백혈구 (5000 ~ 10000/mm^2)		크기(μm)	비율(%)	기 능
과립구	호산구	10 ~ 20	2 ~ 4	식균 작용, 기생충제거
	호염구	10 ~ 20	<0.2	히스타민 등 분비
	호중구	10 ~ 20	60 ~ 70	식균 작용
무과립구	단핵구	10 ~ 18	3 ~ 8	식균 작용
	림프구	6 ~ 10	20 ~ 25	항체생성, 세포면역

백혈구의 주요 기능은 병원균이나 이물질로 부터 신체를 방어하는 작용을 한다. 백혈구는 아메바성 운동을 통하여 혈관 밖을 빠져나가 조직 속에 침투한 병원체나 이물질에 접근하여 식작용(phagocytosis)으로 이들을 제거한다. 즉 외계에서 침입한 세균이나 이물질 등의 불용성물질을 세포내로 받아들여 내부에 존재하는 여러 가지 분해효소에 의하여 독성이 없는 물질로 분해한다. 백혈구의 65%를 차지하는 호중구의 운동성이나 포식성이 다른 백혈구보다 훨씬 강하다. 농은 세균과 싸우기 위하여 모인 백혈구와 그 부위의 조직 및 죽은 세균이 섞인 것이다. 따라서 백혈구는 염증이나 질환에 감염될 경우에 증가하지만 저 영양이나 방사선을 받으면 감소한다. 반면에 적혈구와 혈소판은 혈관 내에서 역할을 한다.

③ 혈소판(blood platelets)

혈소판은 골수의 거대핵세포(megakaryocyte)의 세포질 일부가 떨어져 나온 것으로서 핵이 없고 불규칙한 원판 모양의 혈구이다. 혈소판은 평균수명은 약1주일 정도이며 적혈구와 같이 간, 지라, 골수 등에 있는 대식세포에 의하여 제거되고, 주로 혈액응고작용을 한다. 혈소판은 혈관이 손상되었을 때 그 부위에 대량으로 모여들어서 서로 엉겨 붙음으로써 혈전(plug)을 만들어서 지혈작용을 한다.

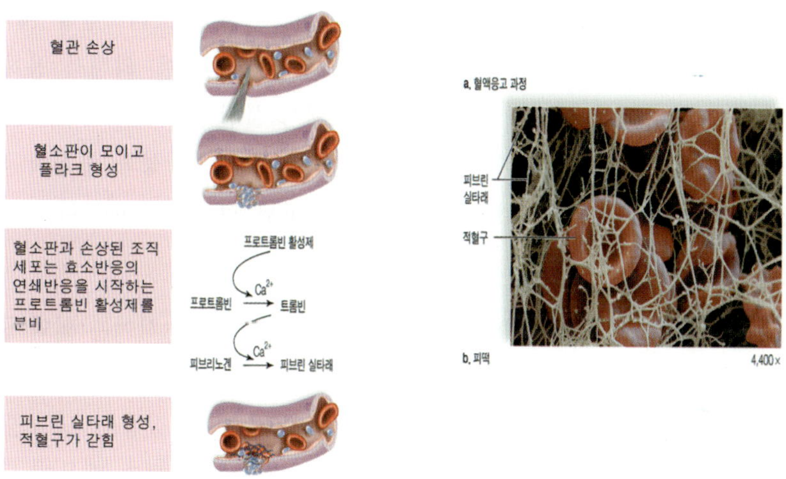

그림 3-24. 혈액응고과정

(2) 혈 장(plasma)

혈액의 약 55%를 차지하는 담황색 액체이며, 혈청과 피브리노겐으로 구성되어 있다. 혈장의 주요 성분은 물, 단백질, 무기질, 글루코오스 등이며, 그 밖의 각종 유기물질, 호르몬, 항체, 효소 등도 약간 함유되어 있다.

① 혈장단백질

혈장단백질은 용해성에 따라 피브리노겐(fibrinogen), 알부민(albumin), 글로블린(globulin)으로 구분된다. 그 중 알부민은 약 53%로 가장 많은 양을 차지하고, 글로블린(α, β, γ-globulin)은 43%이며 피브리노겐은 6.5%에 불과하다. 알부민, α-

와 β-글로블린은 주로 체세포의 영양원, 혈장단백질에 의한 혈장교질삼투압, 호르몬, 담즙색소, 약물 등을 혈장단백질과 결합하여 운반하고, 혈액의 완충작용 등 다양한 기능을 한다. γ-글로블린은 면역글로블린(immunoglobulin, Ig)이라고도 하며, 림프구(B 세포)에서 합성되지만 이를 제외한 대부분의 혈장단백질은 간에서 합성된다. 이는 항체로서 생체의 방어에 중요한 역할을 한다. 피브리노겐은 혈액응고에 관여하는 단백질이다. 혈액응고는 혈액에 함유되어 있는 피브리노겐(fibrinogen)이 중합해서 물에 불용성인 피브린(fibrin)이 된 후 혈구가 못 빠져나간 상태이다.
혈액을 응고되도록 방치하면 그 응고혈액으로부터 투명한 담황색의 액이 침출되는데, 이것을 혈청(serum)이라 한다. 즉 혈청은 혈장에서 피브리노겐을 제거한 것이다. 혈관벽 출혈 부위의 응고된 혈액은 플라스민(plasmin)에 의해서 용해된다. 플라스민은 일종의 단백질 분해효소로서 혈액 내에서 불활성의 플라스미노겐(plasminogen)으로 존재한다. 그러나 혈액이나 조직에 존재하는 활성화 물질에 의하여 플라스민으로 되면 불용화된 피브린을 분해하여 응고된 혈액을 용해한다.

② 혈장의 당과 지질

혈액 중의 글루코오스를 혈당(blood sugar)이라 하며, 공복 시에는 혈액 중에 70 ~ 80mg/dL이 함유되어 있다. 식사 후에는 일시적으로 혈당의 농도가 높아지고, 시간이 흐름에 따라 점점 감소한다. 혈당이 비정상적으로 높은 질병을 당뇨병(diabetes meltitus)이라 한다. 혈당이 높아지면 소변에 당이 섞여 배설되기 때문에 당뇨병이라 한다.

혈장지질은 중성지질, 콜레스테롤, 인지질, 지방산 등이 있다. 지질은 소수성이기 때문에 혈장 안에서 지단백질(lipoprotein)로 존재한다. 그 농도는 영양 상태나 나이에 따라 변화한다.

③ 혈장의 무기질

혈장 중의 무기질은 세포질과는 달리 Na^+이 많고, K^+이 적다. 혈장의 무기질과 비슷한 이온 비율을 가진 액을 혈장 대용으로 사용된다. 이를 링거(Ringer)액이라 한다.

2) 혈액의 생리적인 작용

혈액에는 여러 가지 성분이 포함되어 있고, 각 성분은 특유의 기능을 가지고 있다.

(1) 운반작용

혈액은 소화기관으로부터 흡수된 영양소나 체내에서 만들어진 영양소를 각 조직으로 운반하는 작용을 한다. 또한 가스교환에 의하여 허파로부터 받아들여진 산소를 각 조직에 운반하며, 대사 과정에서 생성된 이산화탄소를 조직에서 허파로 운반하는 작용을 한다. 대사의 최종 산물, 즉 요소, 요산, 크레아틴과 같은 노폐물을 배설하기 위하여 신장, 간, 허파, 피부, 장관 등으로 운반하여 배설하는 배설작용을 한다. 내분비선에서 분비된 호르몬을 표적기관 등으로 운반하는 호르몬의 운반기능을 한다.

(2) 조절작용

조직이나 혈액 내에서의 pH를 일정하게 유지하고, 조직세포의 교질삼투압을 조절하며 체온을 일정하게 유지하기 위한 조절작용을 한다.

(3) 방어 및 식균작용

백혈구에는 식세포가 있으므로 외부로부터 혈관이나 조직에 침입한 박테리아나 이물질을 식작용으로 없앤다. 또한 혈장에는 γ-글로블린이라는 항체에 의해 여러 가지 박테리아, 바이러스, 독소 등으로부터 방어 작용을 한다.

(4) 지혈작용

생체의 내·외에 어떤 자극으로 인하여 출혈이 일어나면 혈액 내에 있는 혈소판이 파열되면서 혈장 내의 혈액응고인자와 결합하여 지혈시키는 작용을 한다.

3. 림 프(lymph)

1) 림프의 흐름

세포의 대사에 필요한 영양소와 산소는 혈장과 더불어 동맥을 통하여 전신의 각 조직에 운반되고, 모세혈관을 통하여 조직 속으로 삼출됨으로써 조직액(tissue fluid)이 된다. 조직을 구성하고 있는 세포는 조직액으로부터 영양소와 산소 등 대사에 필요한 물질을 흡수하고, 이산화탄소와 노폐물과 같은 대사산물을 배출한다.

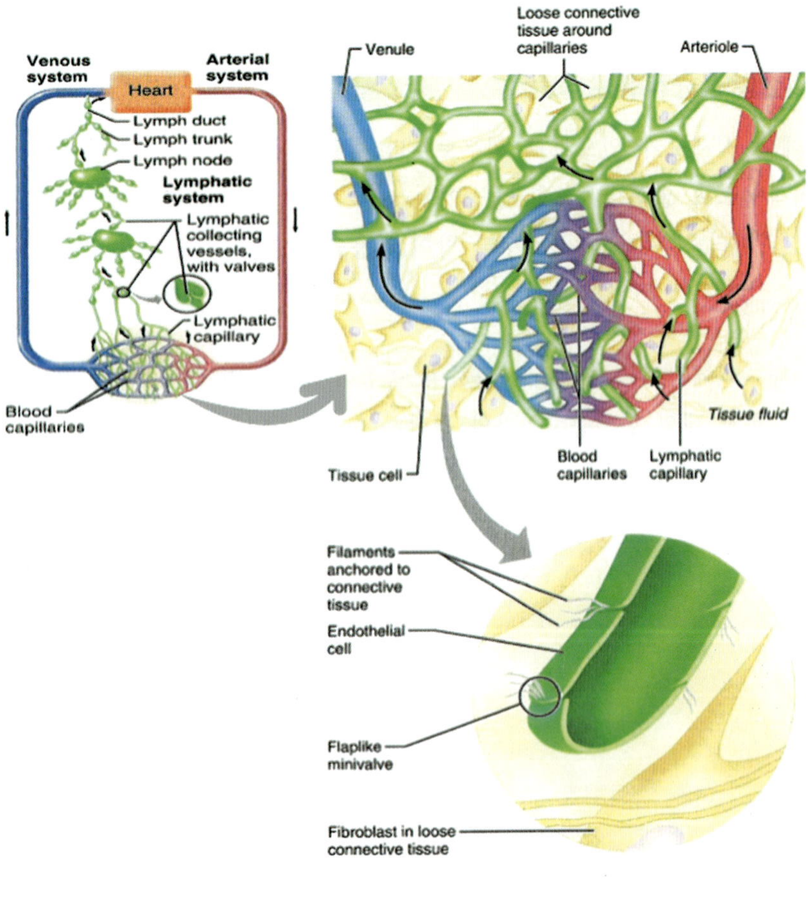

그림 3-25. 모세림프관의 구조

이와 같은 대사산물의 교환이 끝난 조직액은 다시 정맥성 모세혈관을 통하여 회수되는데 이때 완전히 회수가 이루어지지 않고 일부가 간질에 남는다.

간질의 액압이 증가하면 조직액의 일부는 림프관으로 들어가서 림프절(lymph node)을 거쳐 최종적으로 내경정맥과 쇄골하정맥의 합류부인 좌우 정맥각(jugulosubclavian angle)을 통과하여 대정맥에 유입된다. 혈액 중 적혈구와 혈소판을 제외한 모든 구성성분은 조직액에 함유되어 있는데, 이러한 조직액이 림프관에 유입되어 흐르는 액상조직을 림프(lymph)라 한다. 림프의 흐름은 림프관의 판막(valve)에 의하여 역류하지 않고 조절되며 쇄골하정맥 방향으로만 흐른다. 림프관은 거의 모든 조직과 기관에 존재하지만 표피, 연골, 중추신경계, 안구 등에는 없다.

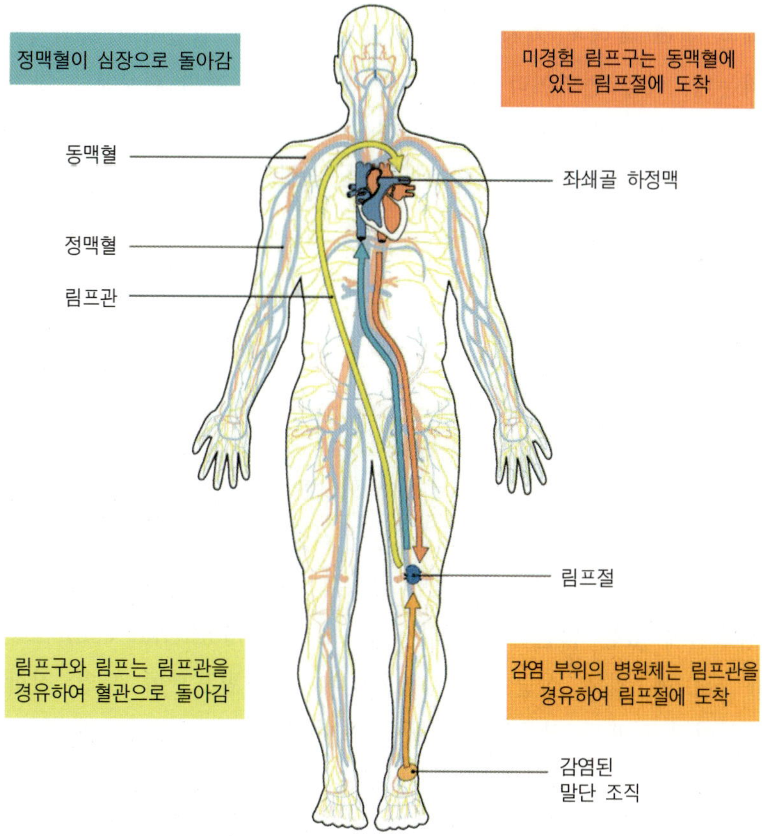

그림 3-26. 림프의 대정맥으로 회수

2) 림프의 구성과 기능

림프의 액체성분을 림프장(lymph plasma), 세포성분을 림프구(lymphocyte)라 한다. 림프의 성분은 적혈구와 혈소판이 거의 없는 혈액의 삼출물로서 혈장의 성상과 비슷하다. 그러나 림프구가 많고 알부민과 글로블린은 적으며 응고 속도도 매우 느리다. 인체에서의 림프는 1일에 약 1.5 ~ 3L가 순환한다. 림프관을 따라 전신에 산재하고 있는 림프절은 세망조직으로 구성된 타원형의 기관으로 림프 속의 유해물질을 걸러 제거하고, 식작용으로 신체를 방어하며 림프구를 생성한다.

림프구는 생체방어의 중요한 기능을 한다. 림프구는 항원에 대하여 두 가지로 반응을 한다. 즉 림프구 중 15% 정도를 차지하는 B림프구는 특이 항원에 의하여 활성화되면 분열을 통하여 수가 증가하고 분화되어 형질세포(plasma cell)로 된다. 형질세포는 항체를 생산하여 혈액 속에 분비되는데, 이를 순환항체(humoral antibody)라 한다. 이 항체는 혈액 속에서 자신을 형성하게 한 항원과 결합하여 파괴시키거나 독성을 중화시키는데, 이를 면역이라 한다. 또한 림프구 중 거의 대부분을 차지하는 T 림프구는 이식된 세포, 이종세포 또는 바이러스가 침투된 세포의 세포막에 구멍을 내어 파괴시키는 등 여러 가지 면역반응을 한다. 즉 백혈구는 크게 식균작용과 면역작용으로 신체를 보호한다.

3) 림프절(lymph node)

림프는 조직액의 일부가 혈장단백질과 같은 분자의 크기 등으로 정맥성의 모세혈관에 유입되지 못하고 모세혈관보다 크고 많은 구멍을 가지고 있는 모세림프관으로 스며든다. 모세림프관에 스며든 림프는 모세림프관이 모인 집합관을 통하여 림프절(lymph node)에 이른다. 질병, 손상, 흡입, 음식물 등 여러 가지 경로에 의하여 체내에 들어온 감염성 미생물 또는 이물질이 온몸에 있는 모세림프관을 통하여 림프절에 들어오면 림프절에 있는 많은 세망내피세포(reticuloendothelial cell) 또는 청소세포(scavenger cell)에 의해 살균 또는 식균된다. 모세림프관이 모인 집합관은 판막(valves)이 있어서 림프가 역류하는 것을 막으며, 림프절은 집합관에 있는 체액을 거르는 역할을 한다.

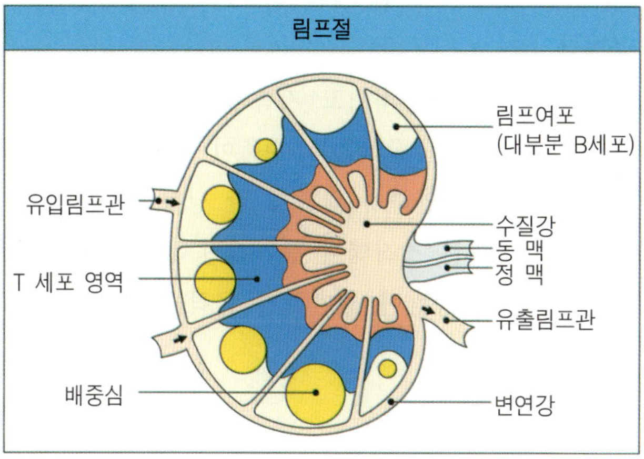

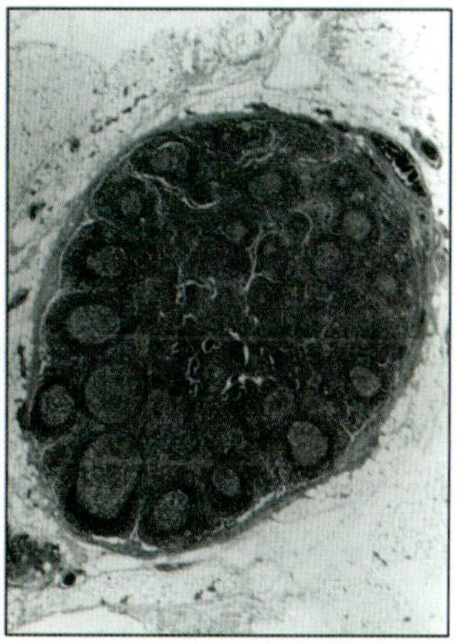

그림 3-27. 림프절

(4) 전신 림프관(lymph duct)

림프관은 크게 흉관(thoracic duct)과 우림프관(right lymphatic duct)으로 구분하며, 인체의 모든 림프는 이 두 경로를 통하여 혈관계로 유입된다.

흉관은 우림프관보다 크며 제2요추 부위의 복강에서 시작되고, 횡격막(diaphragm) 상부 우측을 제외한 모든 부위에서 림프가 모아진다. 유미조(cisterna chyli)는 흉관이 시작되는 첫 부위이며, 림프를 일시적으로 저장하기 때문에 팽대되어 있다.

소장에 있는 모세림프관을 유미관(lacteals)이라 하며, 유미관에는 지질을 많이 포함하고 있기 때문에 우유 빛을 띠는데 이러한 림프를 유미(chyle)라 한다. 횡격막 이하의 모든 림프와 유미는 장림프관과 좌우 요림프관을 경유하여 유미조에 유입되고, 대동맥궁 선상에서는 좌쇄골하림프관(left subclavian lymphatic trunk), 좌경림프관(left jugular trunk), 하흉림프관(inferior thoracic trunk)은 흉관으로 유입된다. 흉관은 횡격막에 있는 대동맥 열공을 지나 흉강 속으로 들어와 기정맥과 대동맥 사이에서 척추 우측을 따라 상행하며, 좌내경정맥과 좌쇄골하정맥이 합류되는 지점에서 순환계로 유입된다.

우림프관은 우측의 내경정맥과 우쇄골하정맥의 합류점에서 순환계로 유입된다. 이와 같은 림프관계통은 조직액을 혈액순환으로 운반하는 보조계통이며, 신체를 방어하는 주요한 기능을 한다. 림프의 흐름은 매우 느려서 심맥관계로 유입되는 것은 하루에 3L 정도이다. 심맥관계와는 달리 그 이동이 느린 것은 림프계에는 림프를 밀어내는 심장과 같은 펌프가 없기 때문이다.

림프의 이동은 림프관 벽에 있는 평활근의 율동적이고 지속적인 수축으로 인해 정맥계로 운반된다. 그러나 가장 중요한 원동력은 골격근의 수축이 림프관을 압박하여 림프가 이동하며, 림프관 내에 있는 판막으로 인하여 림프가 한 방향으로만 흐를 수 있고 그의 역류를 막는다. 림프의 이동 속도는 조직액이 증가되면 림프 생산이 촉진되어 이동 속도가 빨라진다. 또한 인체의 운동량이 증가하면 골격근의 수축이 크고 빨라서 림프가 빨리 이동한다.

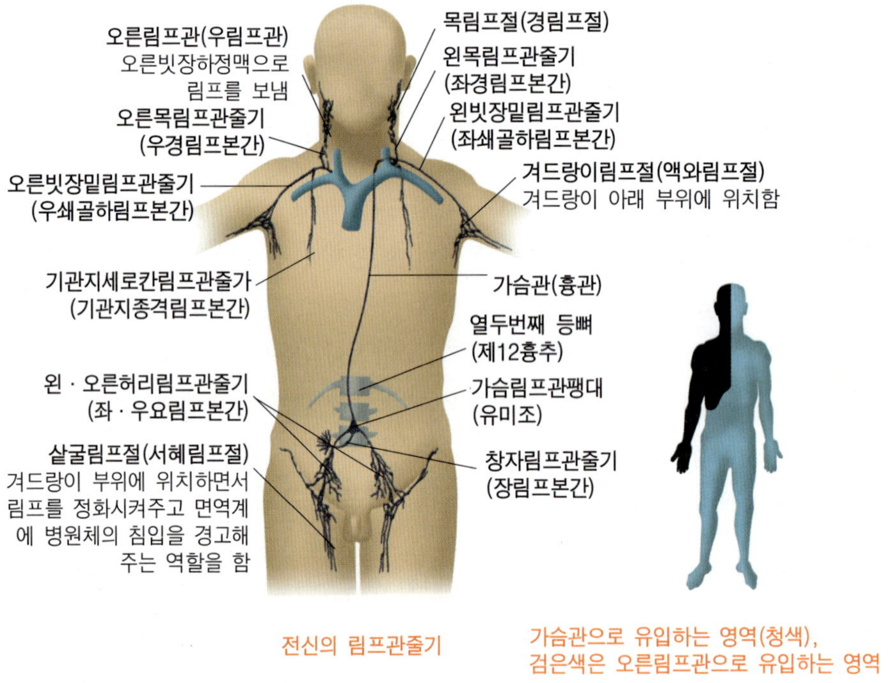

그림 3-28. 전신의 림프계

4. 소 변(urine)

인체의 신진대사에 필요한 물질을 체내로 도입하는 2가지 통로, 즉 소화기관계와 호흡기관계가 있다. 또한 대사산물인 노폐물을 체외로 배출시키는 통로는 체내로 도입되는 2가지 기관계와 피부 및 비뇨기관계이다. 즉 소화된 나머지인 반고체, 물, 열, 염류 및 흡수되지 않은 소화액은 소화기의 종말부인 항문을 통해 배출되고, 대부분의 이산화탄소와 약간의 물과 열은 호흡기관계를 통해 체외로 배출된다. 또한 질소를 주성분으로 한 요소, 요산 등이 함유된 수용액과 열 등은 비뇨기관계 및 피부를 통하여 체외로 배출된다.

그리고 비뇨기관계는 단순히 배설작용뿐만 아니라 혈액 중의 성분을 조절하는 데 협력하는 중요한 또 하나의 기능을 한다. 즉 인체에 불필요하고 해로운 물질을 제거할 뿐만 아니라 수분, 염분 그리고 당 등의 혈액 중의 함량을 조절하기 위하여 배출시키기도 하고 억제하여 항상성을 유지하는 기능을 한다.

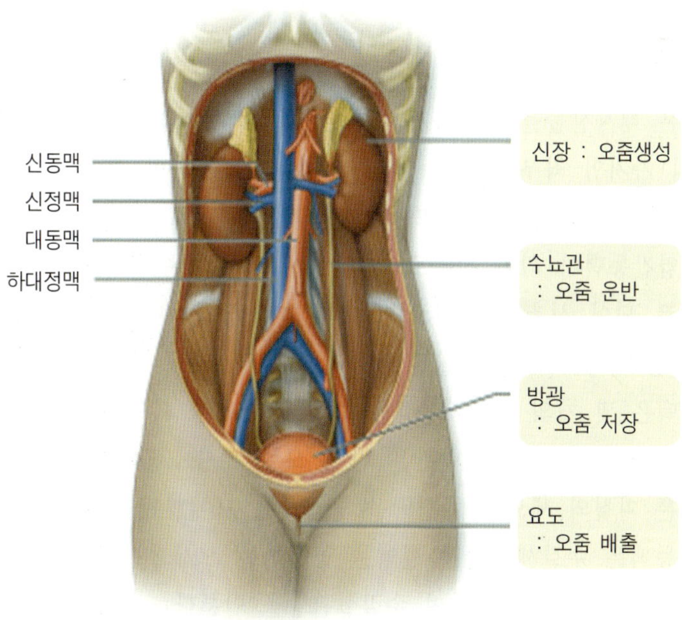

그림 3-29. 비뇨기관계

이와 같은 비뇨기관계는 그 기능에 따라 4가지 기관으로 구성되어 있다. 1) 주로 노폐물을 여과하여 소변을 형성하는 신장(kidney), 2) 신장에서 형성된 소변(urine)을 방광으로 보내는 요관(ureter), 3) 소변을 저장해 두는 방광(urinary bladder), 4) 저장된 소변을 방광에서 체외로 배출하는 요도(uerthra)이다. 신장과 요관은 좌우에 쌍을 이루고 있으며, 방광과 요도는 정중앙에 하나씩 존재한다.

1) 비뇨기관의 기능

신장에는 대량의 혈액이 흘러들고, 그 분량은 4~5분간에 전 혈액량이 통과할 정도이다. 신장은 혈액에 용해되어 있는 분자량이 작은 화합물, 즉 글루코오스, 아미노산, 전해질 등 생체에 필요로 하는 성분의 90% 이상을 여과하여 재흡수한다. 그리고 불필요한 수분, 전해질, 요산 등의 최종 대사산물, 약물이나 색소 등의 이물질, 나트륨이나 칼륨, 염소 등의 전해질을 분비하여 소변으로 배설한다. 따라서 비뇨기관은 대사의 노폐물을 제거하고, 수분과 전해질 유지를 조절함으로써 세포내액, 신체 수분의 총량을 조절하며, pH 균형의 유지에도 관여한다. 또한 혈압을 유지하고 적혈구 생산을 조절하며, 남성의 경우 요도가 생식기계의 통로로도 작용한다.

2) 신장의 혈관

인체의 혈액은 대사산물을 제거하기 위하여 매우 많은 혈액이 신장으로 흘러들어간다. 복대동맥의 가지인 좌우 신동맥(renal artery)을 통하여 혈액이 공급된다. 각 신동맥은 신문을 통해 들어가며, 신동맥은 2~3개의 가지로 나누어져서 신동으로 들어간다. 이것은 엽간동맥이 되어 신주로 올라가고, 피질과 수질의 접합부에서 엽간동맥은 궁상동맥으로 되어 신추체 주위로 구부러진다. 궁상동맥은 소엽간동맥으로 되며, 수직 가지가 신장 피막 아래 모세혈관 망에까지 도달한다.

각 소엽간동맥은 몇 개의 옆가지를 내서 수입소동맥이 되고, 각 수입소동맥은 사구체모세혈관으로 되며 사구체모세혈관은 다시 모여 수출소동맥을 이룬다. 피질사구체의 수출소동맥은 피질의 세뇨관에 혈액을 공급하는 모세혈관을 분지하며, 수질근접사구체의 수출소동맥은 수질세뇨관에 혈액을 공급하는 모세혈관 및 모세혈관과 비슷한 혈관이 직관(vasa recta)을 분지하여 수질혈관망을 이룬다.

피막과 피질상부의 소정맥의 혈액은 차례로 성상정맥(stellate vein), 소엽간정맥, 궁상정맥으로 유입된다. 수질과 피질, 수질접합 부위의 혈액은 직관에서 궁상정맥으로 모아지고, 궁상정맥은 엽간정맥과 합쳐져서 신정맥이 되어 신문을 나와 하대정맥으로 들어간다.

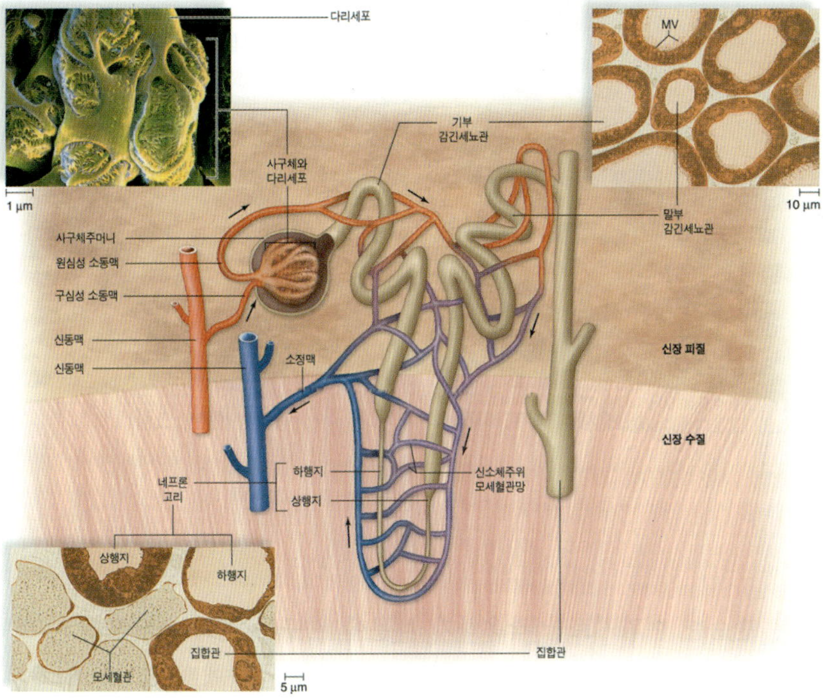

그림 3-30. 신장을 흐르는 혈류

3) 소변의 생성과정

소변을 생성하는 첫 단계는 혈액의 여과이다. 신소체와 세뇨관으로 구성된 네프론(nephron)은 1분에 약 1L의 혈액이 유입되고, 신소체를 구성하고 있는 사구체는 약 120mL의 여과액을 생성한다.

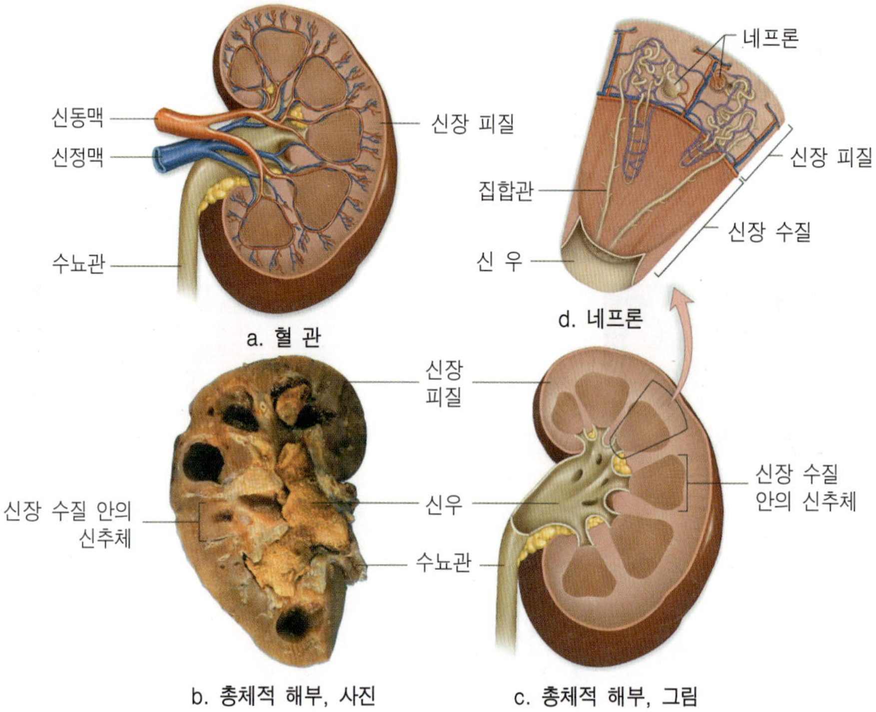

그림 3-31. 신장의 미세구조

사구체는 단순한 여과기로만 작용하기 때문에 사구체 여과액의 조성은 혈액성분의 모세혈관 투과성에 의해 정해진다. 이 때문에 사구체 여과액은 분자량이 작은 글루코오스, 아미노산, 전해질 등 생체에 필요한 물질과 요소, 요산 등의 질소 노폐물과 수분 등 제거할 물질을 포함하고 있다. 그러나 여과되지 않는 혈액 성분은 혈구와 혈소판 등의 고형성분과 혈장 단백질이다. 사구체 여과액은 세뇨관을 통과하는 사이에 수분을 비롯한 글루코오스, 아미노산, 전해질 등 생체에 필요한 성분의 90% 이상을 재흡수된다.

표 3-6. 네프론으로부터 재흡수

성 분	여과량(하루)	배출량(하루)	재흡수(%)
물(L)	180	1.8	99.0
나트륨(g)	630	3.2	99.5
글루코오스(g)	180	0.0	100.0
요소(g)	54	30.0	44.0

그 재흡수는 세뇨관의 부위에 따라 다르다. 수분의 재흡수는 혈액의 삼투압 상태에 따라 다르지만 그 조절은 뇌하수체 후엽에서 분비되는 항이뇨호르몬(antidiuretic hormone, ADH)인 바소프레신(vassopressin)에 의해 행해진다. 이 호르몬은 원위곡 세뇨관(distal convoluted tubule) 또는 집합관(collecting duct)에 작용하여 수분의 재흡수를 촉진시키므로 소변이 농축된다.

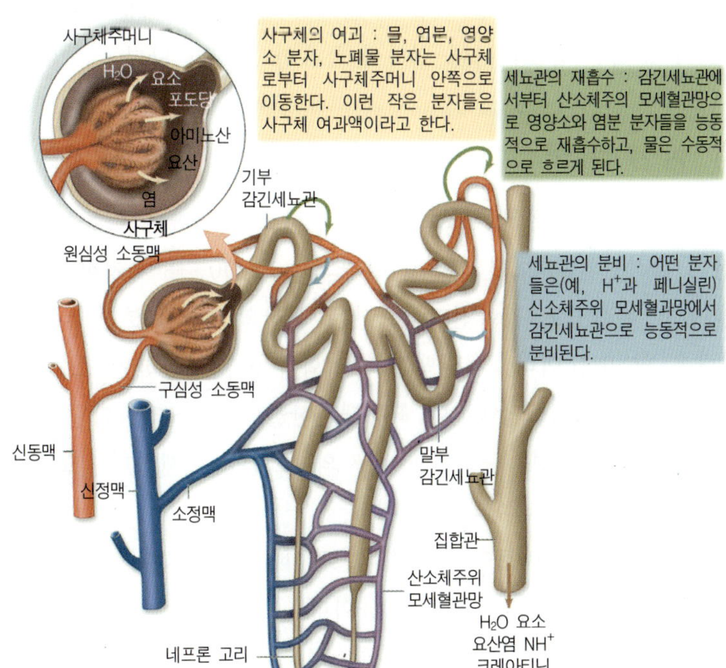

그림 3-32. 네프론의 구성과 소변의 생성과정

세뇨관은 필요한 물질을 재흡수할 뿐만 아니라 요소, 요산 등의 최종 대사산물과 약물, 색소 등의 이물질, 칼륨이나 나트륨 그리고 염소 등 전해질을 분비하여 소변으로 배설한다.

4) 소변의 일반적 성질

건강한 성인의 1일 소변 분량은 800 ~ 1,500mL이고, 일반적으로 남자가 여자보다도 많다. 소변 양은 수분과 음식물의 섭취, 땀의 분비, 기온 등에 의하여 현저하게 다르다. 소변에는 답즙색소가 함유되어 있기 때문에 일반적으로 담황색이다. 정상적인 소변의 경우 채취 직후에는 투명하지만 온도가 내려감에 따라 혼탁해지는데, 이는 상피세포, 뮤신(mucin), 점액 등이 석출되기 때문이다.

정상적인 소변은 pH가 6 전후로 약산성이다. 그러나 단백질이나 탄수화물을 많이 섭취하면 황산염이나 인산염이 많이 배설되기 때문에 산성이지만 전해질이 많은 식물성 식품이나 우유 등을 많이 섭취하면 알칼리성이 되는 경우가 있다. 이는 체액의 항상성을 유지하기 위하여 불필요한 것을 소변으로 배설하기 때문이다. 또한 오래된 소변에서는 요소가 분해된 암모니아에 의하여 특유한 냄새가 난다.

5) 소변의 정상 성분

소변의 주요 유기성분은 질소, 요소, 요산 그리고 크레아티닌 등이다. 요소는 단백질, 아미노산의 대사산물로 소변의 질소 분량의 80 ~ 90%를 차지한다. 단백질 섭취량이 많아지면 질소 배설량도 많아진다. 요산은 핵산의 구성성분인 퓨린체의 대사산물로 1일 배설량은 약 0.7g이다. 체단백질의 이화작용이 항진하면 소변 내의 배설량은 증가한다. 조류의 경우 요산 단백질이 최종대사산물이다. 크레아티닌은 항상 존재하는 성분이지만 소아, 일부 여성, 근육질환 환자의 소변에 존재한다. 크레아틴(creatine)은 산과 함께 뜨거워지면 크레아티닌이 된다.

소변의 무기성분 중 염화나트륨이 가장 많고, 배설량은 섭취량에 의하여 달라진다. 그 외에 나트륨, 칼륨, 황산염, 암모니아 등이다.

표 3-7. 소변의 성분

유기성분	배설량(g)/일	무기성분	배설량(g)/일
총 질소	6 ~ 21	염화나트륨	10 ~ 15
요 소	14 ~ 35	유 황	0.8
요 산	0.5 ~ 0.8	총류산(SO_3)	1 ~ 2
크레아틴	1 ~ 1.5	인	0.5 ~ 2.0
마뇨산	0.1 ~ 0.7	나트륨	4.8
인디칸	0.005 ~ 0.02	칼 륨	2.5
고급지방산	0.002 ~ 0.003	암모니아	0.5 ~ 0.7
우로크롬	0.4 ~ 0.7	칼 슘	0.09 ~ 0.2
우로빌리노겐	0.03 ~ 0.13	마그네슘	0.03 ~ 0.24
		철	0.005
총	3 ~ 45	총	20 ~ 225

6) 소변의 이상 성분

체내의 대사에 이상이 있거나 신장 기능에 장애가 발생하면 정상적인 소변에서는 볼 수 없는 성분이 소변으로 배설된다.

(1) 단백질 뇨

소변으로 배설되는 단백질은 대부분 혈액에서 유래되며, 비교적 분자량이 적은데 이를 단백질뇨라 한다.

(2) 당 뇨

건강한 사람의 소변에도 글루코오스가 배설되지만 그 양이 적기 때문에 일반적인 방법으로는 검출되지 않는다. 당뇨병으로 혈당치가 높아지면 소변에 당이 많아진다. 이 밖에 선천적 혹은 후천적인 효소의 결손으로 사람에게는 젖당(ladctose), 갈라토오스(galactose), 5탄당 등 특수한 당류가 배설되는데 이를 당뇨라 한다.

(3) 담즙산

담즙산은 정상적인 소변에서도 약간 배설되지만 담관폐색의 경우에 황달발생과 더불어 소변 안에 답즙산이나 담즙색소가 배설된다. 담즙 속의 빌리루빈(billirubin)은 장관 중에서 환원되어 우로빌리노겐(urobilinogen)이 되고, 일부는 장관으로 흡수되기 때문에 정상적인 소변에도 우로빌리노겐은 약간 존재한다. 이것이 소변에 존재하지 않는다는 것은 답즙이 장관으로 정상적인 분비가 일어나지 않는다는 것을 의미한다.

(4) 혈 액

소변에 혈액이 확인되는 것을 혈뇨라 한다. 혈뇨는 신장으로부터 요로의 어딘가에 출혈이 있다는 것을 의미한다. 체내에서 용혈이 일어나고 있을 때는 헤모글로빈(hemoglobin) 소변으로서 배설된다.

(5) 케톤체

아세토아세트산(acetoacetic acid), 아세톤(acetone) 등의 케톤체(ketone body)는 중증 당뇨병이나 기아상태가 지속되는 등의 경우에 소변으로 이상 배설된다.

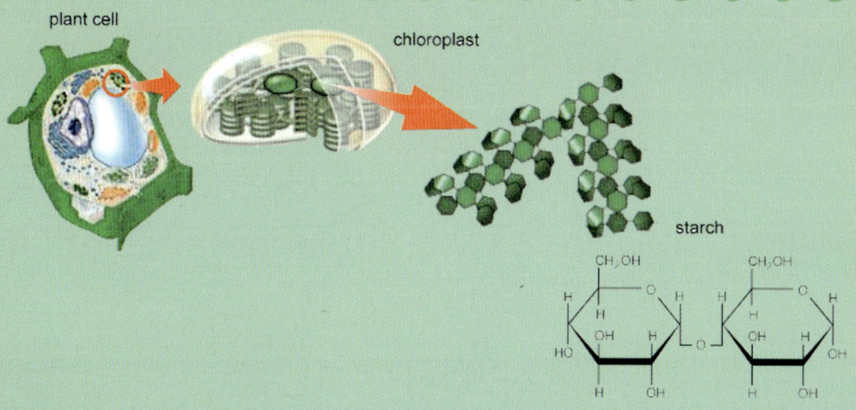

Chapter 4. 탄수화물(Carbohydrates)

1. 서 론(introduction)
2. 단당류(msnosaccharide)
3. 소당류(oligosaccharide)
4. 다당류(polysaccharide)
5. 탄수화물의 소화(digestion)와 흡수(digestion)
6. 탄수화물의 작용과 기능(function)
7. 탄수화물의 대사(metabolism)
8. 혈당(blood sugar)과 포도당(glucose)의 운명

1. 서 론(introduction)

탄수화물(carbohydrates)은 전분, 포도당, 설탕, 섬유소 등 자연계에 널리 분포되어 있다. 생물체내에 존재하는 탄소의 50% 이상이 탄수화물로 구성되어 있다. 이와 같은 탄수화물은 이산화탄소(CO_2)와 물(H_2O)로부터 광합성작용에 의하여 형성된다. 전분이나 포도당과 같은 탄수화물은 동식물의 에너지로 이용되고, 셀룰로오스(cellulose) 등은 식물의 구조성분이며 탄소(C), 수소(H), 산소(O)로 이루어져 있다. 일반적으로 쌀, 밀, 옥수수, 설탕 등은 탄수화물이 함유된 대표적인 식품으로써 우리 식생활에서 가장 많은 양을 차지하며, 에너지원으로 이용된다. 탄수화물을 필요 이상으로 과량 섭취하면 체내에서 지방으로 축적되며, 지질은 같은 양의 탄수화물과 단백질의 2.2배 정도의 열량을 저장할 수 있다.

그림 4-1. 광합성

탄수화물은 함수탄소 혹은 탄소 수화물(hydrate of carbon)로서 당질(glucides)이라고도 하며 Cn(H_2O)m(n 〉 3)의 일반식으로 나타낼 수 있다. 즉 탄수화물은 폴리히드록시 알데히드(polyhydroxy aldehyde)나 폴리히드록시 케톤(polyhydroxy ketone)이라고도 하고, 유리상태의 알데히드기(R-CHO)나 케톤기(R-CO-R')와 2개 이상의 히드록시기(hydroxy group, -OH)를 가진 화합물이다. 탄수화물은 많은 히드록시기(-OH)를 가진 극성물질로써 일반적으로 물에 잘 녹는다. 탄수화물은 에너지원 및 탄소원, 저장물, 세포벽 등의 구성성분으로써 기능 이외에 세포와 세포 사이를 부드럽게 하거나 접착시키며 동물의 세포 표면에 생물학적 특이성을 부여한다. 또한 사람의 피부에서 세포외 기질과 보습력을 부여하는 등 여러 가지 중요한 기능을 한다.

탄수화물은 중합도에 따라 단당류(monosaccharide), 소당류(oligosaccharide), 다당류(polysaccharide)의 3종류로 나눌 수 있다. 단당류는 탄수화물의 최종 가수분해물인 당으로써 알데히드기(aldehyde group)나 케톤기(ketone group) 중 하나의 작용기를 가진 당이다. 소당류는 2 ~ 7개의 단당류가 연쇄상으로 화학 결합되어 있는 당이고, 다당류는 10개 이상의 단당류가 긴 연쇄상으로 결합되어 있는 당이다.

2. 단당류(monosaccharide)

1) 단당류의 분류

가장 단순한 탄수화물인 단당류는 분자 내의 탄소 수와 작용기에 따라서 분류된다. 탄소의 수가 3개이면 삼탄당(triose), 4개이면 사탄당(tetrose), 5개이면 오탄당(pentose), 6개이면 육탄당(hexose)이다.

그리고 단당류는 알데히드기(aldehyde group, -CHO)나 케톤기(ketone group, -CO-) 중 하나의 작용기를 가지고 있다. 알데히드기를 가진 당을 알도오스(aldose)라 하고, 케톤기를 가진 당을 케토오스(ketose)라 한다. 3개의 탄소원자로 된 알도오스(aldose)와 케토오스(ketose)를 각각 알도트리오스(aldotriose), 케토트리오스(ketotriose)라 한다. 글리세르알데히드(glyceraldehyde)는 알도오스(aldose), 디히드록시아세톤(di-hydroxyacetone)은 케토오스(ketose)이다.

표 4-1. 탄소 수에 따른 단당류의 분류

탄소 원자의 수	명 칭
3	삼탄당
4	사탄당
5	오탄당
6	육탄당

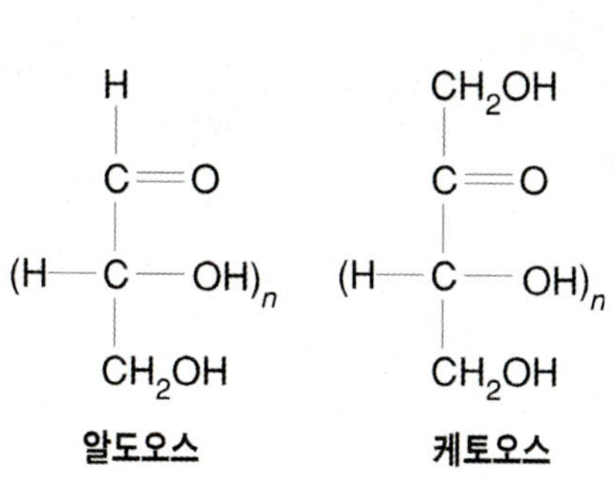

그림 4-2. 알도오스와 케토오스의 화학 구조

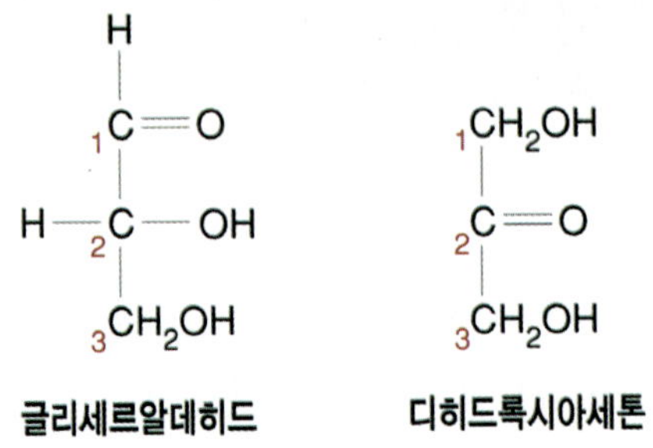

그림 4-3. 글리세르알데히드와 디히드록시아세톤

2) 단당류의 입체화학

단당류는 부제탄소 화합물이며 비대칭성 거울상 이성질체이다. 부제탄소(asymmetric carbon, chiral carbon)는 4개의 서로 다른 원자 또는 원자단이 결합된 탄소원자이다. 이성질체(isomer)는 분자식은 같으나 물리적·화학적 성질이 서로 다른 물질로써 구조(structural), 위치(position), 사슬(chain), 호변(tautomeric), 입체(stereospecific), 기하(geometric) 이성질체 등이 있다.

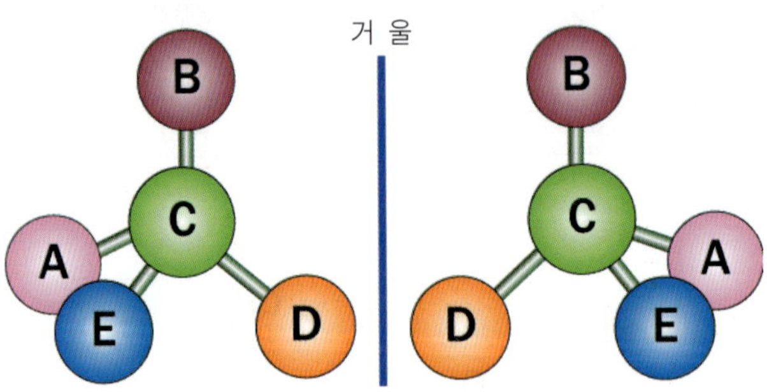

그림 4-4. 부제탄소

입체이성질체(stereoisomer)는 부제탄소(asymmetric carbon atom)에 결합된 원자나 원자 배열이 서로 다른 물질이며, 거울상이성질체(enantiomer)는 실상과 거울면에 비치는 상이 서로 겹쳐지지 않은 화합물이다. 광학 이성질체(optical isomer)는 화학적 성질은 같으나 물리적 성질과 생리적 성질이 서로 다른 물질로써 편광면을 회전하는 성질이 서로 다른 물질이다. 파동론에 의하면 광선은 일종의 전자파로서 진행 방향에 직각인 모든 평면에 진동하는 파동의 연속이라 볼 수 있다. 만일 광선이 어느 종류의 결정을 통하면 한 평면으로만 파동하게 된다. 이러한 광선을 편광이라 한다. 이와 같은 편광면은 물질에 따라 왼쪽으로 회전되는 것과 오른쪽으로 회전되는 것이 있으며, 그 각도는 여러 가지이다. 이와 같이 편광면을 회전시키는 성질이 있는 물질을 광학적 활성체라 한다. 광학 이성질체는 편광면이 오른쪽으로 회전되는 우선성(dextrorotatory : +, D)과 편광면이 왼쪽으로 회전하는 좌선성(levororatory : -, L)의 두 가지 종류가 있다. 디히드록시아세톤(dihydroxyacetone)을 제외한 모든 단당류에는 적어도 한 개 이상의 부제탄소가 있으며, 단당류의 입체이성질체는 D형과 L형의 광학이성질체가 있다. 글리세르알데히드(glyceraldehyde)의 경우 탄소원자는 위에서부터 아래로 번호를 부여하는데 별표(*)되어 있는 2번 탄소가 부제탄소이며, 1번과 3번 탄소는 부제탄소가 아니다. 2번 탄소(C_2)의 오른쪽에 히드록시기(-OH)가 있는 경우에 D-글리세르알데히드(D-glyceraldehyde)이라 하고, 그의 거울상인 2번 탄소(C_2)의 왼쪽에 히드록시기(-OH)가 있는 경우에는 L-글리세르알데히드(L-glyceraldehyde)라 한다.

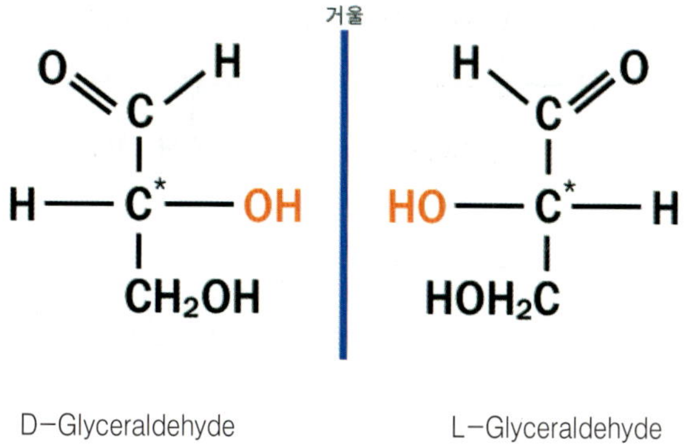

그림 4-5. D, L-Glyceraldehyde의 구조(*는 부제탄소)

부제탄소의 수가 n개이면 이성질체의 수는 2^n개이다. 알도헥소오스(aldohexose)의 이성질체의 수는 부제탄소의 수가 4개(n=4)이므로 이성질체의 수는 16개(2^4=16)로 D형 8개, L형 8개의 이성질체가 가능하다. D형과 L형의 동량 혼합물은 광학적으로 불활성이다. 이것을 라세미이성질체(racemic isomer)라하며, dl 혹은 (±)로 나타낸다.

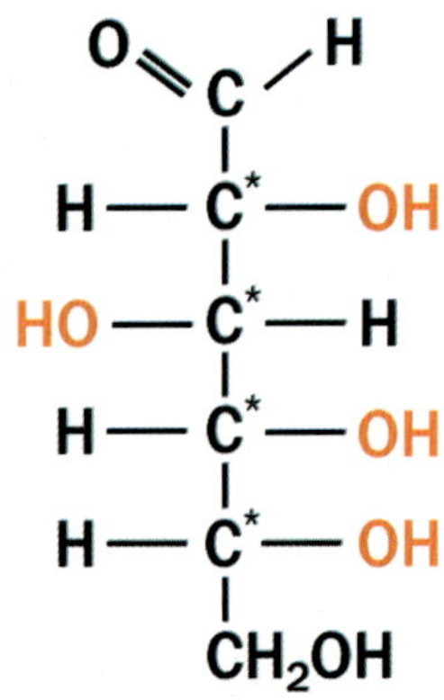

그림 4-6. 알도헥소오스(aldohexose, glucouse)

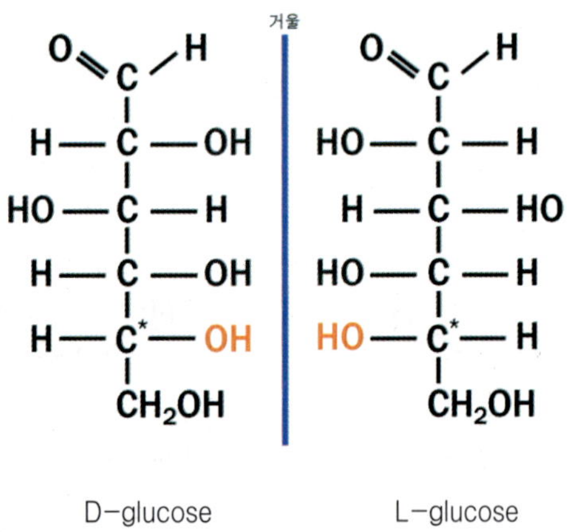

그림 4-7. 글루코오스(glucose)의 거울상이성질체(enantiomer)
(알데히드기에서 가장 멀리 떨어져 있는 부제탄소원자에 *표를 하였음)

알데히드기(aldehyde group)기의 카르보닐(carbonyl) 탄소로부터 가장 멀리 떨어져 있는 부제탄소에 결합되어 있는 히드록시기(-OH)의 방향에 따라서 D형과 L형으로 정해진다. 5번 탄소(C_5)의 히드록시기(-OH)가 오른쪽에 위치하면 D-글루코오스(D-glucose), 왼쪽에 있으면 L-글루코오스(L-glucose)이다. D-글루코오스(D-glucose)와 L-글루코오스(L-glucose)를 거울상이성질체(enantiomer)라 한다.

한 특정한 부제탄소에 결합된 히드록시기(-OH)의 배치가 서로 다른 당을 에피머(epimer) 관계라 한다. 예를 들면 글루코오스(glucose)와 만노오스(mannose)는 2번 탄소(C_2), 글루코오스(glucose)와 갈락토오스(galactose)는 4번 탄소(C_4)에서 상호 에피머(epimer)이다. 자연계에는 에피머 관계에 있는 당이 많으며, 오탄당과 육탄당이 주로 자연계에 존재한다. D-알도오스(D-aldose)와 D-케토오스(D-ketose)의 경우에 D형의 당은 자연계에 흔한 편이나 L형의 당은 흔하지 않다.

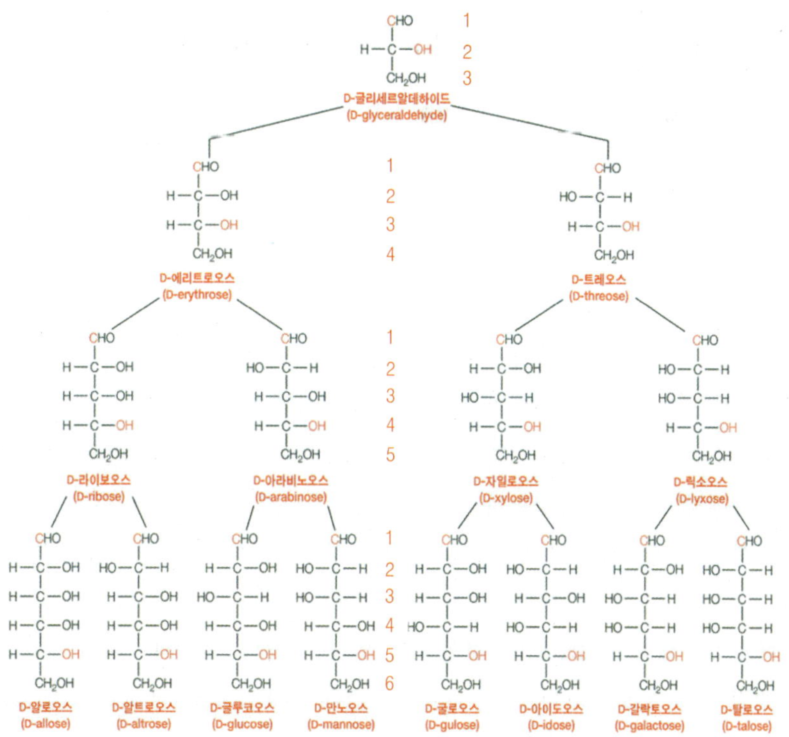

그림 4-8. D-aldose 계열의 당 종류
(빨강색 문자의 OH기가 D-이성체를 나타냄)

3) 단당류의 고리구조

용액상태에서 단당류는 삼탄당이나 사탄당의 경우 사슬형태(chain form)로 존재하고, 오탄당이나 육탄당은 고리구조(cyclic form)를 형성한다. 알데히드기와 케톤기가 당의 히드록시기와 반응하여 고리 모양의 헤미아세탈(hemiacetal)과 헤미케탈(hemiketal)을 각각 형성하기 때문에 수용액에서 고리 구조를 형성한다.

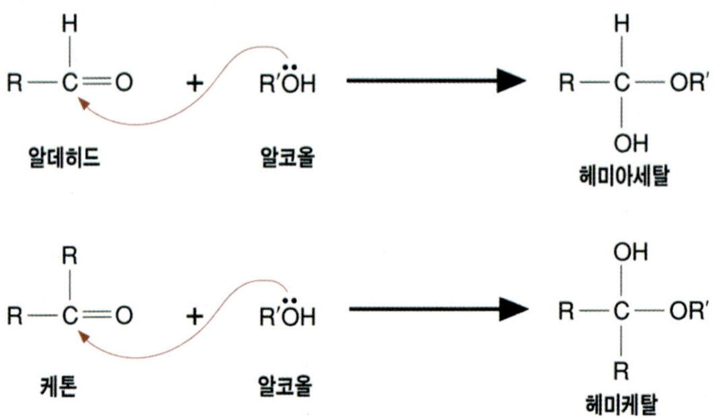

그림 4-9. 헤미아세탈(hemiacetal)과 헤미케탈(hemiketal)

육탄당인 D-글루코오스(D-glucose)의 구조는 단일 결합으로 연결되어 있는 탄소원자는 회전할 수 있기 때문에 5번 탄소(C_5)의 히드록시기(-OH)가 1번 탄소(C_1)의 알데히드기(aldehyde)에 접근한다. 이때 히드록시기(-OH)는 알데히드기를 공격하여 고리구조인 헤미아세탈 구조를 형성한다.

고리 구조를 형성할 때 5번 탄소(C_5)의 히드록시기(-OH)기 산소가 1번 탄소(C_1)와 5번 탄소(C_5)를 결합시킨다. 헤미아세탈(hemiacetal) 구조가 형성될 때 새롭게 만들어지는 히드록시기는 1번 탄소(C_1)에 결합되어 있다. 5개의 탄소와 1개의 산소로 구성된 육각형 고리를 피라노오스고리(pyranose ring)라 하고, D-글루코오스(D-glucose)의 경우는 D-글루코피라노오스(D-glucopyranose)라 한다. 고리구조를 형성하게 된 카르보닐 탄소원자(carbonyl carbon atom)는 새로운 키랄 중심(chiral center)이 된다. 이러한 탄소를 아노머 탄소 원자(anomeric carbon atom)라 한다. 1번 탄소인 아노머 탄소 원자(anomeric carbon atom)에 결합되어 있는 히드록시기가 아래쪽에 있으면 α형이라 하고, 위쪽에 있으면 β형이라 한다. 이와 같은 α형과 β형의 부분입체이성질체를 아노머(anomer)라 한다.

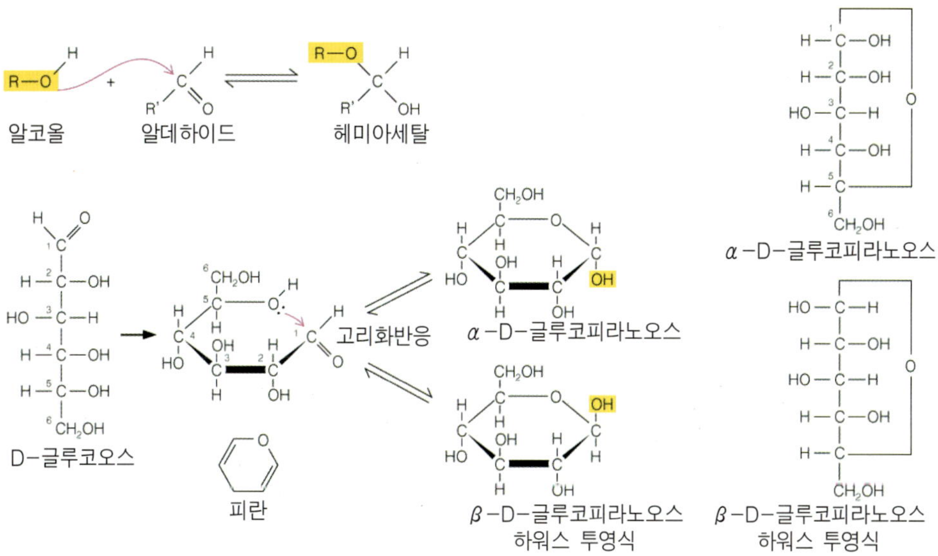

그림 4-10. D-글루코스의 고리 형성

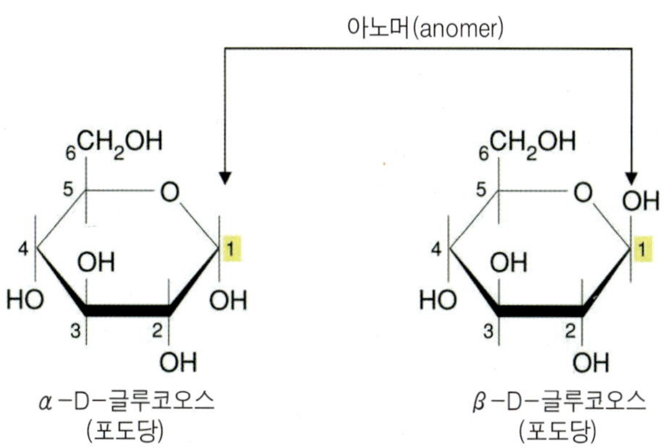

그림 4-11. 아노머(anomers)

케토오스(ketose)는 히드록시기(-OH)와 케톤기(ketone group)의 산소와 반응하여 헤미케탈(hemiketal) 구조를 형성한다. 알도펜토오스(aldopentose)나 케토헥소오스(ketohexose)는 5각형의 퓨란노오스(furanose ring) 고리 구조를 형성한다. 대부분의 알도헥소오스(aldohexose)는 보다 안정한 알도피란노오스(aldopyranose ring) 고리를 형성한다.

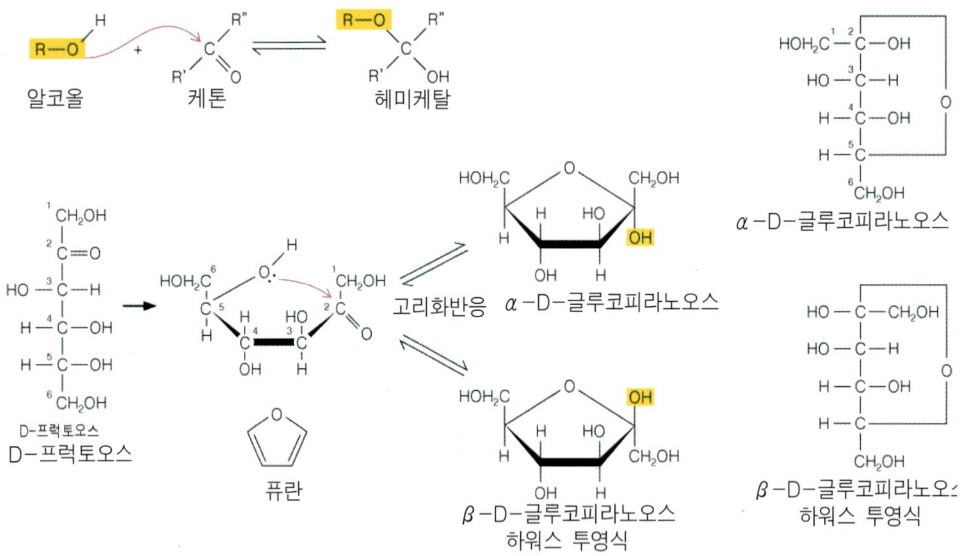

그림 4-12. D-프럭토오스(fructose)의 형성

4) 중요한 단당류

생물에 존재하는 단당류 중에서 가장 중요한 것은 글루코오스(glucose, 포도당), 프럭토오스(fructose), 갈락토오스(galactose)이다.

(1) 글루코오스(glucose, 포도당)

글루코오스는 덱스트로오스(dextrose)로 명명되어 왔으며, 식물종자, 뿌리 부분, 즙액에 존재한다. 또한 녹말, 섬유소의 구성 성분이고, 여러 물질과 글리코시드 결합하여 배당체(glucoside)로 식물에 두루 존재하고 다량으로 함유되어 있다. 글루코오스는 세포의 중요한 에너지원이며, 사람에게 생화학적으로 가장 중요한 탄수화물이다. 동물에서 글루코오스는 뇌세포와 적혈구(erythrocyte)와 같이 거의 미토콘드리아가 없는 세포에 좋은 에너지원이다. 또한 안구(eyeball)와 같이 산소 공급이 제한된 세포도 에너지를 생성하기 위하여 다량의 글루코오스를 이용한다. 식이원(dietary source)으로 식물성 전분과 이당류인 맥아당(maltose, 엿당), 젖당(lactose, 유당), 설탕(sucrose, 자당) 등이 있다.

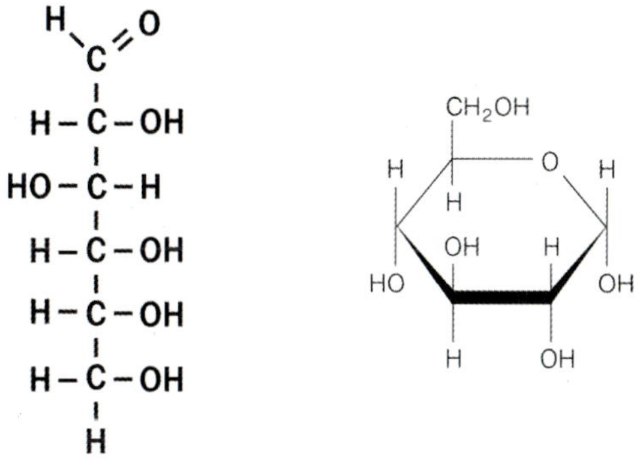

그림 4-13. α-D-글루코오스($C_6H_{12}O_6$)

(2) 갈락토오스(galactose)

갈락토오스는 젖당(lactose)이나 당지질(glycolipid), 프로티오글리칸(proteoglycan), 당단백질(glycoprotein) 등 생체분자의 구성 성분이며, 유리상태로는 자연에 존재하지 않는다. 갈락토오스나 젖당의 섭취가 불충분하더라도 생체분자의 합성은 감소하지 않는다. 그 이유는 갈락토오스와 글루코오스는 4번째 탄소(C_4)의 위치에서 에피머(epimer)이고, 에피머화효소(epimerase)에 의하여 상호 전환되기 때문이다. 또한 갈락토오스는 식물 점액, 식물 검질에 함유되어 있다. 한천은 갈락탄(galactan)의 황산에스테르이다.

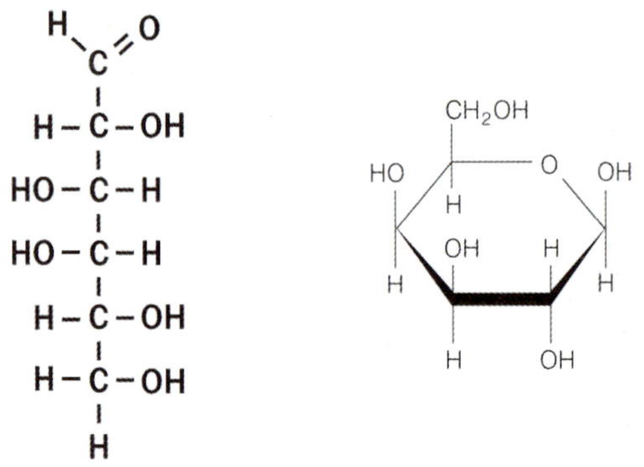

그림 4-14. α-D-갈락토오스($C_6H_{12}O_6$)

(3) 프럭토오스(fructose)

프럭토오스는 레불로오스(levulose)로 불리어 왔으며, 글루코오스와 결합하여 설탕(자당)을 구성한다. 과일 속에 다량 존재하기 때문에 과당(fruit sugar)이라고 하며, 꿀과 약간의 식물에서도 발견되는 케토오스 중의 중요한 탄수화물이다. 프럭토오스는 설탕(sucrose)에 비하여 2배 정도 달기 때문에 가공식품의 감미료로 사용되며, 흡습성이 강하여 결정화되기 어렵다. 그리고 프럭토오스는 수컷의 생식관, 즉 세정낭(seminal vesicle)에서 합성되어 정액의 구성 물질이 된다.

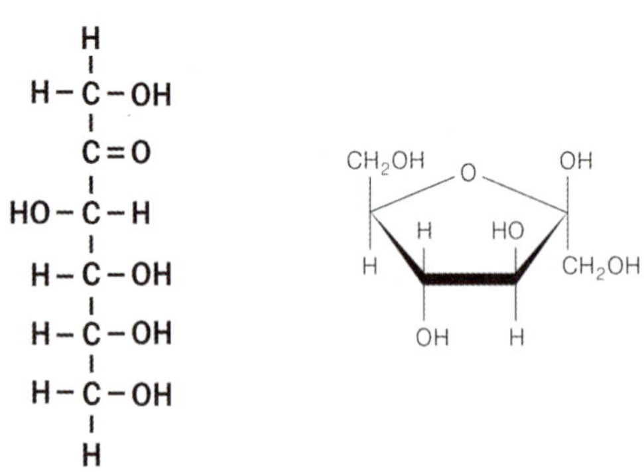

그림 4-15. α-D-프럭토오스($C_6H_{12}O_6$)

5) 단당류의 성질

(1) 용해성

단당류는 감미가 있는 백색 결정으로 물에 잘 녹고, 메탄올(methanol), 에탄올(ethanol), 아세톤(acetone) 등에는 난용이며 에테르(ether), 클로로포름(chloroform), 벤젠(benzene) 등에는 불용이다.

(2) 감미

감미는 당의 종류에 따라 다르다. 설탕(sucrose)의 감미를 100으로 하여 비교할 때 프럭토오스는 150, 글루코오스는 75, 말토오스(maltose)는 60, 글리세롤(glycerol)은 48, 만니톨(mannitol)은 45, 갈락토오스는 33, 락토오스는 26 ~ 16의 순이다. 또한 감미는 α형과 β형에 따라서 차이가 있는데, 글루코오스는 α형, 락토오스와 프럭토오스는 β형이 더 달다.

(3) 변선광(mutarotation)

아노머 형의 당은 용액 중에서 아주 빠른 내부 전환이 일어나는데 이를 변선광(mutarotation)이라 한다. 한 형태의 아노머 당은 직선상의 형태로 되돌아가고, 직선상의 당은 다시 다른 형태의 아노머 당을 형성한다. 따라서 평형 상태의 용액에서는 α형, β형 그리고 소량의 사슬형이 존재한다. 글루코오스(glucose)를 물에 녹이면 α-D-글루코오스(glucose)가 38%, β-D-글루코오스(glucose)가 62% 그리고 아주 소량의 사슬형의 당이 존재한다.

β형이 α형 보다 더 많이 존재하는 이유는 β형에 있는 히드록시(-OH)기 상호간에 탄소 골격과의 방해 작용이 α형에 비하여 작기 때문이다. 단당류의 고리구조에 있어서 모든 탄소원자가 한 평면에 놓이지 않고 3차원적 배치인 의자형(chair form) 또는 보오트형(boat form)의 입체적 구조를 형성한다.

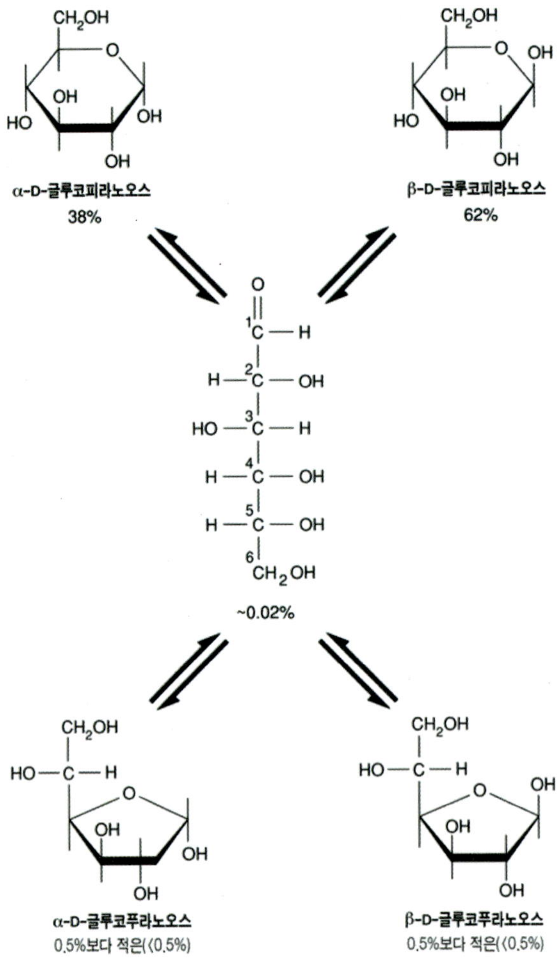

α-D-글루코오스(glucose) ⇄ [사슬형」 ⇄ β-D-글루코오스(glucose)

38% ≒0.02 62%

그림 4-16. D-글루코오스(glucose)의 평형혼합물

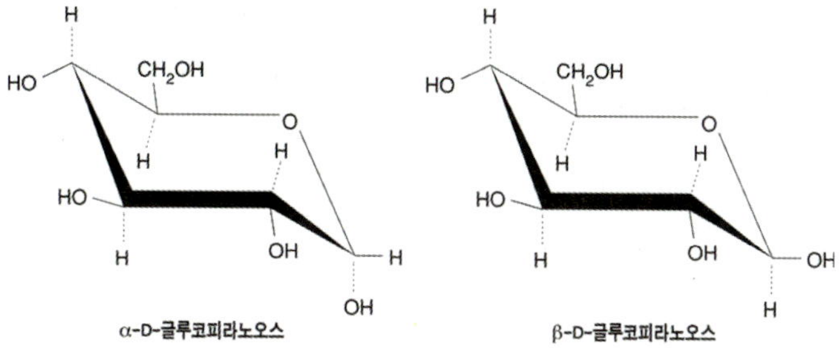

그림 4-17. α-D-글루코오스(glucose)와 β-D-글루코오스(glucose)

(4) 산화환원반응

효소, 금속이온(Cu^{2+}), 산화제의 존재하에서 단당류는 산화반응을 한다. 알데히드기가 산화되면 알돈산(aldonic acid)이 되고, 말단 CH_2OH기가 산화되면 우론산(uronic acid)이 된다. 알데히드기와 말단의 $-CH_2OH$기가 모두 산화되면 알다린산(aldaric acid)이 된다.

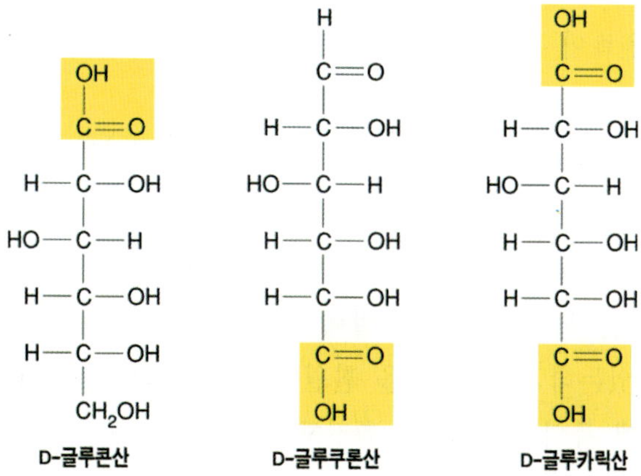

그림 4-18. 글루코오스(glucose)의 산화물

알돈산과 우론산에 있는 카르보닐기는 같은 분자 내에 있는 히드록시기(-OH)와 반응하면 락톤(lactone)이라고 하는 고리 에스테르(cyclic ester)를 형성한다. 락톤은 자연계에서 흔히 볼 수 있다. 즉 L-아스코르브산(vitamin C)는 D-글루쿠론산(D-glucronic acid)의 락톤 유도체이다.

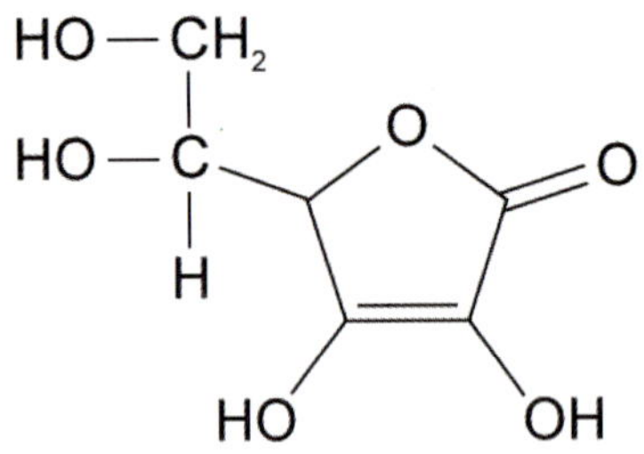

그림 4-19. L-아스코르브산(vitamin C)

알도오스(aldose)의 카르보닐기(carbonyl group)는 환원력이 있으며, 케토오스(ketose)는 알도오스보다 환원력이 적으나 환원물질이다. 유리상태의 알데히드기나 케톤기를 갖는 당은 모두 환원력이 있다. 당류는 알칼리 용액에서 구리이온과 산화환원반응을 한다.

반응물은 적갈색의 침전물인 Cu_2O와 다른 산화물이 생성된다. 예를 들면 글루코오스를 구연산염이나 탄산염 용액의 황산구리(베네딕트 시약)와 같은 약한 산화제에 의해 산화되어 글루콘산(gluconic acid)의 염이 되고, 베네딕트시약은 단당류인 글루코오스에 의하여 환원된다. 모든 단당류는 알데히드기나 케톤기를 가지고 있기 때문에 이러한 반응을 할 수 있는데 이러한 당을 환원당(reducing sugar)이라고 한다. 이와 같은 반응은 식품, 혈액 등의 당 함량을 측정하는데 이용된다. 설탕과 같은 당은 환원당과 같은 반응을 할 수 없는데 이러한 당을 비환원당(non-reducing sugar)이라 한다.

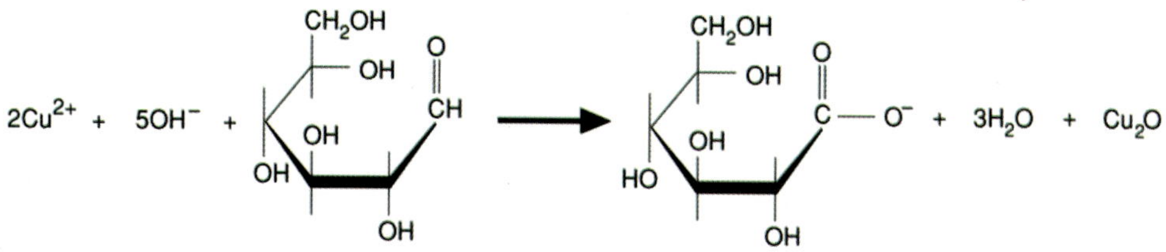

그림 4-20. 글루코오스의 베네딕트 시약과 반응

(5) 환원반응

단당류의 알데히드기와 케톤기가 환원되면 알디톨(alditol)이 형성된다. 예를 들면 D-글루코오스가 환원되면 D-글루시톨(D-glucitol)이 형성된다. 이를 D-솔비톨(D-sorbitol)이라고도 한다. 알디톨은 상업적으로 음식가공과 약품 그리고 화장품을 만드는데 이용된다. 예를 들면 솔비톨은 습기의 손실을 막고 수분을 보유할 수 있기 때문에 사탕을 오래 보관할 수 있고, 화장품에서는 보습제로 이용된다.

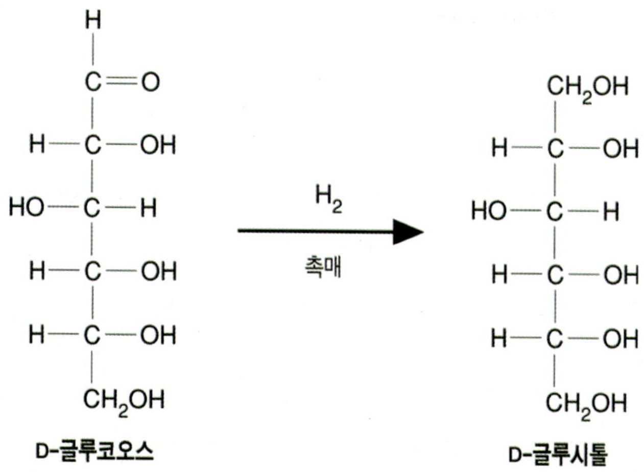

그림 4-21. 글루코오스의 환원반응에 의한 솔비톨(sorbitol)

(6) 이성질화 반응(isomerization)

묽은 알칼리용액에서 단당류는 여러 형태의 이성질화 반응(isomerization)을 한다. 예를 들면 D-글리코오스를 묽은 알칼리용액에 몇 시간 동안 방치해두면 D-만노오스(D-mannose)와 D-프럭토오스(D-fructose)가 생성되어 D-글루코오스를 포함한 3가지 혼합물이 평형을 이루게 된다. 이와 같은 이성질화반응은 분자 내 수소원자의 이동과 이중결합의 재배치에 의하여 이루어진다. 이러한 전환반응은 알칼리 존재하에서 이들 당류가 엔올(enol)화 되기 때문이며, 3종류의 당류에 공통적으로 중간물질인 엔디올(endiol)을 거쳐 평형에 도달하게 된다. 글루코오스가 프럭토오스로 가역적으로 전환하는 것은 알도오스-케토오스 상호 전환반응의 한 예이다. D-글루코오스의 부재탄소인 2번 탄소(C_2)에서의 히드록시기의 위치가 변하여 D-만노오스(D-mannose)로 전환되는 것은 에피머(epmer)의 한 예이다.

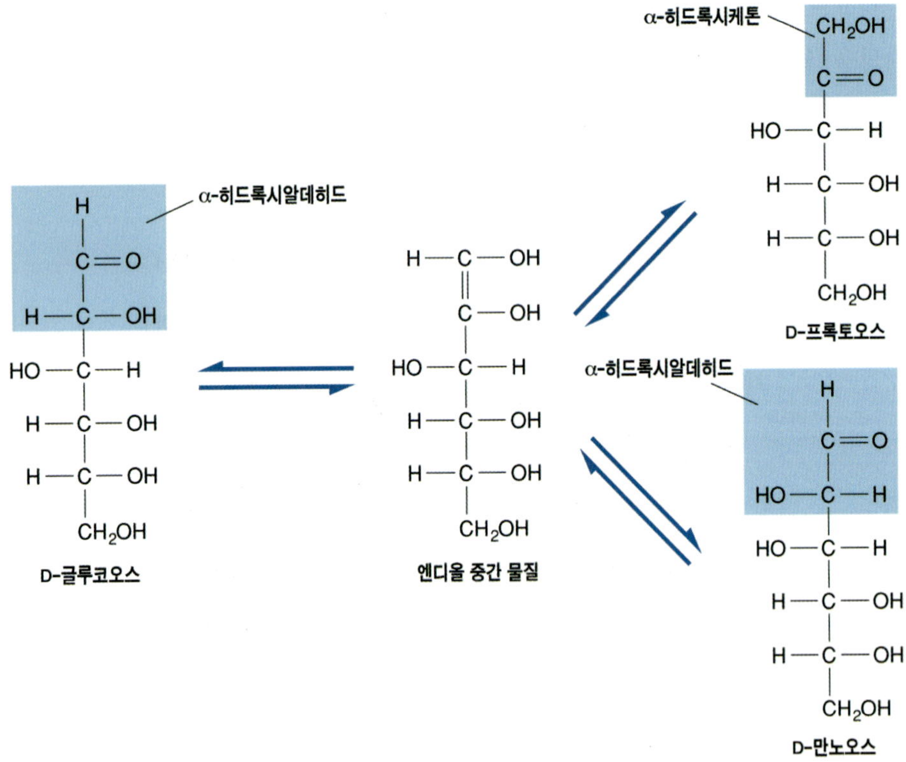

그림 4-22. D-글루코오스의 D프럭토오스와 D-만노오스의 이성질화

6) 단당류의 유도체

단순당은 대사적으로 관련이 있는 화학물질로 서로 전환되는데 그 중 대부분이 생물체의 중요한 대사와 구조 성분이 된다.

(1) 우론산(uronic acid)

단당류의 알데히드기(aldehyde group, -CHO)나 케톤기(ketone group, -CO-)에서 가장 멀리 떨어져 있는 $-CH_2OH$기가 산화되어 -COOH기로 전환된 것을 우론산이라 한다. 우론산은 펙틴(pectin), 헤파린(heparin), 헤미셀룰로오스(hemicellulose), 황산 콘드로이틴(chondroitin sulfate) 등 자연에 존재하는 다당류의 구성 성분이다. 글루크론산(glucuronic acid)은 생체 내 해독작용에 중요한 역할을 한다.

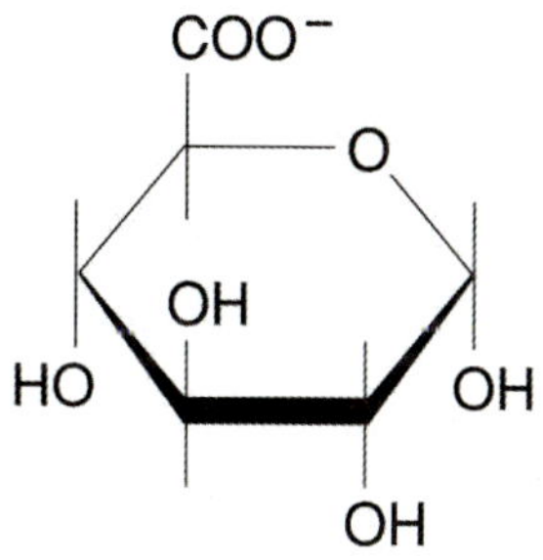

그림 4-23. α-D-글루크론산

(2) 아미노당(amino sugar)

아미노당은 당의 두 번째 탄소(C_2)에 위치한 히드록시기(-OH)가 아미노기($-NH_2$)로 치환된 유도체이다. 자연계에 있는 아미노당은 헥소오스(hexose)의 두 번째 탄소에 아미노기가 결합된 헥소사민(hexosamine)으로 세포단백질과 지질에 결합된 복잡한 탄수화물 성분이다. 동물세포에서 가장 흔한 아미노당은 D-글루코사민(D-glucosamine, 2-amino-2-deoxy-D-glucose)과 D-갈락토사민(D-galactosamine)이다. 전자는 새우, 게 등 갑각류의 구성 성분이며, 키틴(chitin)의 가수분해로 생성되는 키토사민(chitosamine)은 여기에 속한다. 후자는 연체동물이나 연골의 황산 콘드로이틴(chondroitin sulfate) 중에 존재하며, 콘드로사민(chondrosamine)이 여기에 속한다.

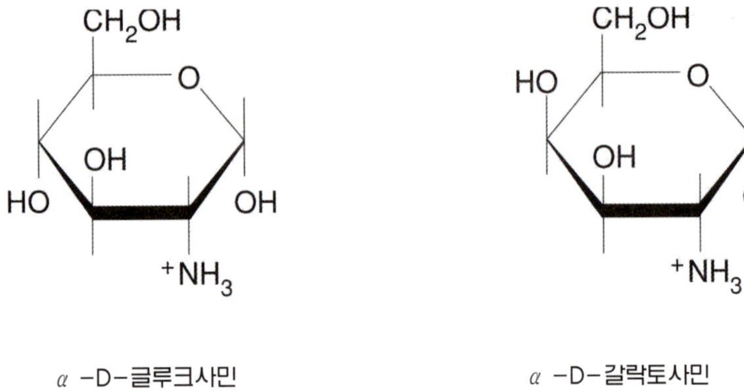

그림 4-24. 아미노당

(3) 디옥시당(deoxy sugar)

디옥시당은 당을 구성하는 산소 원자의 수가 탄소 원자의 수보다 하나 적은 당, 즉 당의 히드록시기(-OH)가 수소원자(-H)로 치환된 당이다. 리보오스(ribose)와 데옥시리보오스(2-deoxy-D-ribose)는 핵산의 구성 성분, 즉 세포를 구성하는 중요한 디옥시당이다. 리보오스(ribose)는 RNA(ribonucleic acid)의 골격을 형성하고, 데옥시리보오스(2-deoxy-D-ribose)는 DNA(deoxyribonucleic acid)의 골격을 형성한다. 데옥시리보오스(2-deoxy-D-ribose)와 리보오스(ribose)의 차이점은 2번 탄소의 히드록시기(-OH) 대신에 수소원자가 결합되어 있다.

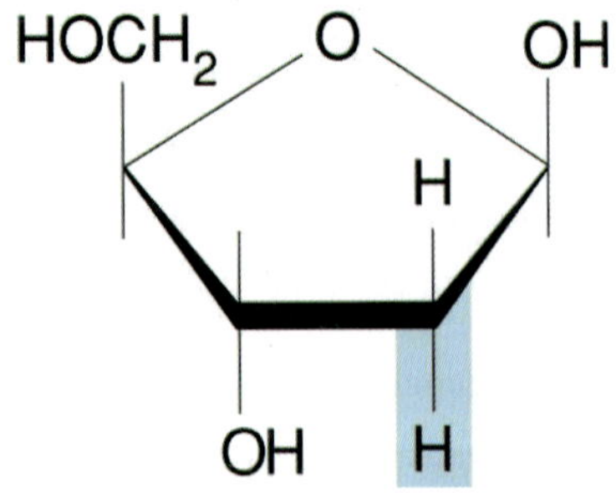

그림 4-25. 디옥시리보오스(2-deoxy-D-ribose)

(4) 배당체(glycoside) 형성

헤미아세탈과 헤미케탈은 알코올과 반응하여 아세탈(acetal) 혹은 케탈(ketal)을 형성한다.

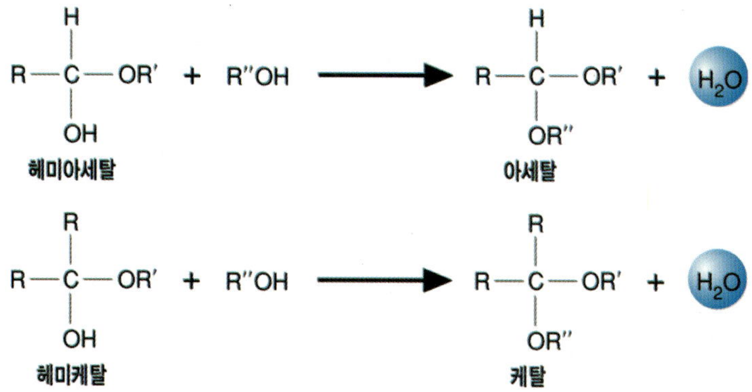

그림 4-26. 아세탈과 케탈의 형성

단당류의 고리 헤미아세탈 또는 헤미케탈이 알코올과 반응할 때 형성되는 결합을 글리코시드 결합(glycosidic linkage)이라 하고, 이 화합물을 배당체(glycoside)라 한다. 당에 결합된 비당 부분을 어글리콘(aglycone)이라 한다. 배당체의 명명은 어글리콘(aglycone)의 이름에 당의 어미를 -oside로 한다. 즉 결합되는 당의 종류에 따라 글루코시드(glucoside), 만노시드(mannoside), 갈락토시드(galactoside) 그리고 프럭토시드(fructoside)라 한다. 이들을 총칭하여 배당체(glycoside)라 한다. 또한 5각형의 고리구조로 된 당을 퓨라노시드(furanoside)라 하고, 6각형의 고리 구조로 된 당을 피라노시드(pyranoside)라 한다. 메틸글루코시드(methyl glucoside)는 글루코오스와 메탄올의 반응에 의하여 형성된다. 메틸글루코시드의 메틸기($-CH_3$)와 같이 당에 결합된 비당 부분을 어글리콘(aglycone)이라 한다.

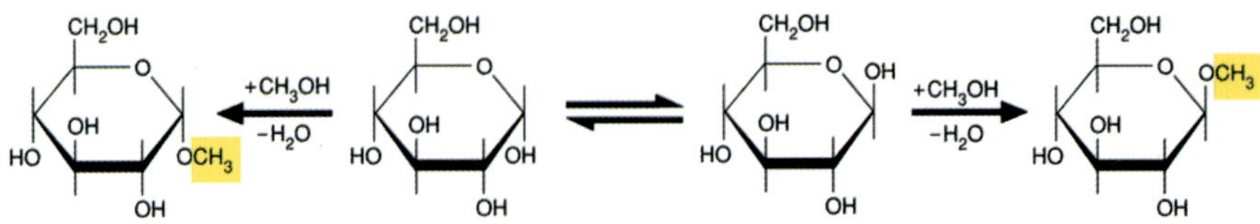

그림 4-27. 메틸글루코시드의 형성

배당체의 당 부분으로서는 L-아라비노오스(L-arabinose), D-리보오스(D-ribose), D-글루코오스(D-glucose), D, L-갈락토오스(D, L-galactose), D-만노오스(D-mannose), D-프럭토오스(D-fructose) 등이 많고, L-람노오스(L-rhamnose)도 식물 배당체의 당 구성성분으로 널리 분포되어 있다.

식물계 배당체의 기능은 다음과 같다.

- 당의 저장
- 대사산물
- 해독작용
- 삼투압 조절
- 대사에 필요한 물질의 공급 조절
- 어글리콘(aglycone)의 안정화, 수용화 등

어글리콘(aglycone)의 화학적 성질에 따라 배당체를 분류해보면 다음과 같다.

- 알코올(alcohol) 혹은 페놀(phenol) 배당체
  예) 살리신(salicin) : 버드나무 껍질
- 안토시안(anthocyan) 배당체 : 페닐벤조피란(phenylbenzopyrene) 유도체를 가진 배당체이다. 꽃, 과일, 잎 등의 적색, 청색이 주로 안토시안 배당체에 속한다.
- 플라본(flavone) 배당체 : 벤조피란(phenylbenzopyrene) 유도체를 가진 배당체이다. 식물체의 황색, 오렌지색이 주로 플라본 배당체에 속한다.
- 그 외에 쿠마린(coumarin) 유도체, 스테로이드(steroid), 테르펜오이드(terpenoid) 등을 갖는 배당체가 식물에 널리 존재한다.

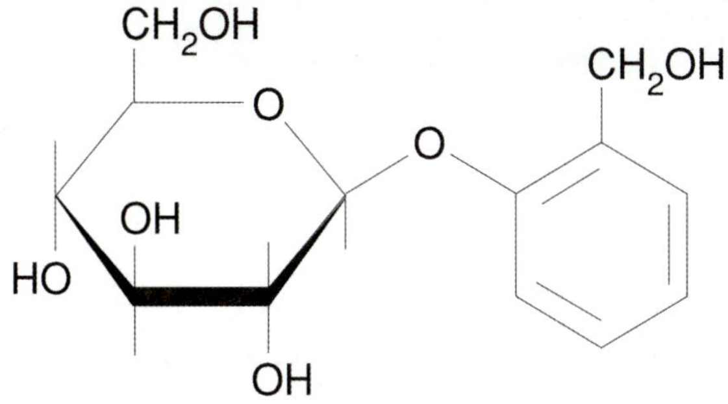

그림 4-28. 살리신(salicin)

한 단당류의 헤미아세탈 히드록시기와 다른 단당류의 히드록시기 사이에 글루코시드 결합에 의하여 아세탈이 형성되어 만들어지는 글루코시드를 이당류(disaccharide)라 한다. 그리고 수많은 단당류가 글리코시드 결합에 의하여 형성된 글루코시드를 다당류(polysaccharide)라 한다.

3. 소당류(oligosaccharide)

몇 개의 단당류가 글리코시드 결합에 의하여 형성된 배당체를 소당류 혹은 과당류라고 한다. 소당류 중에서 단당류가 2개 결합된 이당류(disaccharide)가 자연계에 널리 분포되어 있으며, 단당류가 3개 이상 결합된 소당류는 비교적 드물며 결합 양식에 따라 환원당과 비환원당으로 대별된다. 환원당은 적어도 하나의 헤미아세탈(hemiacetal)성 히드록시기(-OH)가 존재하므로 환원성이며, 비환원당은 헤미아세탈성 히드록시기(-OH)가 모두 결합에 참여하므로 환원성이 없다. 글리코시드 결합은 산에 의하여 쉽게 가수 분해되지만 알칼리에 대해서는 안정하다. 이당류와 다른 탄수화물의 소화는 소장에서 분비되는 효소에 의하여 일어나며, 효소가 결핍되면 소화불량 된다. 탄수화물은 주로 단당류로 흡수되기 때문에 소화되지 않은 이당류는 대장에서 주변 조직으로부터 수분을 흡수하여 설사를 하게 된다. 대장의 박테리아는 이당류를 분해하여 가스를 만들게 된다.

1) 이당류(disaccharide)

이당류는 가수 분해되면 두 분자의 단당류가 생성된다. 이당류 중 가장 흔한 당은 맥아당(maltose), 젖당(lactose), 설탕(sucrose)이며, 맥아당(maltose)과 젖당(lactose)은 환원당이고, 설탕(sucrose)은 비환원당이다.

(1) 맥아당(maltose, malt sugar, 엿당)

2분자의 글루코오스(glucose)가 $\alpha(1 \rightarrow 4)$결합으로 연결된 이당류로서 환원력을 가지고 있는 환원당이다. 맥아당은 전분이나 글리코겐(glycogen)이 아밀라아제(amylase)에 의하여 생성되며, 엿기름 중에 유리 형으로 함유되어 있으나 유리된 상태로는 자연계에 존재하지 않는다. 맥아당의 가수분해 효소인 말타아제(maltase)에 의하여 2분자의 글루코오스가 생성된다.

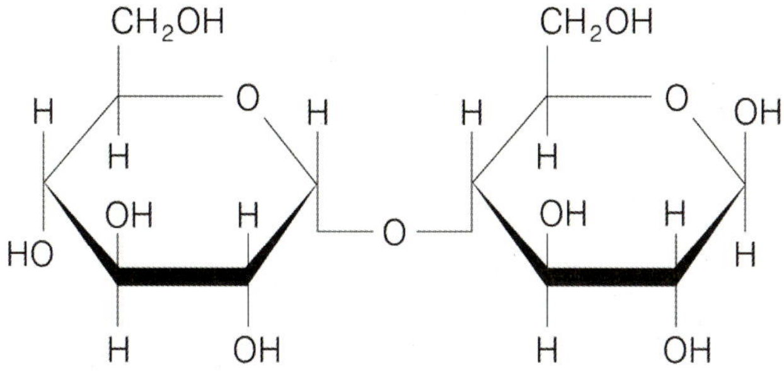

그림 4-29. 맥아당(maltose)

(2) 젖 당(lactose, milk sugar, 유당)

젖당은 갈락토오스(galactose)와 글루코오스(glucose)가 $\beta(1 \rightarrow 4)$결합으로 연결된 이당류로서 우유에서만 발견되는 환원당이다. 사람의 젖에는 5 ~ 8%, 우유에는 4 ~ 6%의 젖당이 함유되어 있으며 일반 동식물에는 함유되어 있지 않다. 락타아제(lactase)에 의하여 글루코오스와 갈락토오스로 분해되며, 생성된 갈락토오스는 신경계에 중요한 역할을 한다.

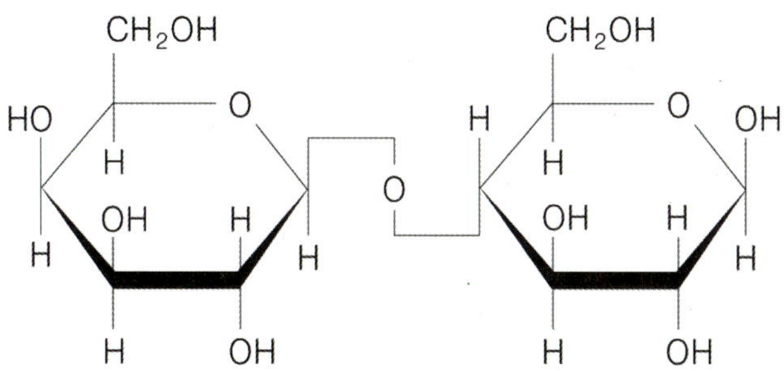

그림 4-30. 젖당(lactose)

(3) 설 탕(sucrose, cane sugar, saccharose, invertose, 자당)

설탕(sucrose)은 글루코오스의 1번 탄소(C_1)와 프럭토오스의 2번 탄소(C_2)의 히드록시기(-OH)가 서로 결합된 이당류로서 비환원당이며 식품가공에 매우 중요하다. 설탕은 주로 사탕수수나 사탕무 등 식물에 존재하고, 동물체에는 존재하지 않는다. 설탕은 우선성이지만 묽은 산이나 사카라아제(saccharase, invertase)로 가수분해하면 동량의 D-글루코오스와 D-프럭토오스가 생성되며 좌선성으로 변한다. 이러한 설탕의 가수분해를 전화(inversion)라 하고, 이 가수분해로 생성된 글루코오스, 프럭토오스의 동량 혼합물을 전화당(invert sugar)이라 한다. 전화당은 설탕보다 단맛이 강하고 끈끈한데, 이는 생성된 과당이 글루코오스보다 감미가 더 강하기 때문이다.

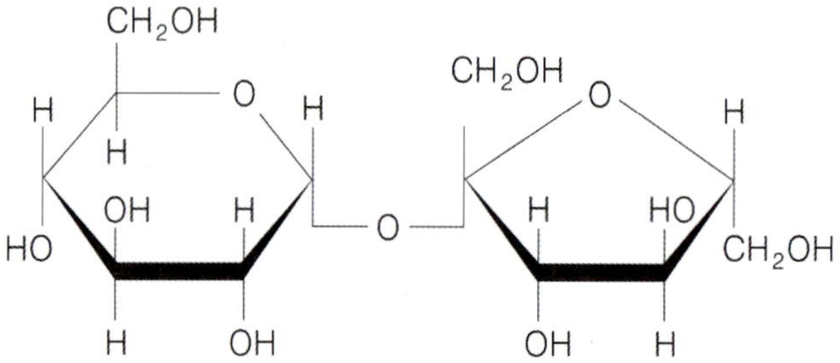

그림 4-31. 설 탕(sucrose)

4. 다당류(polysaccharide)

자연계에 존재하는 대부분의 탄수화물은 분자량이 큰 다당류(polysaccharide)이다. 다당류는 많은 단당류가 글리코시드 결합(glycoside linkage)에 의하여 결합된 중합체(polymer)이다. 따라서 다당류는 산 또는 특정 효소에 의하여 가수 분해되면 단당류 혹은 이의 유도체가 생성된다. 다당류는 단당류의 저장 형태 혹은 세포벽이나 연결조직의 구성성분으로서 작용한다.

이러한 다당류는 크게 한 가지 당으로만 구성되는 단순다당류(homopolysaccharide)와 두 가지 이상의 당으로 이루어진 복합다당류(heteropolysaccharide)로 구분된다. 전분(starch), 셀룰로오스(cellulose), 글리코겐(glycogen), 덱스트린(dextrin), 이눌린(inulin), 키틴(chitin) 등은 단순다당류이며, 헤미셀룰로오스(hemicellulose), 리그닌(lignin), 펙틴(pectin), 검(gum), 점액다당류(mucopolysaccharide) 등은 복합다당류이다.

1) 단순다당류(homopolysaccharide, simple polysaccharide)

자연계에 주로 존재하는 단순다당류는 전분(starch), 글리코겐(glycogen), 셀룰로오스(cellulose), 키틴(chitin) 등이 있다. 전분, 글리코겐, 셀룰로오스는 모두 D-글루코오스로 가수 분해되고, 키틴은 가수 분해되면 글루코오스의 유도체인 N-아세틸글루코사민(N-acetyl-D-glucosamine)이 된다. 전분과 글리코겐은 각기 식물과 동물의 저장형으로 존재하고, 셀룰로오스는 식물 세포의 주요한 구조 성분이다. 키틴은 곤충 및 갑각류의 외골격 구조 성분 그리고 균류(fungi)의 세포벽 성분이다.

(1) 전 분(starch)

전분은 식물의 영양원으로서 물과 이산화탄소(CO_2) 그리고 태양 에너지로부터 클로로필(chlorophyll)에 의하여 합성된 저장 물질이며, 주요한 탄수화물 중의 하나이다.

$$\underset{\text{이산화탄소}}{CO_2} + \underset{\text{물}}{H_2O} \xrightarrow{h\nu} \underset{\text{포도당}}{C_6H_{12}O_6} + \underset{\text{산소}}{O_2}$$

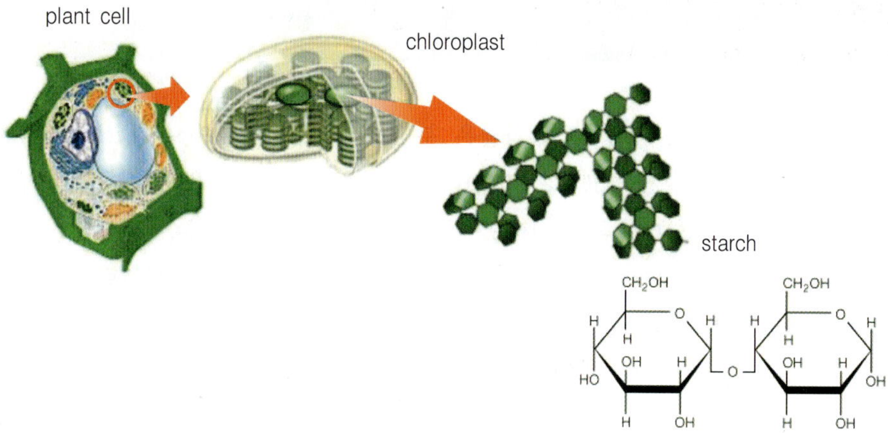

그림 4-32. 전분의 생성

전분을 제공하는 주요한 식품으로는 쌀, 밀, 감자, 옥수수 등이 있고, 이들의 세포 안에 입자형태로 존재한다. 전분은 구강에서 타액효소인 α-아밀라아제(α-amylase)가 글리코시드 결합의 가수분해를 개시하여 소화가 시작된다. 소화는 작은창자에서도 지속되며 말토오스, 말토트리오스 그리고 덱스트린 등의 올리고당류로 가수 분해된다. 덱스트린은 물에 녹고 전분과 같이 겔을 형성하지 않으며, 단맛이 있고 발효되지 않는다. 작은창자를 덮고 있는 세포에서 분비되는 여러 효소에 의해서 올리고당류를 글루코오스로 분해시킨 후 흡수된다.

전분 속에는 D-글루코오스의 중합체인 두 종류의 다당류, 즉 아밀로오스(amylose)와 아밀로펙틴(amylopectin)이 있다. 특히 찹쌀의 경우에는 아밀로펙틴만으로 구성되어 있다.

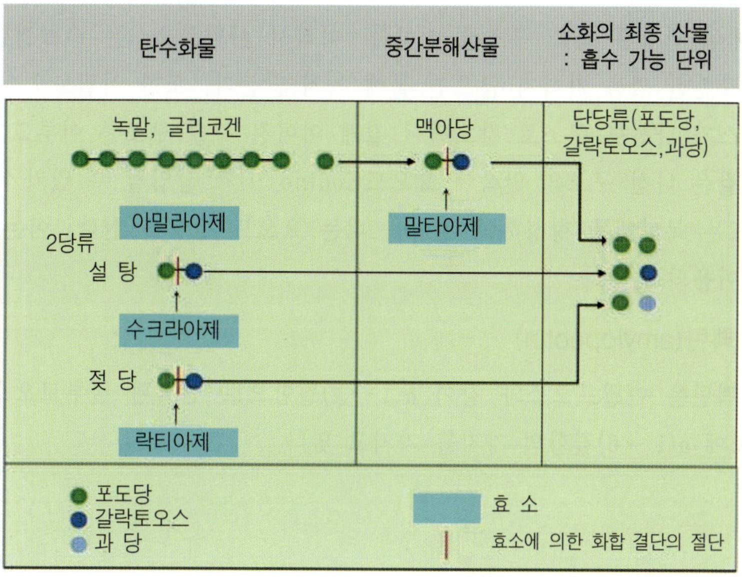

그림 4-33. 소화효소에 의한 전분의 분해

① 아밀로오스(amylose)

아밀로오스는 글루코오스가 $\alpha(1 \rightarrow 4)$결합으로 연결된 중합체로서 가지가 없는 긴 사슬로 구성되어 있다. 아밀로오스를 구성하는 글루코오스는 300 ~ 400개의 분자가 참여하며, 분자량은 약 60,000 정도이다.

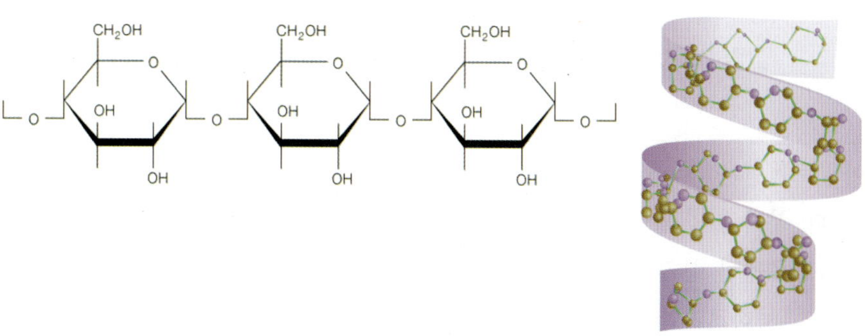

그림 4-34. 아밀로오스(amylose)

아밀로오스는 히드록시기(-OH)를 가지고 있기 때문에 다른 분자와 수소결합에 의하여 매우 안정된 화학 구조를 이룬다. 따라서 아밀로오스는 수소결합을 파괴할 수 있는 충분한 열을 가하지 않으면 물에 녹지 않는다. 또한 아밀로오스는 6분자의 글루코오스가 나선형 구조로 감으면서 길게 이어진 사슬 구조를 이루고 있다. 따라서 이와 같은 나선 구조의 안쪽에 요오드(iodine, I)가 삽입될 수 있기 때문에 녹말과 요오드는 복합체를 형성하여 청색을 띠는 요오드 반응을 한다. 이는 녹말 분석에 널리 이용되고 있다.

② **아밀로펙틴(amylopectin)**

아밀로펙틴은 아밀로오스와 같이 $\alpha(1 \rightarrow 4)$결합으로 연결된 글루코오스 중합체의 기본 구조에 $\alpha(1 \rightarrow 6)$결합의 가지를 가지고 있다.

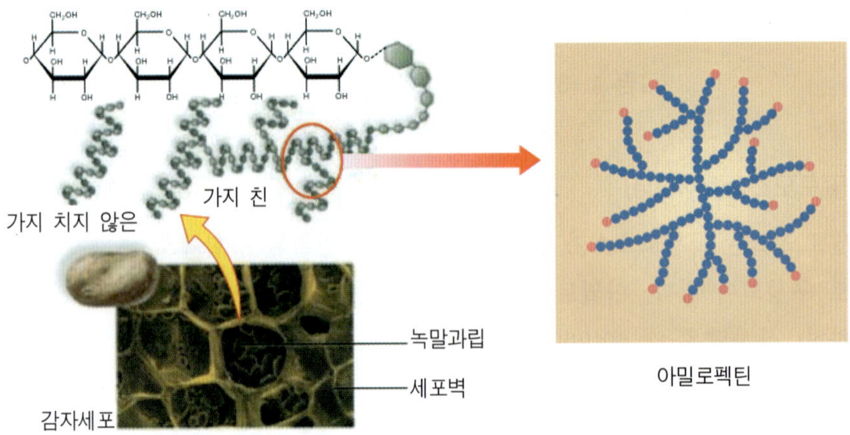

그림 4-35. 아밀로오스(amylose)와 아밀로펙틴(amylopectin)

아밀로펙틴은 몇 천에서 백만까지의 글루코오스로 구성되어 있기 때문에 아밀로오스보다 분자량이 훨씬 크며, 24 ~ 30개 정도의 글루코오스 마다 가지가 있다. 따라서 아밀로펙틴 분자 사이의 결합은 입체적인 배열의 제한을 받기 때문에 나선구조를 이루지 못하고, 아밀로오스와는 달리 따뜻한 물에 녹게 된다. 감자를 삶으면 아밀로펙틴은 뜨거운 물에 의하여 추출되므로 삶은 감자의 녹말은 대부분 아밀로오스이다. 아밀로펙틴은 요오드에 의하여 적자색을 띤다.

표 4-2. 아밀로스와 아밀로펙틴의 차이

구 분	아밀로펙틴	아밀로스
끓일 때	팽창하나 녹지 않음	녹 음
묽은 산	포도당	포도당
요오드 반응	적자색	청자색
아밀로스(amylose)	말토오스(maltose)와 덱스트린(dextrin)	말토오스

(2) 글리코겐(glycogen)

글리코겐은 주로 동물세포의 저장 다당류이며, α-D-글루코오스의 중합체로서 기본적인 화학적 구조는 아밀로펙틴과 같다. 그러나 가지가 더 많고 가지의 길이가 짧은 것이 다르다. 중합도가 아밀로펙틴보다 큰 분자로 분자량이 평균 수백만이며 분자 내의 글루코오스 사슬의 가지가 많으므로 구상의 분자로 되어 있고 찬물에도 잘 분산된다. 글리코겐은 적갈색의 요오드 반응을 하며, 정량분석과 정성분석에 이용된다. 글리코겐은 주로 간에 저장되지만 근육에도 존재한다. 또한 효모뿐만 아니라 굴이나 조개 같은 연체동물에도 존재한다.

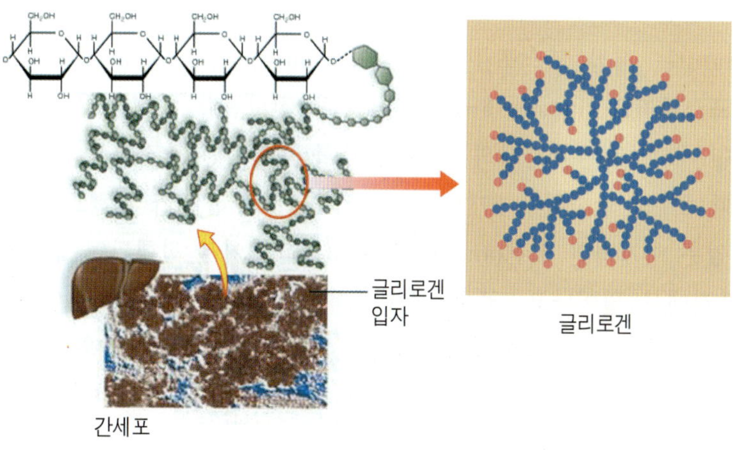

그림 4-36. 글리코겐(glycogen)

글리코겐은 녹말과 같이 소화관 내에서 분비되는 α-아밀라아제(α-amylase)와 β-아밀라아제(β-amylase)에 의하여 $\alpha(1 \rightarrow 4)$결합이 가수 분해된다. α-아밀라아제는 녹말 사슬의 중간을 가수분해하고, β-아밀라아제는 녹말의 비환원성 말단으로부터 말토오스 단위로 가수분해한다. 그러나 이들은 $\alpha(1 \rightarrow 6)$결합을 가수분해할 수 없으므로 가수 분해물은 말토오스와 $\alpha(1 \rightarrow 6)$결합으로 연결된 한계 덱스트린(limit dextrin)이 생성된다. 이때 생성된 말토오스는 말타아제(maltase)에 의하여 글루코오스로 분해된다. 한계 덱스트린의 $\alpha(1 \rightarrow 6)$결합은 가지 가수분해 효소에 의하여 가수분해 될 수 있다. 이와 같은 효소에 의하여 녹말과 글리코겐은 글루코오스로 완전히 가수 분해된다.

음식에 함유되어 있는 글루코오스는 신체의 모든 세포에서 사용되는 주요한 열량소이다. 소장의 점막세포를 통하여 혈액으로 운반되고, 결국 이 글루코오스는 직접 혹은 인슐린에 의하여 조직으로 흡수된다. 간이나 근육에서 발견되는 글리코겐은 동물의 경우 글루코오스의 중요한 저장형태이다. 간에서는 5% 함유되어 있고, 근육에서는 1% 함유되어 있으며 중간대사에 중요하다. 즉 성인의 간세포나 근육에는 약 0.23kg 정도의 글리코겐이 저장되어 있어서 필요하면 즉시 이용이 가능하다. 글리코겐은 세포질 내에 큰 무결정의 입자로 저장되어 있는데 입자 속에는 글리코겐의 합성과 분해를 할 수 있는 효소들이 함유되어 있다. 간이나 근육에 있는 글리코겐은 포스포릴라아제(phosphorylase)라는 효소에 의하여 글루코오스-1-포스페이트(glucose-1-phosphate)로 분해된다. 포스파타아제(phosphatase)에 의하여 글루코오스-1-포스페이트(glucose-1-phosphate)는 글루코오스로부터 인산기가 제거되어 유리 글루코오스로 되고, 이것은 혈액에 운반되어 조직세포로 흡수된다. 또한 글루코오스-1-포스페이트(glucose-1-phosphate)는 직접 포스포글루코뮤타아제(phosphoglucomutase)에 의하여 글루코오스-6-포스페이트(glucose-6-phosphate)로 전환된다.

해당과정(glycolysis)은 6탄당의 글루코오스를 혐기적인 조건에서 효소에 의하여 분해된다. 이때 2개의 탄소원자 3개로 된 물질과 2개의 ATP가 생성된다. 이 과정에서는 산소가 없는 혐기적인 조건(anaerobic condition)에서 진행된다. 혐기적인 해당은 세포의 세포질에서 일어나고, 표준조건하에서 47.0kcal/mol의 자유에너지를 방출한다. 자유에너지 일부는 ATP 형태로 전환된다. 우리 몸에는 심한 운동 등을 할 때 발생할 수 있는 일시적인 산소부족 기간 동안에 ATP를 계속적으로 생산하여 제공한다.

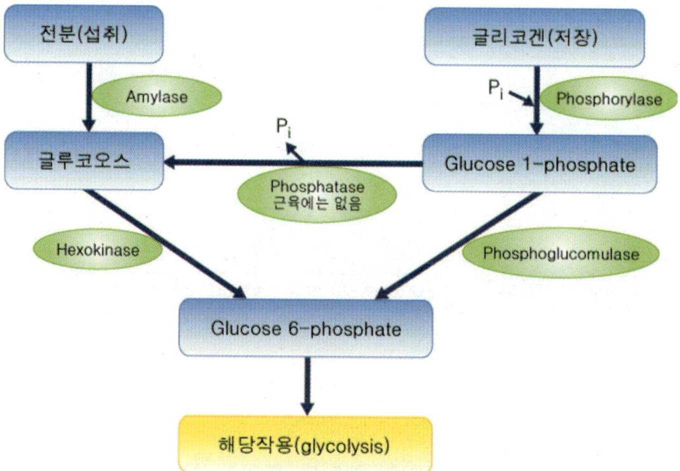

그림 4-37. 섭취나 저장 형태의 글루코오스로부터 해당과정으로 이행

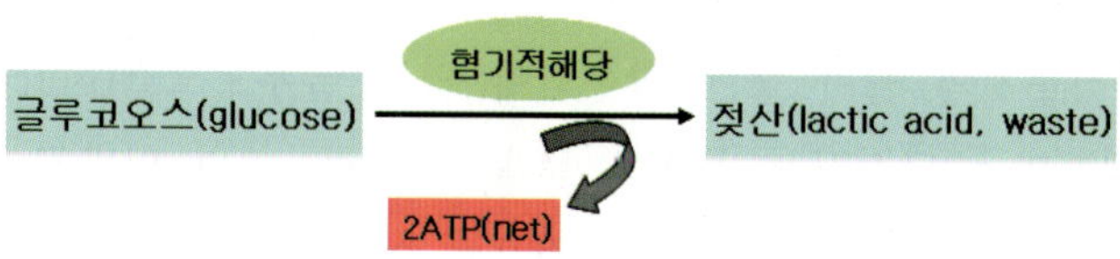

진핵세포(eukaryotic cell)는 일반적으로 호기적인 조건(aerobic condition)에서 글루코오스를 이용하여 피루브산(pyruvic acid)을 형성한다. 이 피루브산은 세포질에서 미토콘드리아로 옮겨져서 TCA 싸이클(TCA cycle, Kerbs cycle)을 통하여 이산화탄소와 물로 완전히 산화된다. 전자가 TCA 싸이클의 중간생성물로부터 떨어져나가 전자전달계(electron transport system)에 전달되고, 거기에서 산화적 인산화(oxidative phosphorylation)를 거쳐 ATP를 생성한다. 글루코오스가 호기적 해당과정을 거쳐 완전히 산화되면 표준상태 하에서 686kcal/mol의 자유에너지를 방출한다.

혐기적 조건에서는 글루코오스 한 분자당 2개의 ATP를 생성하고, 호기적 조건에서는 36 혹은 38개의 ATP를 형성한다.

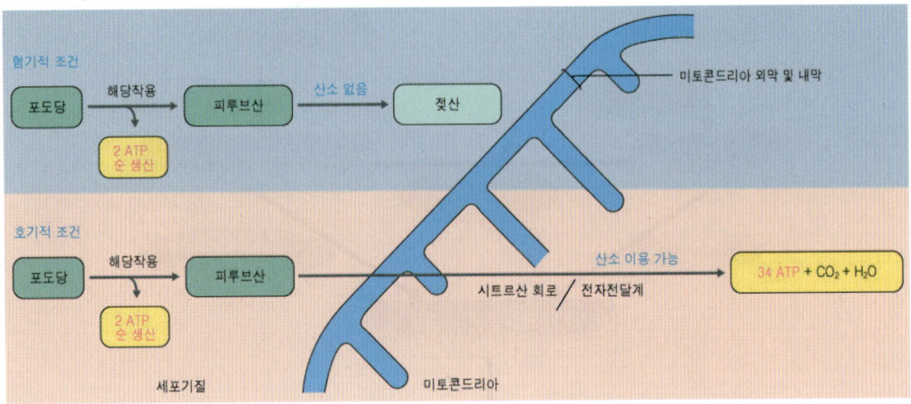

그림 4-38. 혐기적 해당과 호기적 해당의 비교

(3) 셀룰로오스(cellulose)

셀룰로오스는 식물체의 줄기 등에 함유되어 있는 글루코오스(glucose)의 중합체이다. 즉 식물의 세포막을 구성하는 물질로 목재, 마, 면, 기타 일반적인 식물섬유의 구성성분이며 섬유소라고도 한다. 이는 기본적으로 아밀로오스와 같이 직선상이지만 글루코오스가 $\beta(1 \rightarrow 4)$ 글루코시드결합으로 연결된 점이 다르다. 셀룰로오스는 이러한 성질 때문에 종이, 천 등의 섬유로 널리 이용되고 있다.

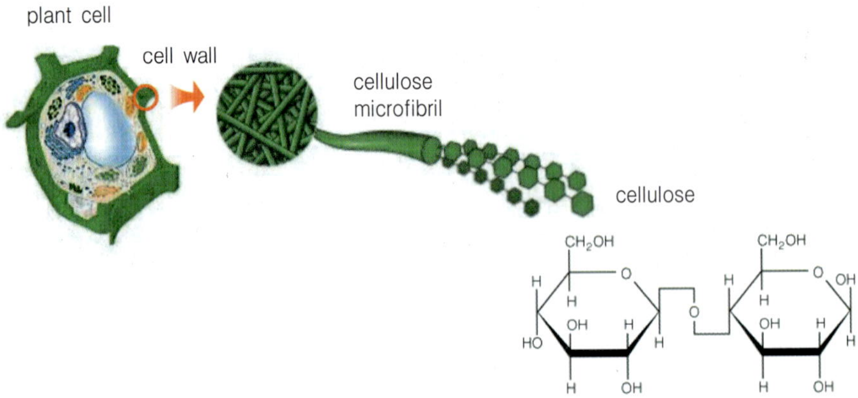

그림 4-39. 셀룰로오스

대부분의 식물세포는 단단하고 강한 다당류의 구조에 의해 둘러싸여 있다. 식품 세포벽은 셀룰로오스로 구성되어 있지만 세포벽의 접착제 역할을 하는 리그닌(lignin), 헤미셀룰로오스(hemicellulose), 펙틴 물질 등의 다당류가 발견된다. 따라서 셀룰로오스는 식물에서 가장 중요한 구조적 다당류이고 식물 전체의 생체질량(biomass)의 약 1/3을 차지한다. 거의 12,000개의 글로코오스 단위(glucose unit)를 가지고 있는 비분지 셀룰로오스(unbranched cellulose) 분자의 쌍들은 서로 수소결합을 통하여 미세섬유(microfibril)라고 하는 얇은 모양의 조각을 형성한다. 이 구조들은 식물의 1차와 2차 세포벽에서 발견되고, 이들은 식물세포를 지지하고 보호하는 구조적 틀(framework)을 형성한다.

섬유질은 식품 내에 자연적으로 함유된 식이섬유(dietary fiber)와 식품에 첨가되는 기능성 섬유질(functional fiber)이 있다. 식품 내의 총 섬유질(total fiber)은 식이섬유질과 기능성 섬유질이 모두 포함된다.

섬유질은 전분이 아닌 다당류인 셀룰로오스, 헤미셀룰로오스, 펙틴(pectin), 검(gum), 뮤실리지(mucilage) 등이 있고, 식이섬유 중 탄수화물이 아닌 복잡한 알코올 유도체를 포함한 리그닌(lignin)이 있다.

표 4-3. 식이섬유의 종류 및 생리적인 기능

구 분	종 류	생리적 기능	주요 공급원
불수용성 식이섬유	리그닌	분변량 증가, 에스트로겐 유사효과	전곡류
	셀룰로오스	분변량 증가	모든 식물
	헤미셀룰로오스	장 통과시간 감소	채소, 밀, 귀리, 쌀
수용성 식이섬유	헤미셀룰로오스 일부, 펙틴, 검, 뮤실리지	위장 통과 시간 지연, 포도당 흡수 지연, 혈청 콜레스테롤 감소	사과, 바나나, 귤, 당근, 보리, 두류 등

셀룰로오스, 헤미셀룰로오스, 리그닌은 식물의 구조 부분을 형성한다. 목화는 순수한 셀룰로오스이고, 밀겨 섬유질에는 헤미셀룰로오스가 많다. 곡류는 대부분 바깥층에 겨층을 가지므로 전곡류(whole grain)들은 이 섬유질의 좋은 공급원이다. 브로콜리에

있는 목질 섬유는 대부분 리그닌이다. 이런 불소화성 식이섬유는 일반적으로 물에 녹지 않는다. 그러므로 불용성 섬유질(insoluble fiber)이라고도 한다.

펙틴, 검, 뮤실리지는 식물세포 내와 식물세포를 둘러싸고 있으며, 식물세포가 서로 붙어있도록 접착제 역할을 한다. 이러한 식이섬유는 물에 용해되거나 팽윤되므로 수용성 섬유질(soluble fiber)이라 한다. 헤미셀룰로오스의 일부도 수용성 섬유질이다. 셀러드드레싱, 아이스크림, 잼, 젤리 속에 검이나 펙틴과 같은 수용성 섬유질이 많이 들어 있으며, 과일과 채소, 두류, 쌀겨, 질경이 종자에도 수용성 섬유질이 많다.

초식동물은 셀룰라아제(cellulase)라는 소화효소가 있어 볏짚이나 풀줄기 등을 먹으면 섬유질 성분을 소화한다. 그러나 사람은 셀룰라아제를 만들지 못하므로 섬유질 부분은 소화되지 않거나 대장에 살고 있는 대장균에 의해 분해된다. 음식물이 위·소장에서의 소화를 거쳐 대장에 이르는 것은 음식물을 먹고 나서 4 ~ 6시간이 지난 후 이다. 대장까지 오는 동안 거의 다 소화·흡수되므로 대장에 도달하는 것은 대부분 비소화성 찌꺼기이다. 대장에 있는 많은 대장균은 찌꺼기 속의 수용성 섬유질을 발효시켜 초산, 프로피온산, 부티르산과 같은 짧은 사슬 지방산과 수소, 메탄과 같은 가스를 만든다.

섬유질은 내용물이 대장을 통과하는 시간을 단축시키고 수분을 유지시키며, 대장을 깨끗이 하여 쾌변을 도와준다. 이러한 효과는 섬유소의 수분 보유능력 때문이다. 섬유소는 자신의 무게보다 훨씬 많은 수분을 흡수하여 변의 양을 더욱 늘어나게 하고 대변을 부드럽게 하여 장의 연동운동을 촉진하기 때문에 배설이 쉬워진다.

섬유질을 적게 섭취하게 되면 변은 작고 단단해져 변비가 된다. 변의 배설을 위해 압력을 가하게 되고, 이에 따라 대장 벽의 일부가 근육 층 사이에 작은 주머니를 만들게 되는데 이를 게실(diverticula)이라 한다. 게실을 가진 사람의 80%는 자각증상이 없는데 이를 게실증(diverticulosis)이라 한다.

1970년대 초 섬유질을 적게 섭취하는 사람에게 대장암을 비롯해서 심장병, 당뇨병 등의 성인병이 많다는 학설이 발표되면서 섬유질에 대한 관심이 높아졌다. 사람은 체내에서 에너지를 생성하는 탄수화물, 지방, 단백질 등 영양소를 섭취해야 살 수 있다.

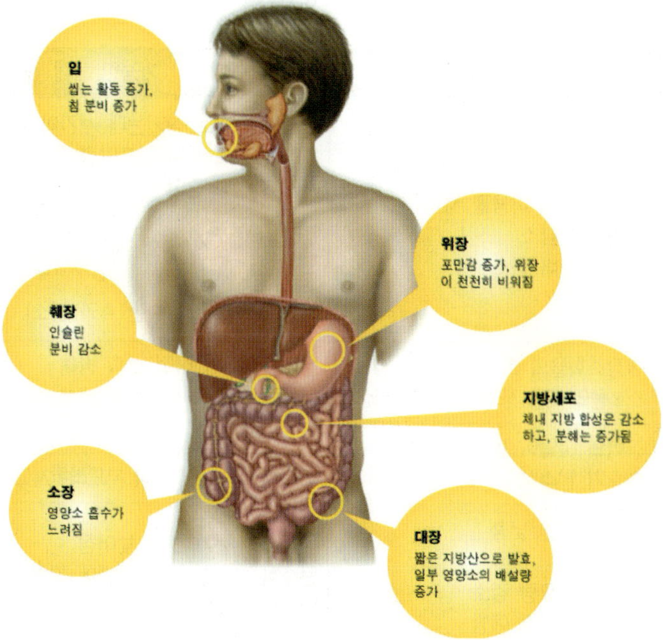

그림 4-40. 식이섬유의 기능

그런데 섬유질은 이러한 영양소와 그 기능이 다르다. 섬유질은 대장 내의 세균에 영향을 끼쳐 발암성 물질의 작용을 억제하여 대장암을 예방한다. 섬유질은 콜레스테롤의 흡수를 막아 주므로 성인병을 예방하며, 위장의 공복감을 덜 느끼게 하고 음식물의 흡수를 더디게 하여 콜레스테롤을 걸러낸다. 어떤 섬유질은 장내에서 식염과 결합하여 몸 밖으로 배출시켜 혈압이 올라가는 것을 막아 준다. 또 혈압이 올라가는 것을 막아 주기 때문에 당뇨병의 치료와 예방에 도움이 된다. 비만인 사람도 섬유질을 충분히 섭취하면 영양분의 소화와 흡수를 억제하면서 만복감을 주기 때문에 과식을 하지 않게 된다. 또한 대장의 운동을 촉진시켜 변이 내장을 통과하는 시간을 짧게 하고 배변량을 증가시킨다. 배변이 원활해지므로 변비가 없어지고, 그 결과 다이어트에 도움이 된다. 그러나 너무 많이 섭취하면 물에 녹지 않는 불용성 섬유질일 경우 칼슘, 철분, 아연 등 무기질의 흡수를 방해하므로 좋지 않다.

표 4-4. 식이섬유와 건강

관련 질병	식이섬유소의 역할	가능한 체내작용
비 만	포만감 증가 영야소 체내 이용률 저하 영양밀도 감소 인슐린 분비 감소	음식물을 씹고 삼키는데 시간이 걸림 위장에 오래 머무름(포만감 제공) 지방 배설량 증가 고섬유소 식사에 의한 탄수화물 흡수 방해 소화물의 소장 통과 시간 단축(영양소의 흡수 기회를 줄임) 지방 분해작용(인슐린 효과 감소)
대장암	대장소화물의 희석 소화물의 대장 통과 속도가 빨라짐	발암물질과의 직접 접촉 방해 미생물에 의한 독성문질 생성 감소
게실증 변비	장벽의 내압이 높아져 통과 속도가 빨라짐	대장의 통과 시간 단축 보습력이 높아져 변이 부드러워지고 부피가 커짐
당뇨병	공복 혈당을 낮춤 요당 감소 인슐린 필요량 감소 식후 고혈당증 예방	위장 비우는 속도가 늦어짐 탄수화물이 섬유질 겔 안에 갇혀 소화가 안됨 탄수화물 흡수량이 감소하고 흡수속도가 지연됨
동맥경화증	담즙산의 배설 혈증 중성지방과 콜레스테롤의 감소	담즙산에 있는 콜레스테롤과 결합하여 재흡수 방해 소장에서 겔을 형성하여 지방 흡수방해, 배설 증가

섬유질은 야채의 질긴 부분에 셀룰로오스, 무의 갈색 색소인 리그닌, 과일 속의 펙틴, 미역 · 다시마의 끈적끈적한 성분인 알긴산 등이며 특히 버섯류에 많다. 육류나 생선류 그리고 우유제품에는 거의 없다. 우리 몸에 필요한 식이섬유의 1일 필요량은 25 ~ 30g이다. 섬유음료 한 병의 양은 대부분 100mL 정도이고, 식이섬유는 5mL 정도 들어 있으며 34 ~ 60kcal이다.

(4) 이눌린(inulin)

$\beta(1 \rightarrow 2)$ 글루코시드 결합한 프럭토오스의 직쇄상 다당류(fructosan)로 국화과 식물의 뿌리와 우엉, 돼지감자 등에 다량 함유되어 있다. 이눌린은 무색, 무미의 분말로 냉수에 잘 녹지 않으나 온수에는 잘 녹는다. 즉 이눌린은 소화가 되지 않는 특징을 지닌 수용성 식이섬유이다. 최근 이눌린은 다이어트나 비만에 효과가 있는 것으로 알려지고 있다. 즉 이눌린은 소화가 되지 않기 때문에 칼로리가 발생하지 않으며, 혈당

이나 혈중 인슐린 농도에 영향을 미치지 않는다. 따라서 당뇨병이나 고혈압 등의 성인병에 효과가 있는 식이섬유에 대하여 연구되고 있다.

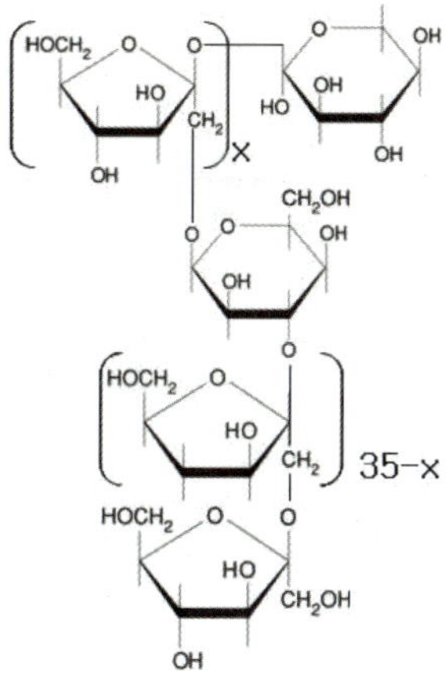

그림 4-41. 이눌린의 화학적 구조

(5) 키틴과 키토산

키틴은 당의 아미노 유도체인 N-아세틸글루코사민이 $\beta(1 \rightarrow 4)$ 글루코시드 결합으 중합된 다당류이다. 이는 백색 분말로 물에 녹지 않고 반응성이 작으며, 셀룰로오스의 화학적 구조와 기능이 유사하지만 셀룰로오스보다도 안정하다. 키틴은 게나 가재, 새우 등 절지동물의 딱딱한 표피나 껍데기의 골격을 구성할 뿐만 아니라 곰팡이의 세포벽에 다량 함유되어 있다.

키토산은 키틴을 탈아세틸화하여 얻을 수 있으며, 인체에 보다 더 쉽게 흡수된다. 키토산은 노폐해진 세포를 활성화하여 노화를 억제하고 면역력을 강화하는 물질로 알려지고 있다. 또한 구체적인 메커니즘은 규명되지 않았지만 인체에 여러 가지 생리적인 효과가 있는 것으로 알려지고 있다. 첫째, 체내에 과잉의 유해 콜레스테롤을 흡착, 배설하는 역할 즉 탈콜레스테롤 작용을 한다. 둘째, 암 세포의 증식을 억제하는 항암 작용을 한다. 셋째, 혈압 상승의 원인이 되는 염화물 이온을 흡착, 장에서의 흡수를 억제한 뒤 체외로 배출시킴으로써 혈압 상승 억제 작용 및 장내의 유효 세균을 증식시키고 세포를 활성화시킨다. 그밖에도 혈당 조절과 간 기능 개선 작용, 체내 중금속 및 오염 물질 배출 등의 효과가 있다.

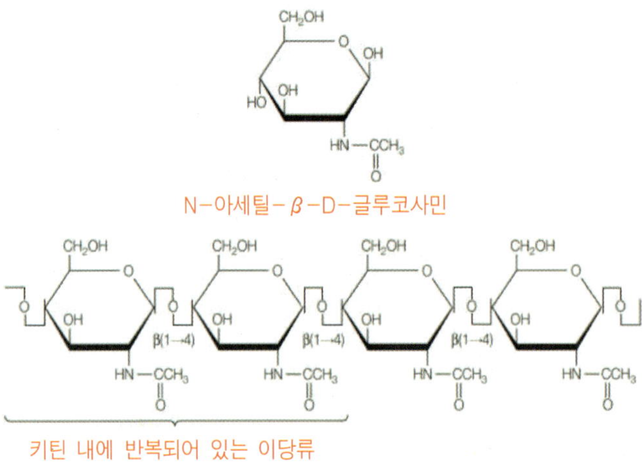

그림 4-42. 키틴의 화학적 구조

인체에 가장 흡수되기 쉬운 키토산의 형태는 키토산 올리고당이며, 키토산 산성염의 경우 키토산의 아미노기 대신에 염이 들어가 있어 효능이 크게 저하된다. 키토산과 그 유도체는 보습제, 린스제, 피막형성제, 증점제, 유화안정제, 컨디셔닝제 등으로 기초화장품 및 두발 화장품 등으로 응용되고 있다.

2) 복합다당류(conjugated polysaccharide, heteropolysaccharide)

복합다당류는 두 가지 이상의 단당류를 포함하고 있는 고분자량의 탄수화물 중합체이다. 대표적인 한 예는 프로테오글리칸의 주요 성분인 글리코사미노글리칸(glycosaminoglycan, GAG)이 있다.

글리코사미노글리칸은 이당류의 반복 단위를 가지고 있는 선형 중합체(linear polymer)로 당 잔기의 대부분이 아미노 유도체(amino derivatives)이다. 아미노당을 구성 당으로 하는 점액 다당류를 일반적으로 뮤코다당류(mucopolysaccharide)라고도 한다.

표 4-5. 글리코사미노글리칸에서 발견된 이당류의 반복 단위

글리코사미노 글리칸	반복 단위	분자량(D)	특 성
콘드로이틴 황산염	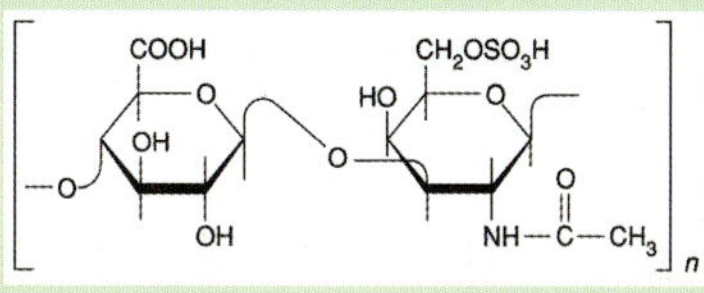 (1,4)-O-β-D-글루코피라노실우론산-(1,3)-2-아세트아미도-2-디옥시-6-O-술포-β-D-갈락토피라노오스	5,000 ~ 50,000	6번 탄수에 황산염기를 보유함. 연골의 중요한 구성 성분
더마탄 황산염	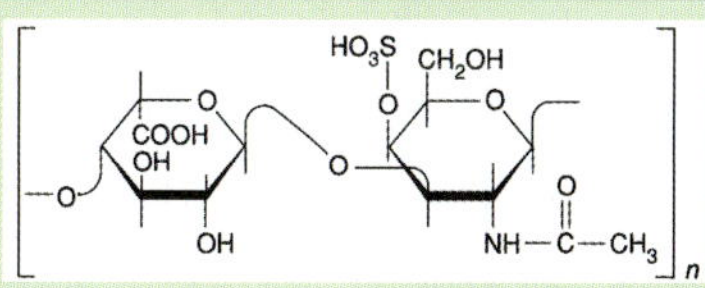 (1,4)-O-α-L-이도피라노실우론산-(1,3)-2-아세트아미도-2-디옥시-4-O-술포-β-D-갈락토피라노오스	15,000 ~ 40,000	다양한 농도의 D-글루쿠론산이 존재. 노화과정 중 농도 증가
헤파린	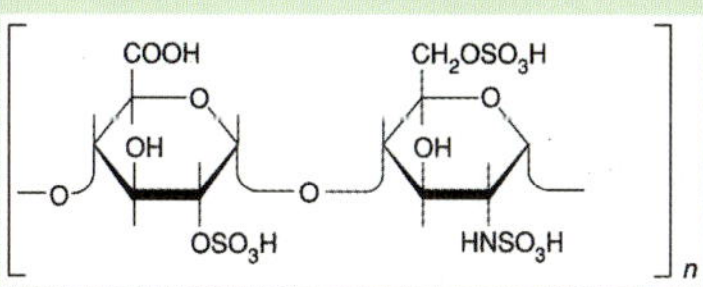 (1,4)-O-α-D-글루코피라노실우론산-2-술포-(1,4)-2-술파미도-2-디옥시-6-O-술포-α-D-글루코피라노오스	6,000 ~ 25.000	항응고제. 비만세포에서 발견되고 D-글루쿠론산을 포함
케라탄 황산염	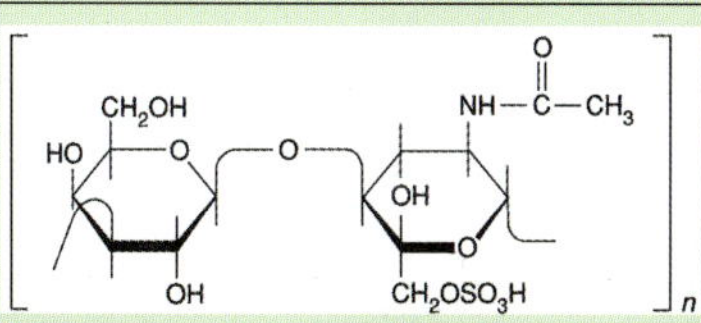 (1,3)-0-β-D-갈락토피라노오스-(1,4)-2-아세트아미도-2-디옥시-6-O-술포-β-D-글루코피라노모스	4,000 ~ 19,000	프로테오글리칸의 성분, 각막 연골 통해 존재
히알루론산	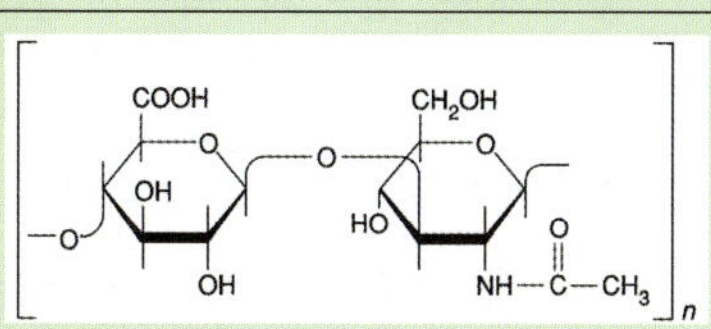 (1,4)-0-β-글루코피라노실우톤산-(1,3)-2-아세트아미도-2-디옥시-β-D-글루코피라노모스	4,000	눈의 우리체와 관절 활약속에 가장 풍부하게 존재하는 GAG

이 단위들은 갈락토오스를 가지고 있는 케라탄 황산염을 제외한 대부분의 GAG는 우론산(uronic acid)을 가지고 있다. 보통 N-아세틸글루코사민을 가지고 있는 히알루론산(hyaluronic acid)을 제외한 GAG는 N-아세틸글루코사민 황산염이 함유되어 있다. 많은 반복된 이당류 단위는 카르복실기(carboxyl group)와 황산염기(sulfate group)를 가지고 있다.

GAG는 당 잔기, 당 잔기 사이의 연결, 황산염기의 위치와 존재에 따라 구분되며, 히알루론산, 콘드로이틴 황산염(chondroitin sulfate), 더마탄 황산염(dermatan sulfate), 헤파린(heparin)과 헤파린 황산염(heparin sulfate), 케라탄 황산염(keratan sulfate) 등이 있다.

따라서 모든 GAG는 생리적 pH에서 주로 음전하를 띤다. 전하의 반발 때문에 GAG는 서로 떨어져 있다. 그 외에 비교적 유연성이 없는 다당류 사슬은 강력한 친수성을 띤다. GAG는 다량의 물을 잡아끌기 때문에 그 질량에 비하여 거대한 부피를 차지한다. 예들 들어 수화된 히알루론산은 건조한 상태일 때보다 1,000배 이상의 부피를 차지한다. 따라서 이러한 물질은 화장품의 보습제로 활용된다.

3) 프로티오글리칸(proteoglycan)

프로티오글리칸은 주로 조직의 세포간 물질인 세포외기질(extracelluar matrix)에서 발견된다. 모든 프로티오글리칸은 GAG 사슬이 함유되어 있다. 즉 단백질과 결합된 산성점액성 다당류이다. 산성 점액성 다당류는 기본적으로 다당류나 당분자가 질소를 포함하며 산성기(acidic group)를 가진다. 구조적으로는 핵심단백질(coreprotein)과 글리코사미노글리칸이 결합한 것으로 골, 연골, 상아질, 피부, 인대 등에서 발견되며 골에서는 유기 성분의 약 15%를 점한다.

프로티오글리칸은 핵심단백질이라 불리는 1개의 폴리펩티드 사슬에 글리코사미노글리칸이라 하는 당 사슬이 공유 결합한 복합 탄수화물의 일종이다. 당 사슬은 두 종류의 단당류가 반복하는 구조를 가지며, 그 중 1개는 반드시 헥소사민(hexosamine)인 글루코사민(glucosamine) 또는 갈락토사민(galactosamine)으로 대부분 N-아세틸화하고 있다. 또 하나는 질소가 함유되지 않은 우론산(uronic acid) 이다. 단 케라탄 황산염(keratan sulfate)은 우론산(uronic acid) 대신에 갈락토오스(galactose)를 가지고 있다.

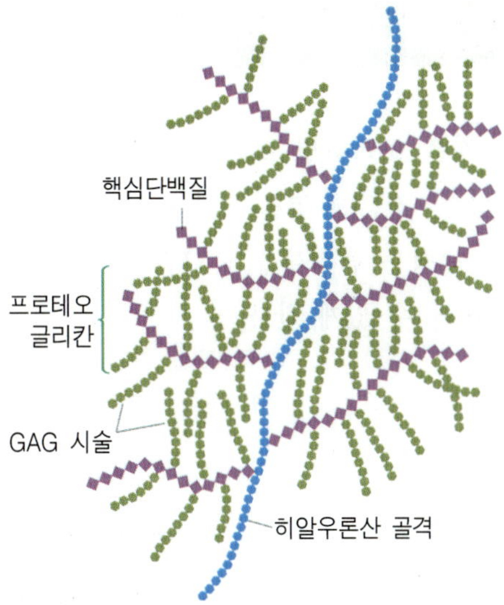

그림 4-43. 프로티오글리칸(proteoglycan)

프로테오글리칸은 분자 내에 수산기가 많기 때문에 대량의 물과 결합하며, 쇼크의 작용에 의해 조직의 섬유 성분 및 세포 성분을 보호하고 조직 표면에의 압박 등의 부하를 견딜 수 있는 탄성을 부여한다. 또한 점성이 높아 관절이나 힘줄 표피 내에서는 활액(synovial fluid)의 역할을 하며, 세포 간극과 안구를 채우는 젤라성 물질을 이룬다. 활액은 관절낭에 함유되어 관절의 움직임을 부드럽게 하고, 마찰을 줄이는 기능을 한다. 분자 내에 카르복실기(-COOH)나 황산기($-SO_3H$)를 가지고 있기 때문에 양이온을 당겨 양이온 교환 반응에 관여하며 이것에 의해 염류 조절을 한다.

프로테오글리칸의 한 종류인 헤파린(heparin)은 항응혈 작용이나 lipoprotein lipase를 활성화하여 혈액 속에서 중성 지방을 제거하는 작용을 높인다.

5. 탄수화물의 소화(digestion)와 흡수(digestion)

식물체의 질긴 섬유조직은 조리하면 부드럽게 되므로 조리과정도 탄수화물의 소화과정 중 하나로 볼 수 있다. 전분에 열을 가하면 전분은 물을 흡수하여 훨씬 쉽게 소화할 수 있게 된다. 조리과정은 음식물을 좀 더 씹기 쉽게 하고, 삼킬 수 있게 하며 소화과정 중 더 쉽게 분해될 수 있게 한다.

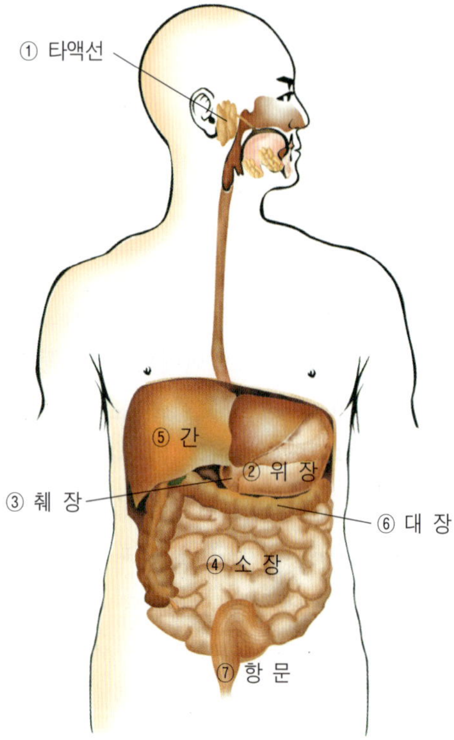

① 타액 아밀라아제에 의해 일부 전분이 맥아당으로 분해

② 타액 아밀라아제는 강산에 의해 불활성화됨

③ 췌장에서 분비된 아밀라아제에 의해 전분이 맥아당으로 분해

④ 소장벽에 있는 이당 분해효소에 의해 이당인 서당, 유당, 맥아당이 단당인 포도당, 과당 갈릭토오즈로 분해

⑤ 포도당, 과당, 갈릭토오즈는 혈액으로 흡수외어 간으로 이동

⑥ 수용성 섬유질 일부가 대장 박테리아에 의해 발효되어 산과 가스 발생

⑦ 불용성 섬유질과 식이 탄수화물 일부가 변으로 배설

그림 4-44. 탄수화물의 소화와 흡수 과정

1) 소 화(digestion)

전분과 같은 탄수화물은 입 속에서 효소에 의해 소화가 시작된다. 음식을 입에서 씹는 동안 침 속의 아밀라아제(amylase)는 탄수화물과 잘 혼합된다. 아밀라아제는 전분과 같은 탄수화물을 맥아당과 같은 이당류로 분해한다. 식사를 할 때 밥을 오래 씹으면 단맛을 느끼는 것은 아밀라아제에 의하여 전분이 맥아당과 같은 이당류로 분해되기 때문이다. 그러나 입에서는 음식물이 잠시 머무르기 때문에 입안에서의 소화는 무시해도 된다. 음식물이 식도를 거쳐 위로 가면 위의 산성(pH 1 ~ 2) 환경에서 침 속의 아밀라아제는 불활성화된다.

전분과 같은 탄수화물이 소장에 들어가면 췌장은 췌장 아밀라아제와 같은 효소를 분비한다. pH 7 또는 그 이상이면 탄수화물의 소화는 보다 더 촉진된다. 식품에 존재한 본래의 탄수화물은 전분이 분해된 맥아당, 유제품 속의 젖당, 식품이나 조리용 설탕의 자당과 같은 이당류와 단당류, 즉 식품에 존재한 포도당과 과당의 형태로 소장으로 들어간다. 입속에서 처음으로 소화가 되기 시작한 음식물 내의 다당류는 췌장 아밀라아제에 의해 더 소화된다.

이당류가 소장 벽에 닿으면 소장 점막세포의 특정 효소들은 각각의 이당류를 단당류로 분해한다. 말타아제(maltase)는 맥아당을 포도당 2분자, 슈크라아제(sucrase)는 자당을 포도당과 과당, 락타아제(lactase)는 젖당을 포도당과 갈락토오스로 분해시킨다. 탄수화물의 중요한 소화효소는 췌장에서 분비되고, 소장벽 세포에 있다.

장 질환이 있을 때에는 맥아당, 젖당, 자당의 소화와 흡수가 잘 되지 않는다. 결국 소화되지 않는 탄수화물이 대장에서 박테리아에 의해 에너지로 사용되고, 부산물로 산과 가스를 생성한다. 많은 양의 가스가 생성되면 복부의 불쾌감을 유발할 수 있다.

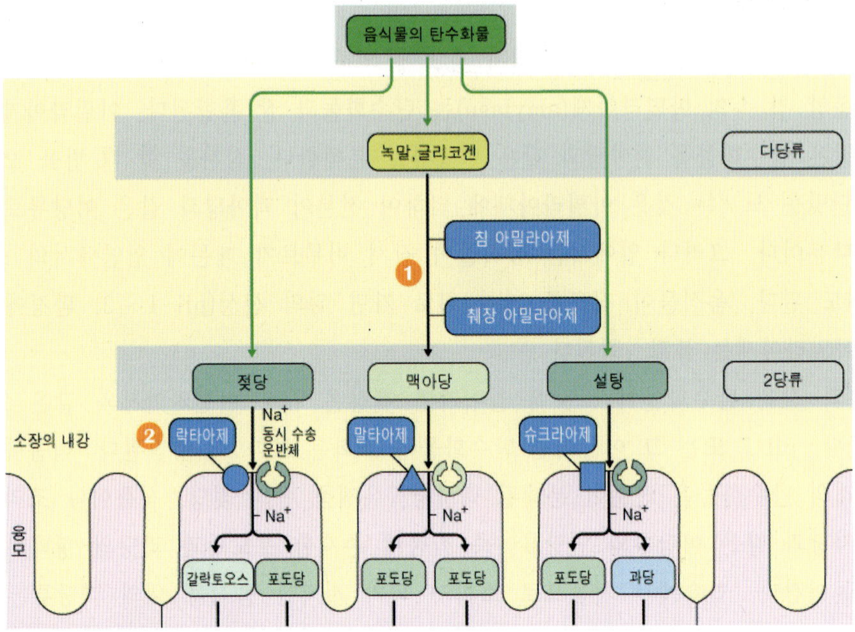

1 음식물의 다당류인 녹말과 글리코겐은 침과 췌장의 아밀라아제의 작용에 의해서 2당류인 맥아당으로 전환됨.
2 맥아당과 음식물의 2당류인 젖당과 설탕은 2당류가수분해효소(말타아제, 락타아제, 수크라아제)에 의해서 단당류로 전환됨.

그림 4-45. 탄수화물의 소화(digestion)

2) 흡 수(absorption)

입과 소장에서 탄수화물이 소화되어 생성된 과당 이외의 단순당과 식품 내의 단순당은 소장에서 능동적으로 흡수된다. 이 과정에서 특별한 운반체와 에너지가 필요하게 된다.

포도당과 갈락토오스는 능동적으로 흡수된다. 이들은 나트륨을 따라 소장세포 안으로 흡수된다. 능동적 흡수과정에 사용되는 에너지는 실제적으로 소장세포 밖으로 나트륨 이온을 되퍼내기 위해 필요한 것이다.

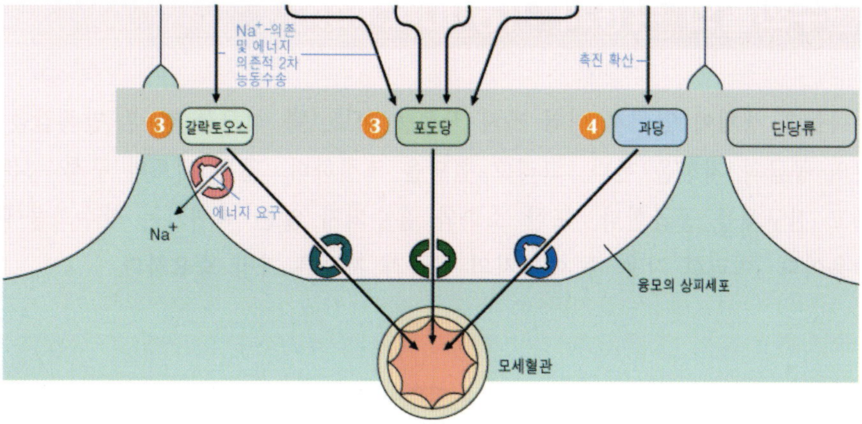

3 단당류인 글루코오스와 갈락토오스는 세포 내로 흡수되며 마침내 Na^+-의존 또는 에너지 의존 2차 능동수송에 의해서 혈액으로 들어감.

4 단당류인 과당은 수동적인 촉진 확산에 의해서 혈액으로 흡수됨.

그림 4-46. 탄수화물의 흡수(absorption)

반면에 과당은 촉진 확산작용에 의해 장세포로 흡수되며, 이 괴정에서 운반체는 사용하지만 에너지는 사용하지 않는다. 이러한 흡수과정은 포도당이나 갈락토오스가 운반되는 속도보다 느리다. 그러므로 과당을 많이 섭취하면 흡수되지 않고, 소장에 남아서 삼투압에 의해 물을 끌어들여 설사를 일으킬 수 있다.

포도당, 갈락토오스, 과당이 소장세포로 들어가면 과당의 일부는 소장세포에서 포도당으로 전환된다. 소장세포에서 문맥을 통해서 간으로 운반된 단당류는 간에서 포도당으로 전환된다.

포도당은 뇌, 근육, 신장, 지방조직과 같은 각 기관으로 운반하기 위해서 바로 혈액으로 직접 방출되거나 탄수화물의 저장 형태인 글리코겐으로 합성 또는 지방으로 전환된다. 이 중 지방으로 전화되는 가능성이 가장 낮다.

전분의 약 10% 정도는 소화가 안 된다. 이런 전분을 저항성 전분이라 한다. 소화가 안 되는 이유는 식품 속에 있는 저항성 전분의 특별한 유형에 따라 다르다. 소화되지 않은 젖당과 전분은 대장에서 박테리아에 의해 발효되어 생성된 산과 가스의 형태로 흡수되어 에너지 공급원을 제공하므로 대장의 건강을 증진시키는 것으로 알려져 있다.

6. 탄수화물의 작용과 기능(function)

탄수화물은 생체에 있어서 여러 가지 작용을 한다. 즉 식사를 한 후 만족감을 주고, 에너지의 공급과 저장을 한다. 그리고 혈당을 조절하며, 많은 세포의 구성 성분을 생합성하고 전구체를 공급한다. 또한 소화와 흡수되지 않는 찌꺼기는 탄수화물에 의한 정장작용이다. 이러한 작용 중 에너지의 공급과 저장은 가장 중요하다.

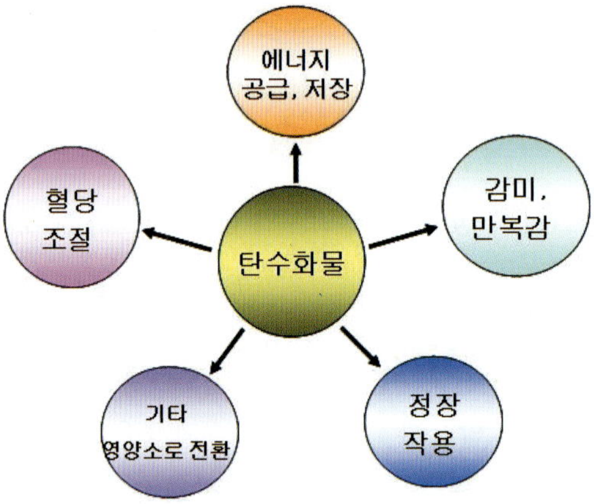

그림 4-47. 탄수화물의 작용

사람은 탄수화물의 공급원으로 포도당(glucose), 포도당으로부터 전환된 만노스(mannose) 또는 전분만을 공급해 주어도 충분히 살아갈 수 있다. 즉 포도당은 사람에게 필수적인 탄수화물이다. 포도당의 중요한 기능은 신체에 에너지를 공급한다. 적혈구나 뇌와 같은 조직은 에너지원으로 주로 포도당을 사용한다. 근육이나 신체 세포도 포도당을 에너지원으로 사용하지만 주로 지방을 사용하여 에너지 필요량을 충족시킨다. 또한 포도당은 단백질을 절약한다. 탄수화물을 충분히 섭취하면 식이단백질은 신체의 조직을 만들고, 체내 생명 유지에 중요한 과정에 쓰이게 된다. 만일 탄수화물을 충분히 섭취하지 못하여 포도당을 만들지 못하면 신체는 근육조직에 있는 단백질과 같은 영양소로부터 포도당을 생성시킨다. 이를 포도당 신생합성(gluconeogenesis)

과정이라 한다. 이러한 과정이 몇 주 동안 지속적으로 진행되면 이런 기관들은 부분적으로 약해지게 된다.

그러나 유아기에는 갈락토오스의 합성 능력이 약하기 때문에 갈락토오스를 함유하고 있는 모유나 우유를 섭취하여야 한다. 즉 갈락토오스가 필요하다. 음식물로부터 섭취한 탄수화물의 기능은 다음과 같다.

① 글리코겐으로 간장과 근육에 일시적으로 저장된다.

② 해당계에서 에너지원으로 되고, 다시 TCA 회로에서 $NADH_2$를 생산하는 에너지원이 된다.

③ 중성지질로 전환되어 저장된다.

④ 비필수아미노산으로 전환되어 단백질 합성에 이용된다.

⑤ 혈당으로 체내를 순환하면서 에너지 공급원이 된다.

⑥ 당단백질 혹은 당지질로 생체 구성성분이 된다.

⑦ UDP(uridine diphosphate)-글루쿠론산(glucuronic acid)으로 되어 독성물질의 해독과 배설에 공헌한다.

⑧ 핵산의 구성성분인 리보스-5-인산(ribose 5-phosphate)을 공급한다.

⑨ $NADPH_2$를 공급하여 생체의 생합성 균형을 유지한다.

7. 탄수화물의 대사(metabolism)

소장에서 흡수된 포도당이 문맥을 통해서 간으로 운반되면 대부분은 글리코겐으로 전환되고, 일부분은 순환 혈액 내로 들어간다. 프럭토오스와 갈락토오스도 간에서 글리코겐으로 전환되고, 극히 소량만 순환혈액 내로 유입된다. 간에서 6탄당 이외에도 많은 아미노산, 젖산, 글리세롤 등으로부터 글리코겐이 합성된다. 이와 같이 탄수화물이 아닌 것으로부터 포도당이 합성되는 것을 당신생(gluconeogenesis)이라 한다.

간에 저장된 글리코겐은 간 무게(1.5kg)의 5%가 필요에 따라 포도당으로 변화되어서 혈액 중으로 들어감으로 공복 시에도 혈당은 일정하게 유지된다. 또한 장기간 절식하여도 체내에 글리코겐이 완전히 소실되지 않고 혈당의 농도가 어느 정도 이하로 내려가지 않는 것은 당신생에 의하여 체단백질에서 포도당이 합성되기 때문이다.

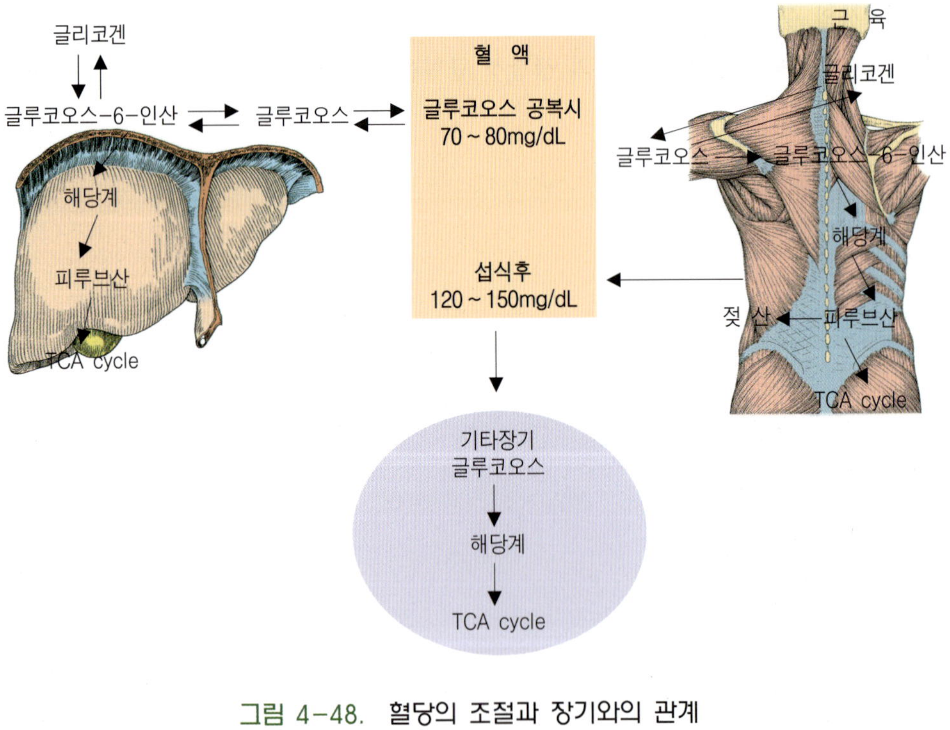

그림 4-48. 혈당의 조절과 장기와의 관계

근육에도 글리코겐이 0.4 ~ 0.6% 정도 존재하지만 이것은 혈당에 의해서만 합성되고 다른 당에 의해서는 합성되지 않는다. 근육에서는 당신생이 일어나지 않고 근육의 글리코겐은 근육의 에너지원으로만 사용되며, 간의 글리코겐처럼 혈당이 되지 않는다. 근육의 혈당 섭취량은 근육의 활동량과 비례하므로 근육운동을 장기간 계속하면 혈당과 간의 글리코겐 저장량이 감소된다. 근육에서 글리코겐 및 포도당으로부터 에너지를 발생하는 과정에는 2가지가 있다.

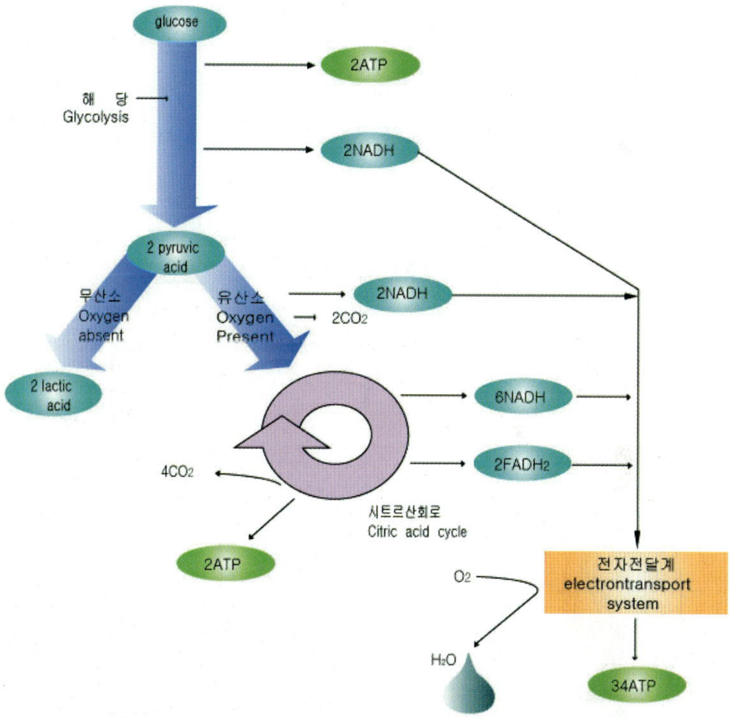

그림 4-49. 혐기적 해당과 호기적 해당의 비교

1) 혐기적 해당과정(anaerobic glycolysis)

혈당은 산소가 없으면 젖산으로 분해되고, 산소가 있으면 물과 이산화탄소로 완전 분해된다. 혈당이 젖산으로 분해되는 것을 혐기적 해당과정이라 한다.

해당(glycolysis)은 탄소원자 6개를 가진 포도당을 혐기적인 조건 하에서 탄소원자 3개인 피루브산 또는 젖산 2분자로 분해되고, 동시에 ATP가 생산되는 과정이다. 이 반응은 세포질에서 행해진다.

2) 호기적 해당과정(aerobic glycolysis)

혈당이 물과 이산화탄소로 완전히 분해되는 것을 호기적 해당과정(TCA 회로)이라 한다. 혈당은 인산화반응에 의해서 활성화되고, 해당과정에 의해서 피루브산으로 분해된다. 피루브산은 산소의 공급이 부족하면 환원되어서 젖산으로 되고, 젖산은 포도당의 잠재적인 에너지의 약 90%를 남긴 채로 있다. 이 젖산이 혈액으로 유입되어 간장으로 운반되고, 포도당으로 재합성된다. 이것이 다시 혈액순환에 의하여 각 조직에 운반되고 에너지원으로 사용된다. 이 과정을 코리회로(Cori cycle)라 한다.

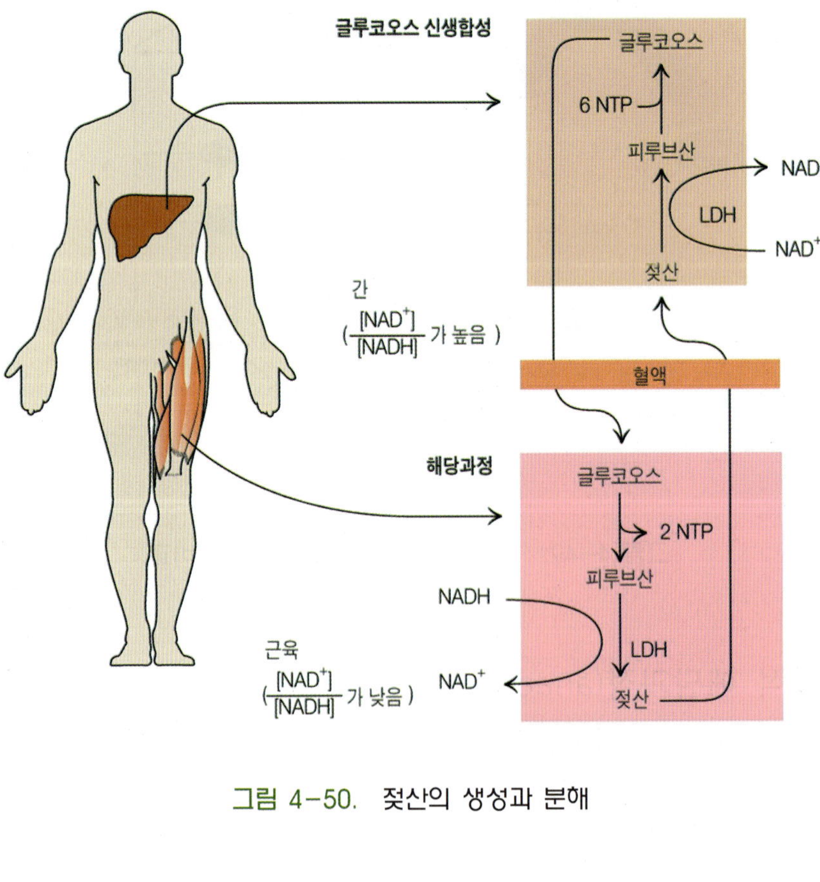

그림 4-50. 젖산의 생성과 분해

산소의 공급이 충분하면 미토콘드리아에서 TCA 회로로 들어가 물과 이산화탄소로 완전히 산화된다. 이 경로는 반응 출발이 아세틸-CoA와 옥살로아세트산(oxaloacetate)으로부터 구연산을 생성하는 반응이라 하여 구연산 회로(citric acid cycle)라 하고, 발견자가 Sir Hans Krebs를 기념하여 크렙스 회로(Krebs cycle) 그리고 카르복실기를 3개 포함하는 트리카르본산(tricarboxylic acid)인 것으로부터 TCA 회로(tricarboxylic acid cycle)라고도 한다.

젖산는 근육운동 초기와 심한 근육 운동 시에 잘 생성되지만 근육 이외의 많은 조직에서도 생성된다. 그리고 생성된 젖산은 혈액에 흡수되어 간장으로 운반되고, 간장에서 당신생에 의하여 포도당과 글리코겐으로 재합성된다.

휴식 중인 근육 및 조직에서는 주로 호기적 과정이 일어나므로 젖산의 발생이 거의 없지만 심한 운동 시에는 글리코겐이 혐기적 해당 작용에 의하여 젖산으로 변화되므로 내부의 pH를 저하시킨다.

심근은 골격근과 달리 포도당보다 젖산을 더 잘 이용하고, 호기적 해당 작용이 강하다. 뇌는 포도당만을 에너지원으로 이용하기 때문에 혈당이 저하되면 손상을 받기 쉽다. 지적 활동을 위해서 주야로 일하는 뇌는 활동을 위해서 에너지나 산소를 소비한다. 그러나 뇌는 대부분 글리코겐을 저장할 수 없기 때문에 포도당 공급원은 오직 혈액으로부터 보내지는 포도당에 의존한다. 뇌의 산소 소비량은 안정 시의 성인이 소비하는 전체 산소량의 20%를 차지하며, 호기적인 대사가 활발하게 행해진다. 공복상태가 길게 계속되어 혈당치가 어느 농도 이하로 감소되면 뇌의 일의 능력이 저하하게 된다. 따라서 혈당치가 50mg 정도로 떨어지면 불안 상태, 냉한, 경련 등을 일으키고, 더 심해지면 의식을 잃고 사망한다.

조직에서 분해되는 포도당과 글리코겐 합성에 사용되는 포도당 이외의 과잉 포도당은 지질로 전환되어 축적된다. 포도당이 지질로 전환되는 것은 주로 간장에서 일어나지만 지방조직에서도 지질이 합성된다. 탄수화물이 지질로 전환되는 것은 산소가 많은 물질에서 산소가 적은 물질로 전환되는 것이다.

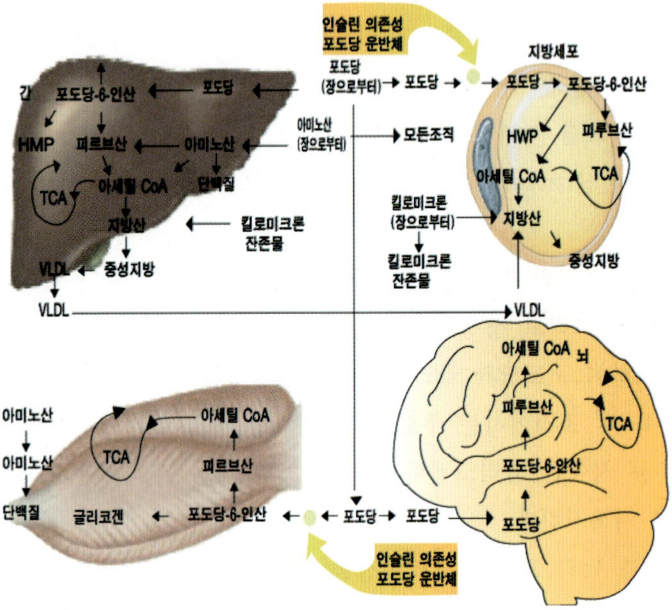

그림 4-51. 탄수화물의 대사 경로

8. 혈당(blood sugar)과 포도당(glucose)의 운명

1) 혈 당

혈당이란 혈액에 함유된 포도당(glucose)이다. 혈액에는 다른 헥소오스(hexose), 즉 프럭토오스나 갈락토오스가 소량 존재하지만 이러한 당은 포함시키지 않는다. 공복 시의 혈중 혈당치는 70～80mg/dL이다. 절식 상태가 계속되면 50～60mg/dL까지 저하하는 경우도 있지만 반대로 음식을 섭취한 후에는 120～150ml/dL까지 급히 상승했다가 점차 강하하여 1～2시간 후에는 정상치가 된다.

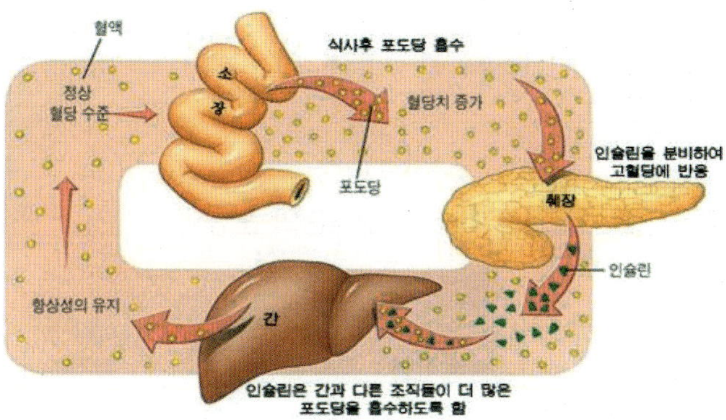

그림 4-52. 혈중 포도당의 흡수와 항상성 유지

2) 포도당의 운명과 당뇨

공복 시의 혈당치는 70～80mg/dL이지만 식사를 하게 되면 포도당, 프럭토오스, 갈락토오스 등이 소장에서 흡수되어 혈당은 상승한다. 혈당치가 높아지면 췌장으로부터 인슐린이 분비되고, 간장이나 근육에서 글리코겐의 합성이 촉진된다. 또한 탄수화물의 섭취량이 많을 때는 지방조직이나 그 외의 조직에서 지방의 합성에 이용된다. 인슐린은 지방조직이나 근육으로 포도당의 이송을 촉진시키는 동시에 간장에서는 탄수화물의 대사에 관여하고 있는 효소의 활성을 높이고, 간접적으로 간장으로의 포도당 축적을 재촉하여 결과적으로 혈당치를 저하시킨다.

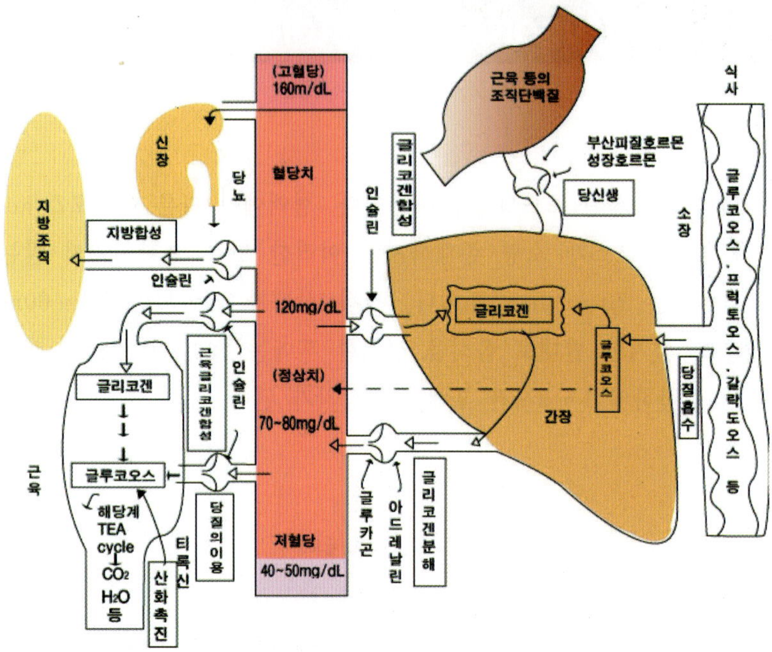

그림 4-53. 포도당의 운명

식사를 하지 않아도 혈당치는 일정하게 유지된다. 이것은 췌장으로부터 분비되는 글루카곤(glucagon)이나 부신수질로부터 분비되는 아드레날리(adrenalin) 등의 호르몬의 작용에 의해 간장에 저장되어 있는 글리코겐의 분해가 항진되어 포도당이 혈액 중으로 방출된다. 이러한 호르몬은 포스포릴라아제(phosphorylase)의 활성을 높여 글리코겐의 분해를 촉진한다. 글리코겐은 근육에도 저장되어 있는데, 이 글리코겐은 혈당의 유지에 기여하지 않는다. 근육의 글리코겐은 모두 근수축의 에너지원으로써 사용된다.

식사로부터 탄수화물의 공급이 일시적으로 없는 경우라도 포도당 이외에는 에너지원으로 이용할 수 없는 뇌, 신경조직이나 적혈구 등에 포도당을 공급하지 않으면 않된다. 이 때문에 ACTH(adenocorticotropic hormone), 성장호르몬(growth hormone), 부신피질호르몬(adrenal cortical hormone) 등의 분비가 왕성하게 되고, 근육 등의 조직 단백질의 이화작용이 왕성하게 된다. 단백질 유래 당원성 아미노산은 당신생에 사용되고, 포도당으로 전환되어 혈액 중으로 나간다.

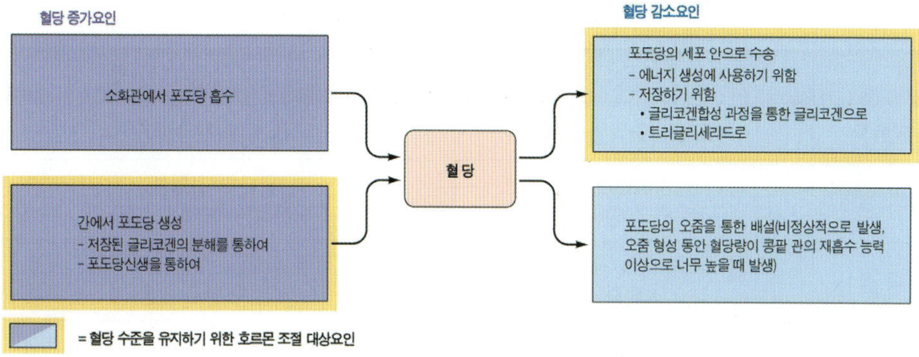

그림 4-54. 혈당의 증가와 감소 요인

표 4-7. 혈당 조절에 관련된 호르몬의 기능

호르몬	분비기관	작용기관	작 용
인슐린	췌 장	간, 근육, 지방조직	근육과 지방조직으로 포도당 유입 촉진, 글리코겐 합성 증가, 포도당 신생합성 억제
글루카곤	췌 장	간	간의 글리코겐 분해를 촉진시켜 혈당을 높임, 포도당 신생합성 증가
에피네프린, 노르에피네프린	부신과 신경말단	간, 근육	간의 글리코겐 분해를 촉진시켜 혈당을 높임, 포도당 신생합성 증가
코티솔	부 신	간, 근육	간의 포도당 신생합성 증가, 근육과 다른 기관에서 포도당 사용 억제
성장호르몬	부 신	간, 근육, 지방조직	근육으로 당 유입 억제, 지방 방출과 이용 증가, 간에서 포도당 배출 증가

그러나 혈당치가 170 ~ 180mL/dL 이상 되면 신세뇨관에서 글루코오스는 재흡수 수치를 초과하기 때문에 과잉의 글루코오스는 소변으로 배설되는데 이를 당뇨(glycosuria)라 한다. 탄수화물의 처리 능력이 저하된 것이 당뇨병이다.

당뇨병은 2가지 유형이 있다. 인슐린 의존성 당뇨병과 인슐린 비의존성 당뇨병이다.

표 4-8. 인슐린 의존성 당뇨병과 인슐린 비의존성 당뇨병

	인슐린 의존성 당뇨병	인슐린 비의존성 당뇨병
발병률	당뇨병 환자의 5~10%	당뇨병 환자의 90%
발병 원인	자가면역 유전적인 성향이 있음	인슐린 저항성 유전적인 성향이 강함
증 상	다음, 다식, 다뇨 증상이 심함 케톤증	질병 초기에 피로감, 야뇨증 등 약한 증상 케톤증 별로 없음
치료법	식이요법, 운동요법, 인슐린 치료	식이요법, 운동요법, 약물요법, 인슐린 치료
모니터	혈 당 소변내 케톤체	혈 당

(1) 인슐린 의존성 당뇨병

주로 아동기 후반인 8세에서 12세 이르는 소아 연령층에서 발병하여 소아 당뇨병이라고도 한다. 보통 췌장의 인슐린 생성 장애로 인해 발생하고, 유전적이 성향이 있다. 대부분 면역력 장애로 바이러스나 외부 침입 단백질에 의하여 인슐린을 생산하는 췌장의 β-세포(β-cell)의 파괴가 시작되면 자가 면역 파괴가 일어나 공격을 받은 β-세포는 다른 단백질을 분비하고, 이것이 더 강한 공격을 하게 된다. 결국 췌장은 인슐린을 합성할 능력을 잃게 되고 당뇨병의 증상이 보이게 된다.

(2) 인슐린 비의존성 당뇨병

주로 40대 이후에 발병하여 성인 당뇨병이라 하며, 가장 흔한 당뇨병이다. 나이가 들면서 인슐린에 대한 저항성이 증가하여 발생한다. 비만과 운동부족이 주요 원인이며, 유전적인 성향도 있다. 이 경우에 췌장의 β-세포에 문제가 있는 것이 아니라 근육세포와 같은 체세포의 세포막에 있는 인슐린 수용체에 문제가 있다. 식이요법과 체중조절이 매우 중요하다.

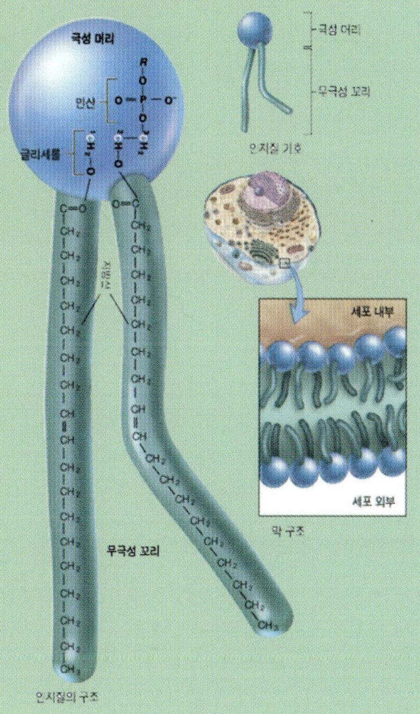

Chapter 5. 지 질(Lipids)

1. 서 론(introduction)
2. 지질(lipid)의 분류(classification)
3. 지질의 특성(characteristic) 및 기능(function)
4. 지질의 대사
5. 비 만(obesity)

1. 서 론(introduction)

1) 지질이란?

지질은 구조와 기능이 다양한 생체분자이며, 지방 및 기름, 인지질, 스테로이드 그리고 카로티노이드 등이 모두 지질에 포함된다. 이러한 지질은 에테르, 클로로포름, 아세톤 등과 같은 유기 용매에는 용해되지만 물에는 거의 녹지 않는 물질이다. 인지질 및 스핑고 지질 그리고 콜레스테롤은 세포막의 구성 성분이고, 중성지질(triglycerides)은 효율적인 저장에너지와 충격에 대한 방어 작용을 한다. 이와 같은 지질은 영양학적으로 중요한 지질이며, 지방산을 구성 성분으로 함유하고 있다. 그리고 어떤 지질 분자들은 호르몬, 비타민 그리고 색소로 작용한다. 또한 왁스와 같은 지질은 여러 생물의 표피를 코팅하여 보호 및 방수 기능을 갖는다.

2) 지방산(fatty acid)

지방산은 지질의 중요한 구성 성분으로 중성지질과 몇 종류의 막 결합 지질분자에 존재한다. 따라서 지방산은 지질의 가수분해로 생성되는 유기산이고, 직쇄의 탄화수소 말단에 카르복실산기(-COOH)를 가진다. 유기산 상태의 지방산을 유리지방산(free fatty acid)이라 한다. 미리스틴산(myristic acid) 및 팔미틴산(palmitic acid)과 같은 지방산은 수많은 종류의 진핵 단백질에 공유결합을 하고 있다. 이러한 단백질을 아실화 단백질(acylated protein)이라 한다. 아실기(acyl group)는 막 단백질과 그 들의 소수성 작용기 사이에 상호작용을 촉진시킨다. 지방산은 다양한 길이의 탄화수소 사슬을 가진 모노카르복시산(monocarboxylic acid)이다. 자연계에 나타나는 대부분의 지방산은 짝수 개의 탄소수를 가지고 있다.

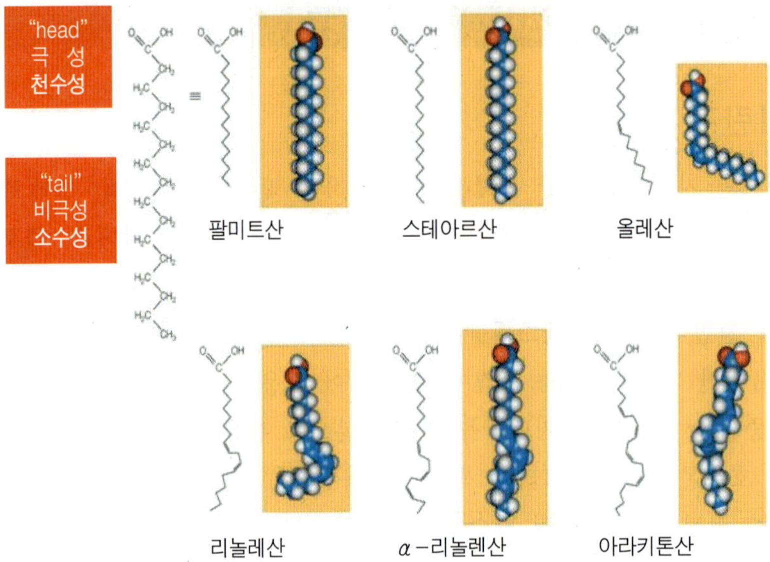

그림 5-1. 지방산의 화학적 구조

지방산의 구조는 머리(head) 부분과 꼬리(tail) 부분을 나눌 수 있다. 지방산의 머리(head) 부분은 극성(polar)을 띠기 때문에 친수성(hydrophillic)이고, 꼬리(tail) 부분은 비극성(nonpolar)을 띠기 때문에 소수성(hydrophobic)이다. 이와 같이 지방산은 친수성과 소수성 부분을 모두 가지고 있기 때문에 양친매성(amphipathic)이라 한다. 지방산의 카르복시산 기는 용액에서 수소이온(H^+)을 내놓기 때문에 지방산이라는 용어를 사용한다.

지방산은 양친매성이기 때문에 수용액에서 이온화할 수 있고, 독특한 형태로 서로서로 모이게 된다. 지방산은 수용액 상태에서 소수성 사슬부분은 소수성끼리 내부를 향하여 배열하고, 친수성인 카르복시산 기는 물이 있는 외부로 향하여 배열한다. 이러한 배열의 형태를 미셀(micelle)이라 한다.

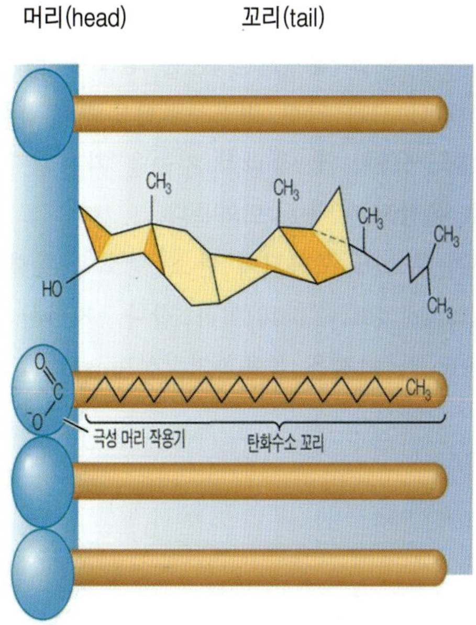

그림 5-2. 지방산의 머리 부분과 꼬리 부분의 구조

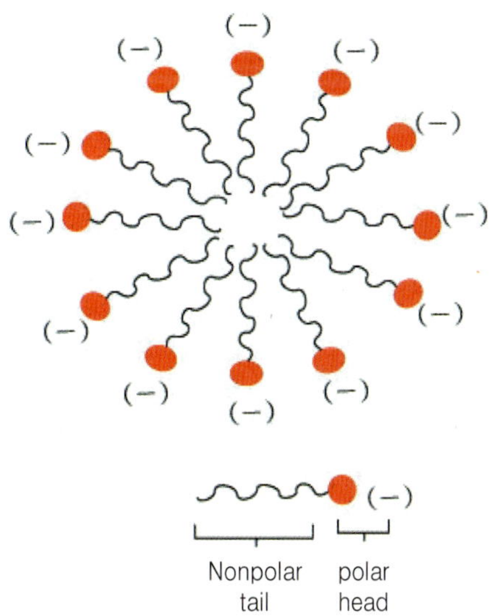

그림 5-3. 미셀(micelle)의 이상적인 구조(원형에 가까움)

미셀은 분자 수준 보다는 훨씬 큰 상태로 수백만 또는 수천 개의 지방산 분자가 서로 회합되어 있다. 이때의 지방산 분자들은 론돈 힘(London force)이나 반데르발스 힘(Van der Waals interaction)의 약한 비공유결합으로 결합하고 있다. 미셀의 형성과 그 구조는 매우 중요한 생화학 및 생리적 기능을 가지고 있다. 예를 들면 미셀은 불용성 지질을 혈액 내로 운반되는 것을 도와준다.

지방산 중의 탄소사슬이 수소에 포화되어 탄소-탄소 단일결합만을 가지고 있는 지방산을 포화지방산(saturated fatty acid)이라 한다. 지방산의 분자 내에 이중결합(double bond)을 포함하고 있는 것을 불포화지방산(unsaturated fatty acid)이라 한다.

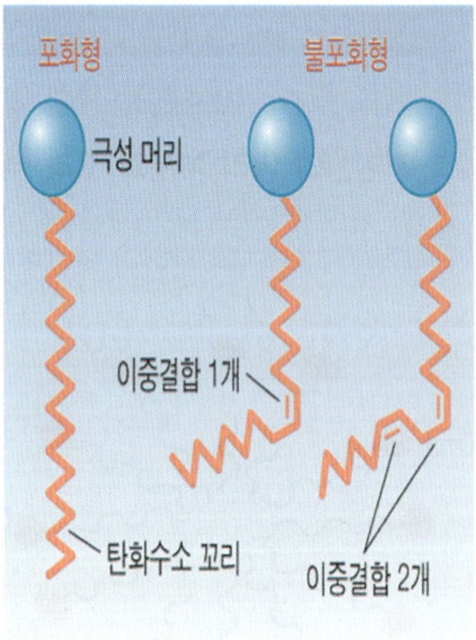

그림 5-4. 포화지방산과 불포화지방산

포화지방산은 돼지기름(lard), 우지 등의 동물성 지방이나 야자유(palm oil) 등에 많다. 식물유에 있는 불포화지방산은 올레산(oleic acid)이고, 특히 올리브유(olive oil), 미강유, 잇꽃(safflower) 등에 많다. 불포화지방산의 분자 내에 이중결합이 2개 이상 존재하는 것을 다가불포화지방산(polyunsaturated fatty acid)이라고 하며, 주로 ω-3계열과 ω-6계열로 분류된다.ω-6계열인 리놀레산(linoleic acid, $C_{18:2}$)은 대부분의 식물유에 풍부하게 존재하지만 팜유, 야자유, 코코아 및 버터 등에는 예외적으로 적다. 아라키돈산(arachidonic acid, $C_{20:4}$)은 소나 돼지의 간장에 많고, 어육, 우육, 돈육 등에는 적게 함유되어 있다. ω-3계열인 리놀렌산(linolenic acid, $C_{18:3}$)은 들기름, 아마인유에 많고, 에이코사펜타에노산(eicosapentaenoic acid, EPA, $C_{20:5}$) 및 도코사헥사에노산(docosahexaenoic acid, DHA, $C_{22:6}$)은 등푸른 생선에 많다. DHA는 α-리놀렌산에서 합성된 최종 지방산으로, 특히 눈과 뇌 기능에 중요하다. 이와 같은 ω-3 지방산은 혈청지질의 감소, 혈관 확장 및 혈압강하로 인한 심장 질환의 예방과 관절염, 암발생의 억제 등 여러 가지 생리적인 기능을 한다.

표 5-1. ω-3 지방산의 생리적인 효과

효 과		작용기전
심장 순환계 질환예방	혈청지질 감소	TG감소, VLDL합성 감소 및 제거 증가. 콜레스테롤 감소, LDL 감소, HDL 증가
	혈소판 기능 변화	혈소판 응집감소, 혈애 응고시간 지연, 혈액점도 감소
	혈관확장 및 혈압강하	혈관 이완을 유도하는 아이코사노이드 생성
암 발생 억제		암세포의 산화저 손상 증가, 성장 촉진 PG 생성을 억제
관절염 및 천식완화		염증 반응 억제, 면역기능 강화

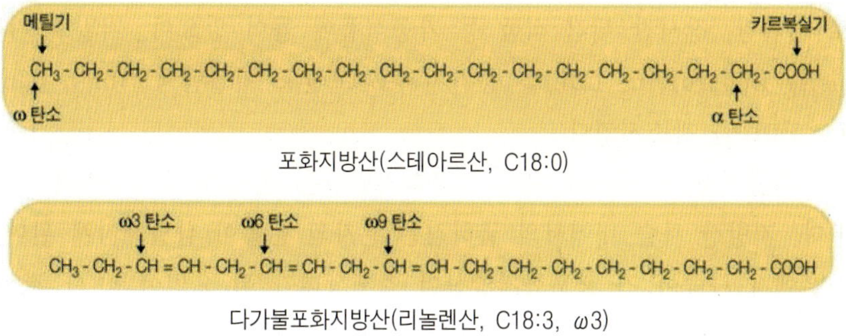

그림 5-5. 지방산의 구조

자연계에 존재하는 지방산의 일반적인 특성은 다음과 같다.

① 지방산은 일반적으로 직쇄상의 카르복시산(monocarboxylic acid)이다.
② 자연계에 존재하는 지방산은 대부분 짝수의 탄소 원자로 구성되어 있다.
③ 지방산은 탄소와 탄소의 결합이 단일결합으로만 되어 있는 포화지방산 혹은 이중결합이 한 개 이상 있는 불포화 지방산으로 존재한다.
④ 불포화지방산은 일반적으로 비누화가 가능한 지질의 대부분을 차지한다.
⑤ 불포화 지방의 탄화수소 사슬은 사슬 내에 시스(cis)형의 이중결합으로 인하여 굽어 있거나 비틀려 있다.
⑥ 탄소수가 열 개 이하의 지방산은 실온에서 일반적으로 용액상태이고, 길이가 더 긴 지방산은 고체 상태이다. 자연계에서는 길이가 긴 지방산(16, 18, 20의 탄소를 가진 것)이 대부분을 차지한다.
⑦ 불포화 지방산은 일반적으로 비교적 길이가 긴 탄화수소 사슬일지라도 실온에서 용액상태이다.

이중결합은 두 개의 이성질체, 즉 시스(cis) 형과 트랜스(trans) 형이 있다. 일반적으로 자연계에 존재하는 불포화지방산은 시스(cis) 형의 이중결합을 한다. 트랜스 형의 불포화지방산은 천연에는 거의 존재하지 않고, 기름에 수소를 첨가해서 경화할 때 생성된다. 마가린(magarine) 등의 가공 유지에 함유되어 있는 트랜스 지방산은 대부분이 리놀레산에 수소를 첨가해서 생긴 $C_{18:1}$ 지방산인데 2중 결합의 위치에 따라서 몇 개의 위치이성질체가 생긴다.

식품에는 시스형의 지방산이 트랜스형의 지방산보다 많다. 트랜스형의 불포화지방산은 주로 마가린, 장시간 튀긴 식품 등 가공식품에 들어 있으며, 저밀도 지질단백질(low density lipoprotein, LDL)을 증가시키고 고밀도 지질단백질(high density lipoprotein, HDL)을 감소시킨다.

지방산의 사슬에서 시스(cis) 형의 불포화지방산은 분자가 굽혀지거나 비틀려지는 원인이 된다. 지방산 사슬 내에서의 굽혀짐은 분자의 운동이 활발해지게 된다. 이러한 성질은 실온에서 사슬이 긴 불포화지방산이 액체상태가 된 요인이다. 그 결과 불포화지방산은 더 낮은 융점을 가지며 실온에서 액체 상태이다. 또한 생물 막의 유동성은 막 지질에 함유되어 있는 불포화지방산 때문에 나타나는 현상이다.

표 5-2. 자연계에 존재하는 중요한 지방산

화학적 구조*	계통명(IUPAC)	관용명	표기법	융점(℃)
포화지방산				
$CH_3(CH_2)_{10}COOH$	n-dodecanoic acid	Lauric acid	12:0	44.2
$CH_3(CH_2)_{12}COOH$	n-tetradecanoic acid	Myristic acid	14:0	53.9
$CH_3(CH_2)_{14}COOH$	n-hexadecanoic acid	Palmitic acid	16:0	63.1
$CH_3(CH_2)_{16}COOH$	n-octadecanoic acid	Stearic acid	18:0	69.6
$CH_3(CH_2)_{18}COOH$	n-eicosanoic acid	Arachidic acid	20:0	76.5
$CH_3(CH_2)_{22}COOH$	n-tetracosanoic acid	Lignoceric acid	24:0	86.0
불포화지방산				
$CH_3(CH_2)_5CH=CH(CH_2)_7COOH$		Palmitoleic acid	16:1(Δ^{9})	-0.5
$CH_3(CH_2)_7CH=CH(CH_2)_7COOH$		Oleic acid	18:1(Δ^{9})	13.4
$CH_3(CH_2)_4CH=CHCH_2CH=CH(CH_2)_7COOH$		α-Linoleic acid	18:2($\Delta^{9,12}$)	-5.0
$CH_3CH_2CH=CHCH_2CH=CHCH_2CH=CH(CH_2)_7COOH$		Linolenic acid	18:3($\Delta^{9,12,15}$)	-11.0
$CH_3(CH_2)_4(CH=CHCH_2)_4(CH_2)_2COOH$		Arachidonic acid	20:4($\Delta^{5,8,11,14}$)	-49.5
$CH_3CH_2(CH=CHCH_2)_5(CH_2)_2COOH$		Eicosapentaenoic acid(EPA)	20:5($\Delta^{5,8,11,14,17}$)	-54
$CH_3CH_2(CH=CHCH_2)_6CH_2COOH$		Docosahexaenoic acid(DHA)	22:6($\Delta^{4,7,10,13,16,19}$)	

* 모든 지방산은 비이온화형으로 나타내었다. 그러나 중성에서 모든 지방산은 이온화형으로 존재하며, 탄소 원자의 번호는 카르복시산 기의 탄소원자가 1번이고 차례대로 번호를 부여한다. 표기법의 왼쪽 숫자는 탄소의 수이고 오른쪽 숫자는 분자내의 이중결합의 수를 나타낸다. 불포화지방산의 마지막 불포화 결합의 위치에 따라 분류하는 방법인 오메가(omega, ω) n 분류법이 있다. 이는 카르복시산 기의 반대편의 탄소를 1로 하고, 차례대로 번호를 부여하는데 그 번호가 n이다. 즉 Oleic acid는 오메가(ω)-9, Linoleic acid와 Arachidonic acid는 오메가(ω)-6, EPA와 Linolenic acid 그리고 DHA는 모두 오메가(ω)-3 지방산이다.

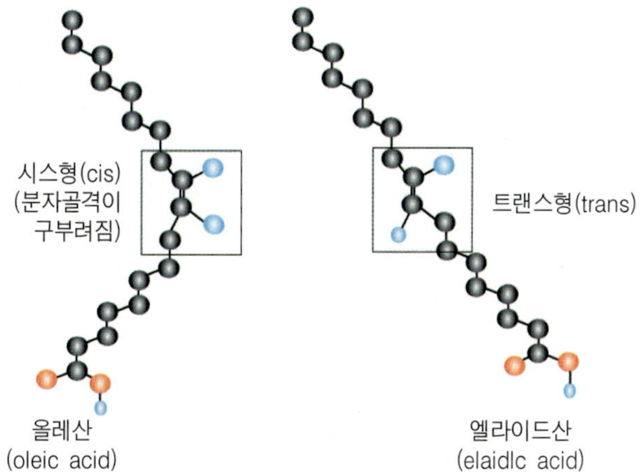

그림 5-6. 지방산의 시스(cis)와 트랜스(trans)의 이성질체

불포화지방산에 들어 있는 이중결합은 공기 혹은 오존에 의한 산화나 박테리아에 의해 분해되기 쉽다.

지방산 사슬은 오존 등에 의하여 산화되면 분해되어 알데히드(aldehyde)를 생성한다. 이러한 반응에 의하여 불포화지방산을 함유한 특수한 지질의 생물학적 기능은 손상되거나 파괴된다. 이와 같은 손상을 많이 받게 되면 세포나 생리적 기능에 손상을 줄 수 있다. 특히 대기 중에 존재하는 오존은 폐포(alveoli)에 있는 막 지질을 파괴할 수 있기 때문에 건강에 영향을 미치는 경우가 있다.

표 5-3. 음식물에 함유된 트랜스 지방산

외식 음식	열량(kcal)	총 지방(g)	트랜스 지방(g)
튀김음식			
양파링(180g)	650	47	7
버거킹 프렌치프라이(180g)	540	24	7
맥도날드 치킨 너깃(270g)	510	29	3
맥도날드 프렌치프라이(대, 150g)	470	19	4
튀긴 모차렐라 스틱(120g)	370	23	3
튀긴 생선(180g)	350	16	3
기타 음식			
손질하지 않은 쇠갈비(180g)	480	35	3
햄버거(150g)	470	26	2
닭고기 파이(210g)	370	20	3
KFC 비스킷(60g)	210	12	4
사과파이(100g)	236	12	3

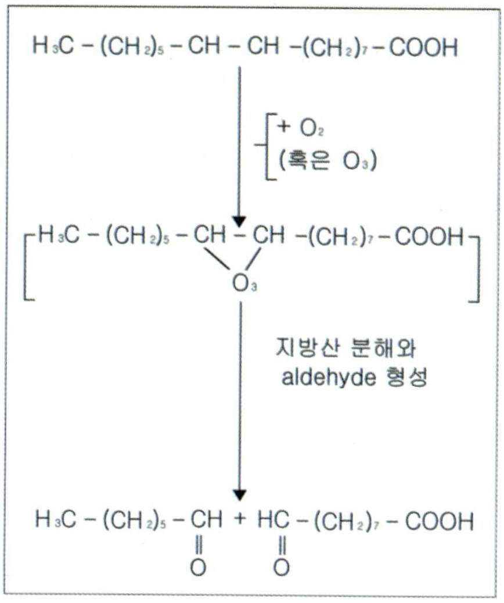

그림 5-7. 불포화지방산의 산화 반응

식물과 박테리아는 자신들이 필요로 하는 모든 지방산을 아세틸-CoA(acetyl-CoA)로부터 합성할 수 있다. 그러나 사람은 대부분의 지방산을 음식물에서 얻으며 포화지방산과 약간의 단일불포화지방산을 합성할 수도 있다. 신체 내에서 합성할 수 있는 지방산을 비필수지방산(nonessential fatty acid)이라고 한다. 사람은 리놀레산(Linoleic acid)과 리놀렌산(Linolenic acid)을 합성하는 데 필요한 효소가 없기 때문에 음식물을 통해서 섭취해야 한다. 이와 같은 지방산을 필수지방산(essential fatty acid)이라고 한다. 필수지방산이 풍부한 음식물은 식물성 기름, 견과류, 씨 등이다. 리놀레산과 리놀렌산은 세포막의 구성 성분일 뿐만 아니라 몇 가지 중요한 대사의 전구체(precursor)이다. 필수지방산이 부족한 저지방 음식물을 섭취하면 피부염에 걸린다. 이외에 결핍 증상으로 성장저해, 생식능력 결여, 외상 회복의 지연, 탈모, 혈소판 감소, 감염내성 저하 등이 있다.

2. 지질(lipid)의 분류(classification)

지질은 크게 비누화성 지질(saponifiable lipid)과 불비누화성 지질(nonsaponifiable lipid)의 2가지로 분류된다. 비누화란 지질의 에스테르 결합이 지방산과 알코올로 가수 분해되는 반응이다. 중성지질(triglycerides), 인지질, 당지질 그리고 왁스는 모두 비누화성 지질에 속한다. 비누화가 되지 않는 지질은 지방산과 알코올로 가수분해 반응이 일어나지 않은 것들로 테르펜(terpene), 스테로이드(steroid), 프로스타그란딘(prostaglandin) 등이 불비누화성 지질에 속한다.

표 5-4. 주요한 지질의 종류

비누화성 지질
1) 중성지질(전기적으로 하전 되지 않는 지질) • mono-, di-, triglyceride : 세포연료의 저장 및 운반체로 작용 2) 인지질(phospholipid : 일반적으로 전기적으로 하전 된 지질) • 세포막 혹은 지단백질 복합체로 결합되어 있음 3) 스핑고지질(sphingolipid) • 신경세포막의 구성 성분 4) 왁스(Wax : 긴 사슬 지방산/알코올 에스테르) • 피부, 깃털, 잎, 과일 등의 보호막으로 작용
불비누화성 지질
1) 테르펜(terpene : 탄소 5개인 이소프렌이 구성단위)의 유도체 • 식물의 주요 구성 성분으로 나무의 냄새나 색소 성분 • 지용성 비타민(Vit. A, D, E, K) 2) 스테로이드(steroid; 4개의 환으로 된 탄화수소 유도체) ① 콜레스테롤 : 막의 구성성분 ② 담즙산 : 섭취 지질의 흡수에 관여하는 유화제 ③ 스테로이드 호르몬 : 내분비선에 의해 생성되는 화학적 전령 3) 프로스타그란딘(protsaglandin : 5각형의 환을 가진 20개 탄소의 불포화 지방산) • 화학전령으로 작용 : 중요한 생리적 기능을 조절

1) 비누화성 지질

(1) 중성지질(triglyceride)

중성지질은 3분자의 지방산과 글리세롤(glycerol)의 에스테르이다. 1개 또는 2개의 지방산을 가지고 있는 글리세리드(glyceride)를 각각 모노글리세리드(monoglyceride) 또는 디글리세리드(diglyceride)라 하며 이들은 모두가 전하를 갖지 않기 때문에 중성지방(neutral fat)이라고도 한다.

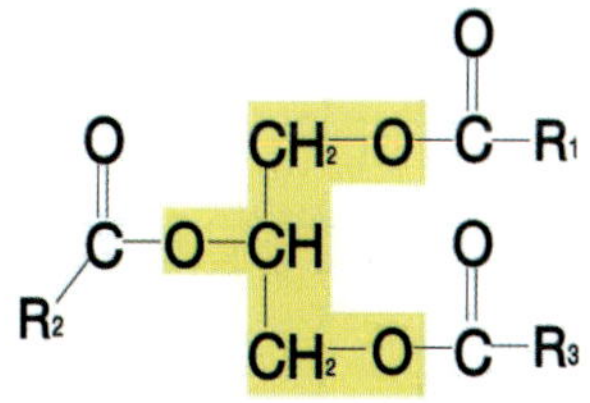

그림 5-8. 중성지질의 일반적인 화학 구조식

트리글리세리드(triglyceride)에 대한 다른 일반적인 명칭은 트리아실글리세롤(tri-acylglycerol)이며, 아실(acyl)은 지방산의 탄화수소 사슬을 말한다. 이와 같은 중성지질을 가수분해 반응시키면 1분자의 글리세롤과 3분자의 지방산으로 분해되고, 이를 탈수반응 시키면 1분자의 중성지질이 형성된다.

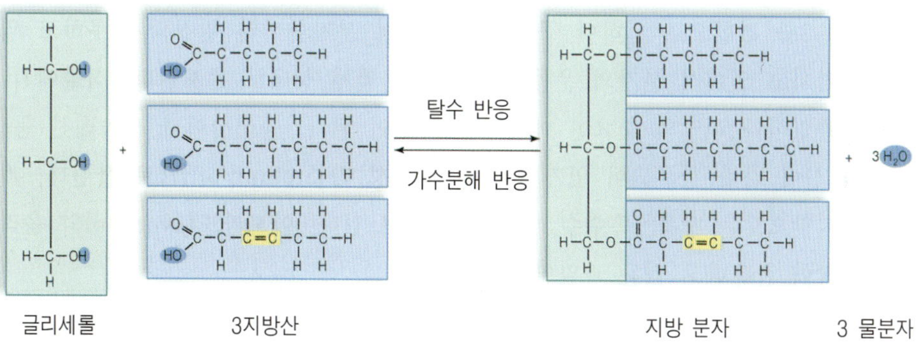

그림 5-9. 중성지질의 가수분해반응과 탈수반응

대부분의 중성지질은 다양한 길이를 가진 불포화지방산, 포화지방산 또는 이들의 혼합물로 되어 있다. 실온에서 고체인 지방(fat)은 많은 비중의 포화지방산을 함유하고 있다. 기름(oil)은 불포화지방산의 함량이 비교적 높아 실온에서 액체이다. 불포화지방산은 포화지방산처럼 밀집화하지 않는다.

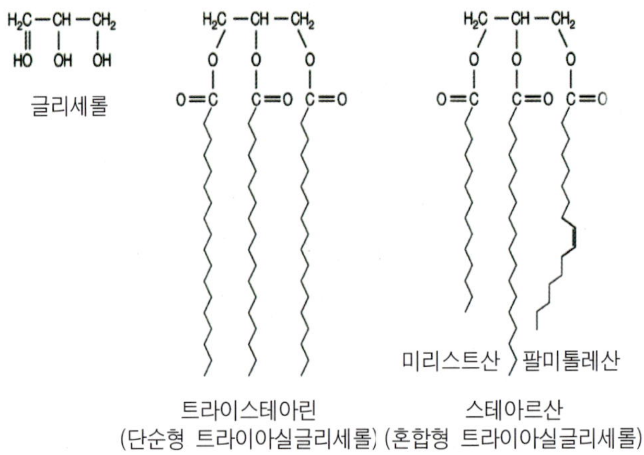

그림 5-10. 글리세롤과 중성지질

즉 버터와 같은 포화지방(saturated fat)은 실온에서 고체이다. 이는 꼬리 부분이 일직선상에 놓이기 때문에 지방끼리 밀집되어 분자의 운동이 활발하지 못하기 때문에 고체 상태로 존재한다. 그러나 식물성 기름과 같은 불포화지방(unsaturated oil)은 꼬리부분의 2중 결합으로 인하여 구부러져 있어서 분자들끼리 밀집되지 못하고 일정한 공간을 가지고 있어서 분자의 운동이 활발하여 액체 상태로 존재한다. 식물에서 중성지질은 과일이나 씨앗의 중요한 에너지 저장원이 된다. 올레산이나 리놀레산 등의 불포화지방산이 다량 함유되어 있기 때문에 식물성 기름(plant oil)으로 불린다. 기름이 풍부한 씨앗으로는 땅콩, 옥수수, 야자, 콩 등이 있다. 아보카도(avocado)와 올리브는 기름을 많이 함유하고 있는 과일이다.

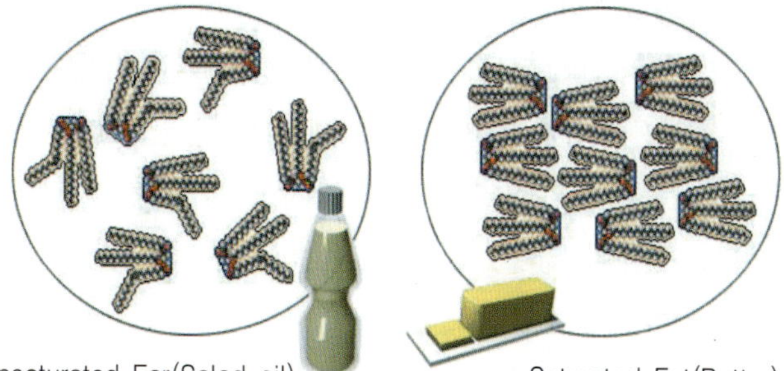

그림 5-11. 중성지질의 불포화 기름(unsaturated oil)과 포화지방(saturated fat)

사람의 경우 중성지질은 몇 가지 역할을 한다. 첫째, 중성지질은 지방산의 주요 저장원이고 운반체이다. 중성지질은 다음과 같은 몇 가지 이유로 글리코겐보다 더 효율적으로 에너지를 저장한다.

① 중성지질은 소수성이기 때문에 세포 안에서 치밀하게 뭉친 무수과립(anhydrous dro-plet)을 형성한다. 지방조직(adiposo tissue)에 있는 지방세포(adipocyte)는 중성지질을 저장한다. 상당량의 물과 결합하고 있는 글리코겐(glycogen)과 비교할 때 무수트리글리세리드(anhydrous triglyceride)는 글리코겐 용적의 약 1/8에서 같은 양의 에너지를 저장한다.

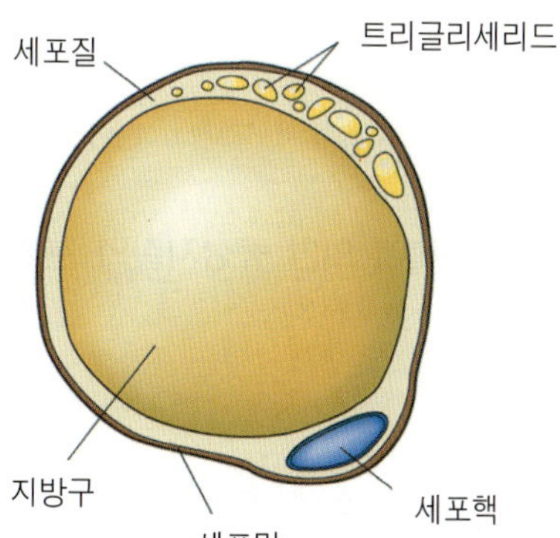

그림 5-12. 지방세포(adipocyte)

② 중성지질은 탄수화물보다 덜 산화되어 있다. 탄수화물이 분해할 때 17.2kJ/g인데 반하여 지방은 38.9kJ/g이기 때문에 중성지질은 분해할 때 더 많은 에너지를 방출한다. 둘째, 중성지질은 저온에서 절연체 역할이다. 지방은 열전도를 잘하지 못한다. 높은 함량의 중성지질을 가지고 있는 지방조직이 몸 전체의 열손실을 막아준다. 사람의 경우 피지선에 분비되는 중성지질로 인하여 물이 피부나 털에 잘 스며들지 않는다.

중성지질은 생체 내에서 리파아제(lipase)에 의하여 분해된다. 그러나 비누화 반응처럼 열이나 수산화나트륨(NaOH)이 필요하지 않다. 비누화 반응(saponification)은 라틴어로 '비누를 만든다.'는 것으로써 중성지질을 지방산염과 글리세롤로 분해되는 과정을 말한다. 지방산염을 비누(soap)라 하고, 이는 유화제(emusifying agent)나 계면활성제(surfactant) 등으로 이용된다.

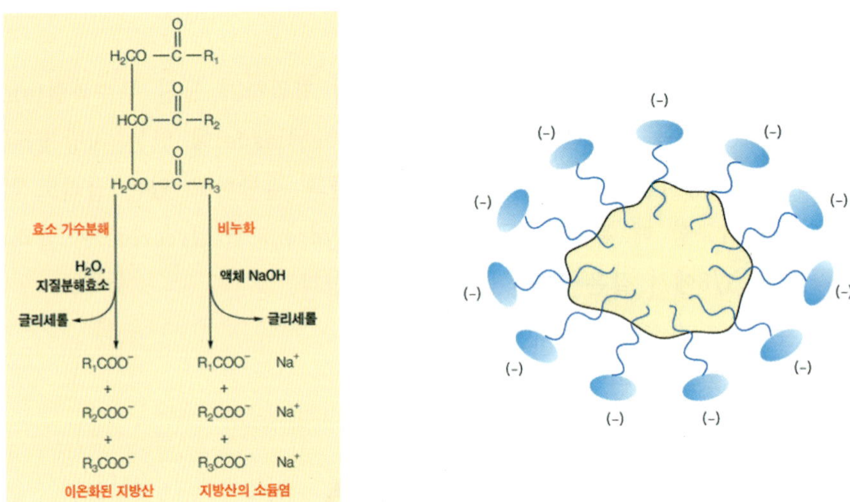

그림 5-13. 리파아제에 의한 중성지질의 분해와 비누화 반응

(2) 인지질(phospholipid)

인지질은 글리세롤의 1번과 2번 탄소에 붙어 있는 수산기(hydroxyl group)에 2개의 지방산이 결합되고, 3번 탄소의 수산기에는 인산기와 인산 에스테르 결합을 이룬다. 특히 인산기는 2개의 음전하를 가지고 있다.

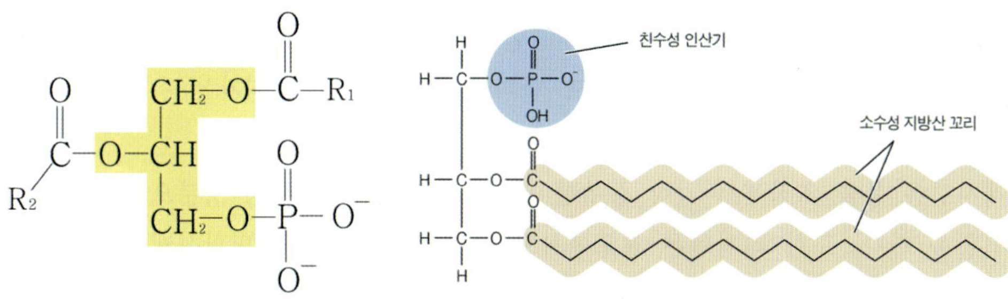

그림 5-14. 인지질의 일반적인 화학 구조식

다른 알코올기도 인산기의 산소 원자 중의 하나에 결합할 수 있다. 따라서 인지질은 어느 알코올이 인산기에 에스테르화되느냐에 따라 여러 종류의 인지질이 생성될 수 있다.

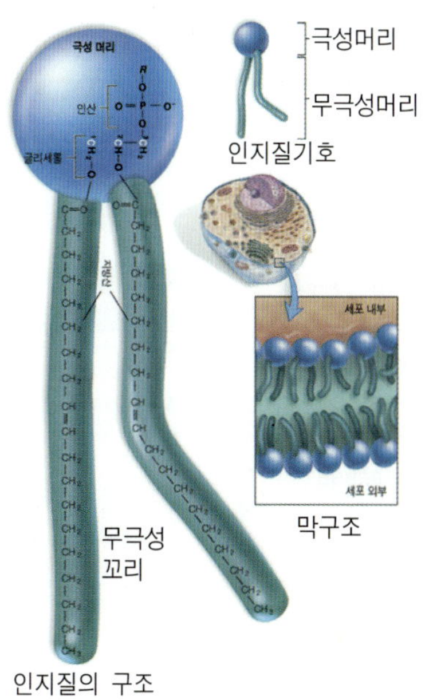

그림 5-15. 인지질의 구조와 세포막의 구조

가장 간단한 인지질은 포스파티드산(phosphatidic acid)이며, 다른 모든 인지질의 전구체이다. 인산기에 콜린(choline)이 결합되면 포스파티딜콜린(phosphatidyl choline)이 되며, 레시틴(lecithin)이라고도 한다. 인산기의 산소 원자는 음전하를 띠고, 콜린기의 질소 원자는 양전하를 띤다.

레시틴은 동물 조직에서 가장 풍부한 인지질로써 세포막 구성 성분으로 매우 중요한 역할을 한다. 또한 레시틴은 폐포에서도 발견되는데 폐의 계면활성제로 알려져 있다. 태아의 경우 호흡곤란증(respiratory distress syndrome, RDS)에 의하여 사망하는 경우가 있다. 레시틴은 폐포 기공을 안정화시켜서 숨을 내쉴 때 기공이 탄력성 없이 압제(collapsing)하는 것을 방지하는 작용을 한다. 이와 같은 호흡곤란증은 미숙한 폐가 적절한 양의 레시틴을 합성하여 폐포로 분비하지 못하는 데에 원인이 있다.

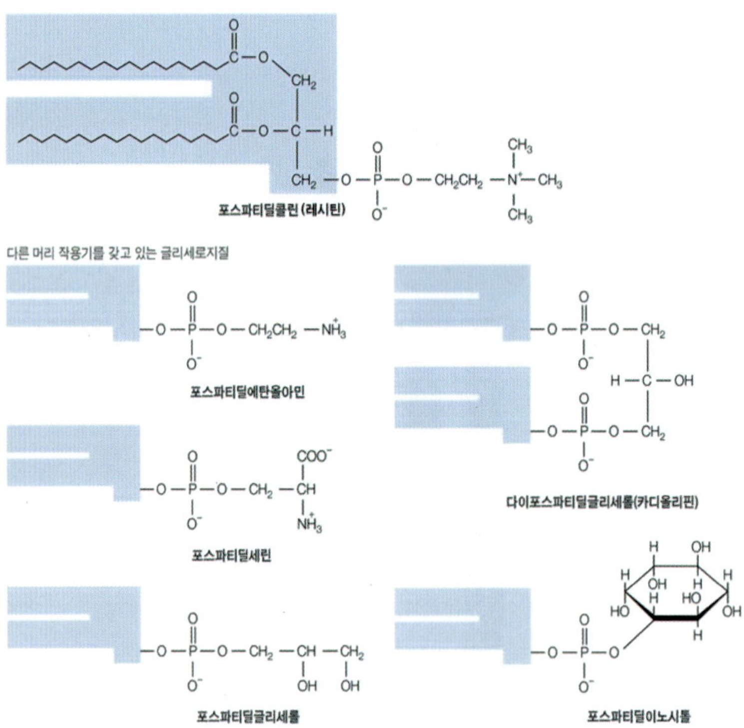

그림 5-16. 인지질의 종류

포스파티딜에탄올아민(phosphatidyl ethanolamine, sephaline), 포스파티딜세린(phosphatidyl serine), 포스파티딜이노시톨(phosphatidyl inositol)은 대부분의 세포막에서 발견되는 중요한 인지질이다. 이와 같은 인지질은 뇌 조직에도 풍부하다.

인지질은 생물에서 몇 가지 중요한 역할을 한다. 즉 가장 중요한 역할은 세포막의 주성분이다. 그 외에도 인지질은 양극성 분자(amphipathic molecule)이기 때문에 유화제(emulsifying agent)와 계면활성제(surface active agent)의 역할을 한다.

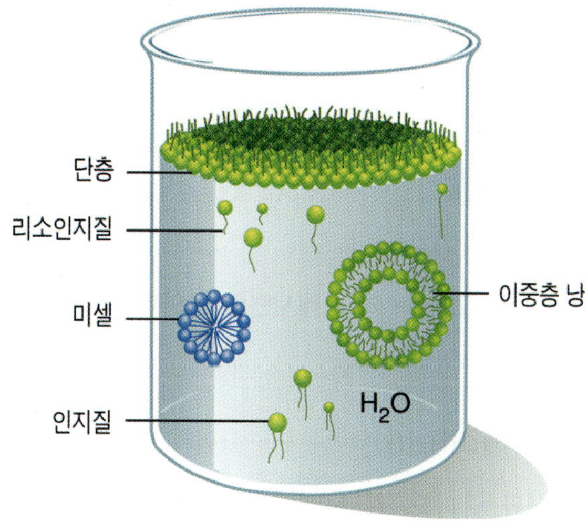

그림 5-17. 수용액 속의 인지질

유화제는 기름을 물속에 분산시킨다. 유화제는 기름과 물 사이에 다리를 형성하여 이들을 분리시킨다. 지방구는 중심에 기름이 모여 있고, 그 주변을 물이 둘러싼 형태를 지닌다. 유화제는 그 사이에 샌드위치처럼 되어 있다. 유화작용은 지질 소화의 주요 단계이며, 마요네즈나 과자와 같은 식품제조에 중요한 역할을 한다. 또한 화장품의 제조에도 중요한 역할을 한다.

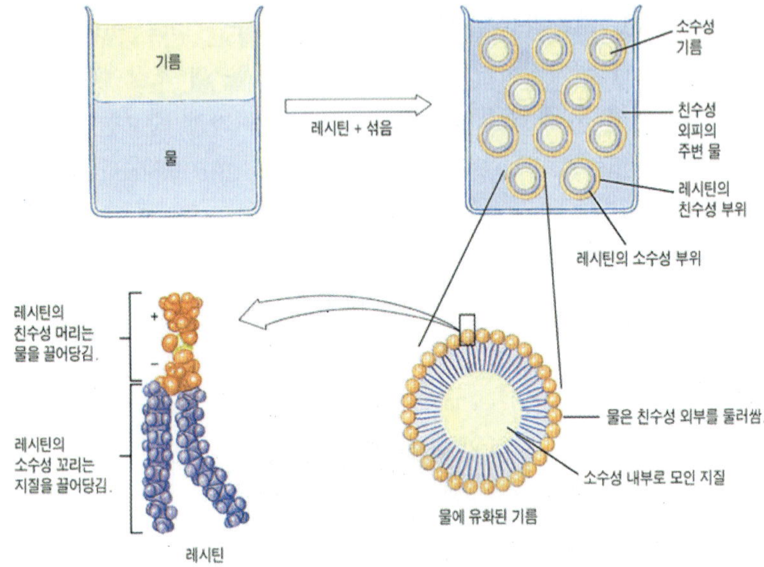

그림 5-18. 레시틴의 유화작용

(3) 스핑고지질(sphingolipid)

스핑고지질은 긴 사슬의 아미노 알코올(amino alcohol)을 가지고 있다. 이 아미노 알코올은 동물의 경우 주로 스핑고신(sphingosine)이고, 식물의 경우 피토스핑고신(phytosphingosine)이다. 스핑고지질의 핵(core)은 스핑고신의 알코올에 지방산이 에스테르화된 지방산 아미드 유도체인 세라마이드(ceramide)이다.

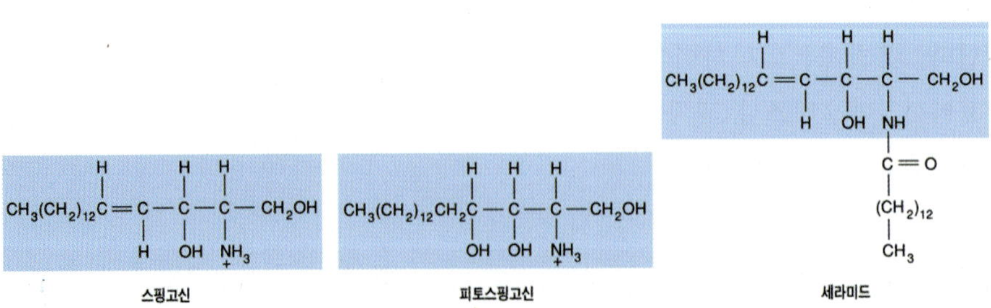

그림 5-19. 스핑고지질의 성분

세라마이드(ceramide)는 각질층이나 피부 세포막의 라멜라 구조로 다른 지질과 함께 생체조직을 구성한다. 즉 세라마이드는 각질세포간 지질의 구성 성분 중 50% 이상을 차지한다. 또한 피부조직 내의 생체결합수(bounded water)의 손실을 억제하고 피부방어 수단으로서 피부의 중요한 장벽기능을 한다. 피부 조직의 이상에 의한 생체결합수의 손실은 피부노화를 유발시키기 때문에 세라마이드의 보습기능은 매우 중요하다.

대부분의 동물 세포막에서 발견되는 스핑고미엘린(sphingomyelin)은 세라마이드의 1-OH에 포스포릴콜린(phosphoryl choline) 또는 포스포릴에탄올아민(phosphoryl choline)의 인산기에 에스테르화 되어 있다. 스핑고미엘린은 신경세포의 수초(myelin sheath)에 가장 많이 존재한다. 신경세포의 엑손 주위에 수초화시키는 특이 세포에 의해 세포막이 덮이게 되어 수초가 되고, 이의 절연성이 신경전달 속도를 빨라지게 한다.

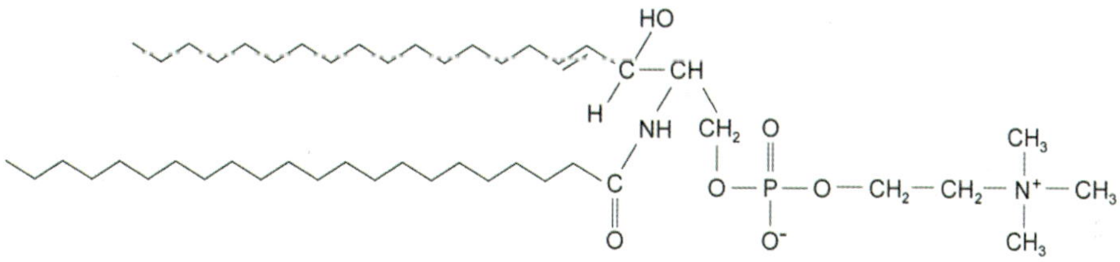

그림 5-20. 스핑고미엘린의 화학적 구조

또한 세라마이드는 글리코스핑고지질(glycosphingolipid)로도 불리는 당지질(glycolipid)의 전구체이기도 하다. 당지질(glycolipid)은 스핑고신에 지방산과 당 잔기(글루코오스 혹은 갈락토오스)가 결합되어 있다. 당지질에는 인산기가 없기 때문에 인지질은 아니다. 중요한 당지질은 세리브로시드(cerebroside), 강글리오시드(ganlioside) 등이 있다. 세리브로시드는 머리 부분이 단당류인 스핑고지질이며, 인지질과는 달리 비이온성(nonionic)이다. 이중 가장 흔한 갈락토세리브로시드는 거의 뇌의 세포막에서 발견된다.

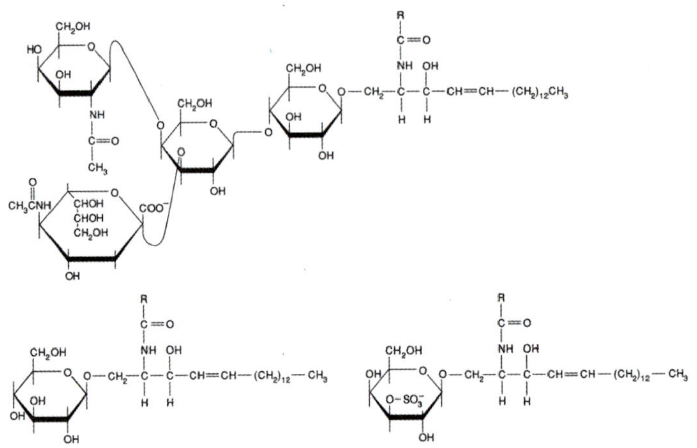

그림 5-21. 당지질

글리코스핑고지질은 체내에 많이 존재하며, 여러 가지 기능을 수행한다. 몇 가지 글리코스핑고지질은 신경자극 전달에 중요하며, 어떤 것들은 혈액형이나 기관 특이성에 관여한다. 이들은 여러 가지 효소에 의해 정상적으로 합성되고 분해되며, 이 분해 효소를 세리브로시다아제(cerebrosidase)라 한다. 어떤 유전적인 질병으로 고통당하는 사람에게 세리브로시다아제의 결핍증상을 나타내는 경우가 있다. 이와 같은 결핍 증상으로 인하여 글리코스핑고지질이 적절한 속도로 분해되지 못하여 여러 조직에 심각한 영향을 줄 정도로 축적이 일어나게 된다.

표 5-5. 대표적인 스핑고지질의 저장병

질 환	증 상	축적된 스핑고지질	효소 결핍
테이-삭스병	실명, 근 쇠약, 급발작, 정신지체	강글리오시드 G_{M2}	β-헥소사마니다아제 A
고세병	정신지체, 간 및 비장비대, 장골 침식	글루코셀브로시드	β-글루코시다아제
그라베병	탈수초화 반응, 정신지체	갈락코세리브로시드	β-칼락토시다아제
니만-피크병	정신지체	스핑고미엘린	스핑고메일리나아제

많은 질환의 병명은 질환을 맨 처음 묘사한 의사의 이름으로부터 유래하였다. 테이-삭스병은 영국의 안과의사인 Warren Tay(1843~1927)와 뉴욕의 신경과 전문의인 Bernard Sachs(1858~1944)에 의해 처음 보고되었다. 그리고 프랑스 의사인 Phillipe Gaucher(1854~1918)와 덴마크의 신경과 전문의인 Knud Krabbe(1885~1961)가 각각 고세병과 크라베병을 가장 먼저 묘사했다. 니만-피크병은 독일의 의사인 Albert Niemann(180~1921)과 Ludwig Pick(1868~1944)에 의해 처음 알려졌다.

(4) 왁 스(Wax)

왁스는 긴 사슬의 지방산과 긴 사슬의 알코올이 에스테르화된 물질이며, 납이라고도 한다.

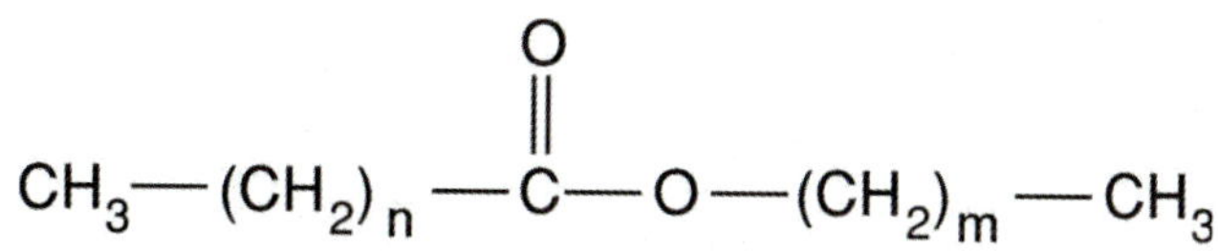

그림 5-22. 왁스의 일반적인 화학 구조

각 탄화수소 사슬은 일반적으로 매우 길며, 무극성 지질의 복합 혼합물이다. 잘 알려진 왁스로는 카르나우바 왁스(carnauba wax)와 밀납(bees wax) 등이 있다. 카르나우바 왁스를 이루는 주요 성분은 메리실 세로틴산 왁스 에스테르(wax ester melissyl cerotate)이다.

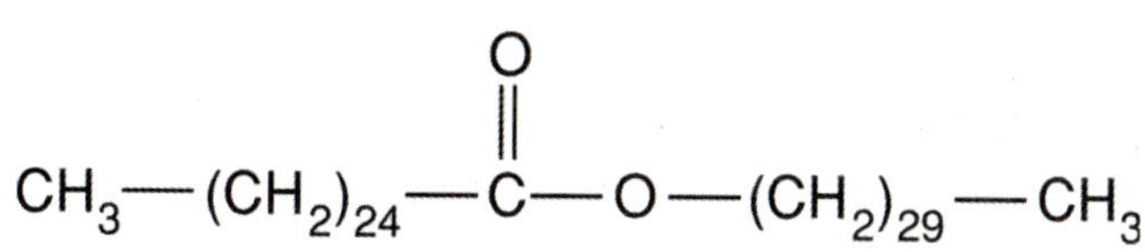

그림 5-23. 메리실 세로틴산 왁스 에스테르

왁스는 동물의 피부와 모피 그리고 식물의 잎, 줄기, 과일을 보호하는 코팅 역할을 한다. 피지선(sebaceous gland)에서 분비되는 물질에는 여러 가지 종류의 왁스가 들어 있다. 이는 피부를 부드럽게 유지해 주고, 피부의 건조를 방지한다. 태아의 피부도 베르닉스 카제오사(vernix caseosa)라는 왁스 물질에 의해 보호된다. 또한 립스틱의 광택과 고형화를 위하여 립스틱 화장품에 주로 사용된다.

2) 불비누화성 지질

(1) 테르펜(terpene)

테르펜은 식물의 필수기름(essential oil)에 풍부하게 들어 있는 성분이며, 탄소가 5개로 구성된 이소프렌 단위(isoprene unit)가 반복적으로 결합된 분자이다.

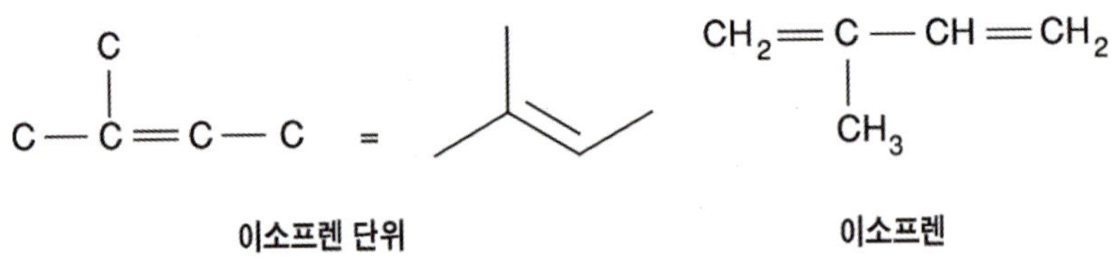

그림 5-24. 이소프렌(isoprene)의 화학적 구조

이와 같은 필수기름은 수천 년 동안 향수나 의약품으로 사용되어 온 식물성 추출물이다. 테르펜은 포함하고 있는 이소프렌 잔기의 수에 따라 분류된다. 모노테르펜(monoterpene)은 2개의 이소프렌 단위로 구성된다. 이와 같은 이소프렌 단위는 2가지 방법, 즉 가장 일반적인 방법인 머리에 꼬리 연결(head to tail) 혹은 꼬리에 꼬리 연결(tail to tail)의 배치로 결합할 수 있다.

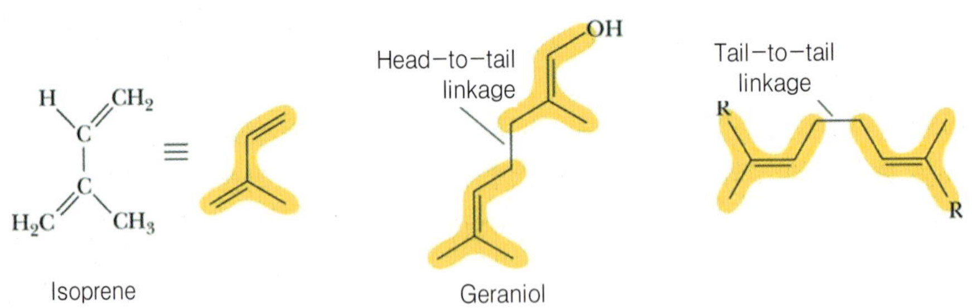

그림 5-25. 게라니올의 머리에 꼬리 연결(head to tail) 혹은 꼬리에 꼬리 연결(tail to tail) 형태

게라니올(geraniol)은 쥐손이풀(geranium)의 기름에서 발견된 모노테르펜이다. 3개의 이소프렌을 포함하고 있는 테르펜은 세스키테르펜(sesquiterpene)이라 한다. 향수와 비누에 사용되는 물질인 시트로넬라유(citronella oil)의 중요한 구성 성분인 파네센(farnesene)은 세스키테르펜이다.

식물성 알코올인 피톨(phytol)은 4개의 이소프렌 단위로 구성된 디테르펜(diterpene)이다. 올리브유와 함께 상어의 간유에 풍부한 스쿠알렌(squalene)은 트리테르펜의 대표적인 예이다. 스쿠알렌은 콜레스테롤 생합성의 중간물질이다. 대부분의 식물에 존재하는 오렌지색 색소인 카로티노이드(carotinoid)는 8개의 이소프렌 단위로 구성된 테트라테르펜이다. 카로텐(carotene)은 이러한 카로티노이드 중의 하나이다. 크산토필(xanthophyll)은 카로텐의 산화 유도체이다. 그 외에 식물에 함유된 테르펜의 종류도 다양하다.

표 5-6. 테르펜의 종류 및 구조

테르펜의 종류 및 구조			
종 류	이소프렌 단위 수	예	
		이 름	구 조
모노테르펜	2	게리니울	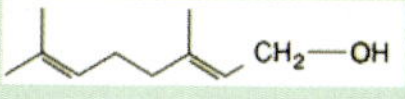
세스키테르펜	3	파나센	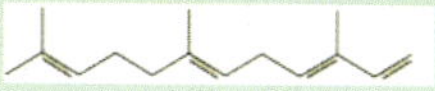
디테르펜	4	피 톨	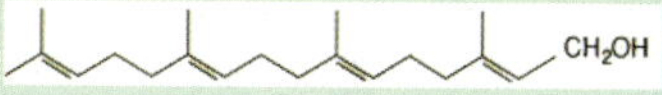
트라테르펜	6	스쿠알렌	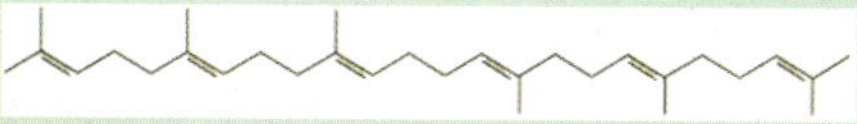
테트라테르펜	8	β-카로틴	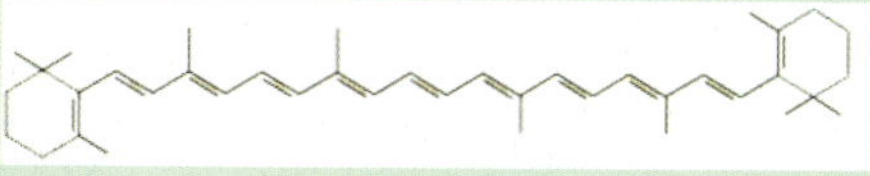
폴리테르펜	수천개	고 무	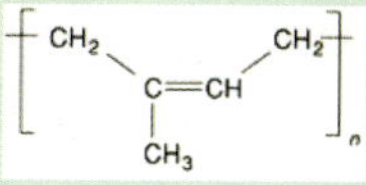

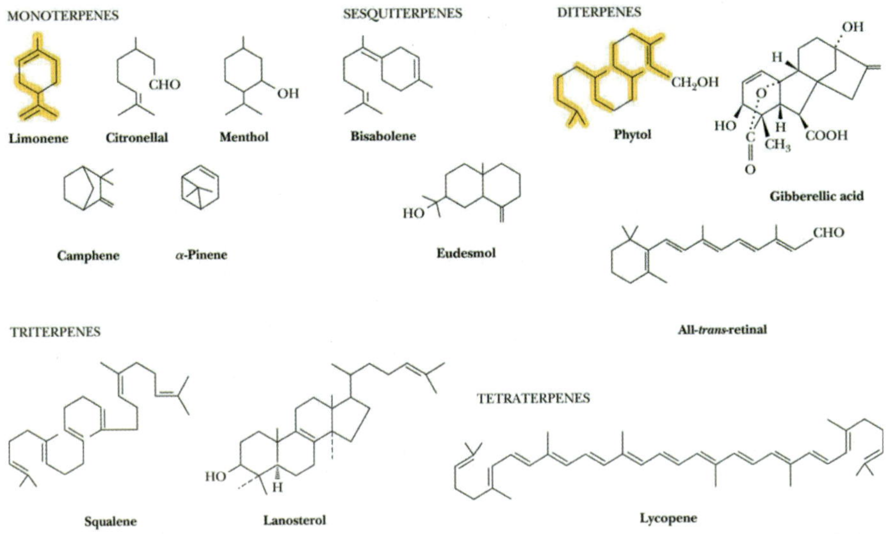

그림 5-26. 기타 테르펜의 종류

지용성비타민(비타민 A, D, E, K)은 음식물로부터 섭취되는 물질로 건강에 필수적인 요소이다. 이러한 비타민을 포함하여 유비퀴논(ubiquinone)도 테르펜의 유도체이다.

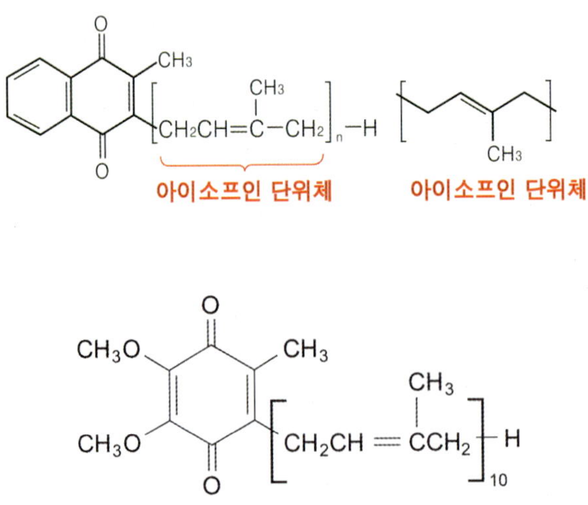

그림 5-27. 유비퀴논(ubiquinone)과 비타민 K

(2) 스테로이드(steroid)

모든 스테로이드는 4개의 환으로된 탄화수소의 유도체이고, 불비누화성 지질에 속한다. 스테로이드는 탄소와 탄소 사이의 이중 결합과 히드록시기(hydroxy group), 카르보닐기(carbonyl group), 알킬기(alkyl group) 등 여러 치환기의 위치와 수에 따라서 구별된다. 콜레스테롤(cholesterol), 담즙산염, 스테로이드 호르몬 그리고 비타민 D의 유도체는 모두 이 지질에 속한다.

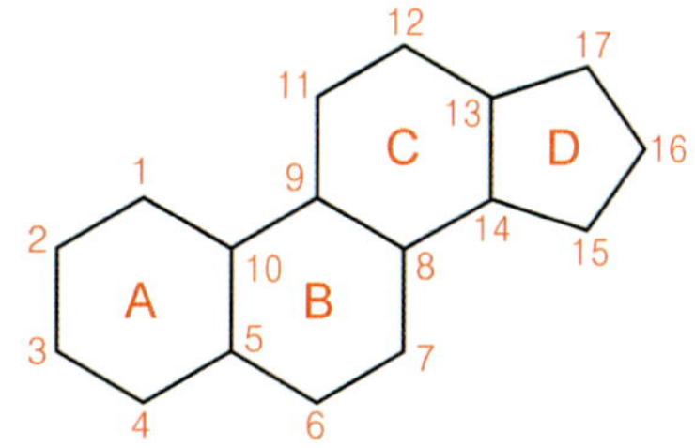

그림 5-28. 스테로이드 환 구조

① 콜레스테롤(cholesterol)

동물에서 중요한 분자인 콜레스테롤은 스테로이드의 대표적인 예이다. 콜레스테롤은 동물 세포막의 필수적인 성분일 뿐만 아니라 모든 스테로이드 호르몬, 비타민 D 및 담즙산염의 전구체이다. 콜레스테롤은 스쿠알렌으로 부터 합성되는 27개의 탄소로 구성된 화합물이며, C_3에 결합된 히드록시기(-OH)를 가지고 있기 때문에 스테롤(sterol)로 분류된다.

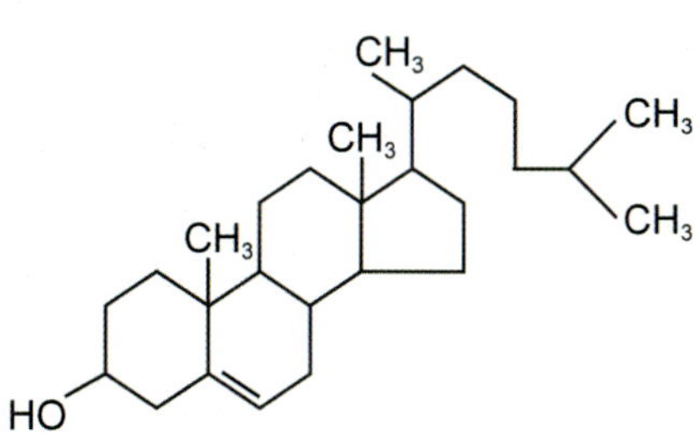

그림 5-29. 콜레스테롤의 구조

콜레스테롤은 보통 지방산 에스테르로 세포 안에 저장된다. 사람의 혈청 총콜레스테롤 농도는 130 ~ 220mg/dL이다. 혈중 콜레스테롤의 70 ~ 80%는 에스테르이고, 나머지는 유리형이다. 최근 콜레스테롤은 동맥경화증(atheroscleosis)을 유발하는 원인으로 보고되고 있다. 동맥경화증은 동맥 혈관의 결합조직 상에서 콜레스테롤 에스테르와 다른 지방들이 축적되어 콜레스테롤 덩어리가 형성됨으로써 발생된다. 만일 콜레스테롤 덩어리 형성이 심하면 중요한 혈관 벽이 막히게 되고, 혈액의 공급이 감소되거나 완전히 중단된다. 이러한 현상이 심장 근육에 있는 혈관에서 나타나면 심근경색(myocardial infraction)이고, 뇌에 있는 혈관에서 발생하면 뇌졸중(stroke)이다.

② 담즙산염

콜레스테롤은 많은 담즙산염의 전구체로 작용한다. 담즙산의 합성은 주로 간에서 일어난다. 콜산(cholic acid)에 글리신(glycine)과 타우린(taurine)이 결합하여 당콜산(glycocholic acid)과 타우로콜산(taurocholic acid) 형으로 염을 이루고 있다. 사람의 담즙은 전자가 많고, 육식동물에는 후자가 많다.

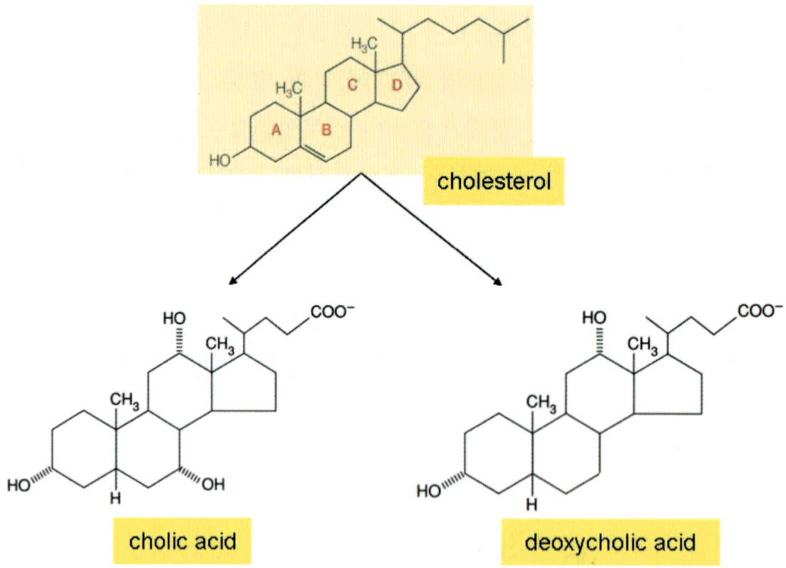

그림 5-30. 콜레스테롤에서 유도된 대표적인 담즙산

담즙산은 콜레스테롤 보다 훨씬 많은 히드록시기(hydroxy group)를 가지고 있다. 또한 곁사슬(side chain)이 변형되는 데, 이러한 변형으로 담즙산은 양친매성(amphipathic)이다. 이 양친매성 분자는 레시틴(lecithin)과 결합하여 미셀을 만들어 응집될 수 있다. 이러한 특성 때문에 레시틴/담즙산 미셀은 콜레스테롤과 같은 불용성 식이지방을 용해시킬 수 있다. 이렇게 하여 과잉의 콜레스테롤은 장으로 분비되어 분변으로 배설된다.

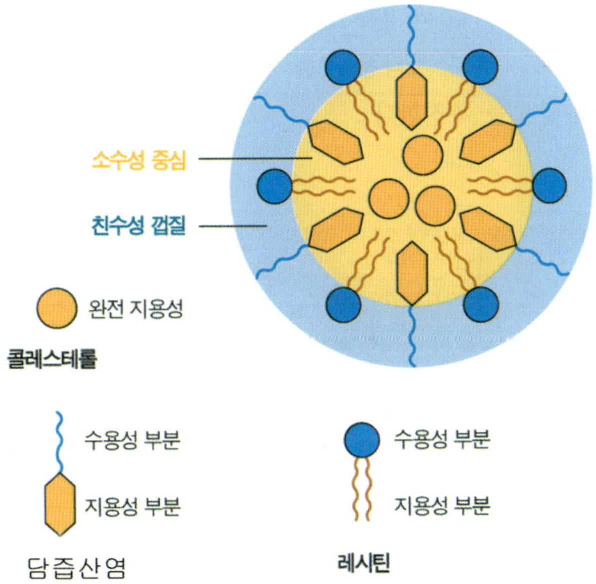

그림 5-31. 담즙산염의 이상적인 모형도

레시틴 / 담즙산 미셀이 모든 콜레스테롤을 잘 혼합시키지 못할 때 콜레스테롤은 침전되어 콜레스테롤 담석을 형성한다. 이와 같은 조건은 ① 간에 의한 콜레스테롤 합성이 증가되고, ② 콜레스테롤이나 지질을 음식물로부터 너무 많이 흡수하거나 ③ 담즙산의 합성이 감소되며 ④ 담낭의 손상 등이 원인이 된다. 담석이 형성된 후 담낭에서 빠져나와 담낭관에 쌓여 고통스러운 담석증의 원인이 된다.

③ 스테로이드 호르몬

스테로이드 호르몬은 콜레스테롤의 또 다른 중요한 유도체이다. 에스트론(estrone), 프로게스테론(Progestrone), 테스토스테론(Testosterone) 등은 중요한 스테로이드 호르몬이다. 에스트론은 에스트로겐(estrogen)의 일종으로 여성생식기관의 발달, 숙성 기능을 증진시킨다. 자궁주기의 세포분열기는 에스트로겐의 주기적 생성에 기인하며, 난포자극호르몬(FSH)의 생성을 억제하고 난황호르몬(LH) 분비를 촉진한다. 프로게스테론은 자궁에 난자가 부착되도록 준비시킨다. 또한 자궁 근육의 수축을 감소시키고, 젖가슴의 발달을 자극하며 배란을 억제한다. 테스토스테론은 고환에서 합성되며, 남성에 있어서 1차와 2차 성징을 나타내게 한다. 또한 이 호르몬은 근육의 크기를 증가시키고, 뼈가 자라는 것을 자극하며 기본대사율을 증대시킨다. 여성의 경우 사춘기에 발모를 촉진한다.

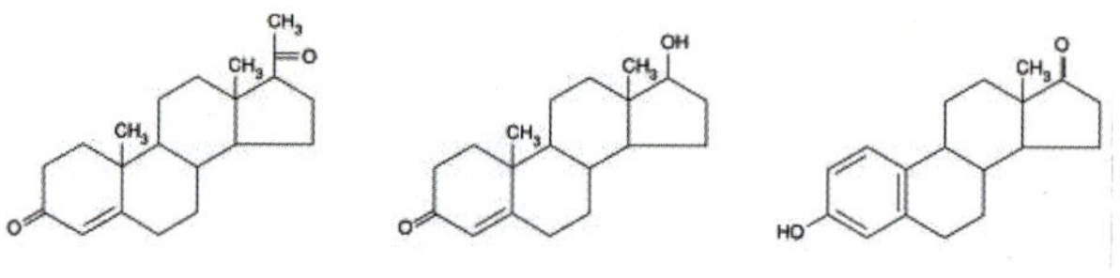

프로게스테론 (progestrone) 테스토스테론 (testosterone) 에스트론 (estrone)

그림 5-32. 몇 가지 중요한 스테로이드 호르몬의 구조

(3) 프로스타글란딘(prostaglandin)

프로스타글란딘은 20개의 탄소로 구성된 불포화지방산으로 C-11과 C-15에 히드록시기(-OH)가 있는 시클로펜탄 고리(cyclopentane ring)를 가지고 있는 아라키돈산 유도체이다.

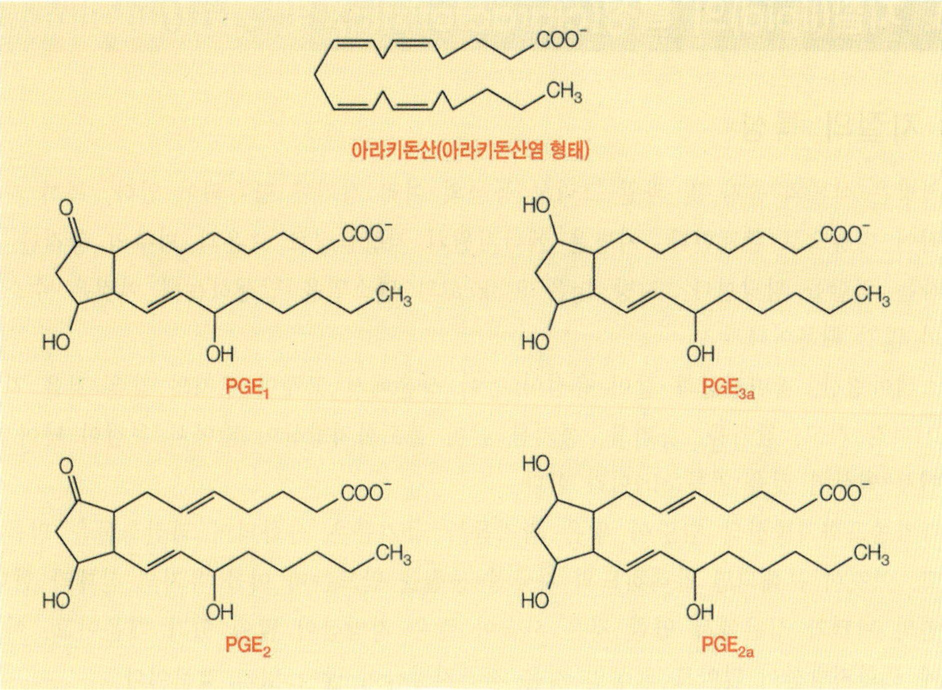

그림 5-33. 프로스타글란딘의 구조

이들은 주로 정소낭, 신장, 폐 및 동맥의 벽에서 합성되며 국소 호르몬과 비슷한 작용을 한다. 프로스타글란딘은 광범위한 조절 기능을 가지고 있다. 예를 들면 염증 유발, 혈압 조절, 평활근 수축 촉진 그리고 위액 분비의 저해 등이다. 아스피린은 프로스타글란딘의 합성을 막는데, 그러한 성질로 인하여 아스피린은 소염제와 해열제의 성질을 갖는다. 코르티손(cortisone)과 다른 스테로이드계 물질들도 프로스타글란딘의 합성을 막기 때문에 소염제로 작용한다. 또한 프로스타글란딘은 혈소판의 응집을 막는 것으로 알려져 있다. 이런 성질 때문에 뇌나 심장으로의 혈액 공급 차단으로 인한 뇌일혈이나 심장마비를 일으키는 혈전 생성을 막아주는 치료적 가치가 있을 수 있다.

3. 지질(lipid)의 특성(claracteristic) 및 기능(function)

1) 지질의 특성

지방은 식물의 종자 및 과일 그리고 동물의 여러 장기에 함유되어 있다. 특히 지방조직에 다량으로 존재한다. 지방은 에너지원의 저장물질로 보온과 외부의 충격을 방어하는 역할을 담당한다. 지방 1g은 9.3kcal의 연소열을 발생하는데 이것은 수소의 양이 많기 때문이다.

스테아린산, 팔미틴산과 같이 융점이 높아 상온에서 고체인 우지와 같은 것을 지방(fat)이라 하고, 참기름, 들기름, 콩기름 같이 불포화지방산이 많아서 융점이 낮아 상온에서 액상인 것을 기름(oil)이라 한다.

다가불포화지방산의 함량이 많은 참기름과 들기름은 산화되어 과산화물을 만들기 쉽고, 이것이 분해되면 알데히드의 자극성 물질을 만드는데 이를 유지의 산패라 한다. 천연의 버터가 상온에서 연한 것은 사슬이 짧은 지방산이 많이 있기 때문이고, 야자유에 포화지방산이 많아도 액상인 것은 저급지방산이 많이 있기 때문이다.

인슐린은 지방조직에서 지방산의 방출을 억제하지만 아드레날린, 부신피질자극 호르몬, 글루카곤 그리고 성장 호르몬 등은 지방산의 방출을 촉진한다.

(1) 가수분해(hydrolysis)

중성지질(triglyceride)은 리파아제(lipase)에 의하여 지방산과 글리세롤로 가수분해된다. 췌장의 리파아제는 중성지방의 2번 탄소보다 1번과 3번 탄소의 에스테르 결합을 먼저 가수 분해시킨다.

(2) 비누화(saponification)와 비누화가(saponification number)

수산화나트륨(NaOH)이나 수산화칼륨(KOH) 등의 알칼리로 지질을 분해하면 글리세롤과 지방산 염이 생성되는데, 이 지방산 염을 비누(soap)라 한다.

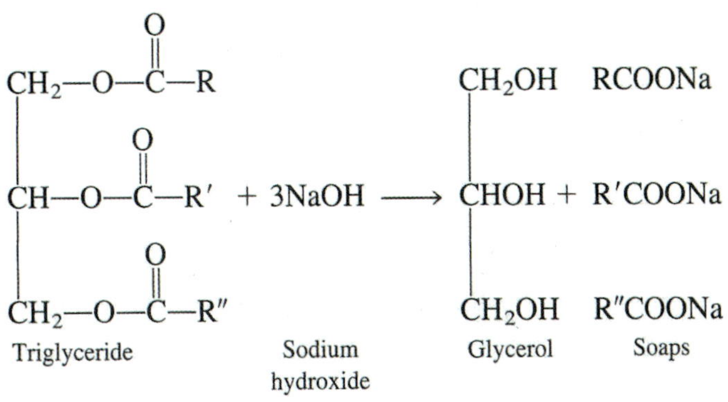

그림 5-34. 비누화 반응

그리고 지질 1g을 비누화하는데 필요한 KOH의 mg 수를 비누화가라 한다. 비누화가는 지질의 분자량에 반비례한다. 비누는 비누의 유화작용 때문에 세제로 이용된다. 고분자량이고 불포화가 심한 어떤 비누는 선택적 살균제로 작용한다.

지질을 수산화나트륨 용액과 함께 가열하면 글리세롤과 지방산으로 가수 분해되고, 지방산은 수산화나트륨과 결합해서 지방산 나트륨, 즉 비누가 된다. 지질에서 비누를 만드는 공정이 에스테르의 가수분해이기 때문에 에스테르의 가수분해를 일반적으로 비누화(saponification)라고도 한다.

비누 분자에는 가늘고 긴 탄화수소기와 카르복시기가 있다. 탄화수소기는 물과의 친화력이 없는 소수성(hydrophobic)이고, 카르복시기는 물과 친화력이 좋은 친수성(hydrophilic)이다. 물은 표면장력이 강한 액체이므로 얇은 막으로 안정하게 유지하는 것은 불가능하기 때문에 거품을 만들기 어렵다. 그러나 비누를 녹인 물은 표면장력이 낮기 때문에 거품이 일기 쉽다. 따라서 비누는 대표적인 계면활성제이다. 이와 같은 기능은 친수성인 카르복시기 부분이 물에 녹고, 소수성인 탄화수소기 부분이 공기 쪽을 향해서 단분자층을 형성하기 때문에 생기는 것이다. 즉 물속에서 용해된 비누분자는 소수성 부분이 내측을 향하고, 친수성 부분이 외측을 향하여 전체가 친수성 표면을 갖는 미셀(micelle)을 형성할 수 있다.

기름처럼 물에 녹지 않는 것을 비누 물과 함께 휘저으면 미셀의 내부에 소수성 물질의 입자가 혼합되어서 콜로이드 상으로 분산된다. 이처럼 미셀이 소수성의 입자를 혼합하기 때문에 비누의 세정작용이 발휘된다. 모노글리세리드도 이와 같은 원리로 표면활성제로 작용하고 유화작용이 강하다. 이는 화장수 등을 제조하는 원리이기도 하다. 또한 담즙산이 소장 내에서 지방을 유화하여 지방의 소화를 돕는 것과 같은 큰 의미를 갖는다.

(3) 산 가(acid number)

1g 지질 중에 함유된 유리지방산을 중화하는데 필요한 수산화칼륨의 mg 수를 산가라 한다. 산가가 높을수록 지방이 산패되었음을 나타낸다. 지질의 신선도를 나타내는 지표로 이용된다.

(4) 요오드가(iodine number)

IBr(Iodine monobromide, Hanus method) 또는 ICl(iodine monochloride, Wijs method)의 존재 하에서 불포화지질은 요오드와 결합한다. 요오드가는 지질 100g에 결합된 요오드의 양(g)이다. 따라서 요오드가는 지질의 불포화도를 측정하는 것이다. 아마인유나 면실유 같은 기름은 수지나 우지 같은 고형의 지방보다 요오드가가 높다. 이런 것은 아만인유나 면실유가 지방 분자에 더 많은 불포화지방산을 함유하고 있기 때문이다. 즉 불포화지방산의 함량이 많을수록 요오드가는 높다.

2) 지질의 기능

지질은 불수용성이기 때문에 삼투압에 영향을 미치지 않고 탄력성이 커서 외부 충격으로부터 신체를 보호해 준다. 열 절연체로 체온을 유지해 주며, 그램당 에너지 발생량(9kcal/g)과 에너지 저장량이 크므로 에너지 공급원인 동시에 잉여 에너지를 저장할 때 체중을 가장 가볍게 할 수 있는 영양소이다. 지질은 많은 지용성 영양소의 소화와 흡수를 도와주고, 뉴런(neuron)에서 신경 전달의 절연체 역할을 하는 미엘린(myelin) 수초의 주요한 구성 성분으로 신경의 자극 전달이 정확하고 신속하게 전달되도록 도와준다. 특히 콜레스테롤은 성호르몬과 부신피질 호르몬 등의 전구체이고, 호르몬과 유사한 기능을 가진 프로스타글란딘의 전구체(인지질)이다. 또한 지질은 헤모글로빈, 윤이 나는 머리카락 및 탄력성 있는 피부 등을 형성하는데 이용된다. 콩기름, 옥수수기름, 면실유 등의 식물성 기름에 많이 함유되어 있는 리놀레산과 리놀렌산과 같은 필수지방산을 공급한다. 또한 소화속도를 늦추어 위에 오래 머무르도록 하여 만복감을 준다.

4. 지질의 대사(metabolism)

1) 소화와 흡수

지방의 가수분해 효소인 리파아제(lipase)는 위액, 췌장액, 장 점막 등에 함유되어 있으나 가장 강력한 것은 췌장액의 리파아제로 스테압신(steapsin)이라 한다. 지질은 적절한 조건 하에서 섭취한 양의 95% 정도 흡수되는데 입(대부분 유아기)과 위의 리파아제(lipase)에 의하여 소화가 시작된다. 지질은 위에서 2 ~ 4시간 이상 머무르면서 중성지방이 소화되어 짧은 사슬 지방산과 중간 사슬 지방산의 중성지방을 유리지방산(free fatty acids)과 디글리세리드(diglyceride)로 분해한다. 이러한 유리지방산은 수용성으로 위벽에서 흡수되어 문맥으로 유입되지만 탄소 12개 이상의 긴 사슬 지방산은 흡수 세포 내에서 중성지질을 재형성한다. 그런 다음 림프계를 거쳐 순환계로 들어간다.

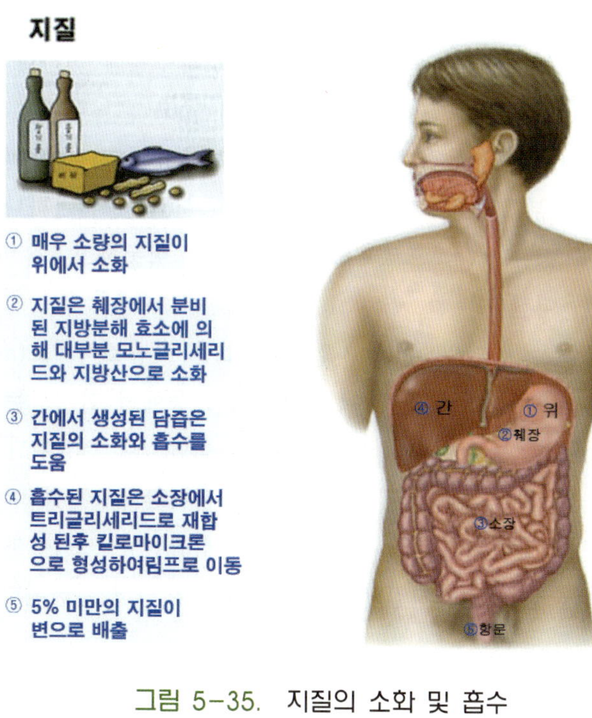

그림 5-35. 지질의 소화 및 흡수

지질은 십이지장으로 이행되면서부터 담즙의 도움을 받아 본격적으로 소화된다. 지질이 소장에 도달하면 콜레시스토키닌(cholecystokinin)이라는 호르몬이 소장 세포에서 분비되어 췌장 리파아제와 담즙 분비를 자극한다. 담즙은 간장의 분비액으로 담즙산, 레시틴, 콜레스테롤로 구성되며, 소화효소는 없지만 담즙산염(bile salt)을 함유하고 있다. 리파아제는 담관에서 담즙과 함께 혼합되어 췌장관으로 분비되어, 결국 두 물질은 함께 소장으로 들어간다. 담즙 분비가 부족하면 지방의 소화와 흡수가 잘 되지 않는다.

소장에서 췌장 리파아제는 중성지질(triglyceride)을 모노글리세리드(monoglyceride)와 지방산으로 분해한다. 모노글리세리드와 담즙산염이 협동하여 미세한 미셀을 형성한다. 이 미셀에 지방산과 소화되지 않는 지질 그리고 비타민 A와 같은 지용성 물질이 흡수되어서 투명한 용액이 형성된다. 이러한 상태까지 지방이 분산되면 소장의 상피세포에서 흡수된다.

이때의 담즙산염(bile salt)은 소장에 남아서 다시 모노글리세리드와 회합하여 새로운 미셀을 형성한다. 이처럼 담즙산염은 반복하여 지방흡수에 사용된 후 소장의 하부에서 흡수되어 문맥을 통해 간장으로 되돌아가면 담즙을 통해 다시 배출된다. 이를 담즙산의 장간 순환(enterohepatic circulation)이라 한다.

소화되지 않는 지질은 장 점막 속에 들어가서도 리파아제에 의하여 가수분해 된다. 그러나 소장의 상피세포 속에서 그대로 머물러 있지 않고 모노글리세리드와 지방산은 에스테르화되어 중성지질로 신속하게 재합성된다. 재합성된 지질에 인지질, 콜레스테롤 그리고 단백질이 부가되어 지질단백질(lipoprotein) 중의 하나인 킬로미크론(chylomicron)에 의해 세포 간격으로부터 림프액으로 이동하고, 유미관에서 흉관을 지나 정맥혈 속으로 들어간다.

대부분의 킬로미크론은 신체의 주된 지질 저장소인 지방조직세포(adipocyte)에 의해 혈액에서 제거된다. 심근, 골격근, 유선, 지방조직 등에서 합성되는 지질단백질 리파아제(lipoprotein lipase)는 모세혈관의 내피세포 표면으로 전달된다. 그 곳에서 킬로미크론에 있는 중성지질을 지방산과 글리세롤로 분해한다. 지질단백질 리파아제는 킬로미크론에 있는 아포단백질성분과 결합할 때 활성화된다. 또한 초저밀도지질단백질(VLDL) 속에 있는 중성지질도 지질단백질 리파아제에 의해 분해된다.

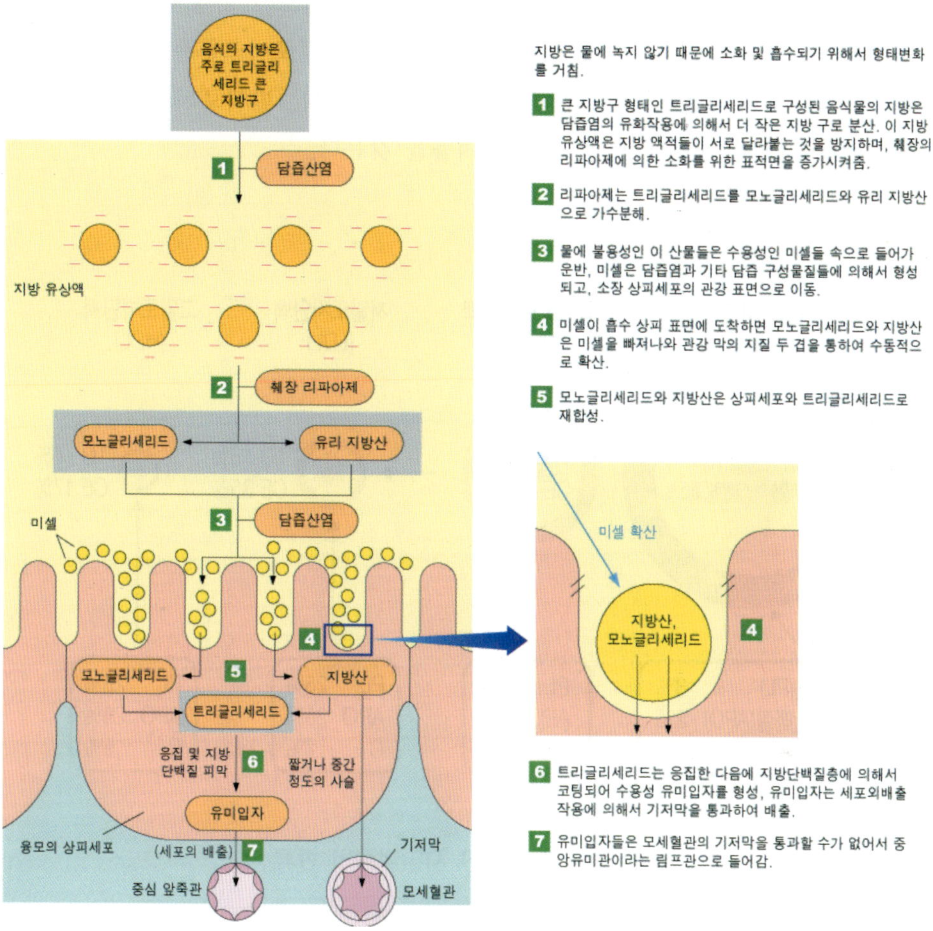

그림 5-36. 지질의 흡수과정

2) 혈장 중의 지질 운반

혈장 지질단백질(lipoprotein)은 중성지질, 인지질, 콜레스테롤 같은 지질 분자를 혈액을 통해 한 기관에서 다른 기관으로 운반한다. 즉 림프액 및 혈액 중에서 지질을 운반하는 입자를 지질단백질이라 하고, 이를 구성하는 단백질을 아포단백질(apoprotein)이라 한다. 이와 같은 혈장 지질단백질은 밀도에 따라, 즉 밀도가 가장 낮은 킬로미크론(chylomicron)과 초저밀도 지질단백질(very low density lipoprotein, VLDL), 저밀도 지질단백질(low density lipoprotein, LDL) 그리고 밀도가 가장 높은 고밀도 지질단백질(high density lipoprotein, HDL)로 구분된다. 킬로미크론은 가장 많은 지질 분자를 가지고 있기 때문에 가장 큰 혈장 지질단백질이다. 반대로 고밀도 지질단백질은 높은 단백질 함량 때문에 비교적 작은 지름을 갖는다.

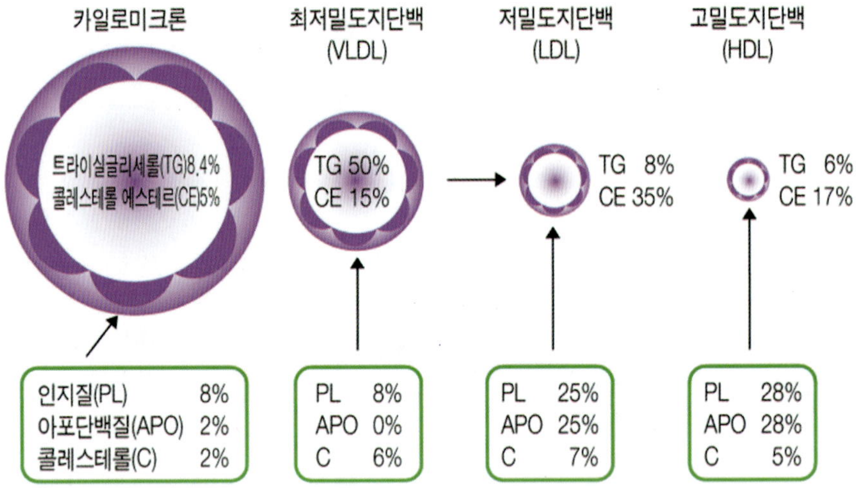

그림 5-37. **혈청 지단백질의 종류**

소장의 상피세포에서 흡수된 각종의 지질은 몇 개의 아포단백질과 함께 킬로미크론(chylomicron)을 형성하여 유미관으로 흡수된 후, 흉관을 경유하여 쇄골하정맥으로 불리는 대정맥으로 들어간다. 킬로미크론은 식이성 지질을 운반하므로 대부분이 중성지질이다. 킬로미크론이 말초의 근육, 심장 및 지방조직으로 운반되면 모세혈관 벽에 존재하는 지질단백질 리파아제(lipoprotein lipase)에 의하여 중성지질이 가수분해 되어서 지방산과 글리세롤로 분해된다. 대부분의 지방산은 근육세포, 지방세포 및 인접세포로 흡수된다. 세포는 흡수한 지방산을 즉시 열량으로 사용하거나 중성지질을 재합성하여 저장한다. 근육세포는 지방산을 대사시키려는 경향이 있는 반면, 지방세포는 지방산을 저장하려는 경향이 있다. 식사 후 지질단백질 리파아제에 의하여 혈액 내 킬로미크론이 제거되는 데는 지방량에 따라 2 ~ 10시간 정도 소요된다.

표 5-7. 지단백질의 종류와 특징

지단백 종류	주요 생성장소	특 징
킬로미크론 (chylomicron)	소 장	식사에서 얻은 중성지질을 체내로 운반
최저밀도지단백 (VLDL)	간	간에서 합성되는 중성지질을 조직으로 운반
저밀도지단백 (LDL)	혈액 내에서 VLDL로 전환	조직으로 콜레스테롤을 운반, LDL 콜레스테롤 수치가 높을수록 심혈관계 질환에 걸릴 위험도 증가
고밀도지단백 (HDL)	간	조직의 콜레스테롤을 간으로 운반, 체외로 배설되게 함 HDL 콜레스테롤 수치가 높을수록 심혈관계 질환을 예방함(항동맥경화성 지단백)

간은 지질과 콜레스테롤을 합성한다. 콜레스테롤을 비롯하여 중성지질, 지방산, 글리세롤을 만들기 위한 탄소, 수소, 열량 등은 혈액에서 간으로 공급된 탄수화물과 단백질에서 얻는다. 그러나 혈액으로부터 공급된 유리지방산이 중성지질 합성의 주요 공급원이다. 간은 자체적으로 합성하거나 혈액에서 공급된 콜레스테롤과 중성지질을 단백질과 지질로 포장하여 초저밀도 지질단백질(very low density lipoprotein, VLDL)을 생성한다. 간에서 합성되는 초저밀도 지질단백질은 지질을 조직으로 운반한다.

VLDL은 체내를 통하여 운반되는 과정 중 중성지질을 비롯한 일부 아포단백질과 인지질을 잃는다. 결국 중성지질이 빠져나간 VLDL 나머지는 간에 의해 흡수되거나 저밀도 지질단백질(low density lipoprotein, LDL)로 전환된다. LDL은 주로 콜레스테롤로 구성되어 있으며, 콜레스테롤을 조직으로 운반한다. LDL 입자는 세포 위의 수용체에 의하여 세포로 흡수되어 분해되며, 대부분 간세포의 수용체에 의해 흡수된다. 유입된 콜레스테롤과 단백질 입자는 세포 내에서 이용된다. 세포는 콜레스테롤의 수용체 경로(receptor pathway for cholesterol uptake)을 통하여 세포 성장과 발달을 위해 필수적인 기본 물질을 얻게 된다.

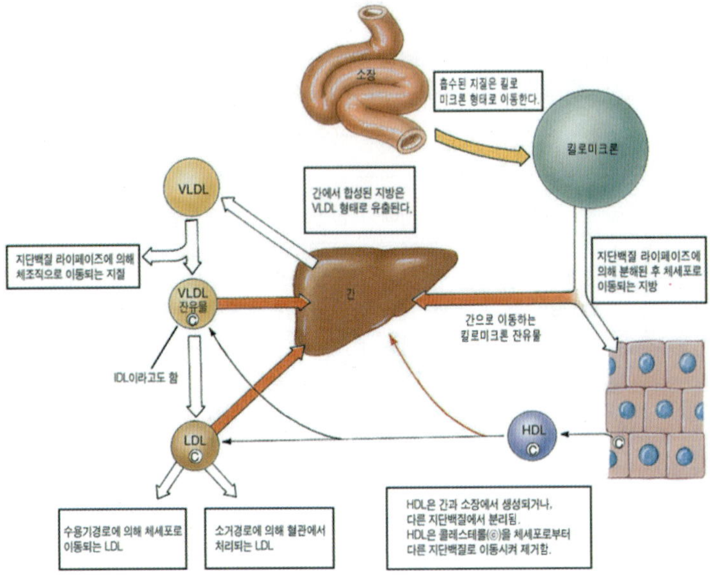

그림 5-38. 지질단백질의 상호작용

고밀도 지질단백질((high density lipoprotein, HDL)은 간에서 합성되며, 세포막으로부터 과다한 콜레스테롤을 청소하는 것으로 밝혀졌다. 혈장효소인 레시틴 : 콜레스테롤 아실기 전이효소가 레시틴으로부터 지방산 잔기를 콜레스테롤로 전이할 때 콜레스테롤 에스테르가 형성된다. 이러한 콜레스테롤 에스테르는 HDL에 의하여 간으로 운반된다. 과다한 콜레스테롤을 처리할 수 있는 유일한 기관인 간은 콜레스테롤의 대부분을 담즙산으로 전환한다.

3) 지질단백질과 동맥경화증

동맥경화증(atherosclerosis)은 죽종(atheroma)이라 하는 연성 덩어리가 동맥의 안쪽에 축적되는 만성질환이다. 이들 축적물은 플라크(plaque)라고도 한다. 진행성 과정인 플라크 형성이 일어나는 동안 세포 파편, 평활근세포 및 대식세포(macrophage)가 축적된다.

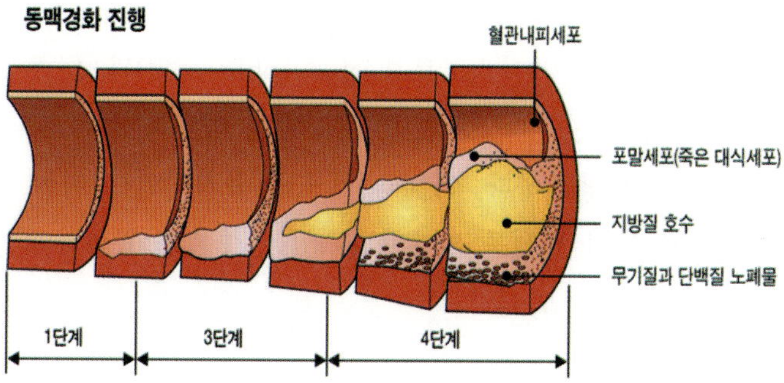

그림 5-39. 동맥경화의 발생 과정

대식세포는 손상된 세포막에 붙어 있는 LDL로부터 콜레스테롤과 콜레스테롤 에스테르를 많이 갖게 되어 지방이 가득 차 거품 모양을 하여 거품세포(foam cell)라고도 한다. 결국 아테롬성 플라크는 석회화되고 혈관 안쪽으로 돌출하여 혈액의 흐름을 방해한다. 이는 산소와 영양분의 결핍에 의한 뇌, 심장, 폐 같은 기관의 기능에 손상을 초래한다. 동맥경화증의 가장 흔한 결과의 하나인 관상동맥질환에서 산소와 영양분의 결핍은 심근을 손상시킨다.

플라크에서 발견되는 콜레스테롤의 대부분은 거품세포가 LDL을 섭식한 것이기 때문에 고혈장 LDL 수준은 관상동맥질환의 위험성이 높다. 반면에 고혈장 HDL 수준은 관상동맥질환에 걸릴 위험성이 낮다. 간세포(hepatocyte)는 HDL 수용체를 가지고 있는 유일한 세포이다. 기타 관상동맥질환의 위험인자로 고지방식이, 당뇨, 고혈압, 흡연, 스트레스, 운동 부족 등이 있다.

거품세포가 되는 세포들은 LDL 수용체를 가지고 있기 때문에 LDL은 아테롬성 동맥경화증에서 중요한 역할을 한다. LDL이 LDL수용체에 결합하면 세포내이입이 시작된다. 정상적인 환경에서 LDL이 세포 안으로 들어간 후 방출된 콜레스테롤과 다른 지질들은 세포의 구조나 대사에 사용된다. LDL 수용체의 기능은 매우 잘 조절되기 때문에 상대적으로 LDL 입자의 흡수가 증가하면 LDL 수용체의 합성은 감소한다. 다른 세포들과는 달리 대식세포는 LDL 수용체 합성에서 이와 같은 감소를 나타내지 않는다.

소거세포의 작용에 의해 혈관, 특히 동맥 벽 내부에 콜레스테롤이 축적되면 플라크가 생성되는데, 항산화 영양소는 혈액에서 LDL의 산화를 억제하여 소거세포로 LDL이 흡수되는 속도가 저하된다. 아스코르브산(ascorbic acid)과 α-토코페롤은 플라크의 형성을 지연시키거나 저지한다. 과일과 채소에는 다양한 카로티노이드 및 비타민 C와 E와 같은 항산화제가 풍부하다. 과일과 채소의 규칙적인 섭취는 콜레스테롤 축적을 저하시키고 심혈관질환의 발생을 억제할 수 있는 좋은 방법이다.

4) 저장지방

지질은 체내 지방조직에 저장된다. 이 경우 피하, 복강, 근육간 결합조직 등이 지질의 주요한 저장장소이고, 이 저장된 지질의 99%가 중성지질(triglyceride)이다. 저장지방은 음식물 중의 탄수화물과 지질에서 유래된다. 기아 상태의 동물에 다량의 지질을 섭취키면 체내에 쌓인 지질은 그 융점 등의 성질이 음식물 중의 지질과 유사함을 알 수 있다. 또한 저장지방은 음식물 중의 탄수화물에서도 합성되는데, 이것은 지질을 섭취하지 않아도 다량의 전분이나 당분을 섭취하면 지방비만이 되는 것을 알 수 있다.

저장지방의 합성장소는 주로 간장이다. 저장지방은 간장에서 지질단백질 형태로 혈장 중에 배출되어 지방조직으로 운반되지만 지방조직에서 직접 포도당으로부터 지질을 합성하기도 한다. 탄수화물에서 합성된 지질은 그 동물의 종류에 따라 특유한 성질을 갖는다.

혈장 중의 지질이 지방조직에 들어갈 때는 그 곳의 지질단백질 리파아제(lipoprotein lipase)에 의하여 글리세롤과 지방산으로 가수 분해된다. 글리세롤은 혈액에서 간장으로 운반되어 간장에서 당 신생이나 지방합성에 이용된다. 그리고 지방산은 각 조직세포 내에서 새로운 포도당으로부터 해당과정에 의해서 만들어진 α-phosphoglycerate와 반응하여 중성지질로 된다. 저장지방이 동원될 때에도 우선 일종의 리파아제에 의하여 저장지방이 지방산과 글리세롤로 분해되어서 글리세롤은 그대로, 그리고 지방산은 혈장의 알부민과 결합해서 간장으로 들어간다.

지질의 체내 보유량은 영양 상태에 따라 다르다. 기아 상태에서도 어느 정도의 지질은 보유되어 있다. 일부분은 주로 인지질과 콜레스테롤을 형성하고 있는 조직 지질로 불포화지방산을 많이 함유하고 있다. 특히 뇌, 심근, 신장 등의 장기조직에는 이러한 종류의 지질만 함유되어 있다.

저장지방은 기아 상태에서 극도로 감소되고, 영양 상태가 좋아지면 증가되는 변동성 지질이다. 지질이 저장 물질로 유리한 점은 탄수화물 및 단백질과는 달리 많은 열량을 저장할 수 있으므로 체중과 체표면적을 감소시킬 수 있고, 지질은 소수성 물질로 불수용성이므로 체액의 농도에 영향을 미치지 않는다. 그리고 화학적으로 비교적 반응성이 적으므로 주위에 영향을 주거나 받지 않으며, 필요할 때에는 쉽게 동원되어서 탄수화물 및 단백질의 2배 이상의 에너지를 방출한다.

5) 지방대사와 다른 대사 경로와의 상호작용

지질과 탄수화물 대사는 밀접한 관련이 있으며, 모든 기관에서 항상 일정한 조절을 받고 있다. 균형 있는 식사를 하는 정상인은 지질과 탄수화물 대사 간에 균형을 잘 이루고 있다. 식이를 섭취하면 인체는 우선 식이 중의 탄수화물을 산화해서 필요한 에너지를 획득하고 남은 탄수화물은 지방산으로 전환하여 지질로 저장된다. 또한 식간이나 절식으로 인하여 모든 탄수화물이 소비되고 없으면 저장지방의 지방산이 산화되어서 에너지를 생산한다. 이러한 대사는 혈당치와 몇 개의 호르몬에 의하여 조절된다.

표 5-8. 섭식 및 공복 시의 지질대사의 변화

구 분		섭식 직후	공복 시
혈 액	혈당치	↑	↓
	인슐린 농도	↑	↓
	글루카곤 및 아드레날린	↓	↑
	유리지방산 농도	↓	↑
간 장	지방산 생합성제	↑	↓
	β-산화계	↓	↑
	케톤체 생산계	↓	↑
지방조직	호르몬 감수성 리파아제 활성과 지방의 동원	↓	↑
	지질단백질 리파아제 활성과 지방의 저장	↑	↓

식이를 섭취한 후 혈당치가 상승하면 혈액 중의 인슐린 농도도 상승하고, 글루카곤 농도는 감소한다. 인슐린은 acetyl-CoA carboxylase 및 지방산 합성 효소를 활성화하여 해당에서 생긴 acetyl-CoA를 지방산으로 생합성한다. 인슐린은 지방조직의 모세혈관 벽에 있는 지질단백질 리파아제를 활성화시켜서 킬로미크론과 VLDL의 중성지질을 지방조직에 흡수시켜서 저장한다. 그리고 인슐린은 지방조직의 중성지질을 분해하여 유리지방산을 혈액으로 방출하는 호르몬감수성리파아제(hormone sensitive lipase)를 불활성화한다. 그래서 혈액 중의 유리지방산 농도가 감소하고, 각 조직의 β-산화가 억제되면 탄수화물의 이용이 우선하므로 지질이 지방조직에 저장된다. 한편 식간에서와 같이 혈당이 감소되면 혈액 중의 인슐린 농도가 감소하고, 글루카곤(glucagon)의 농도가 증가한다. 이러한 변화에 따라서 지방조직의 호르몬감수성리파아제가 활성화되고, 유리지방산과 글리세롤이 혈액 중으로 방출된다. 이것을 지방의 동원이라 한다.

유리지방산은 혈액 중의 알부민(albumin)과 결합하여 간장, 근육, 심장 등으로 운반되어 β-산화되고, 글리세롤은 주로 간장에서 포도당으로 당신생되어 혈당 유지에 이용된다. 어떤 기관이 에너지를 필요로 할 때 지질이나 탄수화물 모두를 사용하지만 이들을 이용하는 양은 다르다. 특정한 대사의 에너지 사용 비율은 개인의 생리적인 상태에 따라 다르다.

예를 들면 휴식 중인 근육은 ATP 생성을 위해 유리지방산을 이용한다. 그러나 근육이 활동하는 동안에는 에너지 필요량이 많아지게 되므로 해당 작용에 의한 탄수화물의 산화로 증가된 에너지 수요를 충족시킨다. 심장 근육 조직은 정상적인 기능을 위해 유리지방산, 탄수화물 심지어는 케톤체(ketone body)까지 이용한다. 뇌는 에너지 생성을 위해 유리지방산을 사용하지 못하고 단지 포도당만을 에너지원으로 사용한다. 단식 등의 심한 대사 충격이 있는 경우 뇌는 포도당뿐만 아니라 케톤체를 에너지원으로 사용한다.

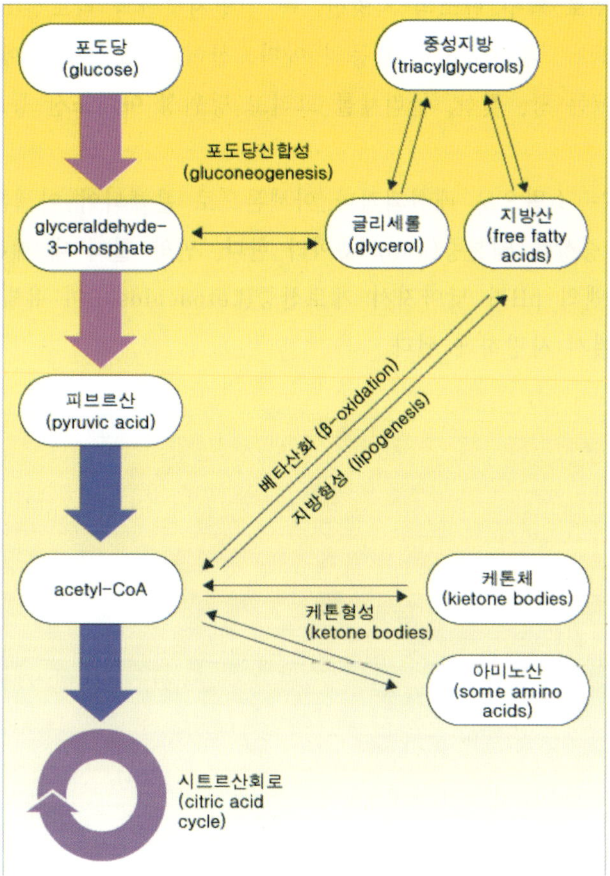

그림 5-40. 지질의 대사

케톤체(ketone body)는 단식을 하거나 당뇨병 증상이 있는 경우에 간에서 생성된다. 단식하는 동안에는 탄수화물 섭취가 되지 않기 때문에 저장 글리코겐 양이 낮아지며 동시에 지방 조직에서 다량의 지질이 동원된다. 따라서 간에서 다량의 지방산을 산화하게 되면 미토콘드리아에서 생성되는 모든 acetyl-CoA를 TCA 회로에서 모두 처리할 수 없기 때문에 acetyl-CoA가 acetoacetic acid나 β-hydroxybutyric acid 등으로 생성된다. 그리고 acetoacetic acid는 탈탄산되어서 아세톤으로 되기도 하므로 이들 3개의 불완전한 산화물을 케톤체라 한다. 결국 과다한 acetyl-CoA를 간이 분해할 수 없어서 다량의 acetyl-CoA를 케톤체로 만든다. 체내에서 케톤체의 원료가 될 수 있는 물질은 주로 짝수 탄소의 지방산, 즉 천연지방산과 티로신(tyrosine), 페닐알라닌(phenylalanine), 루신(leucine) 등의 아미노산이다. 또한 간장에서 글리코겐으로 될 수 있는 물질에는 당, 젖산, 글리세롤 그리고 당원성 아미노산 등으로 케톤체의 발생을 억제한다.

과잉의 케톤체는 소변으로 배설되거나 아세톤으로 분해되어 아세톤 호흡취를 만든다. 이러한 대사 증상을 케톤증(ketosis)이라 한다. 만약 혈액 내 케톤체의 농도가 너무 높게 되면 혈액의 pH가 낮아져서 케토산증(ketoacidosis)이 유발된다. 심하면 호흡곤란증을 일으켜서 사망하게 된다.

5. 비 만(obesity)

비만은 과다하게 지방이 침착된 상태를 말한다. 일반적으로 표준체중보다 20% 이상의 체중이 증가되어 있는 경우를 비만증이라 한다. 표준체중의 산출방법은 여러 가지 있지만 보통 Broca의 변법을 사용한다.

$$표준체중(kg) = [신장(cm) - 100] \times 0.9$$

비만증을 원인별로 분류하면 주로 시상 중추의 이상에 의한 시상하부성 비만, 인슐린 및 부신피질 호르몬의 과다분비에 의한 내분비성 비만, 유전적인 비만, 체질과 과식 그리고 운동부족 등에 의한 단순성 비만 등이 있지만 단순성 비만이 가장 많다.

비만증은 고혈압증, 고콜레스테롤혈증, 당뇨병, 고뇨산혈증, 간 장해, 지방간, 담석증, 허혈성 심질환, 호흡부전 등의 합병증을 수반하는 경우가 많다. 그러므로 이러한 합병증의 발생 위험요인을 직게 하기 위해서 비만하지 않는 것이 무엇보다도 중요하다.

최근 비만관리에 대한 여러 가지 방법이 있지만 가장 기본적인 방법은 식사요법과 운동요법이다. 식사요법의 원칙은 에너지를 제한하여 소비 에너지량과 섭취 에너지량의 균형이 부(-)가 되도록 하는 것이다. 보통 표준체중 1kg당 1주일에 25 ~ 30kcal를 급식하면 통상적인 근무와 운동을 할 수 있다.

Chapter 6. 아미노산과 단백질
(Amino Acids and Proteins)

1. 서 론(introduction)
2. 아미노산(amino acid)
3. 펩티드(peptide)
4. 단백질(portein)
5. 단백질의 소화와 흡수
6. 단백질의 대사

1. 서 론(introduction)

단백질은 그리스어의 proteios (to come first)에서 유래되었으며, 1838년 네덜란드 화학자인 Mulder에 의해 처음으로 단백질(protein)이라 명명되었다. 인체를 구성하는 수천 가지 물질이 단백질로 구성되어 있다. 사람의 몸에 포함되는 단백질은 수분을 제외하면 체중의 14~17%를 차지한다. 이러한 체단백질을 유지하기 위하여 매일 음식물을 섭취하여야 한다. 아미노산은 단백질을 구성하는 구성단위로서 질소와 탄소의 화합물이다. 식물은 토양으로부터 얻는 질소에 탄소와 다른 원소를 결합시켜 단백질을 합성한다. 식물과 달리 사람은 질소를 고정하여 아미노산을 바로 합성할 수 없기 때문에 식물성 및 동물성 식품에 함유된 단백질이 질소의 좋은 공급원이다. 즉 모든 단백질은 식품을 통하여 섭취하는 단백질에 포함된 아미노산으로부터 만들어지거나 세포 내에서 합성된 아미노산으로부터 만들어진다.

생물체에는 여러 종류의 단백질이 존재하고 있으나 종류가 다른 단백질은 각각 다른 물리적, 화학적 그리고 생리적 기능을 갖는다. 이러한 차이는 구성 아미노산의 종류와 양에 따라 다르지만 같은 종류의 단백질은 일정한 구조와 같은 성질을 갖는다.

인체를 구성하는 단백질은 20개의 아미노산을 기본 단위로 하는 고분자, 즉 질소를 함유한 고분자의 탄소화합물이다. 단백질은 근육, 연골, 피부, 손톱과 발톱 그리고 털 등 인체의 중요한 구성 성분이다. 또한 효소나 호르몬 등의 단백질은 인체 내의 생화학 반응을 조절하여 생명현상의 유지에 중요한 생리적 기능을 한다.

2. 아미노산(amino acid)

체내의 단백질은 표준 아미노산이라 하는 20개의 아미노산으로 되어 있으며, 각각의 아미노산은 체내에서 다른 경로로 대사가 이루어진다. 어떤 아미노산은 포도당으로 전환되기도 하고 호르몬으로 되기도 하며 다양한 단백질을 구성한다.

표 6-1. 표준 아미노산의 이름과 약어

아미노산	세 글자 약어	한 글자 약어
알라닌(alanine)	Ala	A
아르기닌(arginine)	Arg	R
아스파라긴(asparagine)	Asn	N
아스파르트산(aspartic acid)	Asp	D
시스테인(cysteine)	Cys	C
글루탐산(glutamic acid)	Glu	E
글루타민(glutamine)	Gln	Q
글리신(glycine)	Gly	G
히스티딘(histidine)	His	H
이소루신(isoleucine)	Ils	I
루신(leucine)	Leu	L
리신(lysine)	Lys	K
메티오닌(methionine)	Met	M
페닐알라닌(phenylalanine)	Phe	F
프롤린(proline)	Pro	P
세린(serine)	Ser	S
트레오닌(threonine)	Thr	T
트립토판(tryptophan)	Trp	W
티로신(tyrosine)	Tyr	Y
발린(valine)	Val	V

• 한 글자 약어는 가능하면 아미노산 이름과 동일한 글자로 시작한다. 이름이 동일한 글자로 시작되는 아미노산이 여러 개 있으면 발음상 나타나는 글자(때로는 임의적인 글자)가 사용된다. 즉 아르기닌(arginine)은 R, 아스파르트산(aspartic acid)은 D, 트립토판(tryptophan)은 W으로 표기한다. 두 가지 이상의 아미노산이 동일한 글자로 시작되는 경우에는 가장 작은 아미노산이 그 글자 약어를 갖는다.

이와 같은 표준 아미노산의 일반구조식은 다음과 같다.

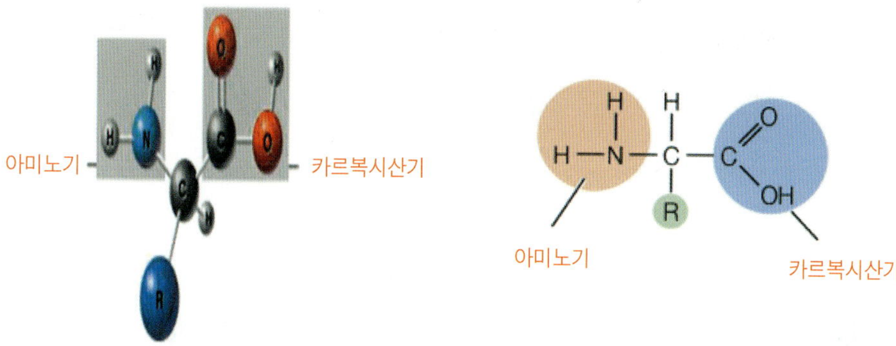

ball and stick 구조 화학 구조식

그림 6-1. 유리 아미노산(free amino acid)

즉 아미노산(amino acid)은 아미노기(amino group, $-NH_2$), 카르복시기(carboxyl group, -COOH), 수소원자 그리고 곁사슬(side chain)인 R기(alkyl group) 등이 결합된 α-탄소원자(α-carbon atom)을 갖는다. 이와 같이 α-탄소원자에 아미노기($-NH_2$)가 결합된 아미노산을 α-아미노산이라 한다. 유리 아미노산이 물에 노출될 경우에 카르복시기와 아미노기에 의하여 쉽게 이온화된 아미노산으로 된다. 이러한 현상은 측쇄(side chain)에서도 나타난다.

일반적으로 단백질 속에서 검출되는 20종의 아미노산을 표준아미노산이라 한다. 비표준아미노산은 폴리펩티드에 결합한 후 화학적으로 변형되었거나 생체에는 존재하지만 단백질에서는 찾아볼 수 없는 아미노산이다. 즉 20종의 표준아미노산 중 어떤 것으로부터 유도된 것이다. 4-히드록시프롤린(4-hydroxyproline)과 5-히드록시리신(5-hydroxylysine)은 프롤린(proline)으로부터 유도된 비표준아미노산의 한 예로써 결합조직 내의 섬유단백질인 콜라겐 속에 함유되어 있다.

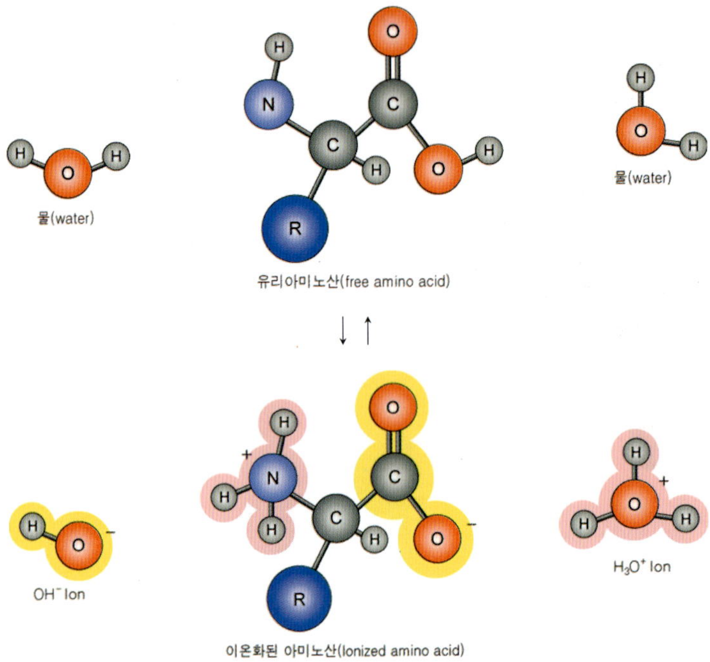

유리아미노산(free amino acid) + $2H_2O \rightleftharpoons$ 이온화된 아미노산(ionized amino acid) + OH^- + H_3O^+

그림 6-2. 이온화된 유리 아미노산(free amino acid)

1) 아미노산의 종류

각 아미노산은 α-아미노기, 카르복시기 그리고 α-탄소원자를 가지고 있으므로 20개의 R기에 따라서 아미노산을 분류할 수 있다. 즉 R기가 수소원자(-H)이면 글리신(glycine)이고, 메틸기(methyl group, $-CH_3$)이면 알라닌(alanine)이 된다. 또한 아미노산은 물과의 상호작용 능력, 즉 R기의 화학구조와 물리적 특성에 따라 비극성, 극성, 산성, 염기성 아미노산으로 분류된다.

(1) 비극성 아미노산

비극성 아미노산(nonpolar amino acid)은 곁사슬에 대부분 탄화수소 R기(hydrocarbon R group)를 가지고 있다. 이 R기는 양전하 혹은 음전하를 가지고 있지 않기 때문에 중성(neutral)을 띠고 있다. 비극성 아미노산은 물과 반응하지 않기 때문에 단백질의 3차 구조를 유지하는데 중요한 역할을 한다. 비극성 아미노산의 R기(곁사슬)는 두 가지 형태, 즉 지방족(alipatic)과 방향족(aromatic)의 탄화수소화합물이다. 지방족 화합물은 메탄(methane)이나 시클로헥산(cyclohexane)과 같은 비방향족 탄화수소화합물이다. 글리신(glycine), 알라닌(alanine), 발린(valine), 루신(leucine), 이소루신(isoleucine), 프롤린(proline) 등이 지방족 R기를 가지고 있다.

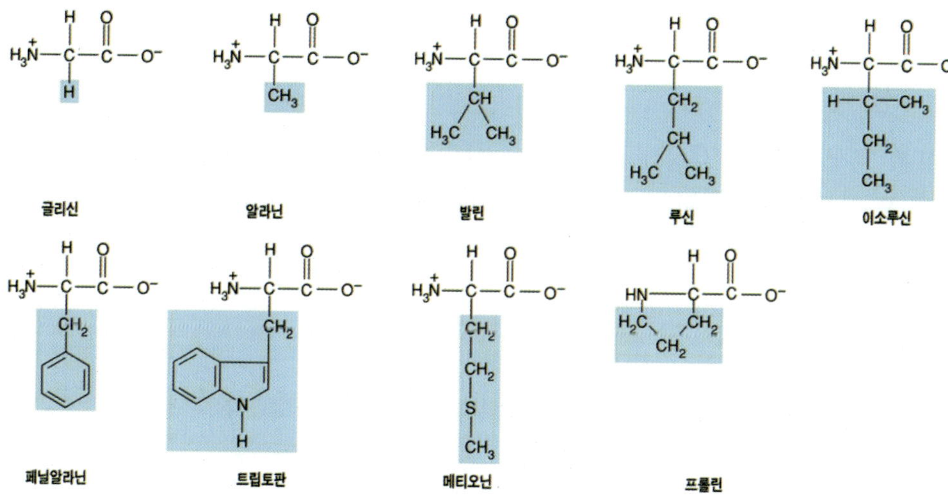

그림 6-3. 비극성(소수성) 아미노산(9종)

글리신과 알라닌은 9종의 비극성 아미노산 가운데 각각 R기가 작은 수소원자(-H)와 메틸기(-CH_3)로 되어 있어서 소수성이 가장 약하다. 발린, 루신, 이소루신은 보다 큰 R기를 가지고 있기 때문에 훨씬 더 소수성이 크며, 곁사슬을 가지고 있으므로 가지달린(branched chain) 아미노산이라고도 한다. 메티오닌은 R기의 탄화수소사슬 내에 황 원자를 가진 특수한 아미노산이다. 특히 두 쌍의 비공유 전자쌍을 가지고 있어서 아미노산과 금속이온이 결합할 수 있다. 단백질 내의 아미노산에 결합된 금속이온은 그 단백질의 생물학적 기능이나 활성을 가지게 한다.

방향족 화합물은 벤젠과 같은 불포화탄화수소의 고리 구조(ring structure)를 가지고 있다. 페닐알라닌(phenylalanine)은 페닐기(phenyl group), 트립토판(tryptophan)은 두 개의 고리로 된 인돌(indole) 등 방향족 R기를 가지고 있다.

프롤린(proline)은 표준아미노산 중 유일하게 α-아미노기를 가지고 있지 않으며, 프롤린의 질소 원자는 5원환 고리를 이루고 있다. 이 때문에 프롤린을 이미노산(imino acid)라고도 한다. 프롤린은 단백질 사슬에서 비틀림이나 굽힘에 기여하기 때문에 단백질의 3차원 구조에 중요한 역할을 한다. 단백질은 물이 있는 환경에 존재하기 때문에 소수성 아미노산은 물과 멀리 떨어져 있는 단백질 분자의 내부에서 발견된다.

(2) 극성 아미노산

대부분 극성 아미노산(polar amino acid)은 음전하를 띤 산소원자를 가지고 있기 때문에 물 분자와 수소결합(hydrogen bond)을 할 수 있다. 따라서 비극성 아미노산과는 반대로 극성 아미노산은 단백질 분자의 외부로 돌출되어 있으며 물과 접촉하고 있다.

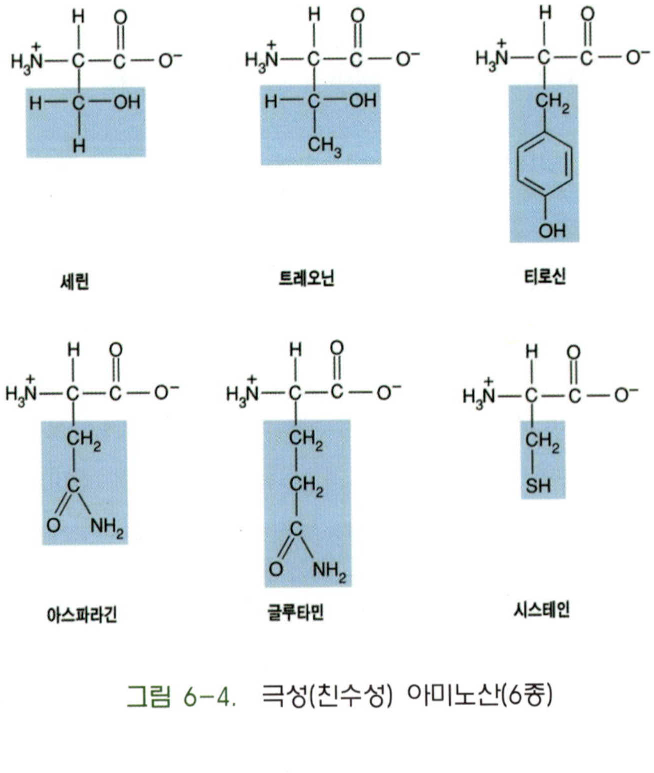

그림 6-4. 극성(친수성) 아미노산(6종)

세린(serine), 트레오닌(threonine), 티로신(tyrosine)은 모두 수소결합에 관여하는 수산기(hydroxy group)를 가지고 있다. 이러한 수산기는 단백질 구조에 중요한 역할을 하고, 티로신의 수산기에 인산 에스테르(phosphate ester)화 되면 단백질이나 효소의 구조와 성질을 변화하는 등 단백질에서 다른 기능으로도 작용한다. 또한 세린이나 트레오닌의 수산기는 탄수화물을 결합하는 부위이다.

아스파라긴(asparagine)과 글루타민(glutamine)은 둘 다 극성 아미드기(amide group, $-CONH_2$)를 가지고 있다. 아미드기는 극성이 강하기 때문에 아스파라긴과 글루타민의 수소결합 능력은 단백질 안정성에 큰 영향을 준다.

시스테인(cysteine)은 티올기(thiol group, -SH)를 가지고 있어서 수소결합에 관여할 수 있다. 또한 티올기는 산화되어 이황화결합(disulfide bond, -S-S-)을 형성하며, 단백질 사슬 내 상호간을 연결하는데 중요한 역할을 한다. 즉 이황화결합은 단백질의 3차원적 구조를 결정짓는데 주요한 화학결합을 한다.

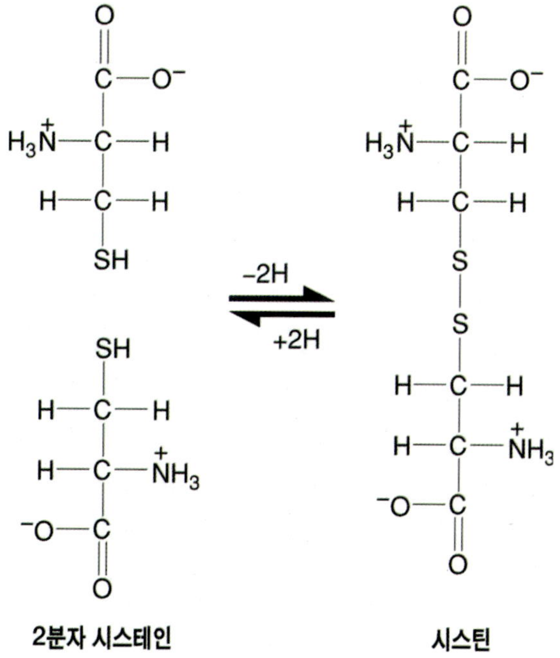

그림 6-5. 시스테인의 산화에 의한 시스틴 형성

(3) 산성 아미노산

20개의 표준아미노산 중 산성 아미노산(acidic amino acid)은 곁사슬의 R기가 카르복시기(carboxyl group)인 아스파르트산(aspartic acid)과 글루탐산(glutamic acid)이 있다. pH 7에서 음이온을 띤 친수성 아미노산으로 용액 속에서 양성자를 쉽게 잃는다. 생리적인 pH에서 음전하를 띠고 있기 때문에 아스파르트산염(aspartate)과 글루탐산염(glutamate)라고도 한다.

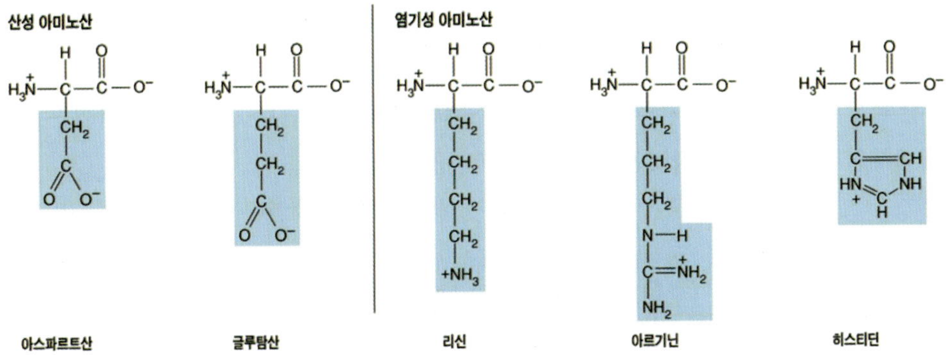

그림 6-6. 산성 아미노산(2종)과 염기성 아미노산(3종)

(4) 염기성 아미노산

pH 7에서 양이온을 띠는 염기성 아미노산(basic amino acid)은 리신(lysine), 아르기닌(arginine), 히스티딘(histidine) 등이 있으며, 친수성 아미노산이다. 이와 같은 아미노산의 R기는 물이 있는 환경으로부터 양성자를 받아들이고 양이온(+, ion)으로 된다.

염기성 아미노산(basic amino acid)은 생리적 pH에서 양전하를 띠고 있기 때문에 산성아미노산과 이온결합(ionic bond)을 한다. 곁사슬에 아미노기를 갖는 리신은 물분자로부터 양성자를 받아 암모늄이온($-NH_3^+$)이 된다. 콜라겐(collagen)의 경우 리신의 곁사슬이 산화되면 분자 내 그리고 분자 간 교차결합(cross-linking)이 형성된다.

2) 아미노산의 물리 화학적 성질

(1) 아미노산의 용해성

아미노산은 곁사슬인 R기의 특성에 따라 용해도가 다르다. 비극성(소수성) 아미노산이라 할지라도 α-아미노기와 카르복시기가 극성이기 때문에 일정량은 물에 녹는다. 그러나 용해도는 R기의 크기에 따라 다르다. 즉 R기의 크기가 클수록 용해도는 감소한다. 일반적으로 양전하나 음전하를 가진 극성(친수성) 아미노산은 비극성 아미노산에 비하여 용해도가 훨씬 높다.

표 6-2. 비극성 아미노산의 용해도

아미노산	알라닌(alanine)	발 린(valine)	루 신(leucine)	트립토판(tyrptophan)
용해도 (g/liter H_2O)	167	58	22	14

(2) 아미노산의 전자성

아미노산은 최소한 한 개의 아미노기($-NH_2$)와 카르복시기(-COOH)를 가지고 있는 양성 전해질이다. $-NH_2$는 수소원자와 결합하여 $-NH_3^+$로 전리되고, -COOH는 수소이온을 해리하여 $-COO^-$로 전리된다. 중성 용액에서 아미노산은 양이온($-NH_3^+$)과 음이온($-COO^-$)을 동시에 갖는 양쪽성이온, 즉 쯔비터 이온(Zwitterion)으로 존재한다. 이와 같은 아미노산의 중성 수용액에 산(H^+)을 가하면 음이온($-COO^-$)은 수소이온과 결합하여 전하를 잃은 양이온형 아미노산으로 된다. 반대로 알칼리(OH^-)를 가하면 양이온($-NH_3^+$)은 수소이온을 잃고 음이온형의 아미노산으로 된다. 수용액 상태에서는 이와 같이 3가지 아미노산 해리형은 평형상태에 놓이게 된다.

이와 같이 양전하와 음전하를 동시에 갖는 아미노산 용액의 pH를 등전점(isoeletric point)이라 한다. 등전점보다 산성이면 아미노산은 양이온으로 하전되어 음이온과 결합하여 염을 만들고, 등전점보다 알칼리성이면 음이온으로 하전되어 양이온과 결합하여 염을 만든다. 등전점에서 아미노산은 불안정하여 침전되기 쉽고, 용해도, 삼투압과 점도는 가장 작으며 흡착성과 기포성은 크다.

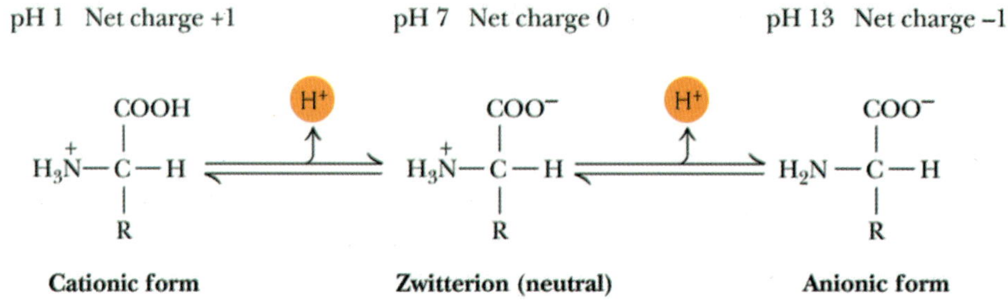

그림 6-7. 수용액 상태에서 아미노산의 해리

(3) 아미노산의 입체구조

단백질을 구성하는 표준아미노산은 프롤린(proline)을 제외하고, 모두 아미노기($-NH_2$)와 카르복시기(-COOH)가 α-탄소에 결합된 α-아미노산이다. 따라서 화학 구조가 가장 간단한 글리신(glycine)을 제외한 모든 아미노산은 부제탄소를 가지고 있으므로 광학적 이성질체를 갖는다. 탄수화물의 광학적 이성질체 표현법과 마찬가지로 아미노산의 카르복시기(-COOH)를 위쪽에 쓸 때 아미노기($-NH_2$)가 탄수화물의 수산기(-OH)에 대응하여 오른쪽에 있으면 D형, 왼쪽에 있으면 L형이라 한다.

동식물의 원형질을 구성하는 단백질은 L형 아미노산이다. 따라서 L형 아미노산은 천연 아미노산이다. 그러나 미생물의 배지에서 유리되는 어떤 아미노산이나 어떤 항생물질, 버섯의 독성을 띠는 펩티드는 D형 아미노산인 것도 있다. 또한 암세포 중에도 D형 아미노산이 존재할 때가 있다.

아미노산을 유기 화학적으로 합성하는 경우에는 D형과 L형이 동시에 생성되며, 이 두 가지 혼합 물질은 화학적 성질이 같으나 광학적 성질 및 생리적 성질이 다르다. 포유동물의 영양학적 가치를 갖는 것은 L형 아미노산이다.

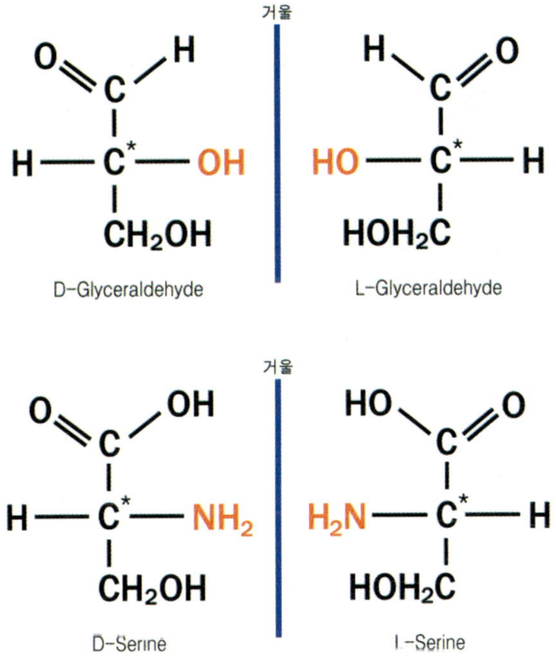

그림 6-8. 아미노산의 광학적 이성질체 표현

3) 아미노산의 영양학적 의의

아미노산은 세포 내에서 다양한 기능을 한다. 아미노산의 가장 중요한 역할이 단백질 합성이기는 하지만 이는 또 다른 여러 합성경로에서 필요한 질소원자의 주요 공급원이다. 그 외에 아미노산의 비질소 부분인 탄소 골격은 여러 반응경로의 전구물질일 뿐만 아니라 에너지 공급원이다.

생물은 단백질 합성에 필요한 아미노산을 합성하는 능력이 서로 다르다. 식물과 대부분의 미생물들은 대사 중간물질(metabolic intermediate)과 고정된 질소로부터 아미노산을 합성 할 수 있다. 그러나 동물은 필요한 아미노산의 반 정도만을 합성할 수 있기 때문에 외부로부터 이미 형성된 아미노산을 흡수하여야 한다. 식사를 통한 아미노산의 적절한 섭취는 동물의 성장과 발육에 필수적이다.

표 6-3. 사람에게 필요한 필수아미노산과 비필수아미노산

필수아미노산	비필수아미노산
페닐알라닌	글리신
트립토판	알라닌
발 린	프롤린
루 신	티로신
이소루신	세 린
메티오닌	시스테인
트레오닌	아스파르트산
라이신	글루탐산
히스티딘(어린이에게만 필수)	아스파라긴
아르기닌(어린이에게만 필수)	글루타민

그러나 인체 내에서 합성할 수 없어서 음식물을 통하여 반드시 섭취되어야 하는 아미노산을 필수아미노산(essential amino acid)이라 하고, 대사물질로부터 합성할 수 있는 아미노산을 비필수아미노산(nonessential amino acid)이라 한다. 성인의 필수아미노산은 이소루신, 루신, 리신, 메티오닌, 페닐알라닌, 트레오닌, 트립토판, 발린 등 8종이고, 유아의 경우에는 히스티딘이 추가된다.

식이 단백질원은 필수아미노산의 비율이 현저히 다르다. 단백질은 3가지 영양학적으로 분류할 수 있다. 필수아미노산이 충분히 함유되어 있어서 정상적인 성장에 도움을 주는 단백질을 완전단백질이라 한다. 일반적으로 트립토판과 리신이 부족한 젤라틴을 제외하고, 동물성 단백질과 대두의 글리시닌(glycinin), 우유의 카제인(casein) 등이 이에 속한다. 동물의 성장을 돕지는 못하나 생명을 유지하는데 이용되는 단백질을 부분적 불완전 단백질이라 한다. 밀의 글리아딘(gliadin), 보리의 호르데인(hordein) 등이 이에 속하며, 부족한 아미노산이 많이 들어 있는 식품을 보충하여 섭취하는 것이 필요하다. 그리고 동물의 성장과 유지에 필요한 아미노산이 없거나 적게 함유되어 있는 단백질을 불완전 단백질이라 한다. 장기간 불완전 단백질만 섭취하면 동물의 성장이 지연되고 체중이 감소되며 쇠약해지는데, 뼈의 젤라틴과 옥수수의 제인(zein) 등을 포함한 대부분의 식물성 단백질이 이에 속한다. 식물성 단백질은 하나 또는 그

이상의 필수아미노산이 결핍되어 있다. 밀의 글리아딘(gliadin)은 리신(lysine)의 양이 적고, 옥수수의 제인(zein)은 리신과 트립토판(tryptophan)의 양이 적다. 필수아미노산이 부족한 단백질 식품이라도 그 필수 아미노산이 풍부한 식품과 섞어 섭취하면 영양가가 높아지는데 이를 단백질의 보충효과라 한다. 즉 식물성 단백질은 아미노산 조성이 다르기 때문에 식물성 식품을 적절하게 배합하여 섭취하면 질이 좋은 필수아미노산을 얻을 수 있다. 메티오닌의 함량이 적은 콩과 리신(lysine)의 함량이 적은 곡류의 배합이 그런 경우이다.

3. 펩티드(peptide)

1) 펩티드의 구조와 명명

두 개 이상의 아미노산이 한 아미노산의 카르복시기(-COOH)와 다른 아미노산의 아미노기(-NH_2)가 탈수하여 산아미드결합(amide bond, -CO-NH-)을 형성한다. 이러한 아미드결합을 펩티드 결합(peptide bond)이라 한다.

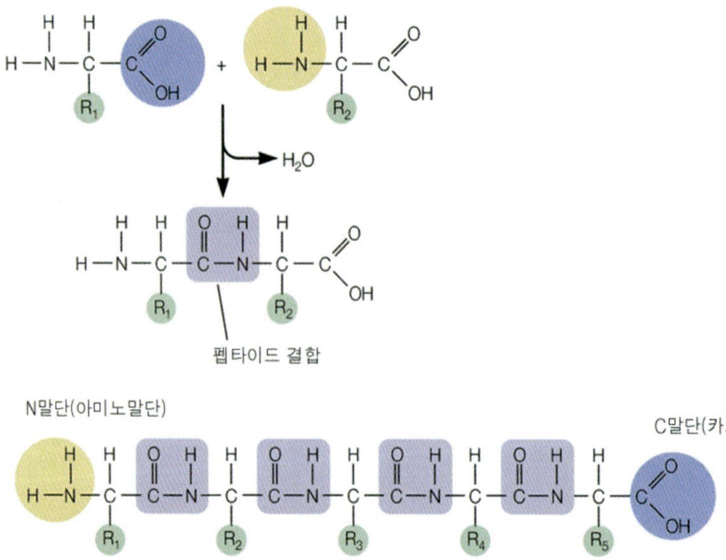

그림 6-9. 펩티드 결합(peptide bond)의 형성

새로이 생성된 펩티드 결합의 C-N 결합은 일반적인 C-N 단일결합보다 결합의 길이가 짧고, 자유로이 회전할 수 없는 등 이중결합(double bond)의 특성을 나타낸다. 그리고 펩티드 결합에서 C=O의 산소원자와 -NH-의 수소원자는 항상 트랜스형(trans form)의 동일평면상에 있다.

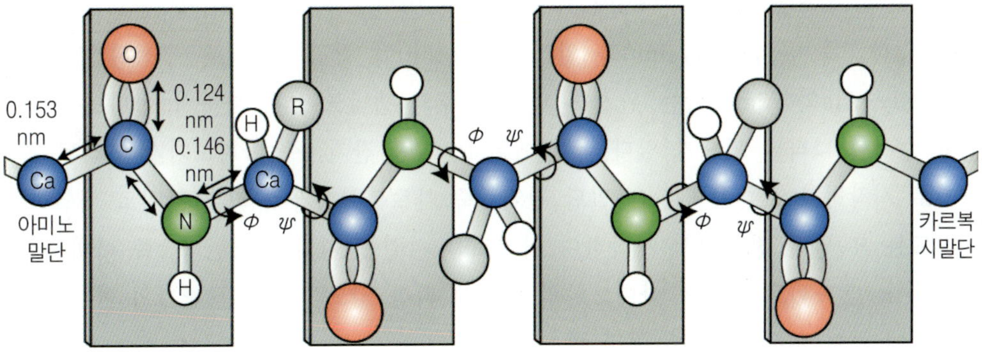

그림 6-10. 평면성 펩티드기

구성아미노산의 수에 따라 디펩티드(dipeptide), 트리펩티드(tripeptide), 테트라펩티드(tetrapeptide) 그리고 폴리펩티드(polypeptide) 등으로 분류할 수 있다. 즉 펩티드를 구성하는 각각의 아미노산을 아미노산 잔기(amino acid residuc)라 하며, 2개의 아미노산 잔기로 되어 있는 펩티드를 디펩티드, 3개의 아미노산 잔기로 구성된 펩티드는 트리펩티드라 한다. 2 ~ 10개의 아미노산 잔기로 구성된 아미노산 중합체(polymer)를 올리고펩티드(oligopeptide)라 하고, 10개 이상의 아미노산 잔기를 갖는 아미노산 중합체를 폴리펩티드(polypeptide)라 한다. 단백질은 하나 그 이상의 폴리펩티드 사슬(polypeptide chain)로 되어 있다.

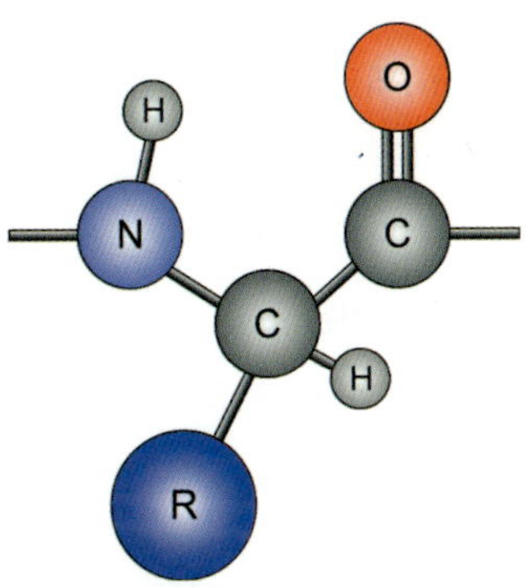

그림 6-11. 아미노산 잔기(amino acid residue)

펩티드의 구조를 나타내는 데에는 단지 구성 아미노산의 종류와 양 만으로는 충분하지 않다. 즉 글리신(glycine)과 알라닌(alanine)이 각각 한 개씩 구성된 펩티드의 경우 Gly-Ala와 Ala-Gly는 완전히 다른 종류의 펩티드이다. 따라서 아미노 잔기의 결합 순서를 나타낼 필요가 있다. 왼쪽에는 N-말단 잔기, 즉 아미노기가 유리된 쪽의 잔기로 시작하고 오른쪽에는 C-말단 잔기, 즉 카르복시기가 유리된 잔기로 배열한다. 펩티드는 N-말단 잔기에서 시작하여 아미노산 서열을 따라 명명한다. 즉 아미노산의 어미 -ine를 -yl로 바꾸어 아미노산의 서열에 따라 읽고, C-말단 잔기의 아미노산을 마지막에 붙여 읽는다. 예를 들면 다음과 같다.

$$H_2N-Tyr-Ala-Cys-Gly-COOH$$

이를 티로실알라닐시스테이닐글리신(tyrosyl-alanyl-cysteinyl-glycine)이라 명명한다.

2) 생물학적 기능을 갖는 펩티드

단백질의 부분 가수분해 생성물로서 생성된 펩티드와 더불어 생체 내에는 단백질 구조와 관련 없는 유리형으로서 많은 펩티드가 존재하고 있다. 이러한 유리 펩티드는 거대한 단백질보다 작지만 생물학적으로 중요한 작용을 한다. 이와 같은 생리활성 펩티드 중에는 효소, 호르몬, 항생물질, 독소 등이 있다.

(1) 글루타치온(glutathione)

글루타치온은 글루탐산(glutamic acid), 시스테인(cysteine), 글리신(glycine)으로 된 트리펩티드로 시스테인(cystein)의 티올기(-SH)에 의하여 환원성을 가진 환원형 글루타치온(GSH)이 된다. 환원형 글루타치온은 쉽게 산화되어 헥사펩티드(hexapeptide)인 산화형 글루타치온(GSSG)으로 변한다. 글루타치온은 산소 대사의 부산물, 즉 활성산소종(reactive oxygen species, ROS)의 하나인 과산화수소(H_2O_2)와 같은 과산화물(R-O-O-R)과 반응하여 산화의 파괴적 영향으로부터 세포를 보호한다. 즉 글루타치온 과산화효소(glutathione peroxidase, GSHPx)의 촉매작용에 의하여 글루타치온은 활성산소종의 하나인 과산화수소를 생체에 유해하지 않은 물로 전환시킨다. 이러한 글루타치온 과산화효소(glutathione peroxidase, GSHPx)는 생체 내의 중요한 항산화 효소 중 하나이다.

$$2GSH + H_2O_2 \rightarrow GSSG + 2H_2O$$

글루타치온 과산화효소는 셀레늄(Se)에 의존하여 촉매작용을 한다. SOD(superoxide dismutase)와는 달리 셀레늄과 같은 미네랄이 결핍되거나 부적절한 식이에 의하여 글루타치온 과산화효소의 기능과 관련된 질병을 초래한다.

(2) 멜라닌생성세포 자극호르몬(melanocyte stimulating hormone, MSH)

멜라닌생성세포 자극호르몬은 뇌하수체 중엽에서 분비되는 호르몬으로서 H_2N-Ala-Glu-Lys-Lys-가 결합하여 22개의 아미노산 잔기로 되어 있다. 인간에게 있어서 MSH의 생리적 의의는 명백하지 않지만 멜라닌생성세포를 확대하는 작용을 하는 것으로 알려져 있다.

(3) 인슐린(insulin)

췌장의 β-세포(β-cell)에서 분비되는 호르몬인 인슐린은 혈액에 의하여 다른 기관, 특히 간, 근육에 운반되는 화학메신저이다. 이곳에서 세포 표면의 수용체와 결합되어 세포가 대사연료로서 포도당을 이용하는 능력을 자극한다. 즉 포도당의 인산화를 촉진시켜 당의 세포막 투과성을 증대시킨다. 인슐린은 30개 및 21개의 아미노산 잔기로 구성된 두 가닥의 펩티드 사슬이다.

(4) 글루카곤(glucagon)

췌장의 α-세포(α-cell)에서 생성되어 포스파타아제(phosphatase)의 활성에 관계하여 글리코겐(glycogen)의 분해를 촉진시킨다. 이는 인슐린과 길항작용을 하는 췌장의 호르몬이다.

4. 단백질(protein)

단백질은 생물에 있어서 가장 중요한 것이다. 단백질이 없으면 지구상에 생명체가 존재할 수 없으며, 이것을 통하여 생명현상이 나타난다. 생물체 내의 모든 생체물질 중 단백질은 가장 다양한 기능을 한다. 즉 체중의 14 ~ 17%를 차지하는 체단백질은 골격근과 간장 등 세포와 기관의 기본 구조를 만든다. 생명활동은 효소 단백질이 촉매하는 화학반응에 의하여 유지된다. 세포간의 정보를 전달하는 호르몬과 사이토카인(cytokine)의 대부분도 단백질이고, 생체 이물질로부터 몸을 보호하는 항체도 단백질이다. 더구나 유전자의 발현을 조절하는 전사 제어인자도 단백질이다. 즉 단백질은 세포질의 주요한 성분이고 신체의 유지와 발육에 중요하다. 또한 단백질은 효소의 본체를 이루며 호르몬의 대부분도 단백질 또는 단백질의 유도체로 되어 있다. 그리고 면역반응과 항원-항체 반응에도 단백질이 관여한다.

또한 곡물이나 대두의 단백질, 박테리아의 단백질로부터 코끼리나 조류의 단백질에 이르기까지 많은 종류의 단백질이 생물에 존재한다.

이러한 단백질은 어느 것이나 약 20가지 종류의 아미노산을 주원료로 하고 있다. 원료가 되는 아미노산의 수와 종류의 조합에 의하여 많은 수의 단백질이 존재한다. 한 예로 1개의 대장균에서 1,700 종류의 단백질을 분리할 수 있다. 단백질 각각의 성질이나 기능은 단백질의 아미노산 배열 순서에 의하여 구조와 기능이 결정된다.

1) 단백질의 기능

대부분의 단백질은 각각 고유의 기능을 가지고 있지만 1개의 단백질이 완전히 다른 복수의 역할을 하는 것도 많다. 단백질의 생물학적 기능은 다음과 같다.

(1) 구조적 기능

구조 단백질은 생물체를 유지하거나 방어하는데 쓰인다. 구조적 단백질은 특징 있는 아미노산 조성을 가지고 있으므로 단백질의 구조나 성질이 독특하며 용해성이 부족하여 분해되기 어렵다. 콜라겐(collagen)은 결합조직이나 뼈의 세포 간 구조를 구성하고 있다. 양적으로 가장 많아 체단백질의 약 30%를 차지하고, 나이가 들어감에 따라 증가한다. 그리고 신체의 모든 장소에 분포되어 있다. 엘라스틴(elastin)은 결합조직을 구성하며, 동맥이나 힘줄, 피부 등 신전성이 좋은 탄력섬유의 주성분이다. 케라틴(keratin)은 손톱이나 털의 구조 단백질이고, 물고기의 비늘, 새의 깃, 동물의 뿔 등도 케라틴이 주 단백질이다. 피브로인(fibroin)은 명주실이나 거미의 실 등에 함유되어 있다.

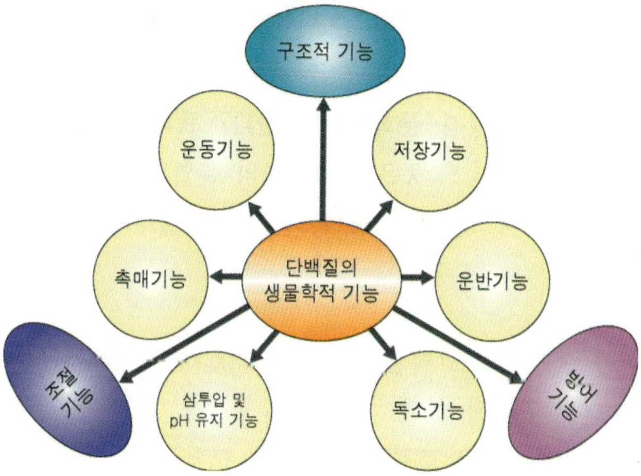

그림 6-12. 단백질의 생물학적 기능

(2) 운동(수축) 기능

운동 단백질은 근육세포에 함유되어 근육의 수축과 이완 기능을 하며, 액틴(actin)과 미오신(myosin)이 이에 해당된다. 액틴과 미오신은 근육 이외의 세포 내에도 존재한다. 세포골격단백질(cytoskeleton)은 세포분열, 세포내이입(endocytosis), 세포외유출(exocytosis) 등에 관여한다. 또한 정자의 편모, 원생동물의 섬모 또는 세균의 편모 등은 액틴과 유사한 수축단백질에 의하여 운동한다.

(3) 운반(수송) 기능

운반 단백질은 특정물질과 결합하고 이동시키는 기능을 하며, 대부분 혈액 내에 존재한다. 운반 단백질은 세포막이나 세포 사이의 이온이나 분자를 수송하는 운반자로 작용한다. 세포막 단백질의 한 예로 Na^+-K^+-ATPase와 글루코오스 운반자 등이 있다. 이외에 폐로부터 산소를 운반하는 헤모글로빈과 지질을 간과 창자로부터 다른 기관에 운반하는 저밀도 지질단백질(low density lipoprotein, LDL)과 고밀도 지질단백질(high density lipoprotein, HDL)이 있다. 그리고 철을 운반하는 혈청 단백질인 트랜스페린(transferin)은 운반 단백질의 대표적이다.

(4) 조절 기능

호르몬 또는 성장인자가 표적세포의 수용체에 결합하면 세포의 기능이 변화된다. 글루카곤(glucagon)과 인슐린(insulin) 같은 펩티드 호르몬은 혈당의 농도를 조절한다. 성장호르몬은 세포의 성장과 분화를 촉진한다. 표피성장인자(epidermal growth factor, EGF)와 같은 폴리펩티드 등은 동물세포의 분열과 분화를 조절한다. 호르몬의 수용체도 단백질로 이루어져 있으며, 호르몬의 작용에 필수적이다.

(5) 촉매 기능

촉매 작용을 하는 대부분의 단백질은 효소 단백질이다. 지금까지 알려진 효소단백질은 2000종 이상으로 알려져 있다. 효소는 소화작용, 에너지 획득, 생합성과 같은 수많은 생화학 반응을 촉진하고 조절하는 고분자 단백질이다. 이와 같이 고도로 분화된 인체의 기능을 유지하기 위해 수많은 단백질이 필요하다. 생체 내에서는 다수의 화학반응이 끊임없이 진행되고 있다. 이러한 화학반응은 효소가 촉매작용을 하기 때문에 실험실이나 공장규모와는 다르게 매우 온화한 조건에서도 진행시킬 수 있다. 만일 소화효소를 사용하지 않고 단백질을 아미노산으로 분해하기 위해서는 100℃에서 염산으로 24시간 반응시켜야 한다. 또한 글루코오스가 해당계에서 대사되어 물과 이산화탄소로 분해될 때까지 각각의 대사과정에 21 가지의 효소가 관련된다.

(6) 방어 기능

방어 단백질은 세포를 보호하는 능력을 가지고 있다. 케라틴과 같은 단백질은 화학적, 기계적 상처를 받았을 때 조직을 보호한다. 혈액을 응고시키는 피브로노겐(fibrinogen)과 트롬빈(thrombin)은 혈관이 손상되었을 때 혈액 손실을 방지한다. 세균과 같은 외부 생물체가 침입하였을 때 림프구(lymphocyte)에서 항체(immunoglobulin, 면역글로블린)가 생성된다. 침입한 세균에 항체가 결합하면 세균은 죽게 된다.

(7) 저장 기능

어떤 단백질은 필수 영양소의 저장소로 이용된다. 저장 단백질은 주로 태생기나 발생기에 각각의 동식물의 유기질소의 공급원으로 이용되는 달걀흰자(난백)의 난알부민(ovalbumin)이나 우유 속의 카제인(casein)이 있다. 페리틴(ferritin)은 간장, 비장, 골수, 근육 등 조직 중에 철을 저장하는 단백질이다. 그리고 제인(zein)과 같은 곡물 단백질도 종자를 발아하는데 영양원으로 이용된다.

(8) 삼투압 및 pH 유지 기능

수용성 단백질은 양쪽성 전해질과 고분자 성질을 이용하여 체액의 pH와 삼투압을 유지하는데 기여한다. 예를 들면 저 영양 상태로 혈장 중의 주요 단백질인 알부민(albumin)이 감소되면 혈액의 교질삼투압이 저하되어서 조직간 액의 수분이 혈관 내로 유입되지 않는다. 그 결과 수분이 조직 간에 저류되어서 부종을 일으키는데 이것을 영양성 부종이라 한다.

(9) 독소 기능

세균, 식물, 동물이 만들어 내는 독소 단백질이 있는데, 이는 미량으로 특이적인 독성을 나타낸다. 이는 신경독, 용혈독, 피부 괴사나 박리독, 장관독으로 분류된다.

2) 단백질의 구조

단백질이 다양한 기능을 할 수 있는 것은 단백질을 구성하는 아미노산의 조합이 다양하고, 펩티드 사슬이 구부러져서 복잡한 입체구조를 형성하기 때문이다. 입체구조를 형성하는 단백질은 아미노산 배열 상 멀리 떨어져 있는 아미노산 잔기의 작용기를 공간적으로 서로 접근시켜 특수한 영역을 만든다. 단백질은 이 특수한 영역에서 다양한 기능을 수행한다.

폴리펩티드의 연속적인 아미노산 배열은 단백질의 1차 구조(primary structure)라고 한다. 이는 단백질의 기본구조를 결정한다. 아미노산이 올바른 위치로 연결되어야 가까이에 연결된 아미노산들은 단백질의 기능을 발휘할 수 있도록 상호반응하고 적절하게 접혀지며 단백질의 구조를 안정화하는데 필요한 아미노산들의 화학적 결합이 생기게 된다. 이것을 단백질의 2차 구조(secondary structure)라 한다. 단백질의 3차 구조(tertiary structure), 즉 입체배위(configuration)가 적절하게 갖추어져야 그 단백질은 제대로 기능을 할 수 있다. 단백질의 4차 구조(quaternary structure)는 2개 또는 그 이상의 폴리펩티드, 즉 2개 이상의 소단위(subunit)가 구성된다. 단백질 구조에 있어서 이렇게 여러 수준이 존재하는 것은 단백질을 활성화하기 위하여 중요하다. 다시 말하면 단백질은 그 소단위가 합쳐질 때는 활성화되고 분리될 때는 불활성화 된다.

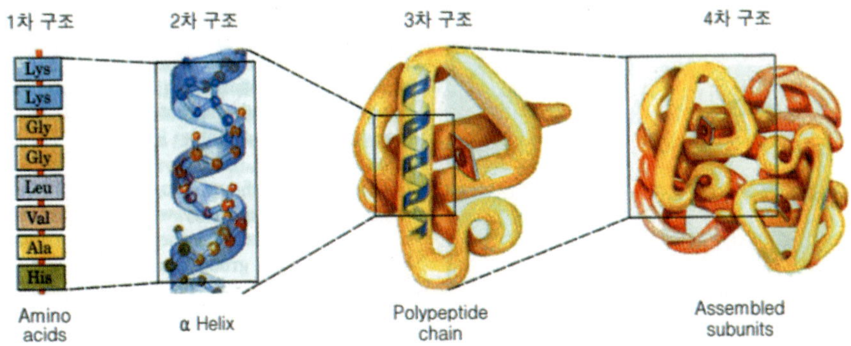

그림 6-13. 단백질의 구조

(1) 1차 구조(primary structure)

모든 폴리펩티드는 특이한 아미노산 서열을 갖는다. 아미노산 잔기 사이의 상호작용은 단백질의 3차 구조를 결정짓고, 이는 다른 단백질과의 상관관계에도 영향을 미친다. 유사한 아미노산 서열과 기능을 갖고 있는 폴리펩티드를 상동성(homologous)이 있다고 한다. 상동성 폴리펩티드 사이의 아미노산 서열을 비교해보면 서로 다른 종 사이의 유전적 상관관계를 알 수 있다. 상동성 단백질 내의 동일한 아미노산 잔기를 불변체(invariant)라고 하는데 이는 단백질 기능에 필수적이다.

그림 6-14. 단백질의 1차 구조(primary structure)

돌연변이(mutation)는 자연적으로 일어나는 무작위적 현상이다. 폴리펩티드 기능에 영향을 주지 않는 1차 서열변화가 시간이 지남에 따라 발생한다. 보통 화학적으로 곁사슬이 유사한 아미노산으로 치환된 폴리펩티드의 기능은 현저하게 영향을 받지 않는다. 이러한 치환을 보존적(conservative) 치환이라 한다. 예를 들면 어떤 아미노산서열에서 소수성 곁사슬을 갖고 있는 루신과 이소루신은 폴리펩티드의 기능에 큰 영향을 주지 않고 서로 치환될 수 있다. 변이체(variable)라고 하는 이 잔기들은 폴리펩티드에 비특이적 기능을 한다.

Linus Pauling 등은 낫모양세포빈혈(sickle cell anemia)이 돌연변이 헤모글로빈 유전자에 의하여 발생하기 때문에 이를 분자병(molecular disease)이라 하였다. 성인의 헤모글로빈 A(HbA)는 동일한 두 개의 α사슬과 β사슬로 되어 있다. 낫모양세포빈혈은 헤모글로빈 A(HbA)의 β사슬에서 단일 아미노산의 치환에 의하여 일어난다. 이 환자의 헤모글로빈은 HbA와 낫모양세포인 HbS이다. 이들의 차이점은 β-사슬의 6번째 아미노산의 위치에 음전하를 띠는 글루탐산 대신에 소수성 발린으로 치환되어 있다.

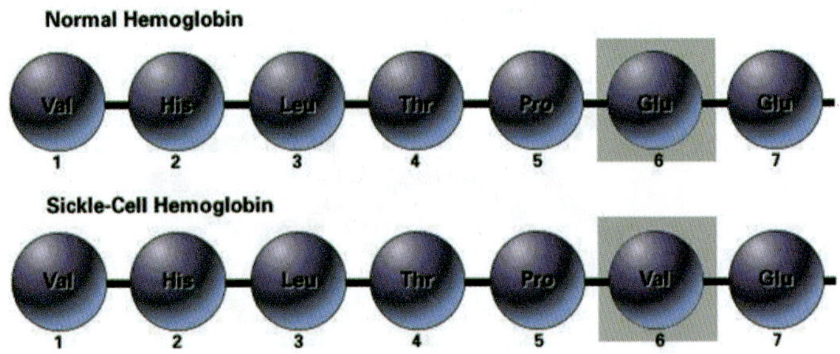

그림 6-15. HbA와 HbS의 β-사슬 일부분

음전하의 글루탐산 대신 소수성 발린의 치환 때문에 HbS 분자는 산소가 없는 상태에서 응집하여 견고한 막대 모양의 구조를 형성한다. 환자의 적혈구가 낫모양으로 변하고 용혈이 일어나 심각한 빈혈을 일으킨다. 이 적혈구는 정상 적혈구보다 산소 결합능력이 낮다. 낫모양세포빈혈은 극심한 고통, 조직의 파괴와 조기에 사망하게 된다.

(2) 2차 구조(secondary structure)

단백질의 2차 구조는 폴리펩티드 사슬의 공간적 구조를 말한다. 즉 폴리펩티드 사슬 내에서 연속하여 인접된 아미노산 잔기의 공간적 배열을 말한다. 2차 구조를 나타내는 중요한 구조는 α-나선형 구조(α-helix)와 β-병풍구조(β-pleated sheet) 및 β-굽힘 구조(β-bend)이다. 많은 섬유상 단백질은 대부분 2차 구조로 되어 있다.

① α-나선형 구조(α-helix)

견고한 폴리펩티드 사슬의 가장 간단한 배열은 나사선 상의 구조로서 Linus Pauling은 이 구조를 α-나선형 구조(α-helix)라 하였다. 폴리펩티드 사슬의 α-탄소원자에 결합된 단일결합은 360°로 회전이 가능하다. 아미노산 잔기의 R기는 나선형 구조의 골격으로부터 바깥쪽으로 돌출되어 있으며, 이 폴리펩티드 사슬의 골격은 분자의 긴축을 따라 견고하게 감겨져 있다.

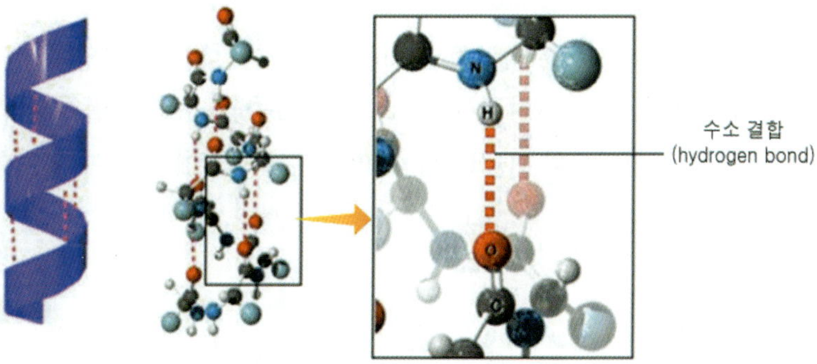

7-16. α-나선형 구조(α-helix)

반복단위는 나사선의 1회이며, 머리카락의 케라틴에 대한 X-선 해석으로 관찰된 주기성에 상응해서 1회전하면 긴축을 따라서 약 0.54nm 뻗어간다. 1회전에 필요한 아미노산 잔기의 수는 약 3.6개이다. α-나선형 구조는 펩티드 결합에 있어서 카르복시기의 산소와 아미드 결합의 수소원자 사이에서 수소결합(hydrogen bond)이 형성되므로 안정하다. 그러나 α-나선형 구조에서 모든 펩티드 결합이 안정한 α-나사선을 형성하지는 않는다. 각 잔기들에 의하여 α-나선형 구조의 불안정이 다양한 방법으로 일어날 수 있다. 예를 들면 프롤린은 사슬 내에 수소결합을 형성하지 않을 뿐만 아니라 글루탐산이나 아스파르트산처럼 다수의 전하를 띤 아미노산과 트립토판처럼 거대한 R기들을 갖는 아미노산 서열은 α-나선형 구조를 형성하지 못한다.

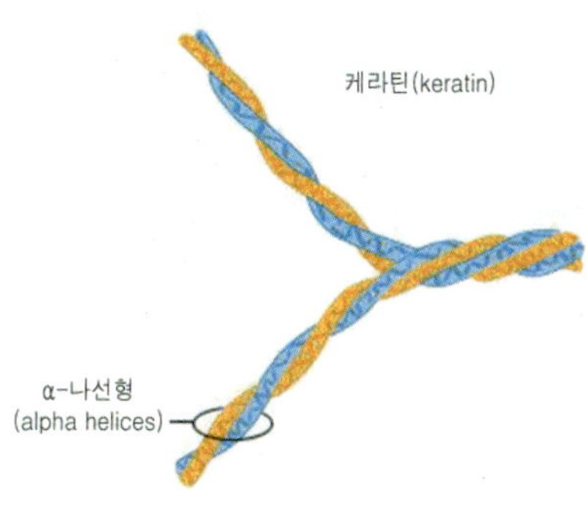

7-17. 머리카락을 구성하는 케라틴(Keratin)

② β-병풍구조(β-pleated sheet)

β-병풍구조(β-pleated sheet)는 폴리펩티드 사슬이 나사선 모양이 아니라 완전히 펼쳐져 병풍처럼 나란히 놓여 있는 구조이다. β-병풍구조는 폴리펩티드 사슬의 카르복시기와 인접한 아미드의 N-H결합 사이의 수소결합에 의하여 안정화된다.

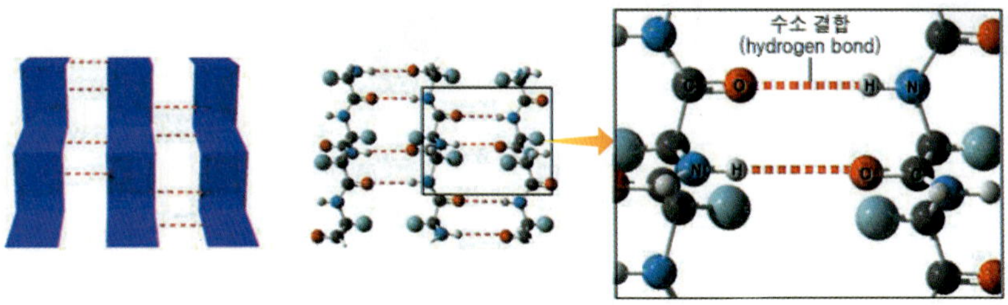

그림 6-18. β-병풍구조(β-pleated sheet)

병풍구조에는 평행과 역평행의 두 가지 형태가 있다. 평행구조에서는 폴리펩티드 사슬이 같은 방향으로 배열되고, 역평행 구조에서는 반대 방향으로 놓여 있다. 역평행 구조는 동일 선상의 수소결합을 하기 때문에 평행 구조보다 더 안정하다. 피브로인(silk fibroin)과 같은 단백질은 거의 100% β-병풍구조 형태로 되어 있다. 대부분의 단백질은 α-나선형 구조와 β-병풍구조 단독으로만 되어 있는 것은 아니다.

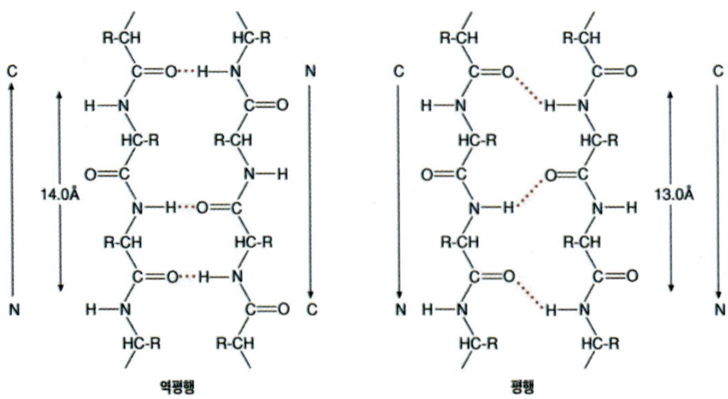

그림 6-19. β-병풍구조의 평행과 역평행

많은 구상 단백질은 α-나선형 구조(α-helix)와 β-병풍구조(β-pleated sheet)의 조합으로 형성된다. 이러한 구조를 초2차구조(supersecondary structure)라 한다.

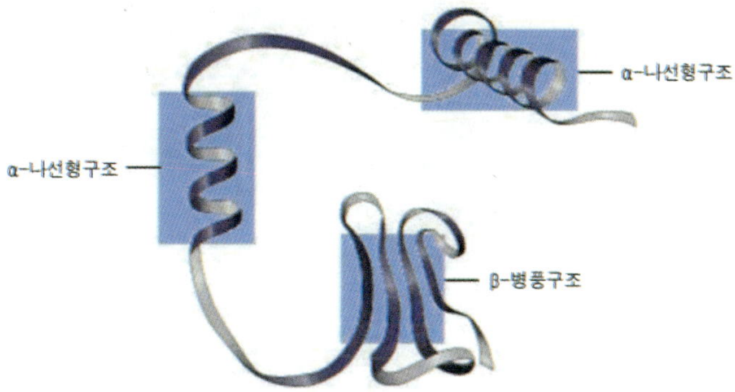

그림 6-20. 초2차구조(supersecondary structure)

③ β-굽힘(β-bend)

단백질의 접힘(folding)과정에는 폴리펩티드 사슬의 진행 방향 전환이 필수적으로 수반되어야 한다. 이에 따라 폴리펩티드 사슬의 방향을 반대쪽으로 전환시키는 부위를 β-굽힘(β-bend) 혹은 β-전환(β-turn)이라 한다. 이는 역평행 β-병풍구조에서도 폴리펩티드 사슬의 연접한 끝부분을 연결시키는 데에 필요하다. β-굽힘(β-bend) 부위에서는 글리신(glycine)과 프롤린(proline)의 발견 빈도가 매우 높다. 글리신은 다른 아미노산들에 비하여 곁사슬 R기가 매우 작으므로 입체적 장해에 의한 구조적 제한이 적기 때문에 유연하다.

(3) 3차 구조(tertiary structure)

단백질을 구성하는 아미노산의 수가 증가함에 따라 구성 아미노산의 종류가 많아지고, 각 아미노산 잔기의 입체적인 영향에 의하여 α-나선형 구조와 β-병풍구조 그리고 초 2차 구조가 겹쳐진 구조를 단백질의 3차구조라 한다. 3차 구조는 1차 구조의 아미노산 배열 순서에 의하여 형성되며, 아미노산 배열순서가 일정한 단백질은 항상 일정한 입체구조를 가지게 된다. 이와 같은 3차 구조에 의하여 단백질의 형태가 결정된다.

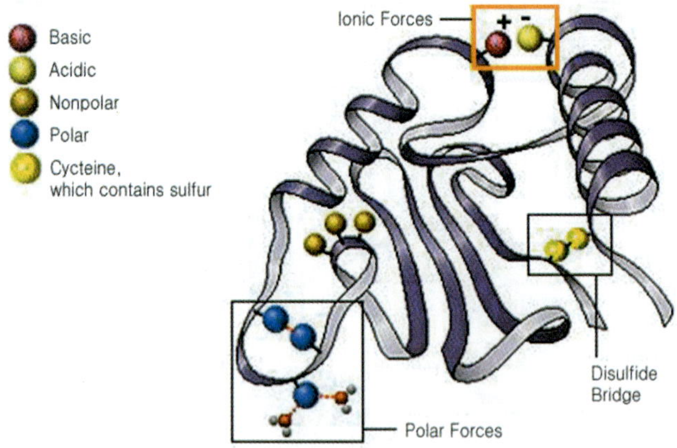

그림 6-21. 단백질의 3차 구조

단백질의 입체구조는 여러 가지 화학 결합에 의하여 안정화된다. 즉 아미노산 잔기의 측쇄 작용기 R에 의한 수소결합, 이황화결합(disulfide bond), 이온결합, 소수성 결합 등의 측쇄 간 화학결합에 의하여 주 사슬의 배위를 유지한다.

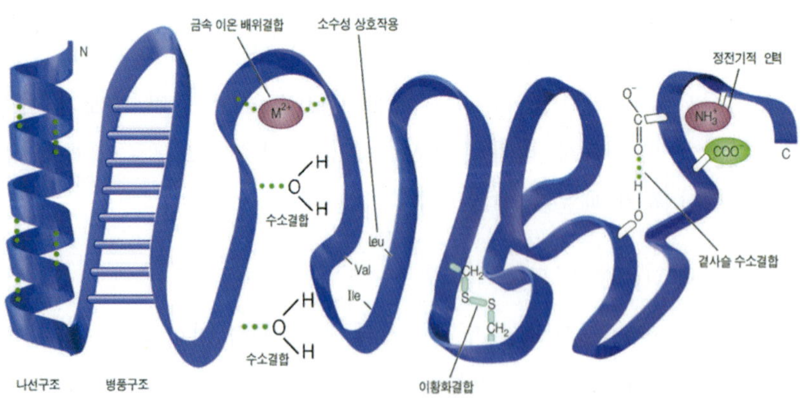

그림 6-22. 단백질 3차 구조의 안정화에 영향을 미치는 화학결합

① 시스테인 잔기 사이의 이황화결합(disulfide bond)
② 정전기적 상호작용, 즉 이온결합
③ α-나선형 구조(α-helix) 혹은 β-병풍구조(β-pleated sheet)의 아미노산 잔기 사이의 수소결합
④ 물 분자와 아미노산 잔기 사이의 수소결합
⑤ 소수성 R기 사이의 상호작용, 즉 소수성 결합
⑥ 금속 이온에 대한 배위결합

특히 이황화결합은 입체구조의 유지에 크게 기여하고, 또한 산화-환원 반응에 의하여 시스틴결합(-S-S-)을 개열하면 입체구조는 파괴된다. 즉 그림 4.18에서와 같이 시스틴결합(-S-S-)을 환원 반응시키면 2의 상태로 변성된 단백질을 거쳐 시스틴결합이 파괴되어 티올기(-SH)를 갖는 시스테인으로 되고 입체구조가 파괴되어 3의 상태로 된다. 이것을 적당한 조건으로 산화 반응시키면 시스틴결합이 재생되어 처음과 같은 규칙적인 입체구조로 회복된다. 이와 같이 이황화결합은 단백질의 입체구조를 형성하는데 중요한 역할을 한다. 이와 같은 원리를 이용하여 헤어스타일 기법 중의 하나인 피머넌트 웨이브에 응용하고 있다. 즉 모발에 환원제인 티오글리콜산(thioglycolic acid)이나 시스테인(cystein)과 산화제인 과산화수소(H_2O_2)나 브롬산나트륨(Na_2BrO_3)을 이용하여 산화-환원반응을 시키면 모발의 컬을 형성시킬 수 있다.

단백질의 고차 구조는 주 사슬의 배위와 그의 안정화 이외의 측쇄 상태와 관련이 있다. 특히 유리의 상태로 놓여 있는 고차구조 중 측쇄의 화학적 성질이 단백질의 물리 화학적 성질, 생리적 기능에 직접 관련되어 있기 때문에 측쇄의 상태, 관능기의 화학적 성질이 매우 중요하다.

3차 구조는 3가지의 주요한 특징이 있다. 첫째는 폴리펩티드 사슬이 3차 구조의 접힘에 의하여 1차 구조에서 멀리 떨어진 아미노산 잔기들을 가까운 거리에 위치하도록 한다. 둘째는 폴리펩티드 사슬이 접히면서 일어나는 효과는 패킹(packing) 때문에 구상 단백질은 짜임새가 매우 좋다. 이 과정에서 대부분의 물 분자가 단백질 내부로부터 제거됨으로써 극성과 비극성기 사이의 상호작용이 가능해진다. 셋째는 200개 이상의 아미노산 잔기로 된 거대한 구상 단백질은 구조 내 도메인(domain)이라 하는 여러 짜임새 있는 단위체를 가지고 있다. 이 도메인은 이온이나 작은 분자와 결합하는 기능을 가지고 있으며, 구조적으로 독립된 단편이다.

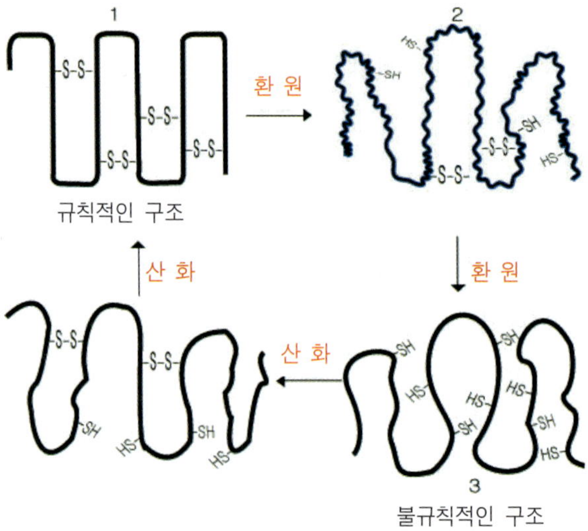

그림 6-23. 시스틴 결합(-S-S-)의 개열과 재생

(4) 4차 구조(quaternary structure)

단백질의 4차 구조는 2개 이상의 폴리펩티드 사슬이 회합하여 단백질의 생리적인 기능을 할 때 관찰된다. 이때의 각 폴리펩티드 사슬을 소단위(subunit)라 하고, 회합하고 있는 소단위 수에 의하여 2량체(dimer), 3량체(trimer), 4량체(tetramer) 등으로 불린다. 회합체의 소단위는 동일한 것으로 이루어지는 경우도 있고, 많은 종류의 소단위로 이루어지는 것도 있다. 예를 들면 분자량이 64,000 달톤인 헤모글로빈은 α사슬이라 불리는 소단위 2개와 β사슬이라 불리는 소단위 2개로 이루어진 4량체이다.

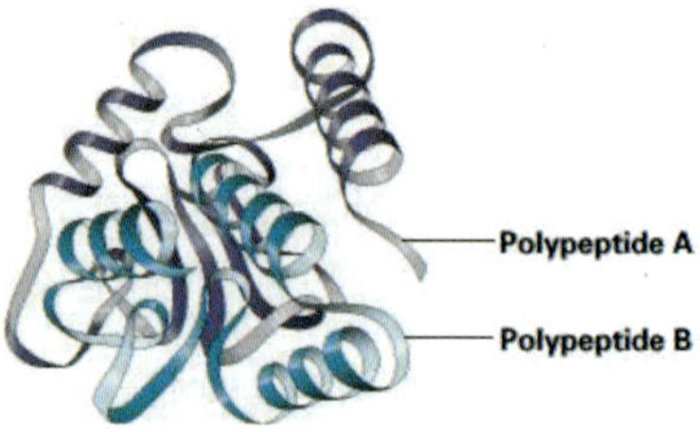

그림 6-24. 단백질의 4차 구조

3) 단백질의 분류

단백질은 개개의 분자가 나타내는 생리적인 기능에 의해서 뿐만 아니라 용해도, 구성 성분, 분자의 크기와 형태, 그리고 단백질의 화학적 구조에 따라 분류된다.

(1) 단백질의 크기와 형태에 따른 분류

① 크기(size)

단백질은 크기가 다양하다. 일반적으로 단백질은 수만 ~ 수백만 달톤(dalton)에 이르는 분자량을 갖는다. 예를 들면 시토크롬(cytochrome)은 분자량이 11,600 달톤, 헤모글로빈은 64,000 달톤이고, 미오글로빈은 16,900 달톤, 리소자임(lysozyme)은 13,900 달톤이다. 한편 단백질의 크기는 10 ~ 70μm 정도이다.

② 형태에 따른 분류

단백질은 형태에 따라 2가지, 즉 섬유상 단백질과 구상 단백질로 분류할 수 있다. 섬유상 단백실(fibrous protein)은 긴 막대 모양의 분자로 물에 잘 녹지 않고 물리적으로 단단하며, 대부분 구조적 기능을 한다. 섬유상 단백질은 α-나선형 구조(α-helix)나 β-병풍구조(β-pleated sheet)와 같은 2차 구조를 높은 비율로 가지고 있다. 섬유상 단백질로는 콜라겐, 엘라스틴, α-케라틴 섬유 등이 있다. 케라틴(keratin)은 피부나 머리카락 및 손톱 등을 구성하는 섬유상 단백질이다. 이와 같은 케라틴은 경케라틴(hard keratin)과 연케라틴(soft keratin)이 있으며, 피부는 연케라틴, 머리카락이나 손톱은 경케라틴으로 구성되어 있다. 구상 단백질(globular protein)은 작은 구형의 분자로 물에 잘 녹으며 대부분의 효소가 이에 해당된다. 이외에 면역글로블린과 헤모글로빈 그리고 알부민 등이 구상 단백질에 속한다. 알부민은 혈액 속의 지방산 운반체이기도 하다.

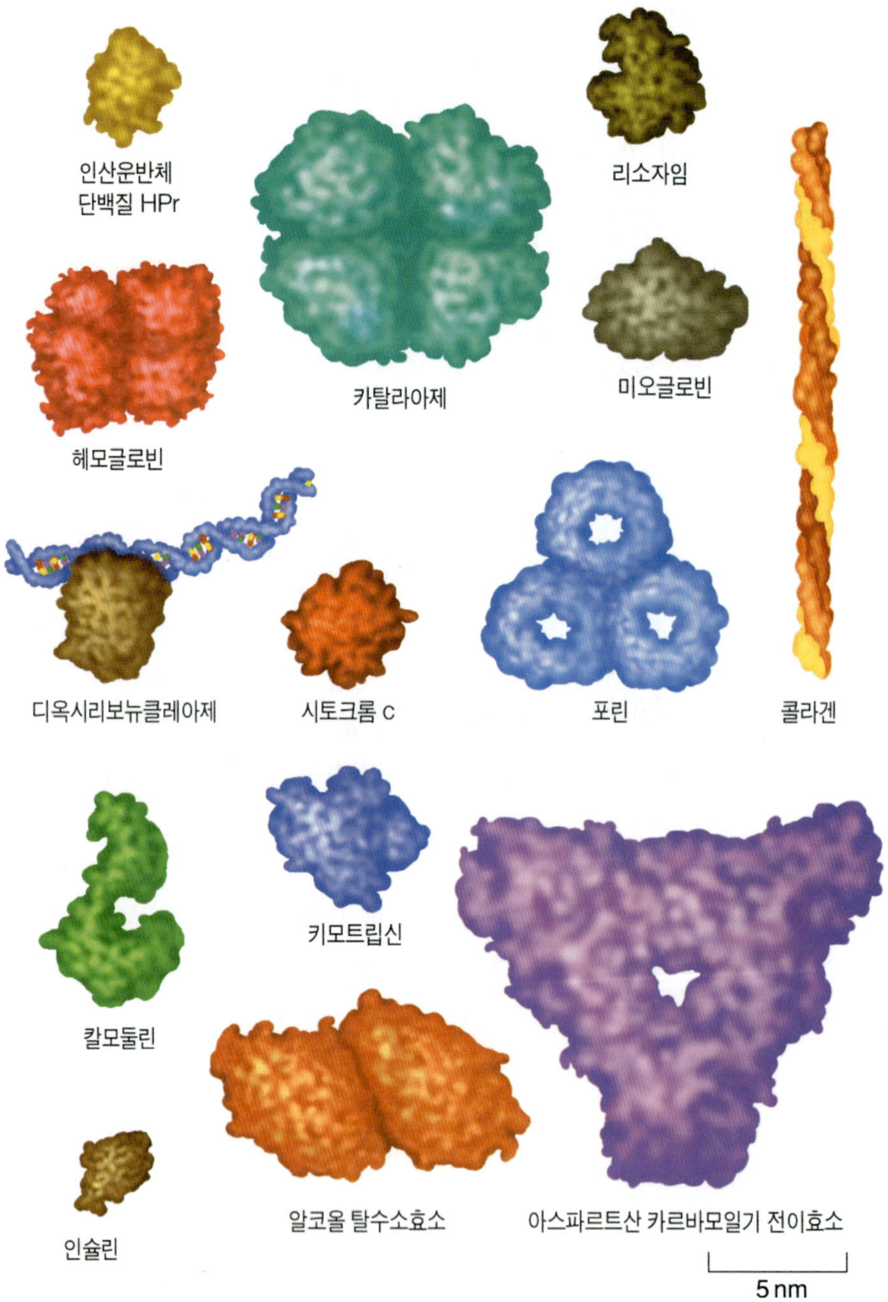

그림 6-25. 단백질의 크기와 형태

(2) 단백질의 조성에 따른 분류

① 단순단백질(simple protein)

단순단백질은 아미노산으로만 구성되어 있으며, 혈청 알부민과 케라틴 등이 있다. 즉 단순단백질은 가수분해되면 α-아미노산이 생기는 단백질이지만 소량의 당을 함유한 것도 있다. 단순단백질의 종류에 따라서 용해도가 각각 다르다. 식품단백질로 중요한 것은 알부민(albumin), 글로불린(globulin), 글루텔린(glutelin), 프롤라민(prolamine) 등이 있다. 알부민은 동물성 단백질, 글루텔린과 프롤라민은 곡물 등 식물성 단백질에 많고, 글로불린은 동식물계에 널리 분포되어 있다.

② 복합단백질(conjugated protein)

단순단백질에 비단백질(nonprotein) 성분이 결합된 것이다. 비단백질 성분은 보결분자단(prosthetic group)이라 하며, 보결분자단이 없는 단백질을 아포단백질(apoprotein)이라 한다. 보결분자단을 가지고 있는 단백질을 홀로단백질(holoprotein)이라 한다. 보결분자단은 단백질 기능에 중요한 역할을 한다.

보결분자단의 성질에 따라 복합단백질을 분류할 수 있다. 즉 보결분자단에 탄수회물이 결합된 단백질을 당단백질(glycoprotein), 지질이 결합된 단백질을 지질단백질(lipoprotein), 금속이온이 결합된 단백질을 금속단백질(metalloprotein), 인산이 결합된 단백질을 인산단백질(phosphoprotein), 헴기가 결합된 단백질을 혈색소단백질(hemoprotein)이라 한다.

③ 유도단백질(derived protein)

천연 단백질을 산, 알칼리, 기타 화학 물질의 작용, 효소의 작용 등에 의해서 변성된 단백질이다. 그 변성된 정도, 즉 천연 단백질이 분자 내 전위나 다른 간단한 가수분해를 받은 변성물을 제1차 유도단백질이라 하고, 제1차 유도단백질보다 변성이 더욱 진행된 단백질을 제2차 유도단백질이라 한다.

4) 중요한 기능을 가진 몇 가지 단백질

(1) 콜라겐(collagen) : 콜라겐의 구조와 기능

인체는 모든 단백질의 약 33%가 콜라겐 섬유로 구성되어 있다. 몸의 구성 성분 중에서 피부(skin), 건(tendon), 인대(ligament) 그리고 세포로 이루어진 구조적 뼈대 등은 콜라겐으로 이루어져 있다. 이와 유사한 단백질인 엘라스틴(elastin)은 물리적 힘의 강도에 따라 큰 탄성이 요구되는 폐, 피부 및 동맥에서 발견된다.

콜라겐은 트로포콜라겐(tropocollagen)으로 구성되어 있다. 트로포콜라겐은 분자량이 290,000 달톤(daltons)이나 되는 단백질이다. 그것은 마치 로프의 가닥처럼 3가닥으로 꼬인 나사선 구조를 하고 있다.

이들 사슬 중 2가닥(α_1-사슬들)은 같은 아미노산 배열을 하고 있지만 셋째 사슬, 즉 α_2-사슬은 다르다. 각 사슬은 약 1000개의 아미노산 잔기로 되어 있다. α_1-사슬과 α_2-사슬은 (Gly-X-Y)n의 순으로 아미노산이 반복되는 단위이다. X와 Y에 해당하는 아미노산은 변할 수 있지만 그들은 일반적으로 대부분이 알라닌과 프롤린으로 구성되어 있다. (Gly-X-Y)n에 군데군데 리신(lysine)이나 히드록시프롤린(hydroxyproline), 히드록시리신(hydroxylysine) 유도체가 있다. 트로포콜라겐 분자의 3가닥 말단에는 (Gly-X-Y) 배열이 나타나지 않는다. 이러한 말단에는 약 20개의 아미노산으로 되어 있으며, 이들은 각각의 트로포콜라겐이 교차 결합하여 커다란 콜라겐 섬유를 형성할 때 중요한 구실을 한다. 즉 비나선형 N- 및 C- 말단 부위를 갖고 있는 트로포콜라겐 분자는 교차 결합 형성 시에 중요하다. 트로포콜라겐은 4가지 형태가 있으며, 각각 폴리펩티드 사슬이 약간씩 다르다.

표 6-4. 트로포콜라겐의 형태

폴리펩티드 사슬	체 조직에서 발견되는 곳
Type I (α1-Type I)$_2\alpha_2$	체내에서는 가장 풍부한 트로포콜라겐 형으로, 피부, 건, 혈과 그리고 허파조직에서 발견(고인장강도)
Type II (α1-Type II)$_3$	연골조직에서 존재(비교적으로 저인장강도)
Type III (α1-Type III)$_3$	태아피부의 주요한 구성 요소(어른피부에서는 발견되지 않음)
Type IV (α1-Type IV)$_3$	콜라겐의 기초막(가끔 탄수화물과 연결되어 있음)

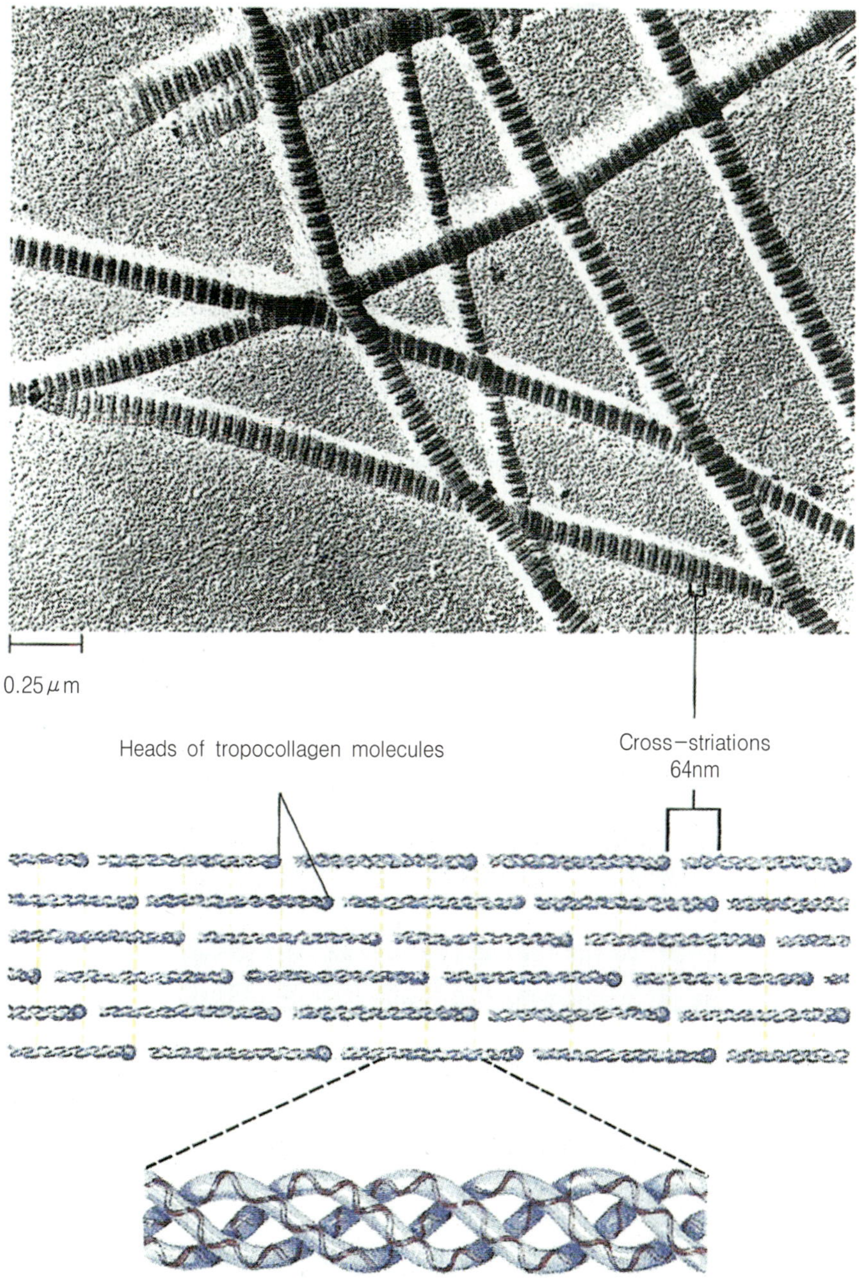

그림 6-26. 콜라겐(collagen)의 구조

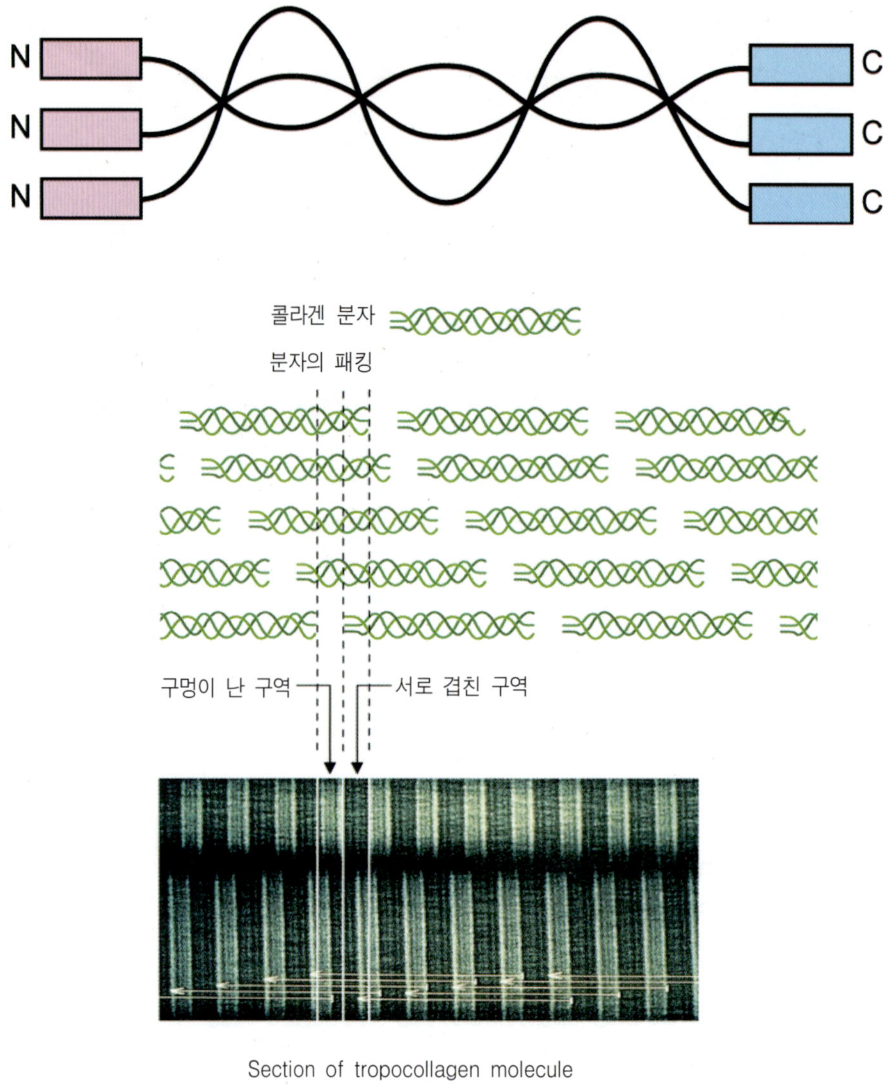

그림 6-27. 트로포콜라겐 분자

세포 내에서 트로포콜라겐이 만들어지면 트로포콜라겐 분자는 Lysyl oxidase 효소에 의해 교차결합(cross-linked)이 형성된다. 이 효소는 두 개의 분리된 트로포콜라겐 분자로부터 유래하는 리신 잔기의 축합을 촉매한다. 그리하여 트로포콜라겐은 서로 나사선을 형성한다. 교차구조 형성에 관여하는 리신 잔기는 비나사선 말단 위치나

3가닥으로 된 나사선의 중심 부위의 특수한 위치에 존재한다. 그리하여 많은 트로포콜라겐 분자가 조립되어 엇갈린 섬유상 구조를 하고 있다.

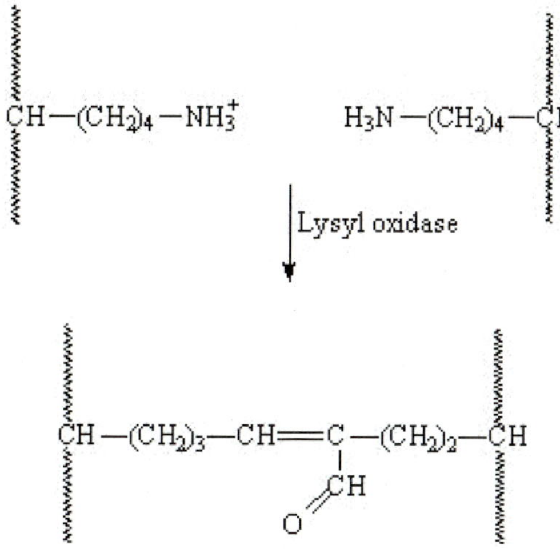

그림 6-28. 교치결합 형성

사실상 3가닥의 나사선 구조를 하고 있는 각각의 트로포콜라겐 분자는 엇갈린 방식으로 교차 결합되어 있다. 사람은 나이를 먹어감에 따라 트로포콜라겐 소단위의 내부나 사이에 수많은 교차결합(cross-linking)이 생겨난다. 이러한 이유로 인하여 결합조직의 콜라겐 섬유는 더욱더 굳어지게 되고 부러지기 쉽다. 또한 수많은 질병들은 각각의 트로포콜라겐 분자들의 비정상적인 교차결합과 관련이 있다는 것이 발견되었다.

이러한 비정상적인 교차결합에는 저교차결합(low cross-linking), 고교차결합(high cross-linking)이 있다. 저교차결합은 리신 잔기 사이의 교차결합이 콜라겐 섬유상에 거의 나타나지 않는다. 이러한 상태는 lysyl oxidase의 활성이 떨어지거나 비정상적인 트로포콜라겐 말단 부위를 가질 경우 일어난다. 결국 저교차결합 구조로 인하여 콜라겐 섬유는 연약하고 부서지기 쉽다. 고교차결합은 단단한 콜라겐 섬유를 만들며, 그 분자에 요구되는 정상적이고 유연한 운동에 견딜 수 없다. lysyl oxidase의 활성이 너무 강하거나 너무 많은 lysine 잔기를 함유한 비정상적 트로포콜라겐 분자 때문에 고교차결합의 형성이 유발된다.

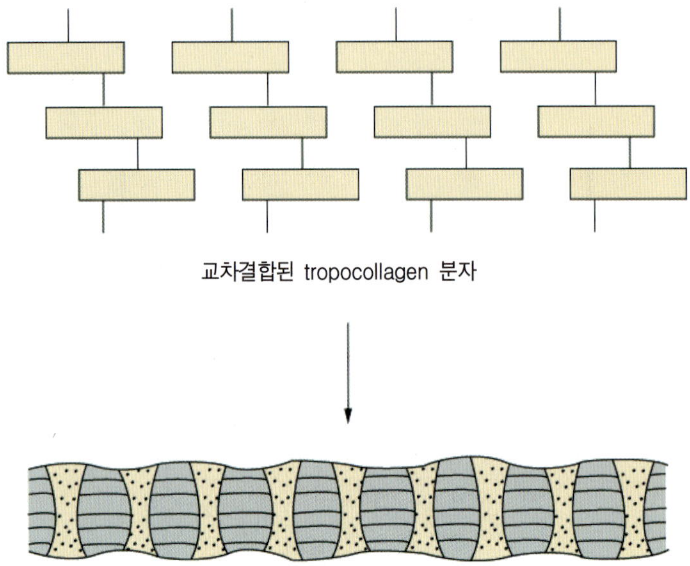

그림 6-29. 트로포콜라겐 분자로 형성된 완전한 콜라겐 섬유구조

표 6-5. 비정상적인 교차구조와 관련된 여러 가지 질병 상태

교차결합 상태	질 병 상 태
저 교차결합 (콜라겐의 인장강도 약함)	1. 척추기형(연골조직으로부터 뼈형성의 결함) 2. 관절탈구(찢어지기 쉬운 약한 결합조직) 3. 대동맥류(약한 혈관벽) 4. 피부장해
고 교차결합 (콜라겐이 딱딱함)	1. 동백혈관벽의 섬유장해 2. 폐동맥혁관벽의 섬유장해 3. 나이와 연관된 문제(관절의 뻣뻣함, 피부탄력 감소)

(2) α-케라틴(α-keratin)

섬유상 단백질의 하나인 α-케라틴도 폴리펩티드의 3가지 서열이 조직의 구조상 필요하다. 머리카락은 X선 회절 및 전자현미경을 포함하는 많은 물리적 기술을 사용하

여 자세히 연구되었다. α-나사선들이 원섬유(protofibril)라고 하는 왼나사 방향의 코일을 형성한다.

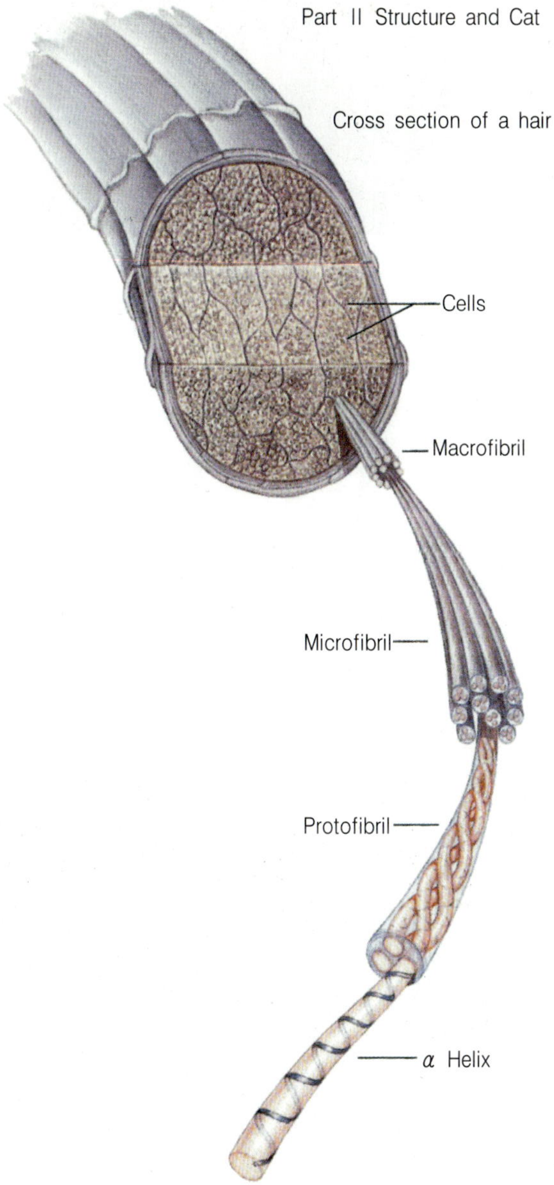

그림 6-30. 머리카락의 단면과 원섬유

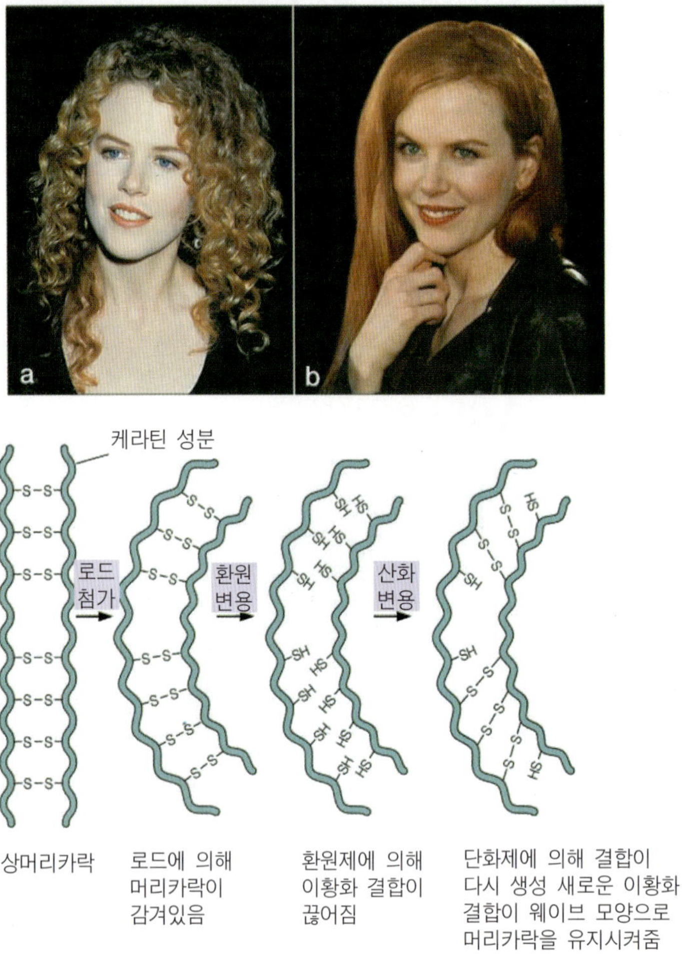

그림 6-31. 모발의 퍼머넌트웨이브와 과정

원섬유는 교차결합인 시스틴결합(S-S 결합)에 의해 안정화된다. 원섬유가 서로 꼬여 더 높은 차원의 미세섬유(microfibrile)라고 하는 케이블과 유사한 구조를 형성하며, 이것의 직경은 약 8nm이다. 수백 개의 유사한 미세섬유들이 한 무정형 단백질에 끼워져 거대섬유(macrofibrile)를 형성한다. 한 세포에서 많은 거대섬유가 형성되고 이들은 세포가 죽으면 길이 방향으로 신장되어 가는 실 모양의 평행하는 완전한 양모섬유가 된다. 따라서 양모섬유는 불용성의 단백질일 뿐만 아니라 수소결합과 교차결합인 시스틴 결합에 의해 합쳐진 매우 많은 수의 폴리펩티드 사슬로 구성된다. 모발의 "퍼머넌트 웨이브" 하는 과정은 이황화결합의 환원과 모발을 원하는 형태로 구부린 뒤 다시 산화하는 과정이 포함된다. 이때의 환원 반응은 환원제인 티오글리콜산(thioglycolic acid)에 의하여 일어나고, 산화반응은 산화제인 과산화수소(H_2O_2)나 브롬산나트륨($NaBrO_3$)에 의하여 일어난다.

α-케라틴을 증기로 가열하면 신장되어 다른 구조, 즉 β-케라틴으로 전환된다. α-나선 구조를 안정화하던 수소결합이 이 조건하에서는 파괴되고, 그 결과 신장된 평행 β-병풍구조로 된다.

5) 단백질의 변성(denaturalization)

동식물에 존재하는 천연단백질은 그 구성 아미노산의 펩티드결합에 의해 연결되는 1차 구조 이외에 단백질 분자 내의 수많은 곁사슬을 구성하는 알킬기(-R) 사이의 이온결합, 수소결합, 이황화결합 등에 의한 단백질 고유의 형태, 즉 고차구조(입체구조)가 유지된다. 그러나 이러한 고차구조는 가열을 비롯한 물리적 작용, 산·알칼리와 같은 화학적 작용, 효소학적, 생물학적 작용에 의하여 천연단백질의 특유한 고차구조가 변하는 경우가 있다. 이와 같은 단백질의 구조 변화에 따라 그의 성질도 변하게 되는데 이러한 현상을 변성(denaturalization)이라 한다. 이러한 작용에 의하여 생성된 단백질을 변성단백질(denatured protein)이라 한다.

대부분 구형의 천연단백질은 변성에 의하여 그 분자 형태가 풀어지게(unfolding) 된다. 즉 단백질에 묽은 산이나 묽은 알칼리를 가하면 해리기의 하전이 변화하여 분자 내의 이온결합이 파괴된다. 요소를 가하면 펩티드사슬 사이의 수소결합이 절단되어 단백질의 입체구조가 변한다. 다시 말하면 단백질의 2차 구조와 3차 구조가 변하여 변성전의 상태와는 다른 상태로 이행하여 단백질의 고유 특성을 잃게 된다. 그러나 1차, 2차, 3차 구조는 변화가 없고, 4차 구조만 변화는 경우는 변성이라 하지 않고 해리와 회합(dissociation and reassociation)이라 한다.

변성단백질은 천연단백질과 비교하여 물리화학적 성질이 달라진다. 즉 용해도의 감소, 응고와 겔화 및 선광도의 변화, 분자량 및 분자형의 변화, 등전점의 이동현상이 일어난다. 생물학적으로는 항원성의 소실, 효소활성을 잃게 되고, 독성 및 면역성 등 단백질 특유의 성질을 상실한다. 단백질 용액의 자외선 흡수도 변성에 따라 단파장으로 이동되는데, 이러한 현상을 변성청색이동이라 한다.

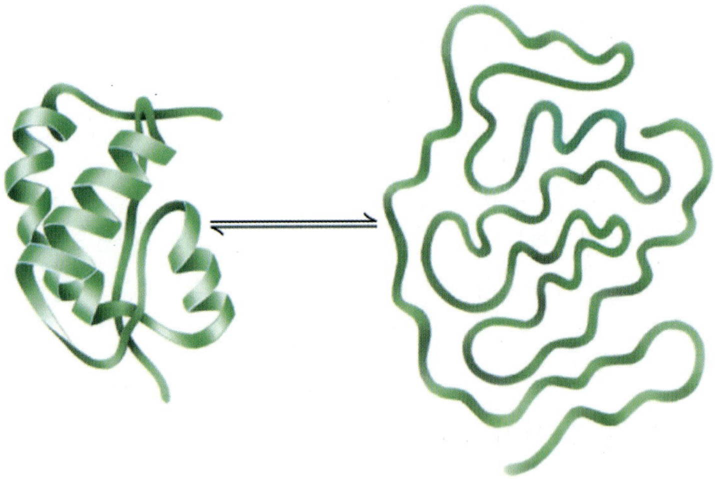

그림 6-32. **단백질의 변성**

변성단백질은 천연단백질의 형태가 풀려서 히드록시기(-OH), 티올기(-SH), 카르복시기(-COOH), 아민기($-NH_2$) 등 작용기의 수가 급증하게 되며, 이들 작용기들은 다시 서로 2차적인 화학결합을 하여 불용성 단백질을 형성하는 경우가 많다. 변성된 단백질은 효소작용을 받기 쉽기 때문에 소화가 잘 되지만 지나치게 변성되면 효소작용을 받기 어려움으로 소화가 잘 되지 않는다. 생달걀이나 완숙보다 반숙이 더 소화가 잘 되는 것은 바로 이러한 이유 때문이다.

변성은 어느 한도에서 가역적으로 일어나고 천연단백질과 변성단백질이 평형상태로 유지되다가 변성도가 심하면 비가역적으로 된다. 그러나 적당한 변성조건에 따라서 적당하게 처리하면 천연단백질 구조로 변화시킬 수 있다. 이를 재생(renaturation)이라 한다.

단백질을 변성시키는 물리적 요인으로는 가열, 광선, 표면장력의 증대, 가압, 진동, 동결 등이 있으며, 화학적 요인으로는 강산과 강알칼리, 고농도의 염류, 유기용매, 중금속, 계면활성제, 요소 등이 있다.

(1) 물리적 요인에 의한 변성

① 열

일반적으로 단백질은 열에 의하여 대부분 응고되는 것이 많기 때문에 응고가 변성이라 생각한다. 그러나 단백질이 응고되기 전에 용액 중에서 분자의 형태가 변하고 분자량이 증가하기 때문에 열에 의한 변성은 분자의 변형, 회합, 응고의 3단계를 거치게 된다. 달걀흰자의 단백질은 가열에 의하여 쉽게 변성되고, 휘저어서 거품을 일게(whip)하면 표면장력에 의하여 변성된다.

단백질은 수분이 많은 경우 비교적 저온에서 열에 의한 변성이 일어나지만 수분이 적으면 고온에서 응고한다. 건열살균이 습윤 살균에 비하여 고온을 필요로 하는 것은 이러한 이유 때문이다. 가열에 의한 단백질의 변성은 물 분자의 운동이 왕성해짐으로써 폴리펩티드 사슬간의 수소결합이 파괴되고, 폴리펩티드 사슬이 풀리거나 응집할 때 사슬의 움직임을 쉽게 하기 때문이다. 가열변성은 pH, 가열방법, 염, 탄수화물, 지질과 같은 공존물질 등의 영향을 받는다.

열변성은 등전점에서 가장 일어나기 쉬우며, 단백질의 등전점은 대개 산성 쪽에 있다. 그러므로 용액을 산성으로 하면 열변성 온도가 낮아진다.

단백질은 염화물, 황산염, 인산염, 젖산염 등 소량의 전해질 존재 하에서 열변성이 촉진된다. 이것은 중성 부근의 pH에서 단백질이 가지는 음(-) 전하를 염의 양이온이 중화하여 단백질을 등전점에 이르게 하기 때문이다. 알부민을 투석하여 염을 제거하면 등전점에서 먼 pH에서는 100℃로 가열할 경우 열변성이 일어나지만 응고하지는 않는다. 여기에 소량의 소금을 넣으면 바로 응고하게 된다.

단백질 용액을 가열한 경우 단백질 분자는 응고하여 침전되지 않고, 용액 전체가 겔화되는 경우가 많다. 이것은 변성된 폴리펩티드 사슬 사이의 상호작용에 의하여 그물모양의 구조가 형성되고, 그 속에 물이 함유되기 때문이다. 불용성의 결정성을 가진 콜라겐을 가열하면 변성, 분해되어 가용성 젤라틴(gelatin)이 된다.

② 광선 등 기타

단백질은 광선에 의하여 3차구조의 화학결합이 파괴되어 변성된다. 특히 α선, β선, γ선 및 X선 조사에 의하여 변성되며, 상온에서 자외선을 조사하면 등전점에서 불용성이 된다.

단백질에 5,000 ~ 10,000 기압으로 압력을 가하면 응고되고, 음파나 초음파 그리고 분쇄에 의해서도 응고 변성된다.

(2) 화학물질에 의한 변성

① 산 · 알칼리에 의한 변성

단백질 용액에 산 또는 알칼리를 가하면 양(+), 음(-) 전하가 변하기 때문에 이온결합에 변화를 일으켜 단백질이 변성된다. 즉 pH에 따라 단백질 측쇄의 수소결합과 염결합이 파괴된다. 단백질이 등전점에 가까워지면 불용성으로 변하여 침전된다. 그러나 강산이나 강염기에서는 단백질이 가수 분해된다.

② 환원제에 의한 변성

티오글리콜산이나 시스테인과 같은 환원제는 이황화결합을 티올기(-SH)로 전환시킨다. 이와 같은 작용을 이용하여 모발의 컬 형성에 이용한다.

③ 유기용매에 의한 변성

에탄올과 같은 수용성 유기용매(organic solvent)는 소수성 상호작용을 방해한다. 왜냐하면 이 용매는 무극성의 R기와 상호작용하고 극성의 단백질과 물 분자가 수소결합을 하기 때문이다. 또한 무극성 용매도 소수성 상호작용을 파괴한다.

④ 세제에 의한 변성

양쪽성분자(amphipathic molecule)는 소수성 상호작용을 파괴하여 단백질 구조를 폴리펩티드 사슬로 풀어지게 한다. 양쪽성 분자는 친수성과 소수성 성분을 모두 가지고 있다.

⑤ 중성염에 의한 변성

NaCl, Na_2SO_4, $(NH_4)_2SO_4$ 등의 중성염의 농도에 따라 단백질의 용해도는 현저히 변한다. 즉 섬유상 단백질은 물에 거의 녹지 않는다. 소량의 중성염을 첨가하면 용해도가 현저히 향상되는데, 이를 염용(salting in)이라 한다. 머리카락이 바닷물에 노출되었을 때 손상을 받는 이유는 이러한 현상 때문이다. 염 이온이 단백질의 이온결합에 결합하면 단백질 분자 상에 서로 반대되는 전하를 띤 그룹 사이에 상호작용이 감소한다. 이 때 물 분자는 이들 전하를 띤 그룹 주위에 용매화 구형(solvation sphere)을 형성한다. 많은 양의 중성염을 첨가하면 단백질이 용액으로부터 침전한다. 많은 양의 염 이온은 물 분자에 대해 단백질과 경쟁, 즉 단백질의 이온화 그룹을 에워싸고 있는 용매화 구형이 제거된다. 이 때 단백질 분자들은 응집하여 침전하는데 이러한 현상을 염석(salting out)이라 한다.

⑥ 중금속 이온에 의한 변성

수은이나 납 같은 중금속이온은 단백질 구조에 영향을 미친다. 이들은 음전하와 이온결합을 함으로써 염다리 형성을 방해한다. 또한 중금속은 티올기(-SH)와 결합하여 단백질의 구조와 기능에 변화를 준다. 예를 들면 납은 헴 합성과정에 관련된 두 효소의 티올기와 결합한다. 그 결과 헤모글로빈 합성이 감소되어 심한 빈혈을 일으킨다.

(3) 효소에 의한 변성

펩신(pepsin), 트립신(trypsin), 파파인(papain) 등의 단백질 분해 효소는 단백질을 분해시킨다. 단백질의 분해는 효소의 종류에 따라 분해 정도가 달라지며, 효소 분해는 완화한 조건으로 이루어지므로 아미노산의 파괴나 라세미화(racemization)가 일어나지 않고 유리 아미노산이 생성된다.

5. 단백질의 소화와 흡수

1) 단백질의 소화

단백질의 소화는 효소에 의하여 위장에서부터 시작된다. 음식물 중의 단백질은 일반적으로 90 ~ 97%가 소화되어 아미노산으로 된다. 그러나 불용성의 섬유상 단백질인 케라틴은 사람에 있어서 소화되지 않는다. 우선 단백질이 위산에 의하여 변성되면 펩신(pepsin)이 작용한다. 펩신은 위산에 의하여 위액의 pH가 1.5 ~ 2.5 정도 되어야만 활성화된다. 위산의 작용으로 펩신이 활성화되면 펩신은 폴리펩티드 사슬을 보다 짧은 사슬로 끊어준다. 펩신은 모든 펩티드 사슬에 작용하는 것은 아니기 때문에 섭취한 단백질을 완전히 아미노산으로 전환시키지는 못한다.

표 6-6. 단백질 소화에 영향을 미치는 효소

소화효소	효소의 근원	효소의 작용 장소	효소의 작용	흡수 가능한 영양소의 단위
펩 신	위주세포	위 유문동	단백질을 펩티드 도막으로 가수분해	
트립신, 키모트립신, 카르복시펩티다아제	위분비 췌장	소장 내강	다른 펩티드 도막을 분해	
아미노펩티다아제	소장 상피세포	소장 융털 돌기	펩티드 도막을 아미노산으로 가수분해	아미노산과 몇몇의 작은 펩티드

펩신의 불활성 형태인 펩시노겐은 위장의 주세포에서 생성되며, 염산과 섞이면 효소 단백질의 일부가 분해되면서 활성화되어 펩신으로 된다. 펩신의 분비는 호르몬인 가스트린(gastrin)에 의해서 조절된다. 음식을 생각한다든가 음식을 씹게 되면 위장 끝 부위에서 가스트린을 분비하는 세포를 자극하여 생성된다. 또한 가스트린은 산을 생산하는 위장의 벽세포를 자극한다.

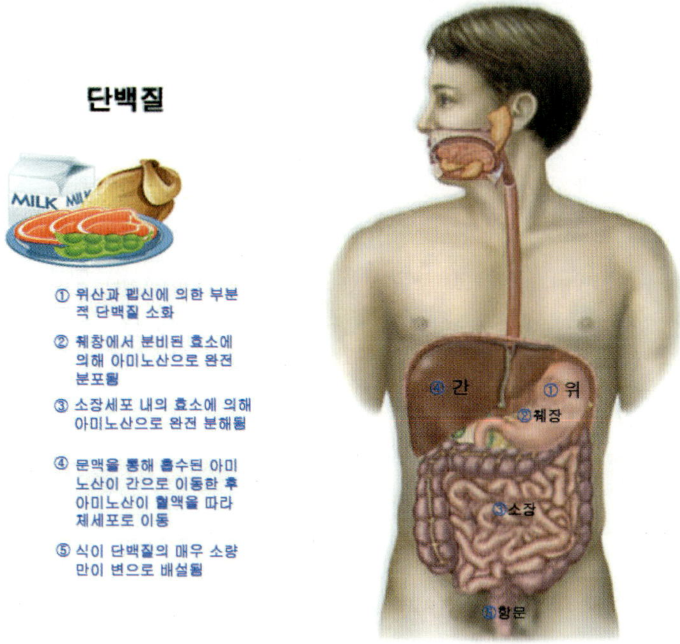

그림 6-33. 단백질의 소화

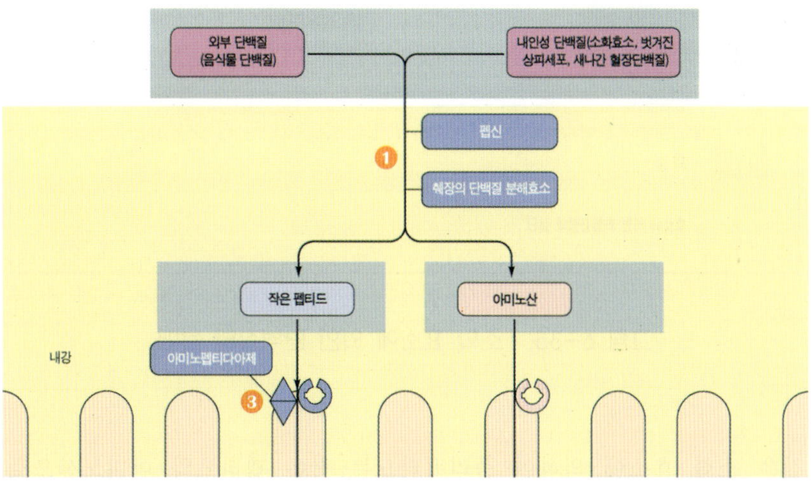

1 음식물과 내인성 단백질은 위액의 펩신과 췌장의 단백질 분해요소에 의해서 구성 요소인 아미노산과 몇몇의 작은 펩티드 단편으로 가수분해됨

3 작은 펩티드들은 다른 유형의 운반체에 의해서 흡수되며, 상피세포의 미세융모에 있는 아미노펩티다아제 또는 세포내의 펩티다아제에 의해서 아미노산으로 분해됨

그림 6-34. 단백질의 소화

부분적으로 소화된 단백질은 다른 영양소와 식사 내 여러 물질과 함께 죽과 같은 유미즙(chyme) 상태로 위에서 소장의 첫 번째 부위인 십이지장으로 이동하게 된다. 각종 지방과 함께 소장에 유입된 폴리펩티드 사슬은 소장벽세포로부터 호르몬인 콜레시스토키닌(cholecystokinin)의 분비를 시작하게 한다. 콜레시스토키닌은 혈액에 의해 그 표적기관인 췌장과 담낭으로 이동된다. 이 호르몬이 표적기관에 전달되면 췌장에서는 단백질 분해 효소인 트립신(trypin), 키모트립신(chymotripsin), 카르복시펩티다아제(carboxypeptidase) 등이 그 불활성형인 지모겐(zymogen) 형태로 소장으로 분비되고 소화분비물에 의해 불활성 형태가 다시 활성화되게 한다.

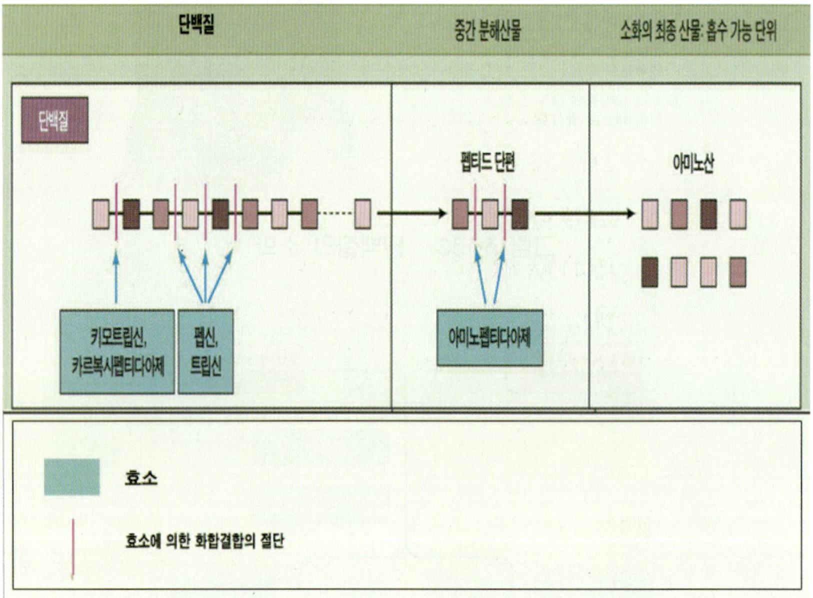

그림 6-35. 소화 효소에 의한 단백질의 분해

이와 같은 소화 효소에 의하여 폴리펩티드는 작은 펩티드와 아미노산으로 분해된다. 음식물과 내인성 단백질은 위액의 펩신과 췌장의 단백질 분해효소에 의해서 구성요소인 아미노산과 몇몇의 작은 펩티드 단편으로 가수 분해된다. 결국 모든 펩티드는 최종적으로 아미노산으로 분해되는데 소장벽에 위치하는 분비선에 의하여 소장의 내강으로 분비되는 여러 효소와 소장의 흡수 세포 내부의 효소에 의하여 이러한 가수분해가 일어나게 된다.

(2) 단백질의 흡수

작은 펩티드와 아미노산은 소장의 내강으로부터 소장의 상피 세포로 흡수된다. 소장세포로 흡수된 작은 펩티드는 결국 그 소장세포 내에서 모두 각각의 아미노산으로 분해되고, 분해된 아미노산은 혈액으로 흡수되어 간 문맥을 통해 간으로 운반된다. 이러한 아미노산은 단백질을 재구성하거나 포도당, 지질로 전환되기도 하고, 때로는 에너지원으로 이용되거나 혈액으로 방출된다. 그러나 신생아의 경우 장벽이 단백질을 통과시킬 수 있기 때문에 단백질 또는 폴리펩티드가 그대로 혈액 속으로 들어가는 경우가 있다. 성인에서도 특수한 단백질을 먹고 알레르기 현상을 일으키는 것은 단백질이 그대로 흡수되기 때문이다.

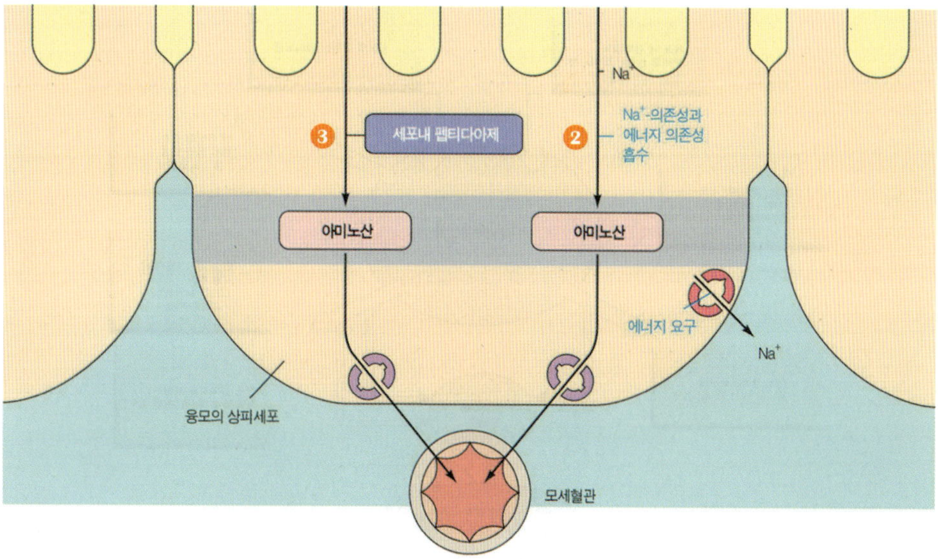

2 아미노산은 소장 상피세포로 흡수되며 마침내 Na^+-의존 또는 에너지 의존 2차 능동수송에 의해서 혈액으로 들어감. 다양한 아미노산들은 각각 특정한 운반체에 의해서 수송됨

3 작은 펩티드들은 다른 유형의 운반체에 의해서 흡수되며, 상피세포의 미세융모에 있는 아미노펩티다아제 또는 세포내의 펩티다아제에 의해서 아미노산으로 분해됨

그림 6-36. 아미노산의 흡수

6. 단백질의 대사

소장에서 흡수된 아미노산은 간에서 여러 가지 중요한 작용을 하게 된다. 첫째는 체단백질로 재합성되어 간세포와 혈장에 단백질을 공급한다. 둘째는 호르몬, 핵산 염기, 효소 등의 각종 질소화합물을 합성하게 된다. 셋째는 일부 아미노산이 간장에서 아미노기를 잃고 당질 또는 케톤체로 된다. 넷째는 간장을 통해 혈액으로 들어온 혈장 아미노산은 모든 조직으로 운반되어 아미노산 간의 변환, 에너지원 등으로 이용된다.

혈장 중의 아미노산 농도는 공복 시 혈장 100mL 중 질소 3.8 ~ 8.0mg을 유지한다. 이는 체내에서 단백질이 분해된 아미노산이나 새롭게 합성된 아미노산이 혈액으로 공급되기 때문이다. 식후 4 ~ 5시간이 지나면 혈장 아미노산의 농도가 7 ~ 10mg/100mL으로 최고로 상승하고, 7시간이 지나면 원래의 상태로 되돌아간다.

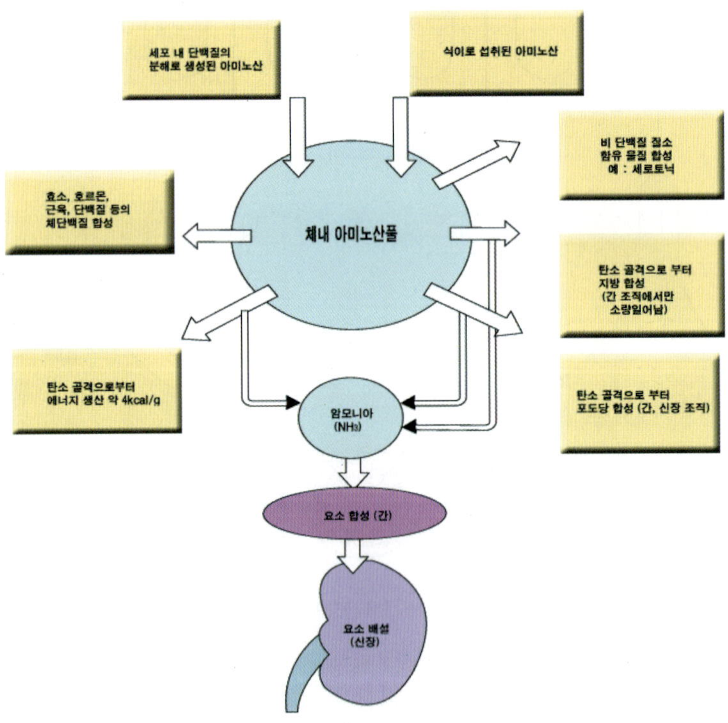

7-37. 아미노산 풀(pool)의 개념

체단백질의 교체는 체단백질이 분해되어서 체외로 배출된 만큼을 음식물에서 보충함으로써 이루어진다. 음식에서 유래된 아미노산과 체단백질의 분해로 인한 아미노산이 모두 아미노산 풀(pool)로 투입된다. 세포에서 필요로 하는 아미노산은 이 풀에서 공급된다. 투입된 아미노산 중에서 체단백질과 특수 질소화합물이 만들어진다. 그리고 이화되어서 소변의 질소화합물로 배설된다. 아미노산 풀에서 과잉인 아미노산은 아미노산으로서 이용되는 일 없이 분해된다. 결국 각 부분의 체단백질은 분해, 합성됨으로써 항상 유동하면서 일정한 상태를 유지한다. 이와 같이 생물체의 기본이 되는 상태를 동적 평형이라 한다.

1) 체단백질의 합성

인체 내의 단백질량은 그 합성속도와 분해속도가 균형을 이루므로 일정하게 유지된다. 생체는 영양 상태에 따라서 단백질의 합성과 분해속도를 변화시켜서 생명을 유지하고 있지만 그 방법은 장기에 따라 다르다. 예를 들면 단백질 영양이 나쁘면 간장의 단백질 합성속도는 증가할 수 없고, 분해속도만 상승되어 단백질량이 감소된다.

인체의 구성소인 단백질을 구성하는 아미노산은 약 20여종에 불과하나 결합된 아미노산의 순서와 수에 따라 수많은 종류의 단백질이 인체에 존재한다. 이들 단백질은 필요에 따라 합성되어 세포의 성장과 분비 활동에 이용되고 있다. 단백질 합성에 관한 모든 정보는 유전자의 본체인 DNA에 저장되어 있다. 즉 DNA에 있는 유전정보는 단백질 분자를 구성하는 아미노산의 배열 순서를 결정하게 된다. 이러한 배열순서가 단백질의 형태와 특성 및 기능을 결정한다. 그러나 DNA는 너무 큰 분자이기 때문에 핵막을 통과하여 단백질 합성이 일어나는 세포질로 갈 수 없다. 따라서 DNA 대신에 유전 정보를 운반하는 전달자가 핵으로부터 세포질로 이동하여야 한다.

DNA 사다리가 두 갈래로 분리되면서 단백질 합성과정이 진행된다. 이어서 그 한쪽 기둥의 형태에 따라서 mRNA가 만들어지며, 이때 DNA의 뉴클레오티드(nucleotide) 순위에 입력된 유전정보는 생성되는 mRNA의 뉴클레오티드(nucleotide)에 이동된다. 이를 전사(transcription)라고 한다. 생성된 mRNA는 핵막을 통하여 세포질로 나오게 된다. 이 mRNA에 있는 염기의 순서가 단백질 합성과정에서 아미노산의 결합 순서를 의미한다. 즉 3개의 염기(base) 서열이 한 단위가 되는 코돈(codon)을 형성하는데, 이러한 코돈이 하나의 아미노산을 나타낸다. 한 개의 mRNA가 형성할 수 있는 코돈

수는 64개(43개)가 된다. 3개의 머리핀 고리(hairpin turn) 구조를 하고 있는 tRNA는 비교적 작으며, 핵 속에서 전사되어 세포질 내로 이동하게 된다. 이들은 특정 아미노산을 운반하여 mRNA 코돈과 결합시키는 역할을 한다.

tRNA가 특정한 아미노산과 결합하여 아미노산이 활성화되면서 세포질 내에서 단백질 합성이 시작된다. mRNA가 리보솜과 결합하면 리보솜은 mRNA에 있는 기호를 한쪽 끝에서부터 해독하기 시작한다. 출발 코돈인 AUG(methionine)에서 시작하여 이동하다가 어떤 특정한 아미노산 기호에 도달하면 tRNA-ATP-아미노산 복합체가 리보솜으로 들어와 결합한다. 리보솜의 이동에 따라 tRNA에 의하여 운반된 아미노산은 서로 결합하여 단백질을 이루고 tRNA는 떨어져 나간다. 이와 같이 진행하다가 더 이상 tRNA가 결합할 수 없는 코돈에 도달하면 단백질 합성이 종결된다. 이러한 과정에서 분리된 tRNA는 몇 번이고 되풀이하여 사용할 수 있으나 mRNA는 핵에서 새로이 만들어 세포질 내로 공급하게 된다.

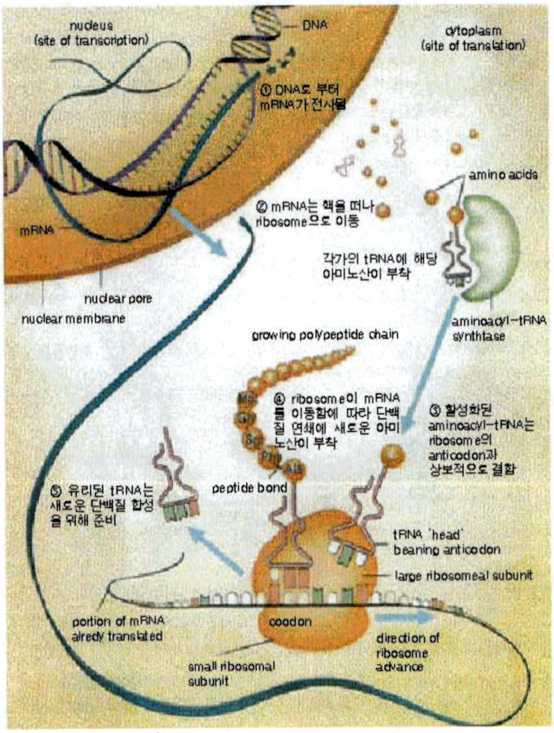

그림 6-37. 단백질의 생합성

2) 체단백질의 분해

단백질은 단백질 분해효소에 의하여 분해되는데, 단백질 분해효소는 세포 외에 존재하는 것과 세포 내에 존재하는 것이 있다. 세포 외의 단백질 분해효소는 섭취한 음식물의 단백질을 분해하는 소화관의 프로테아제(protease)이다. 세포 내의 단백질 분해효소는 리소좀(lysosome) 내에 작용하는 리소좀계 프로테아제군과 비리소좀계 프로테아제군이 있다. 막소포상의 리소좀에는 여러 종의 가수분해효소가 있고, 단백질도 이들에 의해 분해된다. 최근 비리소좀계의 불활성형 다기능 프로테아제가 세포질 내에 다량 존재해 있는 것이 발견되었다.

단백질 분해는 신체의 중요한 대사 중 하나이다. 성인 남자가 섭취해야 하는 단백질 평균 필요량은 40g/day 정도이다. 그러나 체내에서 합성되는 단백질량은 400g/day으로 간주되고 있다. 단백질 합성에 필요한 아미노산은 실제로 90%가 체내의 단백질을 분해하여 생긴 아미노산의 재이용이다. 단백질의 분해는 에너지가 필요함에도 불구하고 항상 진행되고 있다. 또한 단백질에 따라서는 사용되는 일 없이 분해되어 버린 것도 있다.

3) 특수한 질소화합물의 생산

인슐린, 뇌하수체 호르몬 등과 같은 단백질과 펩신, 트립신 등과 같은 효소를 생성한다. 그리고 단백질이 아닌 아드레날린(adrenalin)과 티록신(thyroxine) 같은 호르몬을 생성하며, 크레아틴(creatine), 핵산 등의 퓨린(purine)체와 피리미딘(pyrimidine)체 등을 생성한다.

4) 소변 중의 질소화합물

체내에서 아미노산은 변화되어 질소화합물로 배출되며 대부분은 요소(urea)이다. 이 요소의 배출량은 단백질의 섭취량에 따라서 변한다. 그러나 요소 이외의 성분은 거의 변동이 없는데, 특히 크레아티닌(creatinin)은 일정하다.

5) 에너지원이나 당질 또는 지방으로 축적

탈 아미노산 반응 후 비질소 부분은 에너지원으로 산화되거나 당질 또는 지방으로 전환되어 신체에 축적된다. 그러나 필요 이상으로 섭취된 아미노산은 체내에 오랜 기간 동안 축적되지 않고 배설되므로 적은 양일지라도 매일 소모되는 아미노산의 양만큼은 음식물에서 섭취하여야 한다.

6) 아미노산의 대사

아미노산 대사의 중심이 되는 효소반응에는 글루탐산 탈수소효소(glutamic acid dehydrogenase)에 의한 암모니아의 고정과 유리 그리고 아미노기 전이효소(transaminase)에 의한 아미노산과 α-케토산(α-keto acid) 간의 아미노기 전이반응 등이 있다. 이와 같은 반응은 가역반응이므로 아미노산의 합성과 이화에 공통으로 사용된다. 더구나 α-케토산은 해당계와 TCA 회로의 기질이기 때문에 이 전이반응에 의한 아미노산 대사는 당 대사와 지방산 대사에 연결된다. 또한 아미노산 대사의 중심 기관인 간장에서 당 대사 및 지방 대사와 연휴해서 영양 상태에 따른 아미노산 풀의 항상성을 유지한다.

(1) 비필수아미노산의 합성

비필수아미노산은 기본적으로 각 아미노산의 골격이 되는 α-케토산에 글루탐산의 아미노기가 전이되어 합성된다. α-케토산은 당대사의 중간 산물로부터 공급되고, 아미노기의 질소는 식품으로부터 공급된다. 사람의 몸에서 필수아미노산이 합성될 수 없는 것은 아미노기를 주고, 받을수 있는 아미노산의 골격이 되는 α-케토산을 합성할 수 없기 때문이다. 그러나 시스테인이나 티로신과 같은 비필수아미노산은 메티오닌과 페닐알라닌과 같은 필수아미노산에서 합성된다.

(2) 아미노산의 이화작용(catabolism)

아미노산의 이화작용은 아미노기에서 암모니아 대사와 아미노기가 제거된 탄소골격의 대사로 분류된다. 각 아미노산의 산화경로는 다르지만 대개 첫 번째로 일어나는 주요한 반응은 탈 아미노반응(deamination)이다. 이와 같은 탈 아미노반응에는 일반적으로 아미노기 전이반응과 산화적 탈아미노반응이 있는데, 전자의 반응이 주로 일어나다.

(3) 탄소골격의 분해

아미노산이 아미노기를 상실하고 남은 탄소골격 부분은 다른 아미노산의 아미노기를 받아서 다시 아미노산으로 되돌아가거나 해당과정 또는 TCA회로에 들어가서 산화되기도 한다. 그러나 간장에서는 절식 시 포도당이나 케톤체(ketone body)의 합성원료로 이용되기도 한다. 즉 아미노산의 탄소골격은 피루브산(pyruvic acid), TCA회로의 중간산물, acetyl-CoA 등으로 변화된다.

이 물질들은 모두 TCA회로에서 산화되어 ATP를 생산하기도 하고, 영양상태에 따라 포도당, 케톤체 그리고 지방산 합성에 이용되기도 한다. 예를 들면 공복 시나 기아 시 또는 당질의 섭취량이 부족해서 인슐린의 수준이 낮아지고, 글루카곤의 수준이 높아질 때에는 피루브산과 TCA회로의 중간산물들이 당신생계를 거쳐서 포도당을 공급하고 acetyl-CoA는 케톤체를 공급한다.

반대로 당질 등의 에너지원이 충분히 섭취될 때에는 과잉의 아미노산은 아미노기를 제거한 후 피루브산이나 TCA회로의 중간산물을 거쳐서 acetyl-CoA를 생성하고, 더 나아가 지방산으로 전환되어서 저장지질로 지방조직에 축적된다.

7) 요소의 합성

아미노산의 질소는 최종적으로 요소(urea), 요산(uric acid), 암모니아, 크레아틴(creatine), 크레아티닌(creatinine)과 같은 질소화합물로 소변 중에 배설된다. 인간을 포함한 포유류의 경우 질소의 주요한 최종 대사산물은 요소이다. 요소를 합성하는 반응계를 요소회로(urea cycle)라 하며, 오르니틴(ornitine) 혹은 크렙스 요소 회로(Krebs urea cycle)라고도 한다.

간장에서만이 요소회로의 모든 효소가 갖추어져 있기 때문에 요소는 간장 이외의 조직에서는 합성되지 않는다. 아미노산으로부터 유리되는 암모니아는 척추동물에 있어서 매우 독성이 강하다.

8) 단백질의 결핍

성장기가 아닌 경우 변, 피부, 머리카락, 손톱 등으로 소모되는 단백질의 양과 더불어 소변으로 배출되는 단백질 분해산물로 단백질이 손실되므로 그 양에 맞는 단백질을 매일 섭취하여야 한다. 즉 단백질 손실량에 맞추어 단백질을 섭취하여 균형을 맞추는 것이 필요하다.

성장기이거나 질병으로부터 회복될 때에는 새로운 체조직을 구성하기 위해서 보다 많은 양의 단백질을 섭취할 필요가 있다. 그러므로 단백질의 손실량보다 더 많은 양의 단백질을 반드시 섭취하여야 한다. 인슐린, 성장 호르몬, 남성 호르몬과 같은 호르몬도 새로운 조직의 합성을 자극한다. 그러므로 보통의 상태에서는 더 많은 단백질을 섭취한다고 해도 필요한 체조직이 더 많이 만들어지지는 않는다. 근력증강 운동도 단백질의 합성을 증가시킨다.

건강한 사람의 경우 단백질 균형을 유지하는데 필요한 식이 단백질의 양은 손실량과 동등한 양의 단백질을 섭취하는 것으로 정의된다. 이때 열량 수요는 충족되어야 하고, 그렇게 되면 아미노산은 열량 생산을 위해 이용될 필요가 없다.

단백질 결핍 상태는 아주 드문 경우를 제외하고는 식품 섭취 부족으로 인하여 열량 및 다른 영양소 부족과 함께 나타난다. 이러한 열량불량 상태는 어린이의 성장을 저해하고, 전 생애에 걸쳐서 질병에 더 잘 걸리는 원인이 된다. 유아와 어린이는 단백질과 에너지 요구량이 높으므로 부적당한 칼로리의 섭취는 단백질의 결핍을 가속화할 수 있다. 충분한 잠재 에너지는 단백질 결핍으로부터 체단백질을 보호할 수 있다.

그러나 탄수화물과 지방의 섭취가 불충분하면 단백질을 에너지원으로 전환시킨다. 그 결과 구조적, 기능적 단백질이 에너지를 얻기 위해서 산화되면 어린이들의 체단백질을 빼앗는 결과가 되므로 단백질 결핍을 초래하기 쉽다. 그러므로 단백질과 열량 섭취가 모두 부족한 사람은 단백질-칼로리 영양실조(protein-calorie malnutrition, PCM)가 발병할 수 있다. 그 중에서도 특히 열량이 결핍되면 마라스무스(marasmus)라는 결핍상태가 발생할 수 있고, 단백질 섭취가 불충분하면 기존의 질병과 복합적으로 작용하여 쿼시오커(kwashiorkor)라는 영양불량 상태가 초래된다.

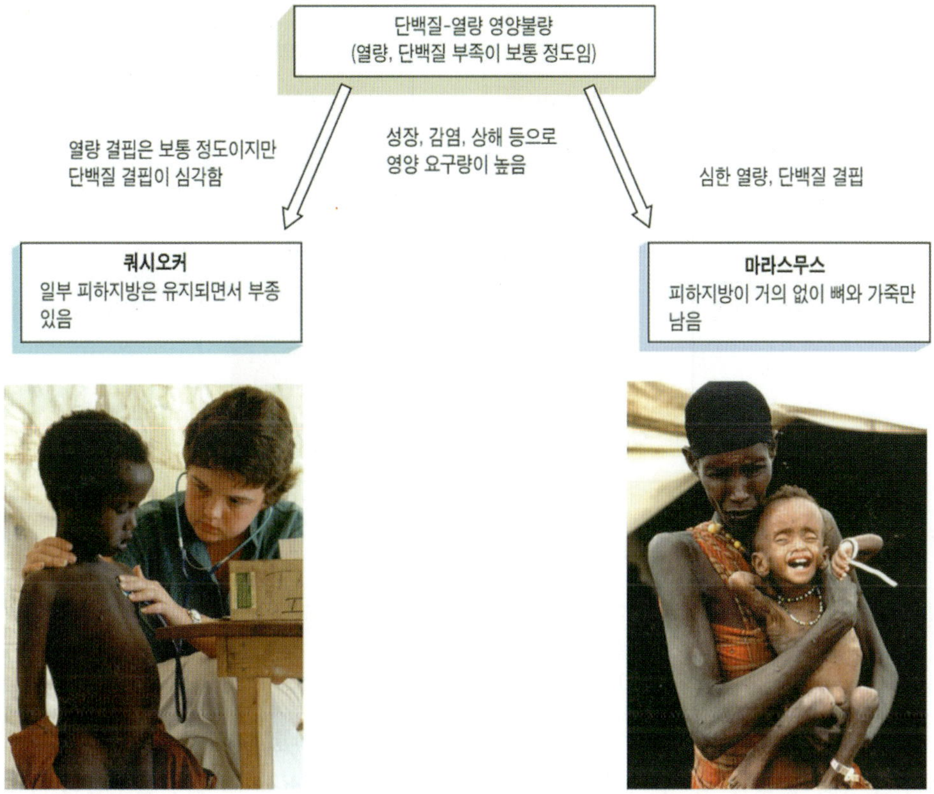

그림 6-39. 단백질 결핍

(1) 콰시오커(kwashiorkor)

콰시오커는 이유된 1 ~ 4세의 어린이에게 주로 발생한다. 비록 산모가 영양실조일지라도 일반적으로 모유에는 충분한 고질의 단백질과 풍부한 에너지원을 함유하고 있다. 단백질 결핍질환은 이유에 이용할 적당한 식품이 없을 때 발생한다. 콰시오커는 단백질이 함유되지 않고 약간의 에너지를 제공하는 전분의 묽은 죽을 먹는 어린이에게 주로 발생한다. 이 질환이 심해지면 사망에 이르며, 생존할지라도 다음과 같은 증상이 나타난다.

① 단백질 소비로 인한 성장 부진, ② 피부염, ③ 다리와 복부의 부종
④ 머리카락의 탈색, ⑤ 식욕상실, ⑥ 설사와 구토, ⑦ 저항력 감소, ⑧ 빈혈 등

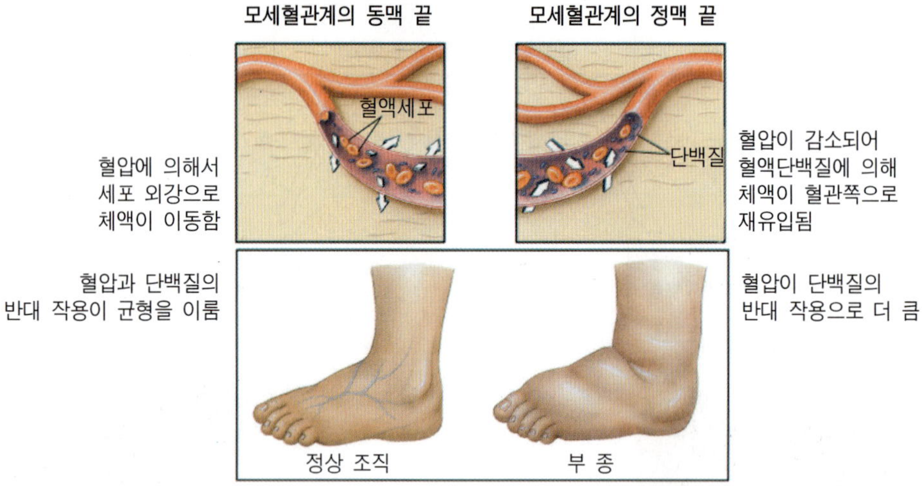

그림 6-40. 단백질 결핍에 의한 부종

(2) 마라스무스(marasmus)

마라스무스는 6 ~ 18개월 정도의 유아에게 발생한다. 질병 초기의 유아는 뺨의 지방층이 소실되어 젖을 빨 수 없게 된다. 지방조직의 빠른 손실 후에 근육조직이 소모된다. 아미노산 폴에서 아미노산이 신속하게 감소되므로 적당한 단백질 합성이 이루어지지 않는다. 증상이 진전되면 콰시오커와 유사하고, 유아라 하더라도 쇠약해진 노인과 같이 보인다. 이는 영양소 결핍으로 체액의 농도가 낮아져서 체액의 삼투압이 낮아져서 탈수 작용이 일어나기 때문이다.

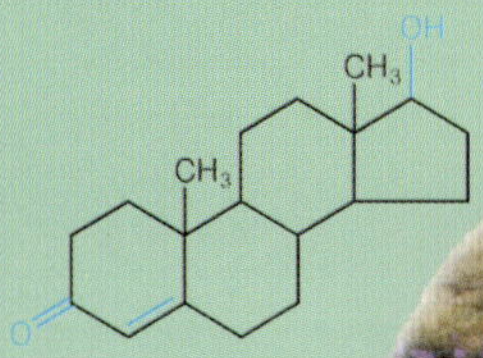

테스토스테론

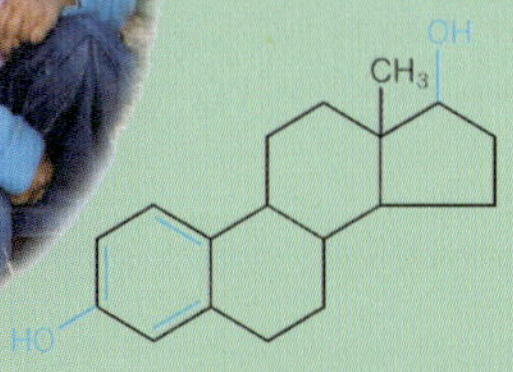

에스트로겐

Chapter 7. 호 르 몬(Hormone)

1. 서 론(introduction)
2. 호르몬의 작용
3. 호르몬의 종류와 그 기능
4. 호르몬에 의한 영양소의 대사조절
5. 호르몬과 고혈압

1. 서 론(introduction)

사람의 정상적인 기능과 발육을 위해서는 각종 장기 및 조직 상호 간에 일정한 협조체제가 이루어져야 한다. 이러한 상관관계가 신경성 또는 내분비선에 의하여 조절된다. 즉 동물 유기체에서 정보를 전달하는 전문적인 계통은 신경계통과 호르몬계통이다. 신경계는 외부의 자극에 반응하여 신체의 항상성(homeostasis)을 유지하고, 내분비계는 신체의 성장(growth), 분화(differentiation) 그리고 대사(metabolism)에 작용한다.

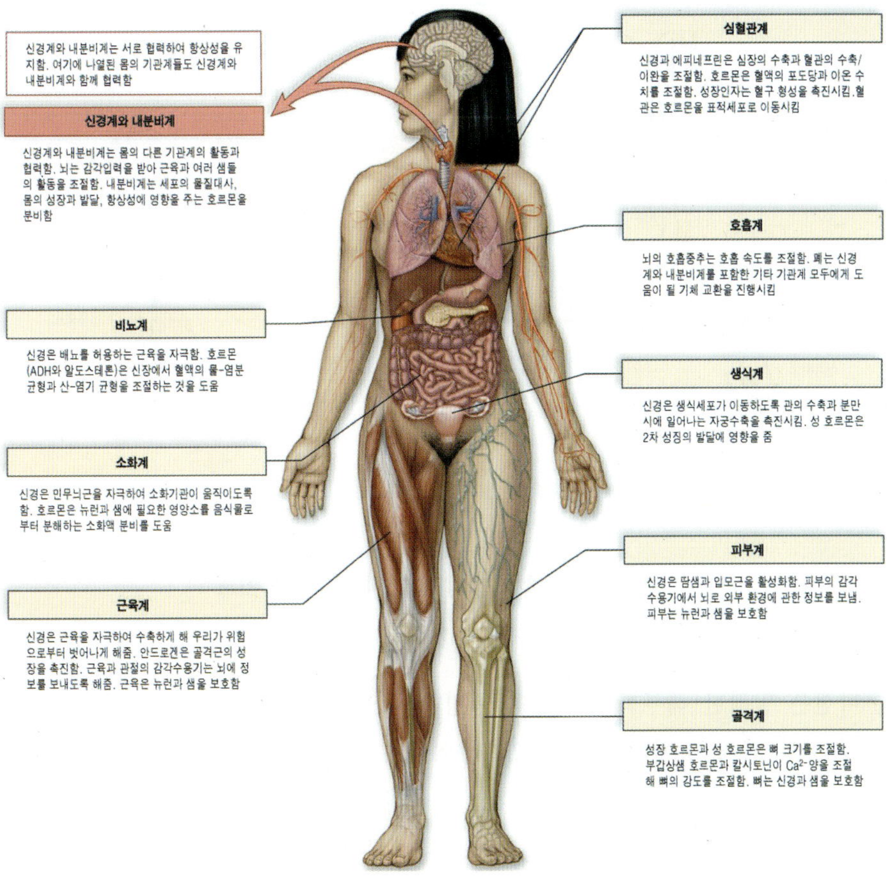

그림 7-1. 신경계와 내분비계에 의한 항상성의 유지

내분비선(endocrine gland)에서 미량으로 생산되는 물질로 혈류에 의해 특정 장기나 조직의 표적세포(target cell)에 운반되어 많은 대사과정에 영향을 미치는 생리적 유기화합물을 호르몬이라 한다. 즉 일정한 조직이나 기관에서 만들어진 후 혈관 또는 림프관 속으로 직접 분비되어 다른 표적기관의 기능에 영향을 주는 조절물질이다. 따라서 접촉된 세포에 작용하는 것이 아니라 멀리 있는 기관과 세포에 작용하고, 그 효과도 천천히 나타난다. 특히 호르몬은 표적 조직(target tissue)에서 생화학적 작용과 생리적 작용으로 생체 내의 반응 속도와 평형을 조절하는 물질이다. 이러한 작용을 하는 호르몬은 1902년 Bayliss 및 Starling에 의하여 자극, 흥분을 의미하는 그리스어의 hormao에서 유래되었다.

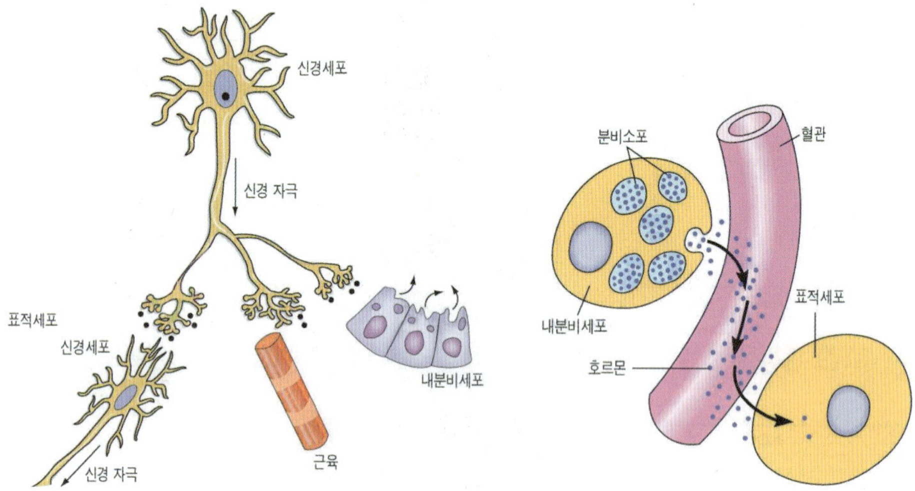

그림 7-2. 신경계와 내분비계의 신호전달

내분비선은 일정한 해부학적 계통을 형성하지 않고 소화기, 호흡기, 비뇨생식기, 신경, 맥관 등의 여러 곳에 산재되어 있다. 이들이 분포한 주요 장기는 뇌에 부속된 뇌하수체(hypophysis)와 송과체(pineal body), 경부에 있는 갑상선(thyroid)과 부갑상선(parathyroid), 흉강 내에 있는 흉선(thymus), 복강과 골반 강에 있는 췌장(pancreas), 부신(adrenal gland) 등은 남녀 모두 동일한 장소이다. 그러나 남성의 경우 고환(testis)이고, 여성의 경우 난소(ovary)로서 생식선만 다르다.

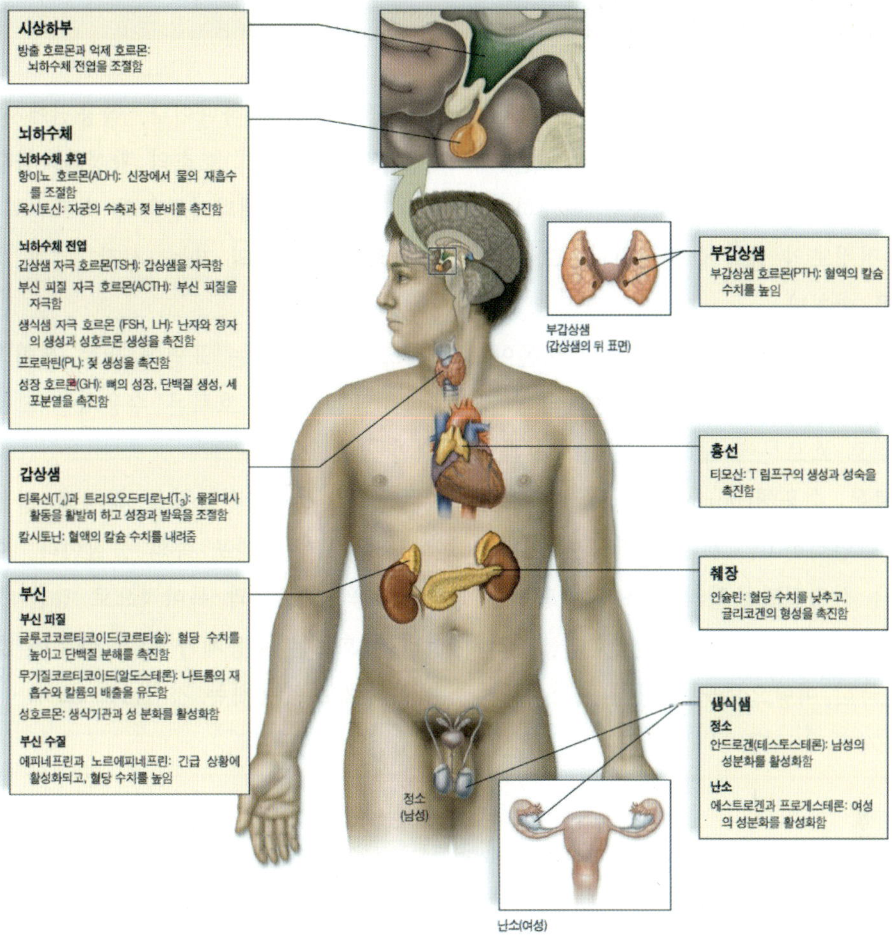

그림 7-3. 내분비선의 분포 및 관련 호르몬

이러한 내분비선은 도관이 없고 다혈관성이며 각종 특수 분비물, 즉 호르몬을 직접 혈액이나 림프 속으로 분비하여 체내를 순환시킨다.

그 분비물은 내분비선에 따라 다르며 일반적으로 관련된 장기, 즉 표적기관(target organ)에 작용하는 것이 많으나 어떤 것은 신체 내 모든 세포의 대사과정에 관여하기도 한다. 이들이 체내 각 장기의 활동을 조화시키며 신경계, 특히 자율신경계와 협력하여 인체의 기능을 수행하는데 중요한 역할을 한다.

2. 호르몬의 작용

호르몬은 장기 사이나 세포 사이에서 신호정보전달물질의 하나이다. 작용면에서 호르몬, 신경전달물질, 국소호르몬 등은 세포기능 조절분자로서 효소의 활성화, 불활성화나 효소 유도 및 억제 등을 매개하여 세포의 물질변환, 에너지변환의 속도변화 또는 유전정보의 발현에 관여한다. 그 종합작용 결과로써 세포의 기능, 성장, 분화 등에 영향을 미친다.

호르몬의 작용 발현은 우선 호르몬이 표적세포의 내측 또는 표면에 있는 특이적인 호르몬 수용체에 결합하는 것에 의해 시작된다. 일반적으로 호르몬 수용체는 고분자 단백질로 호르몬에 대해 높은 친화성과 특이적인 결합을 한다.

호르몬 수용체(hormone receptor)는 호르몬 등의 생리활성물질을 분자적 결합의 형태로 인식하고, 그 결과 세포에 어떠한 변화를 일으키는 세포 쪽의 물질이다. 호르몬이나 신경전달물질의 수용체는 단백질이며, 각각의 호르몬과 특이적으로 강한 친화력을 가지고 가역적으로 결합한다. 따라서 이러한 호르몬 수용체가 있기 때문에 호르몬은 극히 미량으로도 특정의 표적세포에만 특이적으로 작용하는 것이다.

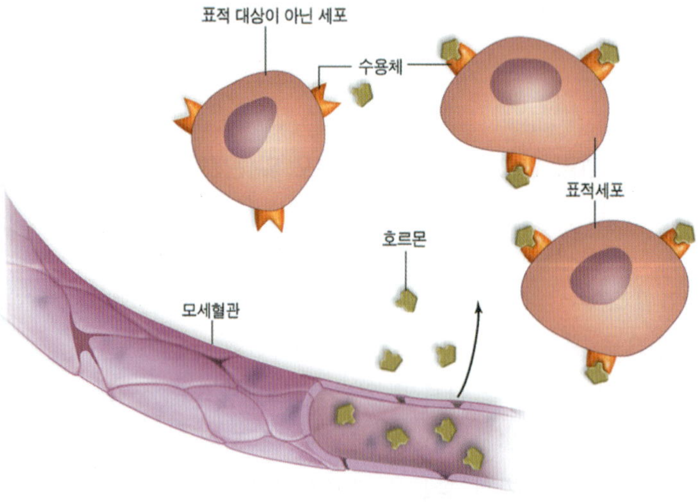

그림 7-4. 호르몬 수용체(hormone receptor)

1) 호르몬 수용체의 작용기구

작용하는 수용체의 존재 부위에 따라 세포표면 수용체에 작용하는 것과 세포내 수용체에 작용하는 것으로 나눌 수 있다. 펩티드호르몬이나 카테콜아민(catecholamine) 수용체는 세포 표면에 존재하고, 스테로이드 호르몬이나 활성형 비타민 D 수용체는 세포 내에 존재한다.

(1) 펩티드호르몬이나 카테콜아민(catecholamine) 수용체

펩티드호르몬이나 카테콜아민(catecholamine) 수용체는 세포막의 바깥쪽 표면에 존재한다. 호르몬이 이러한 수용체에 결합하면 호르몬수용체 복합체는 세포막 안쪽에 효과기(effector)로서 작용하여 세포 내에 Adenylate cyclase(cAMP)나 칼슘이온 등의 2차 전령(messenger)을 생성하고, 이것이 세포 내로 확산되어 호르몬의 효과를 중개한다. 가장 잘 알려져 있는 2차 전령은 cAMP이다.

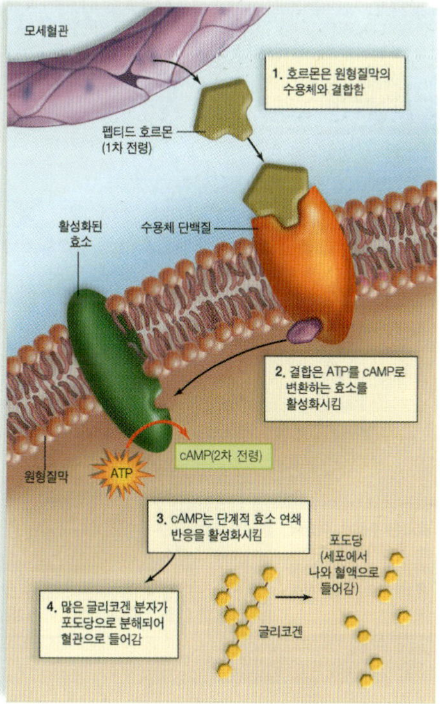

그림 7-5. cAMP 의존성 호르몬 조절

(2) 스테로이드 호르몬이나 활성형 비타민 D 수용체

모든 스테로이드호르몬이나 활성형 비타민 D는 지용성이기 때문에 쉽게 세포막을 통과하여 확산한다. 이들의 수용체는 세포질에 존재하는 가용성 단백질이다. 호르몬이 이러한 수용체에 결합하면 호르몬-수용체 복합체로서 핵 내로 이행하고, 특이한 크로마틴(chromatin)상의 수용체 부위에 결합한다. 이들 핵의 스테로이드-수용체 복합체는 전사에 이용되는 DNA의 주형을 변화시켜 특정 mRNA의 합성을 재촉한다. 궁극적으로는 특정 단백질의 생합성 속도가 증대된다.

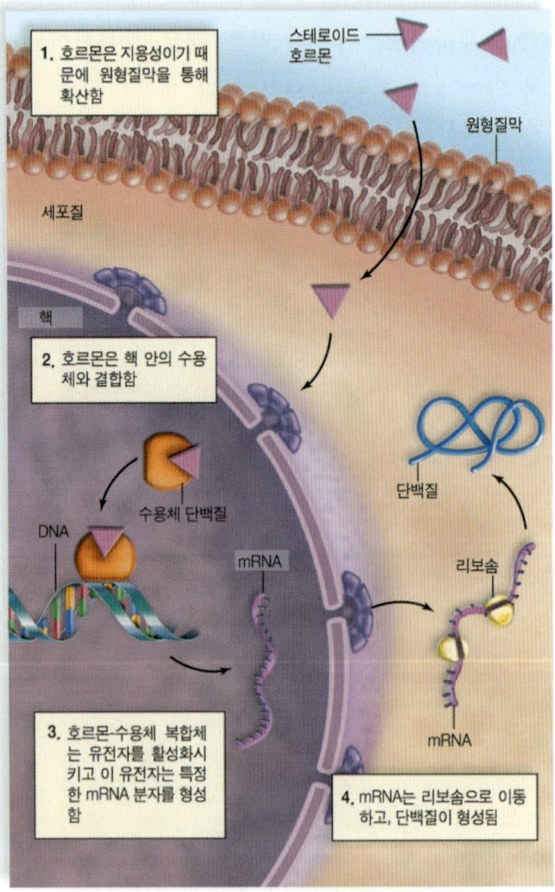

그림 7-6. 스테로이드 호르몬의 작용기구

2) 호르몬의 일반적인 작용

호르몬은 혈중에 매우 낮은 농도로 존재하면서 외부환경의 변화에 따라서 표적기관에 매우 효과적으로 작용한다. 호르몬은 여러 기관에서 형성되며, 다른 많은 기관에 영향을 주지만 특정한 기관뿐만 아니라 전신에서 서로 협동하거나 길항 작용을 한다. 일부 호르몬은 간이나 다른 조직에서 물질대사에 참여하고 다시 활성화되며, 불활성된 호르몬은 소변을 통하여 배설된다.

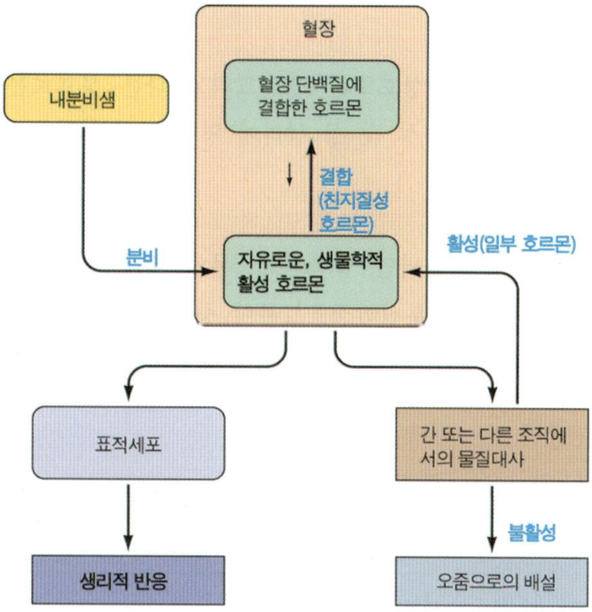

그림 7-7. 호르몬의 일반적인 작용과 배설

(1) 신진대사 조절작용

신체에서 여러 대사에 관여한다. 예를 들면 인슐린에 의한 당질대사나 혈당하강의 조절, 부갑상선 및 칼시토닌(calcitonin)에 의한 Ca^{2+} 대사, 티록신(thyroxine)에 의한 기초대사, 알도스테론(aldosterone)에 의한 전해질과 항이뇨호르몬(ADH)에 의한 수분대사 조절 등이 있다.

(2) 신체의 성장

신체의 성장에는 성장호르몬(growth hormone)이 필요하며, 이러한 호르몬의 과다 분비 또는 과소 분비에 따라 거인이나 난장이가 된다. 또한 소아의 경우 갑상선호르몬이 결핍되면 성장이 되지 않는다.

(3) 정신 또는 신경 발육에 관여

티록신 등의 갑상선호르몬이 결핍되면 신체의 발육뿐만 아니라 정신발육이 지연되고, 정신박약아가 될 수 있다.

(4) 생식에 관여

난포자극호르몬(FSH), 황체형성호르몬(LH) 그리고 다른 성호르몬 등은 남녀 생식기에 작용하여 정자와 난자의 형성 및 성 생리에 영향을 미친다.

(5) 적응 및 순응에 관여

매우 추운 곳에 신체가 노출되면 갑상성호르몬인 티록신(thyroxine)이 증가되고, 스트레스가 많으면 뇌하수체나 부신피질호르몬이 증가된다. 따라서 이와 같은 호르몬이 결핍되면 신체는 주위환경에 잘 적응하지 못한다.

(6) 소화작용에 관여

세크레틴(secretin)이나 가스트린(gastrin) 등은 분비되어 소화기능을 조절하는데 중요한 역할을 한다.

(7) 음성되먹이기 체계 조절작용

음성되먹이기기전(negative feed-back mechanism)으로 호르몬의 혈중 농도를 항상 일정하게 유지시킨다. 음성되먹이기기전이란 혈액 중에 연관된 호르몬 농도가 높으면 내분비선의 호르몬 분비가 제한되고, 반대로 농도가 낮으면 분비가 촉진되는 현상이다.

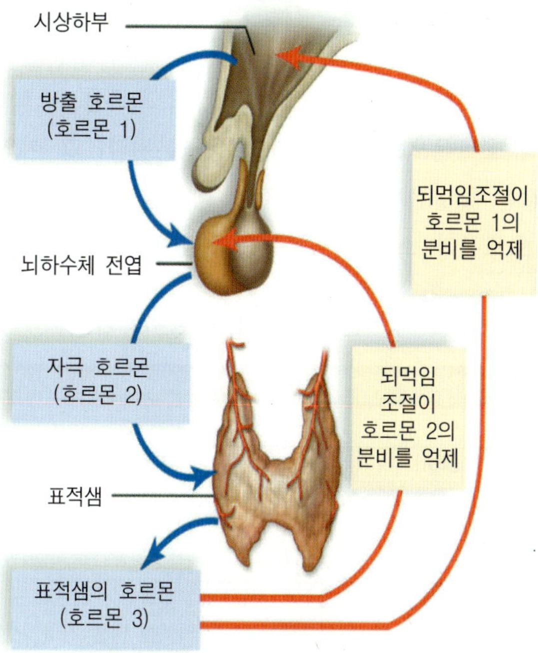

그림 7-8. 음성되먹이기 기전(negative feed-back mechanism)

(8) 협동작용

호르몬은 신경이나 다른 화학물질과 협동하여 신체의 작용을 조절한다. 위와 같은 기능을 하는 호르몬을 생산하는 기관을 내분비기관이라 한다.

3. 호르몬의 종류와 그 기능

호르몬은 화학적 구조에 따라 단백질 또는 펩티드 호르몬, 스테로이드계 호르몬 그리고 아미노산 유도체 호르몬으로 크게 3가지로 구분된다. 그 이외에 프로스타글란딘(prostaglandin)과 같은 물질은 호르몬과 같은 작용을 하는 것도 있다. 그리고 용해성에 따라서 수용성 호르몬과 소수성 호르몬으로 분류할 수 있다.

표 7-1. 인체의 주요 호르몬과 기능

호르몬의 종류	생성부위	주요효과
폴리텝티드		
부신피질 자극 호르몬 방출인자(CRF)	시상하부	ACTH의 방출 자극
성선 자극 호르몬 방출인자(GnGF)	시상하부	FSH와 LH의 방출 자극
갑상선 자극 호르몬 방출인자(TGF)	시상하부	TSH의 방출 자극
성장 호르믄 방출인자(GRF)	시상하부	심장 호르몬의 방출 자극
부신피질 자극 호르몬(ACTH)	뇌하수체 전엽	부실피질 스테로이드 호르몬의 방출 자극
갑상선 자극 호르몬(TSF)	뇌하수체 전엽	티록신 방출 자극
여포 자극 호르몬(FSH)	뇌하수체 전엽	난소에서 베란과 에스트로겐의 합성 자극, 고환에서는 정자 생선 촉진
황체 형성 호르몬(LH)	뇌하수체 전엽	난소에서 에스트로겐과 프로게스테론의 합성 자극, 고환에서는 안드로겐의 합성 자극
메티오닌-엔케팔린	뇌하수체 전엽	중추신경계에서의 마약효과
류신-엔케팔린	뇌하수체 전엽	중추신경계에서의 마약효과
β-엔도르핀	뇌하수체 전엽	중추신경계에서의 마약효과
비소프레신	뇌하수체 전엽	콩팥에서 물의 재흡수 촉진 및 혈압 상승
옥시토신	뇌하수체 전엽	자궁수축과 젖 분비 촉진
인슐린	췌장(랑게르한스 섬의 β-세포)	혈류로부터 포도당의 흡수 자극
글루카곤	췌장(랑게르한스 섬의 α세포)	혈류로 포도당의 방출 자극
스테로이드		
당질 코르티코이드	부신피질	염증 경감, 스트레스에 대한 저항력 증대
무기질 코르티코이드	부신피질	염과 수분 균형유지
에스트로겐	생식전과 부신피질	여성의 2차 성장 발달 자극
아미노산 유도체		
에피네프린	부신수질	심장 박동과 혈압 증가
노르에피네프린	부신수질	말초순환 감소와 지방조직에서 지방분해 촉진
티록신	갑상선	일반적 대사 촉진

1) 뇌하수체 호르몬(hypophyseal hormone)

내분비계의 지휘부라고 할 수 있는 뇌하수체는 전신의 발육, 갑상선과 부신피질의 기능 촉진, 난포의 성숙, 유즙분비작용 등 수많은 신체기능을 조절하는 9개의 주요한 호르몬을 생산한다. 또한 다른 내분비선의 분비활동을 조절한다. 특히 뇌의 시상하부(hypothalamus)는 뇌하수체의 분비활동을 조절한다. 또한 시상하부의 활동은 호르몬에 의해서 영향을 받는다.

뇌하수체는 발생학적으로 전엽 및 중엽의 선하수체와 후엽의 신경하수체로 이루어져 있다. 이를 세분화한 뇌하수체는 선세포로 된 전엽, 갑상선의 구조에 가까운 중엽(간엽), 신경조직을 함유한 후엽의 3가지로 구분되며, 각 단백질과 폴리펩티드로 된 여러 호르몬을 생산한다.

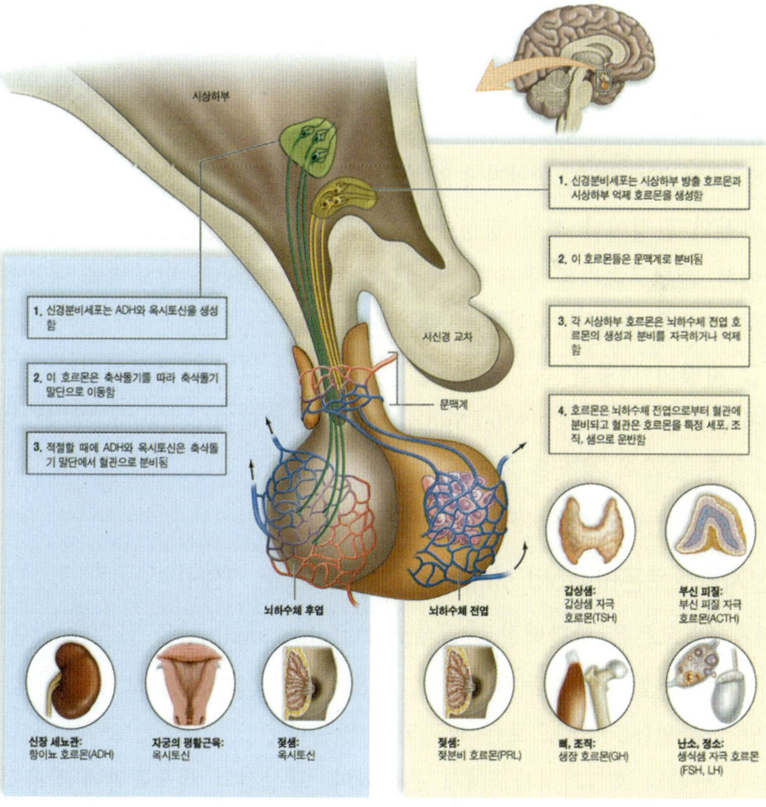

그림 7-9. 호르몬 분비, 뇌하수체 전엽과 뇌하수체 후엽

뇌하수체 전엽(anterior pituitary)에서 분비된 자극호르몬은 표적기관을 자극하여 표적기관에서 호르몬을 분비한다. 이러한 호르몬은 말초조직에 영향을 미칠 뿐만 아니라 전엽과 시상하부의 분비량을 조절한다. 후엽은 옥시토신(oxytocin)과 바소프레신(vasopressin)을 저장하거나 방출한다.

(1) 뇌하수체 전엽 호르몬(anterior pituitary hormone)

뇌하수체 전엽 호르몬은 크게 2가지, 즉 내분비선을 통하지 않고 직접대사에 영향을 미치는 호르몬과 내분비선 활동의 기능을 증진시키는 자극호르몬(tropic hormone)이 있다. 전자에 속하는 대표적인 호르몬은 성장 호르몬(growth hormone, GH)이고, 후자에 속하는 호르몬은 갑상선자극호르몬(TSH), 부신피질자극호르몬(ACTH), 난포자극호르몬(FSH), 황체형성자극호르몬(LH), 유즙분비자극호르몬(PRL) 등이 있다.

① 성장호르몬(growth hormone, GH)

성장호르몬은 일생동안 분비되지만 성인이 될 때까지 많은 양이 분비되고, 성인이 된 후에는 분비량이 줄어들어 극히 소량 생성된다. 사람의 경우 하루에 약 500㎍ 생성되지만 그 분비는 시상하부에서 조절한다. 성장호르몬은 신체의 표적 장기에 직접 작용하여 다음과 같은 생리작용을 한다.

- 단백질의 합성이나 뼈의 형성을 촉진하여 신체의 성장을 촉진시킨다.
- 간에서 글루코오스의 흡수를 억제함으로써 고혈당과 당뇨병을 유발하고, 당이용의 저하와 호흡의 저하를 유발한다.
- 저장 지방의 이동을 촉진하고, 혈장이나 간의 지질을 증가시킨다.
- 연골세포에서 콘드로이틴(chondroitin)이나 콜라겐(collagen)의 합성을 촉진하여 연골 조직의 성장을 자극한다.
- 기능 부전은 발육정지, 대사이상이 된다.

② 갑상선자극호르몬(thyroid stimulating hormone, TSH)

갑상선자극호르몬은 당단백질로 글루코사민(glucosamine)을 함유한 당단백질(glycoprotein)이며, 물에 용해된다. 펩신, 트립신, 키모트립신으로 분해되어 불활성으로 되지만 파파인(papain)으로는 파괴되지 않는다.

뇌하수체 전엽의 호염기성세포에서 분비되며, 갑상선의 세포표면에 작용하여 cAMP를 활성화시킴으로써 갑상선호르몬의 분비를 증가시킨다. 시상하부의 TSH 유리인자에 의해서 분비가 촉진되고, 성장호르몬인 소마토트로핀(somatotropin)에 의해서 TSH 분비가 저하된다.

뇌하수체 적출로 인하여 TSH를 제거하면 갑상선의 위축, 갑상선으로부터 호르몬 분비의 억제 등이 일어난다.

③ 부신피질자극호르몬(adrenocorticotropic hormone, ACTH)

ACTH는 전엽의 호기성세포에서 분비되며, 다음 3가지 요인에 의하여 조절된다. 첫째는 혈장 중 부신피질호르몬의 농도에 의한다. 둘째는 고통, 감정, 외상, 한냉, 감염 등의 외력을 가할 때 ACTH의 분비가 증가되며, 제2차적으로 부신피질기능을 증진하여 경고반응을 나타낸다. 셋째는 아드레날린(adrenaline)에 의하여 촉진한다. 이와 같은 ACTH의 생리작용으로는 부신피질의 기능을 조절한다. 뇌하수체를 적출한 동물의 경우 부신이 커지며, 피질호르몬의 분비가 많아짐과 동시에 피질의 지질과 비타민 C를 일시적으로 감소시킨다. 그 결과 피질호르몬을 투여한 경우 고혈당, 부 질소 평형, 전해질 그리고 물 보유, 순환혈 중 임파구의 감소, 다핵 백혈구 증가 등이 나타난다. 또한 질소, 인산 등의 배설을 증가시키고, 나트륨(Na)과 염소(Cl)의 축적으로 수분을 보류시킨다. 그리고 지방조직에서 지방산의 유리를 증가시킨다.

④ 난포자극호르몬(follicle stimulating hormone, FSH)

난포자극호르몬은 헥소사민(hexosamine)과 헥소오스(hexose)를 함유한 당단백질(glycoprotein)로써 당이나 단백질의 분해효소에 의하여 파괴되어 불활성화된다.

FSH의 생리작용은 난소여포를 발육 성숙시켜 배란 시까지의 성숙을 지속시키고, 여포에서 여성호르몬인 에스트로겐(estrogen)의 분비를 촉진시킨다. 그리고 남성의 경우 고환을 자극하여 정자의 성숙과 생성을 촉진시킨다.

⑤ 황체형성호르몬(luteinizing hormone, LH)

황체형성호르몬(LH)은 수용성 호르몬으로 만노스(mannose), 헥소사민(hexosamine)을 함유한 당단백질로써 단백질 분해효소나 이황화결합(-S-S-)의 환원에 의해 파괴되어 불활성화 된다.

황체형성호르몬은 난포자극호르몬(FSH)과 공동으로 난포의 완전성숙을 촉진하여 배란을 유도하고, 배란 후의 황체형성을 촉진한다. 그 결과 황체호르몬인 프로게스테론(progesterone)의 분비가 증가한다. 또한 에스트로겐(estrogen) 분비를 촉진한다.

남성에서는 고환의 간질세포를 자극하여 남성호르몬인 안드로겐(androgen)과 테스토스테론(testosterone)의 분비를 촉진하기 때문에 간질세포자극호르몬(interstitial cell stimulating hormone, ICSH)이라고도 한다. 이 호르몬의 분비는 시상하부의 황체형성호르몬 방출인자에 의하여 조절되고 있다.

⑥ 유즙분비자극호르몬(prolactin, PRL)

유즙분비자극호르몬은 최유호르몬이라고도 하며, 물에 비교적 난용이고 펩신과 트립신으로 파괴되어 불활성화 된다. 유즙분비자극호르몬은 유선을 자극하여 유즙성분을 합성하고 분비를 촉진한다. 또한 난소의 에스트로겐이나 프로게스테론의 생성을 촉진하고 이를 유지하며, 모성적 충동을 일으킨다. 남성에 있어서의 작용은 불명이다.

(2) 뇌하수체 중엽 호르몬(intermedia pituitary hormone)

뇌하수체 중엽 세포의 대부분은 과립이 없으며, 멜라닌생성세포자극호르몬(melanocyte stimulating hormone, MSH)을 분비한다. 이 호르몬은 α-MSH와 β-MSH의 두 종류가 있으나 사람은 β-MSH만이 발견되었고, 22개의 아미노산으로 된 펩티드이다. 이는 멜라닌생성세포(melanocyte)의 티로시나아제(tyrosinase)의 활성을 높여서 멜라닌(melanin) 합성을 촉진시킨다. 사람에게 MSH를 투여하면 피부색이 검게 된다. 그리고 지방조직의 지방분해를 활성화하여 유리지방산을 방출하는 작용을 한다.

(3) 뇌하수체 후엽 호르몬(posterior pituitary hormone)

뇌하수체 후엽 호르몬은 자궁 근육 수축을 촉진하는 옥시토신(oxytocin)과 항이뇨작용 및 말초혈관 수축으로 혈압을 상승시키는 항이뇨호르몬(antidiuretic hormone, ADH) 등 2종류의 호르몬이 있다. 시상하부가 신경성 자극을 받게 되면 혈액으로 유리되어 표적기관에 기능을 발휘하게 된다. 따라서 뇌하수체 후엽을 신경하수체라고 한다. 이러한 호르몬은 단백질 분해 효소로 분해되어 불활성화된다. 또한 환원제에 의하여 불활성화되나 메틸렌블루우(methylene blue)로 회복된다.

① 옥시토신(oxytocin)

옥시토신은 출산 시나 성교 시 자궁벽의 평활근을 수축시키고 유즙분비 촉진작용을 한다. 자궁근육의 감수성은 난포호르몬에 의해서 높아지고 황체호르몬에 의해서 저하된다. 따라서 황체호르몬인 프로게스테론(pregesterone)의 혈중 농도가 높은 임신 기간 중에는 자궁근수축이 억제되고, 임신 종료 시에 농도가 저하되면서 자궁근육 수축이 시작되어 분만하게 된다.

또한 옥시토신은 유선의 근상피를 수축시켜 젖의 분비를 촉진시키는 작용을 한다. 그리고 성교시 자궁수축을 유발하여 성활동을 돕고 질내 사정된 정자를 수정장소까지 도달할 수 있도록 자궁수축운동을 일으킨다.

② 항이뇨호르몬(antidiuretic hormone, ADH)

ADH는 많은 양의 소변(urine) 생산을 억제하고, 소동맥의 평활근 섬유를 수축시켜 혈압을 상승시킨다. 또한 신장의 집합관과 원위세뇨관에서 수분 재흡수를 촉진시키는데 생리적으로 항이뇨작용이 혈압상승 작용보다 더 중요하다.

ADH는 바소프레신(vasopressin)이라고도 불리며, 혈관을 수축시키고 높은 농도의 경우 혈압을 상승시킨다.

2) 갑상선 호르몬(thyroid hormone)

갑상선은 2개의 호르몬, 즉 티록신(thyroxin, T_4)과 트리요오드티로닌(triiodothyronine, T_3)의 혼합물을 분비한다. 이러한 호르몬은 갑상선에서 합성된 단백질인 티로글로불린(throglobulin)의 티로신(tyrosine) 잔기가 요소화 된 후 가수분해로 유리되어 분비된다. 갑상선 호르몬은 요오드를 함유하며, 생체 중 총 요오드의 반 이상이 이곳에 존재한다. 갑상선 호르몬의 생리작용은 다음과 같다.

① 에너지 대사와 산소 소비를 촉진하여 기초대사를 증진한다.

② 소장에서 단당류 흡수, 간에서는 글리코겐의 분해를 증가시키고 혈당을 높이는 등 당대사를 증가시킨다.

③ 지방산화를 촉진시키거나 혈장 콜레스테롤과 인지질은 저하시켜 인지질 대사를 촉진시킨다.

④ 단백질 합성 촉진과 핵산 대사의 촉진 및 RNA 양의 증가 등 유전정보 발현을 조절한다.

⑤ 발육, 성장, 특히 뼈, 치아, 골격근의 발육을 촉진시킨다. 즉 어린이의 갑상선 기능이 저하되면 성장이 정지되고 생식 기관도 발달하지 못한다.

⑥ 자율신경 중에서 교감신경계의 활동을 항진한다. 그 결과 심박수의 증가와 땀의 분비를 촉진시킨다.

갑상선기능항진증은 잦은 맥박, 가슴 두근거림, 두려워서 떨림, 체중감소, 많은 땀의 분비 그리고 무기력 등의 증상이 나타나며, 혈청 콜레스테롤이나 기초대사율의 상승을 볼 수 있다. 갑상선기능항진증 중 가장 일반적인 유형은 안구 돌출성 갑상선종이다. 갑상선기능저하증은 발증하는 연령에 따라 증상이 다르다. 크레틴병(cretinism)은 태아기 혹은 신생아기의 갑상선기능저하증으로 일어나는 질환으로서 특징은 선천이상과 지능발달장애이다. 소아기에 일어나는 갑상선기능저하증은 신체의 성장장애는 일어나지만 정신발육 불완전은 일어나지 않는다.

칼시토닌(calcitonin)은 갑상선의 C 여포방세포에서 분비되며, 장에서 Ca^{2+}와 인산염을 흡수하여 뼈에 축적하게 된다. 칼시토닌 방출은 혈중 Ca^{2+}와 인산염을 흡수하여 뼈에 축적하게 된다.

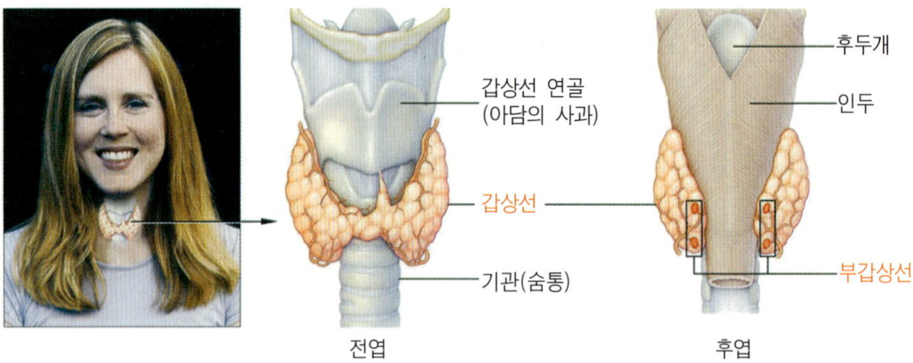

그림 7-10. 갑상선과 부갑상선

3) 부갑상선 호르몬(parathormone, PTH)

부갑상선을 상피소체라하며, 부갑상선(parathyroid gland)에서 분비되는 호르몬을 파라토르몬(parathormone, PTH)이라 한다. 파라토르몬의 표적 장기는 뼈와 신장이다. Adenylate cyclase(cAMP계), protein kinase에 의하여 뼈에서 Ca^{2+}과 인산의 방출, 신장과 장관으로부터는 Ca^{2+}의 재흡수와 신장을 통한 인산의 배출을 촉진한다. 뼈에서는 골아세포의 콜라겐 합성 억제, 성숙골세포에서 골흡수의 촉진, 파골세포에서 골파괴의 촉진 등의 작용이 있다.

장관에서는 활성형 비타민 D의 생산을 증대시켜 장관으로부터 Ca^{2+}의 흡수를 촉진시킨다. 이 기능은 비타민 D에 의하여 더욱 촉진되며 성장기의 어린이에게 비타민 D가 부족하게 되면 체내 Ca^{2+}이 부족하여 구루병(rickets)이 되고 성인에서는 골연화증(osteomalacia)이 된다.

혈액 중의 Ca^{2+}의 농도는 PTH와 갑상선에서 생산되는 칼시토닌(calcitonin), 칼시트리올(calcitriol)의 협동작용으로 조절된다. PTH의 분비는 혈청 중의 Ca^{2+}농도에 의해서 조절되며, Ca^{2+}의 농도가 9mg/dL 이하로 낮아지면 분비가 촉진되고 높아지면 억제된다.

신장에서는 원위세뇨관에 있어서 칼슘의 재흡수를 촉진하며 인산의 재흡수를 억제한다. 그 결과 혈액 중의 칼슘 농도를 상승시키고, 인산농도를 저하시켜 혈청의 Ca^{2+} 및 인(P)의 농도를 정상적으로 유지한다.

부갑상선의 기능이 항진되면 혈중 Ca^{2+}의 농도가 크게 증가한다. 즉 PTH의 생산이 과다하게 증가하면 뼛속에 있는 Ca^{2+}과 인(P)이 혈중으로 유리되고, 골은 연화되며 기형이 된다. 신장에서는 Ca^{2+}의 세뇨관 재흡수와 인의 세뇨관 분비가 크게 증가하며, 소화관에서 Ca^{2+}의 흡수도 크게 증가한다.

부갑상선의 위축이나 질병 등으로 PTH의 생산이 저하되면, 뼈에서 Ca^{2+}와 인(P)의 유리가 감소되고, 소화관에서도 역시 Ca^{2+}흡수가 감소하게 된다. 이런 결과 혈중 칼슘농도가 감소하여 신경과민, 얼굴과 사지 근육에 염증과 경련이 오는 태타니(tetany)증이 발생한다.

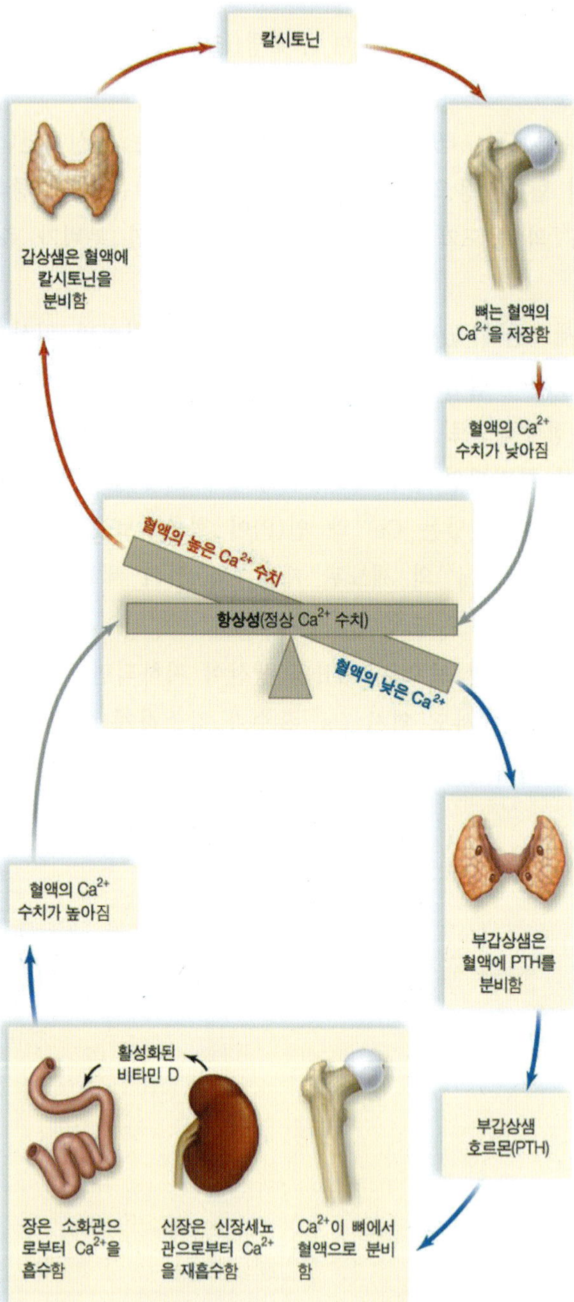

그림 7-11. 혈액 중 Ca^{2+}의 농도의 조절

4) 췌장(pancreas)분비 호르몬

췌장은 십이지장의 위쪽에 존재하는 가늘고 길며 붉은 미색을 띤 회백색의 기관이다. 췌장은 여러 개의 소엽으로 나누어져 있고, 소화효소를 분비하는 외분비선과 조직 속에 섬과 같이 산재되어 있는 내분비선을 가진다.

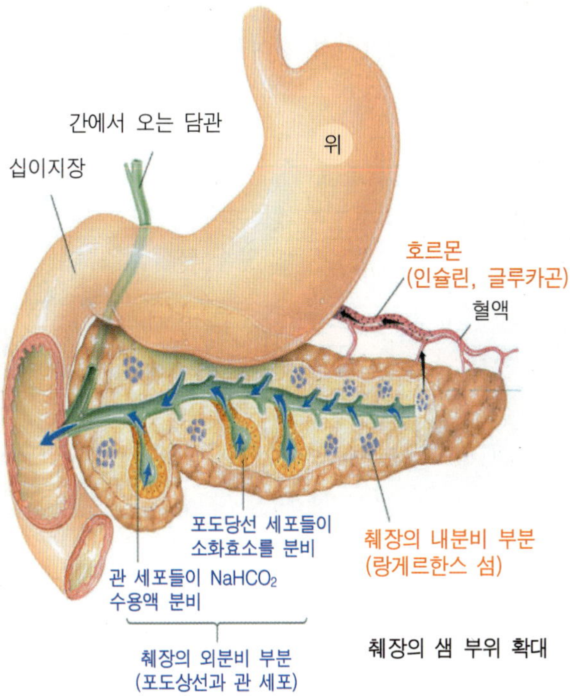

그림 7-12. 췌장 분비 호르몬

이 내분비선을 랑게르한스 섬(Langerhans' s island)이라 하고, 인슐린(insulin), 글루카곤(glucagon), 소마토스타틴(somatostatin) 등의 호르몬을 분비한다. 섬의 세포를 염색하면 α세포와 β세포로 구별할 수 있으며, α세포는 약 20%를 차지하고 나머지는 β세포이다. α세포에서 분비되는 호르몬을 글루카곤(glucagon), β세포에서 분비되는 호르몬을 인슐린(insulin)이라 한다. 이 두 호르몬은 모두 화학적으로 폴리펩티드이다. 극소수의 δ세포가 있으며, 이 세포에서는 소마토스타틴(somatostatin)이라는 호르몬이 분비되지만 분비량은 극히 적고, 그 작용도 확실히 밝혀지지 않았다.

(1) 인슐린(insulin)

인슐린은 당대사에 관여를 하며, 혈당치를 저하시키는 작용이 있는 호르몬이다. 인슐린 분비는 주로 혈액의 포도당(glucose) 농도에 의하여 좌우되며, 정상인의 혈당은 혈장 100mL 속에 80 ~ 100mg이다. 즉 포도당 농도가 높으면 인슐린 분비를 촉진시켜 포도당의 세포내 운반이 증가되어 혈중 농도가 감소된다. 반대로 혈액 내의 포도당 농도가 낮으면 인슐린 분비가 억제되어 포도당의 세포막 이동이 감소된다. 이로 인하여 혈중의 포도당 농도가 높아져서 정상으로 회복된다.

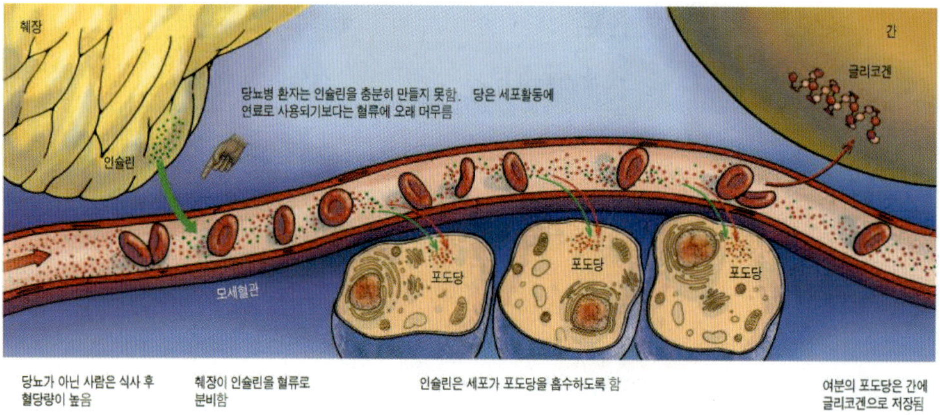

그림 7-13. 당 뇨

또한 교감신경계도 인슐린 분비에 관여한다. 즉 혈액 속의 포도당 농도가 낮아지면 시상하부의 포도당 수용기를 자극하여 교감신경을 거쳐 부신수질에 작용함으로써 에피네피린(epinephrine)을 분비하게 된다. 이것이 간세포에서 포도당 유리를 촉진시킴으로써 혈당 농도를 유지시켜 인슐린 분비에 영향을 미친다.

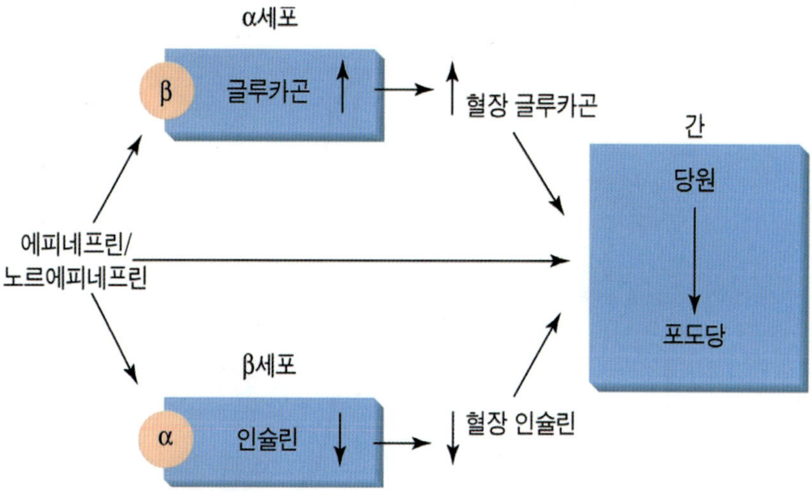

그림 7-14. 교감신경계에 의한 인슐린 분비의 영향

당뇨병(diabetes mellitus)

혈당치가 비정상적으로 높은 질환을 당뇨병이라 한다. 이러한 당뇨병은 췌장에서 인슐린 분비가 감소 또는 정지되어 혈당의 일부가 소변으로 배설됨으로써 당뇨가 된다. 인슐린이 부족하게 되는 원인은 명확히 알려져 있지 않지만 췌장에 있는 세포가 어떤 요인에 의하여 위축 또는 변성이 일어나기 때문으로 알려져 있다.

당뇨병의 초기 증상은 당뇨, 갈증, 다뇨 및 피로 등이며, 식욕이 왕성하여 식사를 많이 하는데도 불구하고 계속하여 몸무게가 감소한다. 이러한 증상이 심해지면 말초신경염이 생겨서 팔 또는 다리의 감각이상이 생기고 고혈압, 동맥경화, 망막출혈 등의 여러 가지 합병증이 일어난다.

또한 에너지원으로 포도당을 이용하지 못하고 지방과 단백질이 이용되기 때문에 영양부족 상태가 되며, 항상 공복감을 느끼게 된다. 그리고 다량의 케톤체가 만들어져서 산성혈액증이 되어 혼수상태가 되고 위독해진다.

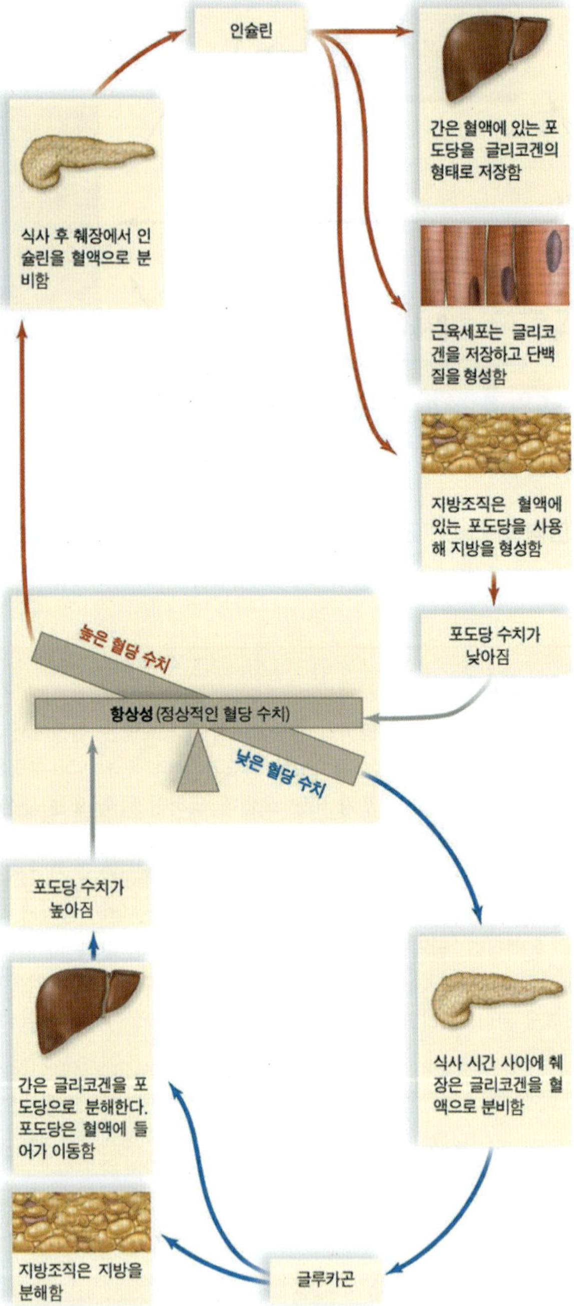
인슐린
식사 후 췌장에서 인슐린을 혈액으로 분비함
간은 혈액에 있는 포도당을 글리코겐의 형태로 저장함
근육세포는 글리코겐을 저장하고 단백질을 형성함
지방조직은 혈액에 있는 포도당을 사용해 지방을 형성함
포도당 수치가 낮아짐
높은 혈당 수치
항상성 (정상적인 혈당 수치)
낮은 혈당 수치
식사 시간 사이에 췌장은 글리코겐을 혈액으로 분비함
글루카곤
간은 글리코겐을 포도당으로 분해한다. 포도당은 혈액에 들어가 이동함
지방조직은 지방을 분해함
포도당 수치가 높아짐

그림 7-15. 혈당의 조절

인슐린은 여러 장기를 표적으로 당과 지질 등 각종 물질의 대사과정에 관여한다. 간이나 근육에서 글리코겐과 단백질 합성을 촉진시키고 당질을 지질로 전환하여 지방조직에 저장한다. 즉 인슐린이 간세포에 작용을 하면 포도당(glucose)이 글리코겐(glycogen)으로 전환이 촉진되고, 글리코겐이 포도당으로 전환되는 것이 억제된다. 그 결과 혈장 내의 포도당은 간세포에 저장되어 혈당치가 낮아진다. 또한 근육이나 지방조직 등 말초조직에서 포도당의 이용을 높여 에너지 생산을 촉진한다. 즉 근육조직에서는 혈액 중의 포도당을 세포내로 끌어들여서 해당작용이나 호흡작용에 이용하는 반응을 촉진하고, 당질을 지질로 전환시켜 저장하는 반응도 촉진된다. 이러한 작용에 의하여 혈중에서 포도당 및 유리지방산의 농도를 저하시킨다. 그러나 대량의 인슐린을 주사하면 혈당치가 너무 낮아져서 쇼크 상태가 된다. 이러한 현상을 인슐린 쇼크(insulin shock)라 한다.

(2) 글루카곤(glucagon)

글루카곤은 29개의 아미노산으로 된 폴리펩티드이며, 부신수질에서 분비되는 에피네피린(epinephrine)과 같이 혈당을 상승시키는 작용을 하는 호르몬이다. 이 호르몬의 주요 표적 장기는 간과 지방조직이다. 글루카곤은 이들 조직세포의 표면에서 수용체와 결합하여 adenylate cyclase를 활성화하여 cAMP를 생성시킴으로써 간과 지방조직에서 작용을 한다.

글루카곤은 간세포내의 활성화된 포스포릴라아제(phosphorylase)를 증가시켜서 당원질의 분해를 촉진시킨다. 당원질 분해가 촉진되면 아미노산으로부터 당신생이 2차적으로 촉진되어 혈액 내 포도당 농도를 더욱 높인다. 즉 혈당이 낮아지면 글루카곤이 분비되고, 간세포의 글리코겐을 포도당으로 분해하여 혈당치를 정상으로 조절한다.

글루카곤은 간장 내에서만 작용을 하고, 근육에서는 당원질의 분해가 이루어지지 않는다. 이 호르몬이 혈당치를 상승시키는 작용으로 간의 글리코겐 저장을 유동화시켜 포도당을 혈액으로 유리시키고, 단백질과 지방으로부터 포도당을 합성시키는 효소조직을 자극하여 여분의 포도당을 만든다. 그리고 단백질과 중성지질(triglyceride)을 분해시켜 각각의 아미노산과 지방산을 공급하여 포도당으로 전환될 수 있도록 한다.

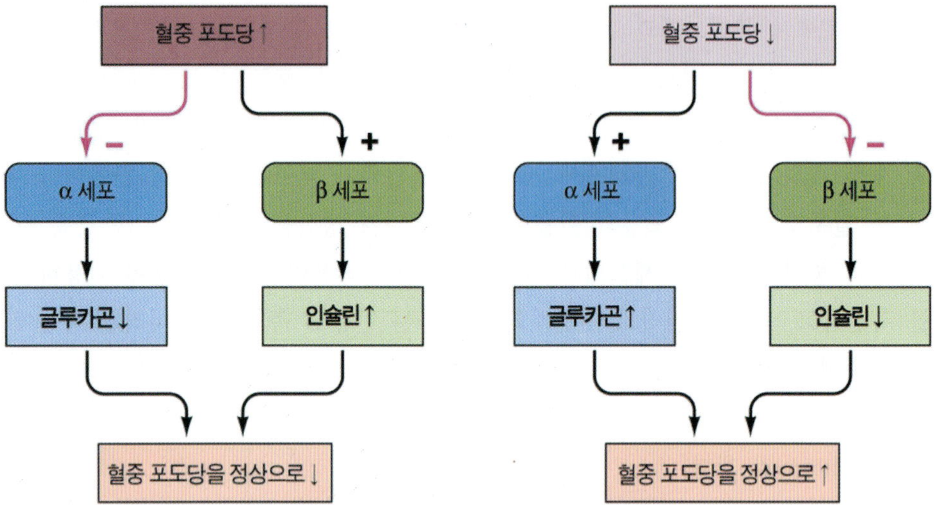

그림 7-16. 인슐린과 글루코겐의 상호작용

5) 부신(adrenal gland) 분비 호르몬

부신은 발생, 조직 및 기능적인 면에서 전혀 다른 수질(medulla)과 피질(cortex)로 구성되어 있다. 부신수질은 신경계통, 부신피질은 생식기계통에서 발생하였다. 이들은 분비하는 호르몬이 다를 뿐만 아니라 형태학적, 기능적으로도 다르며 태생기 성장 중에 융합된 것이다.

(1) 부신수질(adrenal medulla) 호르몬

부신수질은 외배엽성 자율신경 중에서 교감신경의 신경절후섬유의 축삭이 소실되어 분비세포로 변화되었다. 따라서 부신수질은 교감신경의 흥분에 의하여 에피네피린(epinephrine)과 노르에피네피린(norepinephrine)을 분비한다.

부신수질 호르몬은 카테콜(catechol) 화합물과 구조상 연관성을 가진 호르몬이므로 카테콜아민(catecholamine)이라고도 한다. 부신수질에서 활성화된 카테콜아민의 80%가 에피네피린이고, 노르에피네피린은 주로 교감신경에서 신경전달제로 작용한다. 1901년 일본인에 의하여 분리되고 구조가 결정되어서 아드레날린(adrenalin)으로 명명하였으나 지금은 에피네피린이라 한다.

부신수질호르몬인 에피네피린 분비는 추위, 피로, 쇼크 등의 스트레스에 의해 항진된다. 에피네피린은 골격근의 혈관을 확장시키고 피부, 점막과 내장의 소동맥을 수축시키지만 노르에피네피린은 모든 혈관을 수축시킨다. 에피네피린은 심장에 대하여 자극적으로 작용하여 맥박의 수와 강도 그리고 박출 량을 증가시키나 노르에피네피린은 심장에 대하여 비효과적이고 말초혈관에 대한 수축작용이 강력하여 혈압 상승을 주도한다. 에피네피린과 노르에피네피린은 모두 혈압을 상승시키나 노르에피네피린은 모든 혈관을 수축시키기 때문에 쇼크로 인한 저혈압시 중요한 역할을 한다.

에피네피린은 위장과 기관지, 방광 등의 평활근을 이완시키지만 기타의 평활근에 대해서는 역으로 작용한다. 그리고 뇌하수체의 ACTH 생산을 증대시킨다. 에피네피린은 항상 분비되는 것이 아니고 교감신경의 흥분에 의하여 분비된다. 에피네피린은 간장에서 글루카곤과 같은 메카니즘에 의하여 phosphorylase의 생성을 증대한다. 그 결과 간장의 글루카곤 분해가 촉진되고, 고혈압을 유발시킨다. 더구나 에피네피린은 근육에서 해당을 촉진하고, 혈중의 젖산을 증가시킨다. 한편 지방조직에서 리파아제를 활성화시켜 지방의 분해를 촉진하여 혈중 유리지방산 함유량을 증가시킨다. 부신수질은 이러한 다양한 기능을 수행함에도 불구하고 부신피질과는 달리 생명현상에 필수적인 것은 아니다.

(1) 부신피질(adrenal cortex) 호르몬

부신의 외부인 부신피질은 생명현상에 필수적이다. 부신피질을 제거하면 생화학적, 생리학적 기능에 심한 변화를 초래한다. 부신피질은 다량의 지질 및 아스코르브산(ascorbic acid)를 함유한 상피성 세포로 만들어져 있다. 부신피질 호르몬은 콜레스테롤로부터 합성되며 여러 종류의 호르몬 작용이 있다. 부신피질 호르몬은 당질코르티코이드(glucocorticoid), 미네랄코르티코이드(mineralcorticoid), 남성호르몬인 안드로겐(androgen)으로 구분된다. 이와 같은 부신피질호르몬의 생리작용은 여러 가지가 있지만 크게 3가지로 요약된다.

① 수분과 염류의 대사에 미치는 작용

부신피질호르몬은 정도의 차이가 있지만 신장의 세뇨관에서 Na^+와 Cl^-의 재흡수와 K^+의 배설을 촉진한다. 이 작용이 강한 것을 미네랄코르티코이드(mineralcorticoid)라 하고, 데옥시코르티코스테론(deoxycorticosterone, DOC), 알도스테론(aldosterone) 등이 속한다. 이러한 호르몬은 NaCl을 체내에 보유할 뿐만 아니라 세포외액의 Na^+과 세포내액의 K^+을 교환하므로 세뇨관에서 K^+의 배설을 촉진한다. 동시에 결합조직에서 Na^+이 동원되고, 심한 때에는 세포외액이 20% 정도 증가된다.

알도스테론의 말초혈액 중의 농도는 대단히 낮다. 이 호르몬의 분비는 ACTH를 통하여도 증가되지 않지만 식사 중에 Na^+이 적으면 증가된다. 이것은 Na^+량이 직접 조절기구로 작용하기 때문이 아니고 세포외액 량이 조절기구에 지령을 주기 때문이다.

② 당질 및 단백질 대사에 미치는 작용

당질코르티코이드(glucocorticoid) 호르몬의 대표적인 것은 코티존(cortisone)과 코티졸인데, 이들은 지방과 단백질을 당질로 전화시켜 당신생에 관여한다. 이러한 호르몬은 혈당을 상승시킨다. 간장에서 포도당의 이탈을 촉진하고, 조직에서 단백질보다 아미노산의 생성을 촉진하며 간장에서 아미노산으로부터 당신생(gluconeo-genesis)을 왕성하게 한다. 그리고 지방의 생성을 억제하고, 당의 소비를 억제한다. 그 결과 혈당이 높게 되고 간장의 글루코겐 량도 증대된다.

코티졸(cortisol)의 분비가 과잉되면 체내단백질 결핍에 의한 근무력증, 근육발달의 미숙, 피부나 피하조직이 얇아짐을 볼 수 있다. 또한 체내지방 분포가 복부, 얼굴, 어깨 뒤에 주로 축적됨으로써 얼굴과 몸통이 비대해지고 목이 굵어지며 하복부에 적자색의 줄무늬가 피부에 생기고 당이 높아져 당뇨와 고혈압이되는 쿠싱증후군(Cushing's syndrome)이 일어난다.

③ 성호르몬의 작용

부신피질은 스테로이드성 호르몬을 분비하며, 이러한 호르몬은 남성호르몬의 하나로 부신의 기능항진에 의하여 조발성성숙종과 여성의 남성화를 일으킨다. 이 호르몬에는 체내에 질소, 인, K^+, Na^+ 및 Cl^- 등을 저축시키는 작용이 있으므로 단백질 동화호르몬이라고도 한다. 기타 프로게스테론(progesterone), 에스트론(estrone) 등도 부신피질에서 만들어진다.

6) 성호르몬(sex hormone)

생식선은 발생학적으로 부신피질과 관계가 깊기 때문에 고환(testis)과 난소(ovary)는 정자와 난자의 생성 이외에 스테로이드(steroid) 호르몬을 생성한다. 이러한 호르몬은 제2차 성징과 생식 주기를 지배하고 단백질을 합성한다.

고환과 난소에서의 호르몬 생산 조절은 대부분 뇌하수체자극호르몬이 부분적으로 세포 내 cAMP를 증감시킴으로써 이루어진다. 성호르몬은 반드시 남녀 중 한쪽에만 존재하는 것이 아니고 생식선을 비롯한 부신, 소변 또는 식물계에도 다양하게 분포한다.

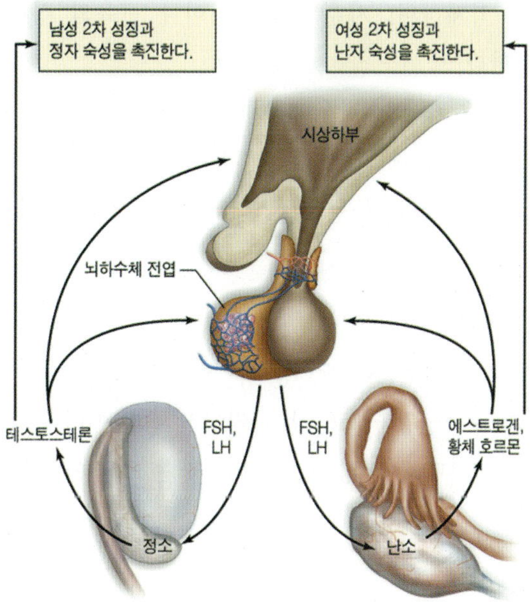

그림 7-17. 성호르몬

(1) 남성호르몬

① 테스토스테론(testosterone)과 안드로겐(androgen)

고환은 생식세포인 정자(sperm)를 만드는 기관인 동시에 남성 호르몬을 분비하는 성선(sexual gland)이다. 고환에서 분비되는 호르몬은 정세관 사이의 간질에 있는 간질세포(interstital cells)에서 생산된다.

남성 호르몬인 안드로겐(androgen)은 안드로스탄(androstane)의 유도체이며, 이 중 가장 강력한 것은 고환에서 분비되는 테스토스테론(testosterone)이다. 특히 테스토스테론은 간장에서 환원되어 소변으로 배설된다. 안드로겐은 부신피질에서도 분비된다.

남자는 출생 후 사춘기 이전의 10 ~ 14세까지는 고환의 활동이 거의 없으나 사춘기에 이르면 뇌하수체 전엽에서 분비되는 난포자극호르몬(FSH)과 황체형성호르몬(LH), 간질세포자극호르몬(ICSH)의 자극에 의하여 생식기관들의 발육이 촉진되면서 남성의 2차 성징이 발현된다. 신체는 남성으로서 여러 가지 특성을 갖게 되는데, 이러한 과정을 주도하는 호르몬이 테스토스테론이다. 테스토스테론은 단백질 합성을 촉진하고 분해를 억제하며, 사춘기에 골격이나 근육의 성장을 촉진시켜 기초대사량의 증대를 유도한다.

사춘기 이후에 고환이 거세할 경우 2차 성징이 쇠퇴해지며 생식기가 위축되고 성욕이 감퇴하여 성생활을 할 수 없게 된다. 또한 수염이 없어지고 음성이 가늘어지며, 피하지방이 전신 또는 특수부위에 분포하고 축적이 일어나는 여성의 체형을 나타낸다.

② 프로스타글란딘(prostaglandin)

정액 중에서 최초로 발견된 후 폐, 흉선, 신장, 췌장 등에서도 검출되었다. 탄소수가 20개의 특이한 구조를 가지고 있는 지방산의 일종이다. 프로스타글란딘은 전립선과 관련이 있다는 의미로 명명되었으나 현재는 정낭에서 생성되는 것으로 밝혀졌다.

그림 7-18. 테스토스테론(testosterone)과 에스트로겐(estrogen)

(2) 여성호르몬

난소(ovary)는 난자를 생산, 분비하는 성선인 동시에 여성호르몬인 에스트로겐(estrogen)과 프로게스테론(progesterone)을 분비하는 내분비선이다. 이러한 호르몬을 여성호르몬 또는 난소 호르몬이라고도 하며, 자궁점막과 유선의 발육, 여성의 2차 성징 발현, 성주기의 조절 및 임신유지 등에 관여한다.

① 에스트로겐(estrogen)

에스트로겐은 포상난포에서 형성되는 스테로이드성 호르몬으로 임신 중에는 태반에서도 분비되며, 소량이지만 남성의 고환에서도 분비된다.

이는 난포를 자극하여 난자의 성숙을 촉진시킬 뿐만 아니라 자궁 점막의 상피세포를 증식시켜 자궁의 크기를 증대시킨다. 월경 후 탈락된 자궁내막 상피세포의 재생을 촉진시키며, 배란전기 자궁 내막의 비후 촉진, 월경초기 자궁내 상피 비후에 따른 각질화, 자궁내막의 전해질 및 체액의 유지를 위하여 세뇨관에서 Na^{+}과 물의 재흡수를 촉진한다. 또한 발정호르몬으로 배란을 촉진하고, 자궁내막 근육의 자발적 수축과 성욕을 촉진하기도 한다.

에스트로겐은 여성의 2차 성징발현을 유도한다. 즉 근의 수축력을 증가시켜 운동성을 크게 하고 피하지방을 축적하여 유방과 골반부를 크게 하며, 액모와 음모를 촉발시킨다.

② 프로게스테론(progesterone)

프로게스테론은 황체에서 분비되며, 태반이나 부신에서도 분비된다. 프로게스테론은 수정된 난자가 자궁에서 착상하여 발육될 수 있도록 임신상태를 유지한다. 즉 자궁점막에서 점액의 분비를 촉진하여 착상하기 쉬운 상태를 만든다. 임신하지 않았을 경우 황체는 퇴행하여 프로게스테론의 분비가 정지된다. 또한 프로게스테론은 자궁 근의 운동을 억제하여 자궁을 안정시켜 착상된 수정란을 유지, 보호하는 한편 배란 억제를 위하여 임신이 끝날 때까지 분비를 계속한다. 임신 시의 황체는 임신황체로 되고, 프로게스테론의 분비는 점점 더 증가하며 임신의 지속 및 유선의 발달을 돕는다.

7) 태반호르몬

태반(placenta)은 모체와 태아 사이의 물질교환 장소가 되는 동시에 각종 호르몬이 분비되는 곳이다. 태반에서 분비되는 호르몬은 에스트로겐, 프로게스테론, 테스토스테론 그리고 수정란이 착상하는 즉시 융모성성선자극호르몬(chorionic gonadotropic hormone, CGH)을 분비한다. 융모성성선자극호르몬은 임산부의 소변 중에서 검출되므로 임신 여부를 조기 진단하는데 도움이 되며 출산 시까지 계속 분비된다.

프로게스테론과 유사한 작용을 하지만 화학적으로 뇌하수체전엽호르몬과 다르다. 이 호르몬은 뇌하수체전엽호르몬과 협동적으로 작용하며 난포자극호르몬(FSH)의 생산을 촉진하다.

8) 소화관호르몬(gastrointestinal hormone)

소화관호르몬은 소화액 분비 또는 소화관의 운동 등 소화관의 활동을 촉진하거나 억제하는 호르몬이 소화관 점막의 특수한 세포에서 분비되는 폴리펩티드(polypeptide)이다. 주로 위, 소장, 간, 담관, 담낭 및 췌장의 분비와 운동기능 조절에 관여하며, 여러 종류의 소화관호르몬이 알려져 있다. 본 장에서는 몇 가지만 기술하고자 한다.

(1) 가스트린(gastrin)

가스트린은 음식물에 의한 기계적인 자극이나 화학적인 자극 등 유문부에 자극이 가해지면 위에서 분비된다. 또한 위산 분비를 촉진하는 호르몬으로 소화를 촉진시킨다. 이 호르몬은 17개의 아미노산으로 구성된 펩티드이며, 여러 위액의 분비를 촉진한다. 즉 위저선 벽세포에 작용하여 위산을 분비하며 주세포에서 펩신(pepsin)의 분비작용이 다소 있다.

식도하부의 괄약근을 수축하고 음식물의 역류를 방지하며 유문 전정부의 주기적 수축을 촉진한다. 그리고 유미즙을 교반하는 생리적 역할을 하며, 세크레틴(secretin)의 분비를 직접 촉진하기도 한다. 또한 위산 분비를 촉진하여 간접적으로 분비를 촉진하며, 위의 내용물이 십이지장으로 이송되는 속도를 감소시킨다. 부교감신경자극에 의한 위산 분비는 가스트린에 의하여 증대된다.

(2) 세크레틴(secretin)

세크레틴은 십이지장과 공장 점막에서 분비되며, 주로 췌장에서 수분과 무기질 및 bicarbonate(HCO^-_3)의 분비를 촉진한다. 그리고 위에 작용하여 펩신 분비를 촉진하지만 소장의 운동 및 위산의 분비를 억제한다. 또한 이 호르몬은 글루카곤처럼 작용한다. 즉 심박 수의 증가 및 지방 분해 작용을 증가시킨다.

(3) 콜레시스토키닌-판크레오자민 (cholecystokinin-pancreozymin, CCK-PZ)

음식물이 십이지장으로 내려오면 그것이 자극이 되어 십이지장 점막으로부터 담낭을 수축시키는 호르몬이 분비된다. 이것을 콜레시스토키닌(cholecystokinin)이라 한다. 동시에 췌장으로부터 소화효소가 많고 bicarbonate(HCO^-_3)이 적은 췌장액 분비를 촉진하는 호르몬을 분비한다. 이를 판크레오자민(pancreozymin)이라한다. 담낭 수축은 담즙을 분비시키므로 이 호르몬의 작용도 소화작용 촉진에 관여한다.

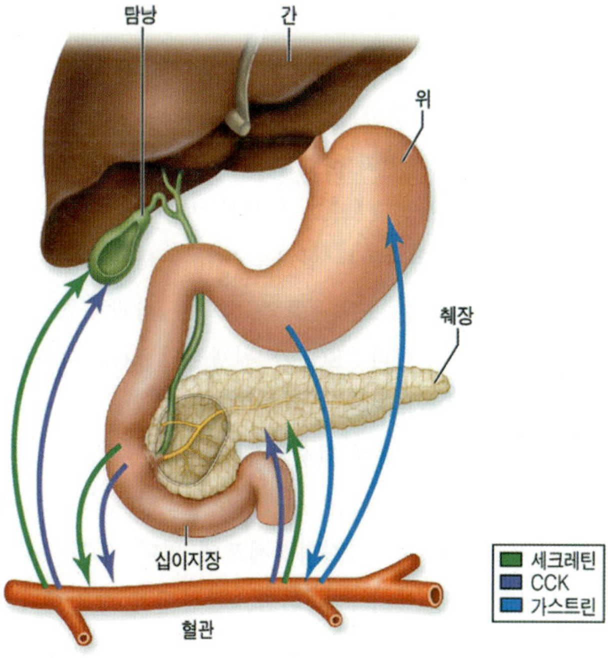

그림 7-19. 소화관호르몬

9) 국소호르몬

내분비선에서 미량 생성된 물질, 즉 생리활성을 지닌 펩티드가 혈액에 의해 표적세포에 운반되어 많은 대사과정에 영향을 미치는 것이 호르몬이다. 그러나 이러한 생리활성을 지닌 펩티드 중에는 호르몬의 개념에 들어가지 않는 것도 있지만 호르몬의 범위에 포함시켜도 좋은 것도 있다. 예를 들면 소마토스타틴(somatostatin)과 같이 세포에서 분비된 물질이 혈액을 매개로 하지 않고 인접하는 세포나 가까운 위치의 세포에서 일하는 경우를 방분비(parakrin)라 하고, 세포가 분비하는 물질이 세포자신의 수용체로서 받아들어지는 경우를 자기분비(autokrin)라 한다. 이들은 혈액을 매개로 하지 않고 국소적으로 생리작용을 하기 때문에 국소호르몬이라고도 한다.

(1) 성장인자(growth factor)

다세포생물은 그 생존을 위해 세포 생장과 분열이 엄격한 통제 아래 정확하게 이루어져야 한다. 이러한 과정을 총체적으로 관장하는 조절 기능은 아직 정확히 밝혀지지 않고 있다. 그러나 호르몬과 같은 폴리펩티드와 단백질, 즉 성장인자(growth factor) 또는 사이토카인(cytokine)이 세포의 생장, 분화, 증식을 조절하는 것으로 알려지고 있다.

성장인자는 특정 선세포에 의하여 만들어지기 보다는 다양한 종류의 세포들에 의해서 만들어진다. 포유동물의 다양한 성장인자는 표피 성장인자(epidermal growth factor, EGF), 혈소판 유래 성장인자(platelet-derived growth factor, PDGF), 소마토메딘(somatomedin) 등이 있다. 그리고 유사한 사이토카인(cytokine)으로 면역반응계에서 세포의 증식과 분화를 촉진하는 인터루킨(interleukin)이 있다.

표피 성장인자(EGF : 6.4kD)는 표피세포와 소화관 상피세포 같은 수많은 세포분열을 촉진하는 마이토젠(mitogen)이다. EGF가 원형질막 EGF 수용체에 결합할 때 기저세포 분열을 유도하는데, 이 수용체는 구조적으로 인슐린 수용체와 유사한 티로신 키나아제(tyrosine kinase)이다. EGF는 전신의 세포에서 생성된다.

KGF(keratinocyte growth factor)는 각질형성세포의 강력한 분열 촉진제이다. 진피에서 만들어지며, KGF 수용체는 각질형성세포에 있다. TGF-α(transforming growth factor-α)는 각질형성세포에서 형성되며, 건선에서 증가한다. TGF-α는 티로신 키나아제 수용체(tyrosine kinase activatable receptor)에 접합되어 기저세포를 증식시킨다. TGF-β(transforming growth factor-β)는 표피의 상부 각질형성세포에서

소량 존재하지만 TGF-β 그 자체와 칼슘, 포르볼 에스테르(phorbol ester)와 같은 분화 촉진인자에 의하여 많아질 수 있다.

혈소판 유래 성장인자(PDGF : 31kD)는 혈액응고 반응 중 혈소판에 의해 분비된다. 이는 EGF와 함께 작용하여 섬유아세포(fibroblast)와 인접세포와 유사분열을 촉진시킨다. PDGF는 섬유아세포의 콜라겐(collagen) 합성도 촉진한다.

소마토메딘은 성장호르몬의 생장 촉진작용을 중재하는 폴리펩티드이다. 성장호르몬이 세포 표면 수용체에 결합할 때 간, 근육, 섬유아세포, 뼈와 신장에서 만들어지는 소마토메딘은 동물에서 매우 중요한 생장촉진제이다. 다른 조직과 달리 소마토메딘은 간에 의하여 혈액으로 분비된다. 세포분열의 촉진뿐만 아니라 인슐린과 유사한 작용, 즉 글루코오스 운반과 지질합성 등을 촉진시키기 때문에 소마토메딘을 인슐린 모양 성장인자(insulin-like growth factor, IGF)라고도 한다. 다른 폴리펩티드 성장인자처럼 소마토메딘은 세포 표면 수용체에 결합함으로써 세포 반응을 유발한다. 소마토메딘 수용체 또한 티로신 키나아제이다.

인터루킨-2(interleukin-2, IL-2 : 13kD)는 세포 생장과 분화를 촉진하고 면역 반응계를 조절하는 사이토카인의 한 그룹에 속한다. IL-2는 특정 항원 표출세포(antigen presenting cell)에 결합하여 활성화된 후 T 세포에 의해 분비된다. 이 세포들은 자극을 받아 IL-2를 만들고, IL-2가 이 수용체에 결합하면 세포분열이 촉진되어 수많은 T 세포가 생산된다.

여러 사이토카인은 생장 억제제이다. 인터페론(interferon)은 항원, 마이토젠, 바이러스 감염과 종양 등에 대해 생성되는 폴리펩티드이다. 제1형 인터페론은 단백질 합성에 필요한 단백질인자(protein factor)의 불활성화 인산화(phosphorylation)를 촉진함으로써 바이러스 감염으로부터 세포를 보호한다. T 림프구에 의해 생성되는 제2형 인터페론은 면역조절작용 이외에 암세포의 생장을 억제한다. 종양괴사인자(tumor necrosis factor, TNF)는 종양세포에 독성을 나타낸다. 항원 활성화된 백혈구에 의해서 생성되는 TNF-α와 활성화된 T 세포에 의해 생성되는 TNF-β는 세포분열을 억제할 뿐 아니라 발생과정에도 관여한다.

(2) 아이코사노이드(eicosanoid)

아라키돈산(arachidonic acid)에서 유래하는 C_{20}의 지방산(eicosanic acid)은 시클로옥시게나아제(cyclooxygenase)나 리포옥시게나아제(lipooxygenase)의 작용을 받아 프로스타글란딘(prostaglandin), 트롬복산(thromboxan)이나 류코트리엔(leukotriene) 등의 생리활성물질을 생합성한다. 아이코사노이드의 생리작용은 혈압을 올리는 것과 내리는 것, 기관지를 수축시키는 것, 이완하게 하는 것, 혈소판 응집을 촉진시키는 것과 억제시키는 것 등과 같이 상반 작용을 하는 것이 많다.

10) 생체아민

생리활성을 가진 아민을 총칭하여 생체아민이라 하며, 호르몬 또는 신경전달물질로서 세포-세포간의 정보전달을 한다. 이러한 생리활성 아민은 동물의 정동, 수면, 식욕 등에 광범위한 생리작용을 한다. 생체아민은 도파민(dopamine), 아드레날린(adrenaline), 노르아드레날린(noradrenaline) 등의 카테콜아민, 세포토닌과 멜라닌 등의 인돌아민, 히스티딘과 같은 이미다졸아민(imidazoleamine), 스페르미딘(spermidine) 등과 같은 폴리아민 그리고 아세틸콜린(acetylcholine) 등의 화학적으로 분류된다.

(1) 카테콜아민(catecholamine)

카테콜아민에 의하여 티로신(tyrosine)은 도파(dihydroxyphenylalanine, DOPA), 도파민(dopamine), 노르아드레날린(noradrenaline), 아드레날린(adrenaline)의 순서대로 합성된다. 부신수질로부터 노르아드레날린과 아드레날린이 분비되어 호로몬으로써 작용한다. 뇌에는 도파민뉴런(dopamine neuron), 노르아드레날린뉴런, 아드레날린뉴런이 존재하여 신경전달물질로 작용한다. 부신수질로부터 분비된 카테콜아민은 혈액을 매개로 하여 표적세포에 운반되고, 신경종말로부터 분비된 것은 시냅스 간극(synapse cleft)으로 방출된다.

(2) 인돌아민(indolamine)

트립토판(tryptophan)으로부터 세포토닌에 이르는 대사경로는 중추신경계, 장관크롬친화성(enterochromaffin) 세포, 비만세포(mast cell), 송과체에 존재하며, 트립토판 hydroxylase와 방향족 L-아미노산 탈탄산효소에 의해 촉매된다. 세로토닌은 장에서 장관운동을 촉진하는 호르몬이고, 중추신경계의 세로토닌뉴런은 신경전달물질이다. 세포토닌은 혈소판이나 비만세포에 고농도로 함유되어 있으며, 세포들이 자극을 받아 활성화가 될 때 방출된다. 멜라토닌은 송과체호르몬에 있다.

(3) 히스타민(histamin)

히스타민은 히스티딘으로부터 히스티딘(histidine) decarboxylase에 의한 탈탄산반응에 의해 생성된다. 히스타민은 비만세포나 위, 뇌의 신경세포에 축적되어 있다. 자극에 의해 방출되어 모세혈관확장, 평활근수축, 위산분비 촉진 등의 작용을 나타낸다. 비만세포에 비축되어 있는 히스티딘은 알레르기 반응이나 염증 등에 관여한다.

(4) 아세틸콜린(acetylcholine)

아세틸콜린은 콜린과 아세틸 CoA로부터 콜린(choline) acetyltransferase에 의해 합성된다. 신경전달물질로서 아세틸콜린을 방출하는 뉴런을 콜린작동성뉴런이라 한다. 아세틸콜린의 수용체는 니코틴(nicotine)성과 무스카린(muscarine)성으로 구별된다. 니코틴성수용체는 주로 골격근(skeletal muscle)과 자율신경계(autonomic nervous system)에 존재한다. 무스카린성수용체는 부교감 신경절후 뉴런이 지배하는 평활근(smooth muscle)이나 외분비선(exocrine gland) 또는 자율신경계에 존재한다. 중추신경계에 존재하는 수용체는 대부분이 무스카린성이다.

4. 호르몬에 의한 영양소의 대사조절

표 7-2. 호르몬에 의한 물질 대사의 조절

	주요 물질대사의 효과				분비 조절	
호르몬	혈중 포도당의 영향	혈중 지방사에 영향	혈중 아미노산에 영향	근육 단백질에 영향	분비의 주요 자극원	물질대사에서의 주요 역할
인슐린	↓ +포도당 섭취 +글리코겐 합성 −글리코겐 분해 −포도당 신생	↓ +트리글리세리드 합성 −지방분해	↓ +아미노산 섭취	↑ +단백질 합성 −단백질 분해	혈중포도당↑ 혈중 아미노산↑	흡수와 흡수 후 주기의 주조절자
	↑ +글리코겐 분해 +포도당신생 −글리코겐 합성	↑ +지방분해 트리글리세리드 합성	영향 없음	영향 없음	혈중 포도당↓ 혈중 아미노산↑	인슐린과 협조적으로 흡수 후 주기의 조절 : 저혈당에 대한 방어
에피네프린	↑ +글리코겐 분해 +포도당신생 −인슐린 분비 +글루카곤 합성	↑ +지방분해	영향 없음	영향 없음	스트레스와 운동 생활에서 교감성 자극	위급상황과 운동을 위한 에너지 공급
코르티솔	↑ +포도당신생 −대뇌 이외의 조직에서 포도당 흡수 : 포도당 절약	↑ +지방 분해	↑ +단백질 분해	↓ +단백질 분해	스트레스	스트레스에 적응하는 동안 대사연료와 합성 단위체의 동원
생장 호르몬	↑ −근육에 의해 포도당 섭취 : 포도당 절약	↑ +지방 분해	↓ +아미노산 섭취	↓ +단백질 합성 −단백질 분해 +DNA와 RNA합성	깊은 수면 스트레스 운 동 지혈당증	성장을 촉진 : 정상적으로 역할이 거의 없음, 연료의 동원과 함께 경감해야 할 상황에서 포도당을 절약한다.

1) 호르몬에 의한 당질 대사조절

당질의 대사는 혈당의 수준이나 생체 에너지의 상태에 따라 영향을 받는다. 또한 당질 대사는 지질이나 단백질의 대사와 상호 관련된다. 혈당을 강하시키는 호르몬은 인슐린뿐인 반면에 혈당을 상승시키는 호르몬은 글루카곤, 아드레날린, 갑상선호르몬, 성장호르몬, 당질코르티코이드 등이 있으므로 저혈당을 막는다.

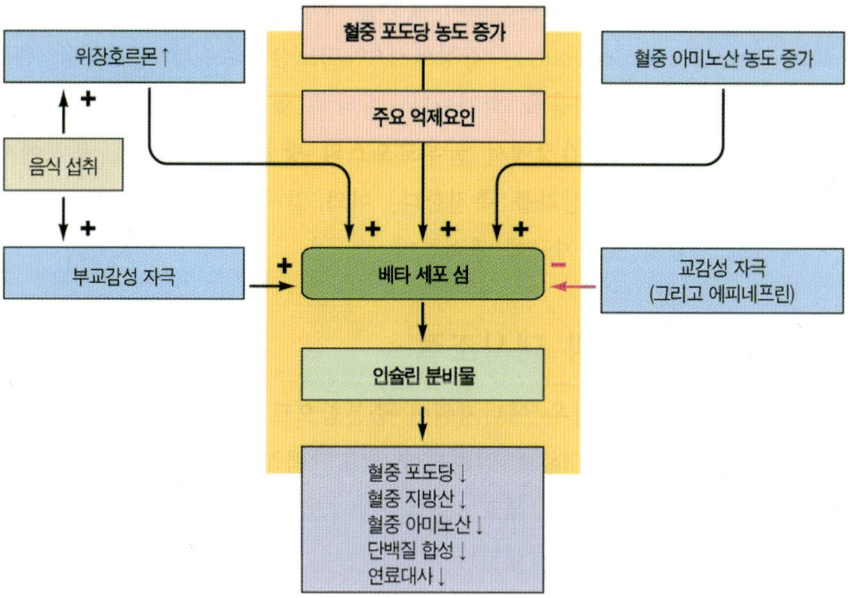

그림 7-20. 혈당조절에 관여하는 호르몬

인슐린은 글루코오스가 세포 내로의 세포막 투과를 용이하게 한다. 혈중 글루코오스가 증가하면 인슐린이 분비되어 간장에서 글루코키나아제(glucokinase)의 합성을 촉진함과 동시에 글리코겐 합성효소를 활성화하여 과잉의 글루코오스를 글리코겐으로 전환시킨다. 또한 인슐린은 간장이나 근육에서 글리코겐 포스포릴라아제(glycogen phosphorylase)나 당신생 율속 효소를 불활성화하여 글리코겐의 분해와 당신생을 억제한다.

반면에 글루카곤은 글리코겐을 분해하고 글루코오스를 유리하여 혈액으로 방출함으로써 혈당을 상승시킨다. 그러나 이러한 작용은 간장에서만 이루어지며, 간장에서는 당신생이 촉진된다.

아드레날린은 글루카곤과 마찬가지로 글리코겐을 분해하고 글루코오스를 유리하여 혈액으로 방출한다. 근육에서는 글루코오스-6-포스파타아제(glucose-6-phosphatase)가 존재하지 않기 때문에 근육의 글리코겐은 혈당를 상승시키지 않는다.

갑상선호르몬은 인슐린의 분해를 촉진시키고, 세포의 아드레날린의 감수성을 증대시키며 장관의 당 흡수를 증대시킴으로서 혈당을 상승시킨다.

당질코르코이드(glucocorticoid)는 간장에서 아미노산으로부터 당신생을 촉진하며, 조직에 의한 글루코오스의 이용을 억제한다. 따라서 혈중 글루코오스의 농도가 상승된다. 그리고 성장호르몬은 간장에서 글루코오스의 방출을 촉진하고, 조직에서 당의 이용을 억제하며, 지방산의 산화를 촉진한다. 이와 같이 생체 내에서는 여러 가지의 호르몬이 복잡한 당대사 조절기구에 관여한다.

2) 호르몬에 의한 지방 대사조절

섭취한 영양소가 과잉일 경우 에너지원이 충분함으로써 당이나 아미노산의 일부는 간장에서 중성지질(triglyceride)로 전환되어 리포단백질(lipoprotein)에 의해 지방조직으로 운반된다. 또한 인슐린은 세포 내의 환상 AMP(cAMP)의 수준을 저하시킴으로써 지방조직에서의 지방분해가 저해된다.

그러나 아드레날린, 글루카곤, ACTH, GH 그리고 TSH는 cAMP의 농도를 높인다. 그 결과 cAMP 의존성 protein kinase가 작용하여 인산화가 시작됨으로써 아세틸 CoA 카르복실라아제(carboxylase)가 저해되어 지방산 합성이 억제된다.

당질코르티코이드는 지방 합성을 촉진하고, ACTH, GH, TSH는 지방조직에서 유리지방산이나 글리세롤의 생성을 촉진하여 혈중 유리지방산을 증가시킨다.

에스트로겐은 지방조직에서 중성지질의 합성을 증가시킨다. 또한 혈액 중의 중성지질의 농도를 상승시키고, 콜레스테롤의 농도를 저하키기 때문에 LDL에 비하여 HDL의 농도가 비교적 높아진다.

3) 호르몬에 의한 단백질 대사조절

단백질의 합성은 유전자에 의존되며 여러 가지 호르몬이 단백질의 합성과 분해에 관여한다. 혈중 아미노산의 농도를 저하시켜 질소출납을 양(+)으로 하는 인슐린, 성장호르몬, 테스토스테론은 단백질 합성을 촉진시킨다. 성장기에서 최적의 성장을 하려면 성장호르몬과 갑상선호르몬이 필요하다. 테스토스테론과 에스트라디올(estradiol)은 부생식 조직의 성장을 촉진한다. 에스트로겐과 프로게스테론은 수관에서 난알부민, 리조자임(lysozyme) 등의 단백질을 유도 합성한다. 인슐린의 경우 혈중 당의 양적 변화를 매개하면서 단백질 대사에 관여한다.

4) 호르몬에 의한 칼슘의 대사조절

칼슘(Ca^{2+})의 대사는 흡수 부위의 장관, 저장 부위의 뼈와 배설부위의 신장에서 조절된다. 이들을 조절하는 호르몬의 작용에 의하여 혈장의 칼슘 농도, 체내의 칼슘 분포 그리고 총 칼슘 량이 일정하게 유지된다. 혈장의 칼슘이 저하되면 상피소체에서 부갑상선호르몬(PTH)이 분비되며, PTH는 뼈에서 칼슘과 인산의 방출을 촉진한다.

신장에서 PTH의 작용은 2가지이다. 하나는 원위세뇨관에서 칼슘의 재흡수를 촉진하고, 인산의 근위세뇨관에서 재흡수를 억제하여 배설을 촉진한다. 다른 하나의 작용은 장관에 작용하여 음식물 중의 칼슘 흡수를 촉진한다. 반면에 혈장의 칼슘이 상승하면 피드백기구에 의하여 상피소체에서 PTH 분비가 억제된다.

그리고 혈장의 칼슘이 상승하면 갑상선에서 칼시토닌(calcitonin)이 분비되어 골흡수를 억제한다. 칼시토닌은 신장에서 칼슘의 재흡수를 저하시켜 혈장의 칼슘 농도를 낮춘다.

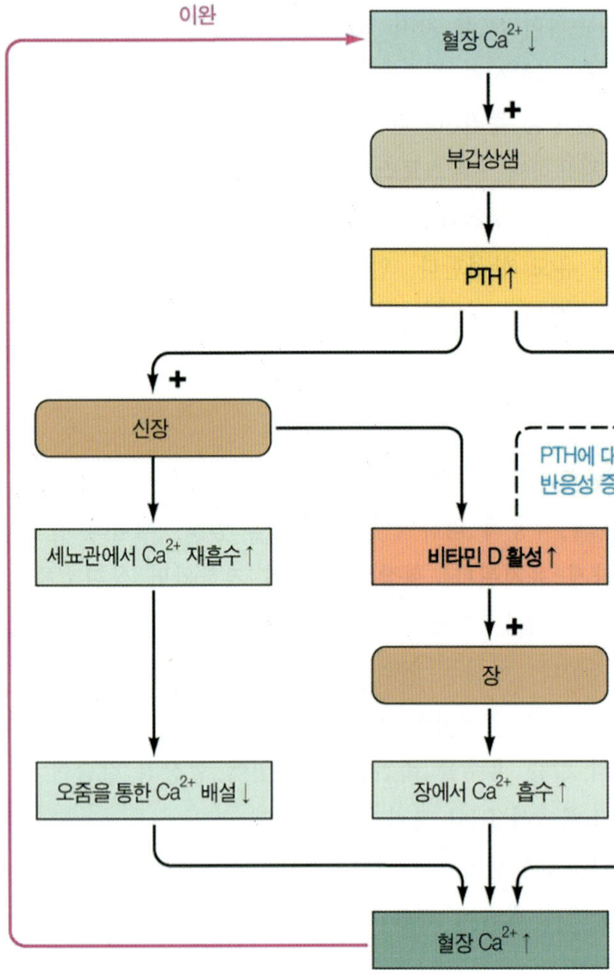

그림 7-21. PTH의 칼슘(Ca^{2+}) 흡수 촉진 과정

5. 호르몬과 고혈압

혈압 조절에 밀접한 관련이 있는 것이 호르몬이며, 혈압을 상승시키는 호르몬과 혈압을 저하시키는 호르몬이 있다.

혈압상승에 작용하는 호르몬은 카테콜아민, 바소프레신, 엔도테린(endothelin) 등이 알려져 있다. 이와 같은 호르몬은 동맥혈관 벽을 수축하여 혈압을 상승시킨다. 또한 알도스테론(aldosterone)이나 데옥시코르티코스테론(deoxy-corticosterone) 등의 호르몬은 신장에서 나트륨의 재흡수를 촉진시킴으로써 혈액순환을 증가시킨다. 그 결과 혈압을 높이거나 감상선호르몬과 같이 심박수를 증가시켜 혈압을 상승시키는 것도 있다.

혈압강하에 작용하는 호르몬은 혈관작용성장관폴리펩티드(vasoactive intestinal peptide, VIP), 키닌(kinin), 프로스타글란딘 등이 있다.

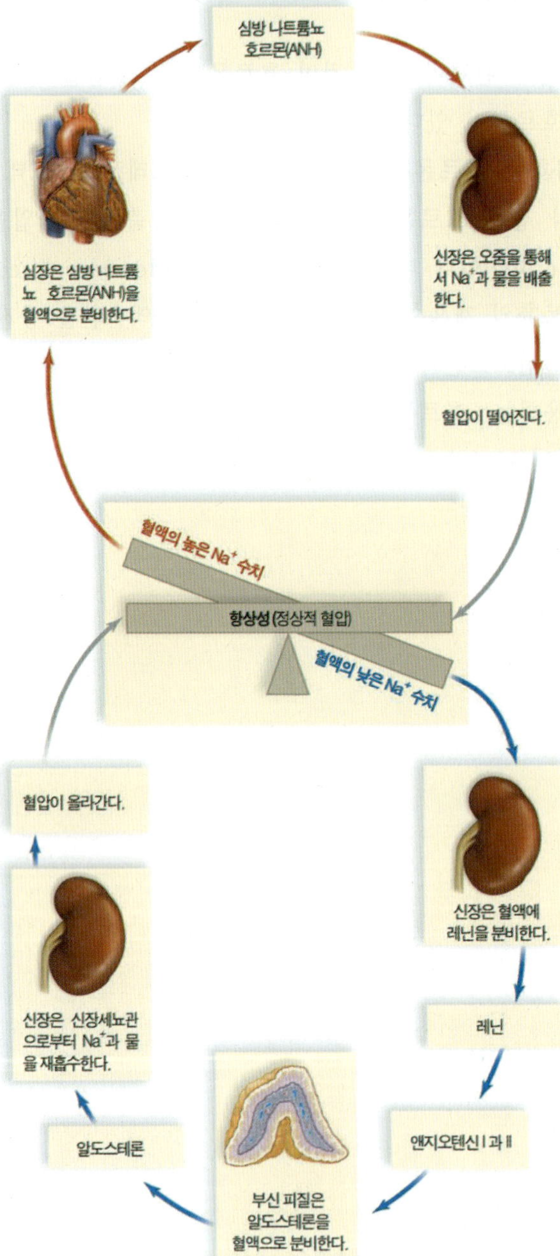

그림 7-22. 호르몬의 혈압 조절

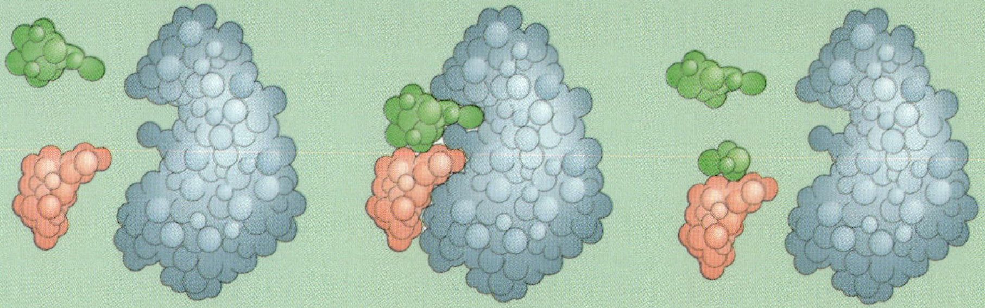

Chapter 8. 효 소(Enzyme)

1. 서 론(introduction)
2. 효소의 일반적인 특성
3. 효소의 반응에 영향을 미치는 요소
4. 효소의 명명과 분류
5. 효소의 이용

1. 서 론(introduction)

사람뿐만 아니라 모든 생명체가 생명을 유지하고 활동하기 위해서는 각종 영양소를 흡수하여 세포와 조직을 만들고 에너지를 생성하며, 외부로부터의 자극에 대한 반응을 하게 된다. 이러한 일을 하기 위해서는 효소, 비타민, 미네랄, 호르몬, 신경계 등이 유기적으로 작용을 해야 한다.

우리 인체의 모든 대사과정을 건축 공사 현장과 비유해보면 보다 쉽게 이해할 수 있다. 즉 우리 몸의 모든 상황을 판단하고 적합한 신호를 보내는 뇌는 공사를 총괄하는 현장소장에 비유할 수 있다. 뇌의 신호를 몸의 각 조직에 전달하는 신경과 호르몬은 현장소장의 지시를 받아 일꾼들에게 전달하는 반장에 비유할 수 있다. 우리 몸에서 일어나는 모든 생화학적인 작용에 관여하는 효소는 반장의 지시를 받아 벽돌을 쌓는 일꾼에 해당된다. 또한 일꾼의 일을 옆에서 도와주는 조수는 비타민과 미네랄에 해당된다. 이러한 벽돌은 탄수화물, 지질, 단백질 등의 영양소이다. 우리가 건강을 유지하기 위해서는 충분한 영양소를 흡수하고 몸속의 각 일꾼들이 일을 잘 해야 한다.

일반적으로 화학반응은 높은 온도에서 반응이 일어난다. 즉 자동차는 2000℃로 가열된 엔진에서 연료가 기화되어 폭발할 때 이산화탄소와 물로 산화되면서 발생되는 에너지를 이용한다. 그러나 인체의 경우 세포는 37℃에서 탄수화물인 포도당이 이산화탄소와 물로 산화될 때 얻어지는 에너지(ATP)를 이용하여 생명현상을 유지시킨다. 이와 같이 사람의 경우 낮은 온도에서 반응이 일어나는 신비로운 현상은 단백질인 효소에 의하여 촉매작용이 일어나기 때문이다.

효소에 의한 촉매작용이 없다면 생명체에서 일어나는 대부분의 반응은 너무 느리게 일어난다. 그 결과 각 기관의 세포에서 대사가 원활하게 일어날 수 있도록 영양소를 적절한 때에 제공할 수 없게 된다. 그러므로 효소의 촉매작용 없이 세포는 생명활동을 영위해 나갈 수 없다. 생명체 내에서 이러한 촉매 작용을 하는 물질을 효소(enzyme)라 하는데, 이러한 효소는 구상단백질이다. 즉 사람이 섭취한 음식물을 처리하는데 아밀라아제(amylase) 등의 적절한 효소가 없다면 아침식사를 소화시키는데 50년이 걸릴 수 있다.

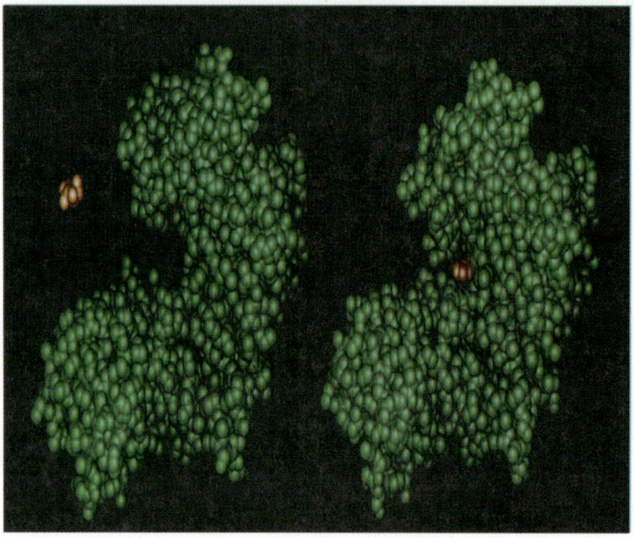

그림 8-1. 효 소(enzyme)

효소는 생체세포 내에 널리 분포되어 생체 내의 화학반응에 관여하며, 때로는 화학반응을 촉진 또는 지연시키기도 한다. 따라서 생물의 종류, 기관의 종류, 대사기구의 차이, 환경의 차이에 따라서 각각 다른 효소가 존재한다. 효소는 원형질에서 합성되고 분비되며, 분비된 효소는 대개 단순 또는 복합단백질이다. 따라서 단백질분해효소에 의하여 분해되고 온도와 pH에 의해 변성된다. 변성된 효소는 그 활성을 잃게 된다.

이러한 효소는 3000종 이상이 발견되었으며, 신체 내에서 체구성성분의 합성, 영양성분의 분해 및 흡수, 에너지 생성, 외부의 적으로부터 신체 보호 등 다양한 역할을 한다. 거의 모든 생명체에서 이런 기능은 필수적이고 그 메카니즘도 유사하다.

2. 효소의 일반적인 특성

1) 화학반응과 효소의 촉매작용

일반적으로 화학반응은 반응물(reactant, R)이 생성물(product, P)로 변화하기 위해서는 반응을 개시하기 위한 최소한의 에너지가 필요하다. 반응이 일어나기 위한 최소한의 에너지를 활성화 에너지(activation energy, EA)라 하며, 화학반응을 위해서는 활성화 에너지 이상이 되어야 한다. 화학반응에서 반응물은 가열이나 가압에 의해 그 에너지를 얻어 활성화상태(activation state) 혹은 전이 상태(transition state)가 되고, 반응이 진행되어 생성물을 얻게 된다.

촉매는 활성화 에너지를 저하시켜서 반응속도를 빠르게 한다. 촉매는 화학반응 속도를 빠르게 하거나 느리게 하지만 스스로 소모되거나 다른 물질을 생성시키지도 않는다. 하나의 촉매 반응에 참여한 후에는 다시 재생된다.

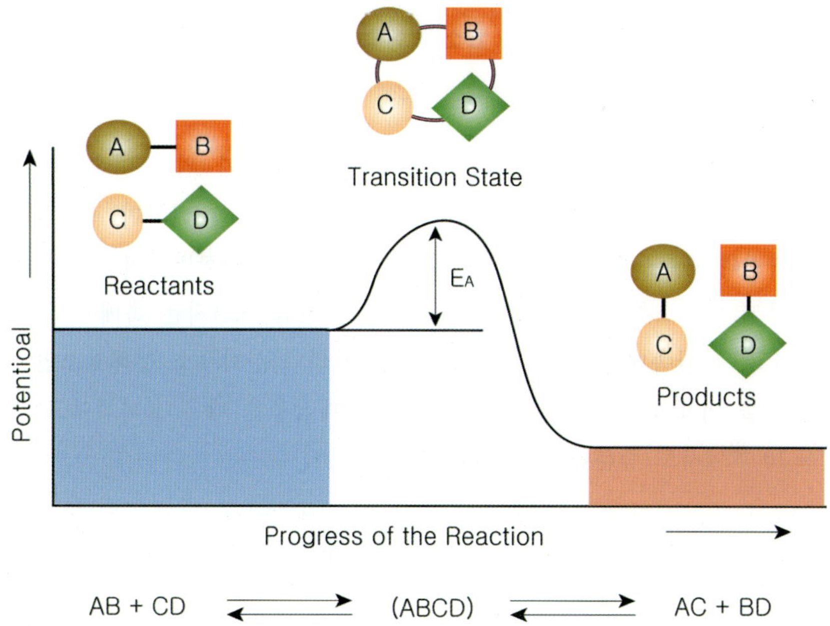

그림 8-2. 활성화 에너지(activation energy, EA)

그러나 생체를 구성하는 세포에는 가열이나 가압을 할 수 없기 때문에 세포에 존재하는 효소가 이와 같은 반응조건을 대신하는 작용을 한다. 어떤 반응계에 있어서는 생촉매인 효소가 존재하고 있는 경우 활성화 에너지를 감소시켜 반응을 촉진시킨다.

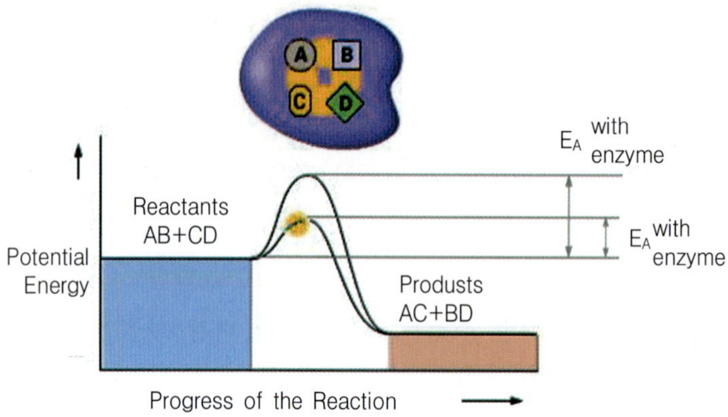

E + S ⇆ [ES]≠ ⇆ E + P

그림 8-3. 효소의 생촉매 반응

효소는 각 조직을 구성하는 세포에서 생명현상을 유지하기 위한 반응을 촉진시키며, 세포내에서 발견되는 각 화학반응은 하나의 독립된 효소에 의하여 촉매 된다. 그러므로 수천가지의 다른 효소가 세포내에 존재하며 특이한 화학반응의 촉매작용을 한다. 예를 들면 유해산소종의 하나인 H_2O_2 분해의 활성화 에너지는 촉매가 없는 경우 17 ~ 18kcal이고, 백금촉매에서는 11.7kcal이지만 간의 과산화수소 분해효소인 카탈라아제(catalase)를 이용하면 5.5kcal이다. 효소의 촉매작용은 매우 효과적이고, 기질농도가 10^{-9} ~ 10^{-2M}에서도 충분히 작용한다.

$$H_2O_2 \leftrightarrows H_2O + 1/2O_2$$

또한 효소는 단백질이기 때문에 특유한 3차 구조를 하고 있다. 어떤 효소는 소중합체인 4차구조인 경우도 있다. 효소의 구조는 촉매활성에 있어서 중요하다. 효소의 작용을 받는 물질을 기질(substrate)이라 하고, 기질 내에서 화학결합이 형성되거나 파괴된다. 효소의 최적 조건하에서 1분간 1μmol의 기질을 변화시키는 효소 활성을 1U(1 μmol/min)라 한다. 또한 최근에는 1초간 1mol의 기질을 변화시키는 효소의 활성을 1카탈(katal)이라 하며, 1katal은 6×10^7U에 해당된다.

2) 효소 단백질

효소는 단백질이므로 단백질의 특성을 모두 가지고 있다. 효소는 촉매능을 잃어버리지 않은 상태로 세포 외에서 섭취할 수 있지만 단백질의 변성이 일어나는 고온, 고농도의 염, 특히 강산성 또는 강알칼리성의 pH 등에서는 촉매 능을 상실한다. 이를 실활이라 하며 효소가 촉매작용을 하려면 특정한 입체구조를 유지하여야 한다.

효소는 1개의 폴리펩티드인 것도 있지만 동종 또는 이종의 여러 폴리펩티드로 이루어진 것도 있다. 이때 각각의 폴리펩티드를 소단위(subunit)라하고, 이와 같은 소단위는 상호 회합하고 있다. 또한 여러 종류의 효소가 친화성을 가진 1개의 집단을 만들고 있는 경우도 있는 데 이를 효소복합체(enzyme complex)라 한다. 효소는 분자량이 12,000정도의 효소에서 100만이 넘는 효소로서 매우 다양하다.

효소는 단백질 이외에 유기화합물이 결합되어 있는 것도 있다. 이러한 경우 단백질 부분을 아포효소(apoenzyme)라 하고 단백질이 아닌 유기화합물을 조효소(coenzyme)라하며, 전체를 홀로효소(holoenzyme)라 한다. 또한 Mg^{2+}, Fe^{2+}, Cu^{2+}, Zn^{2+} 등의 금속이온을 함유하고 있는 것도 있는데, 이들을 금속효소(metalloenzyme)라 한다.

홀로효소(holoenzyme) = 아포효소(apoenzyme) + 보조인자(cofactor)

보조인자
- 보결분자족(prosthetic group) : 주로 금속이온
- 조효소(coenzyme) : 비타민

동물조직, 눈물, 객담, 콧물 등의 분비물, 난백 등에 함유되어 있는 리소자임(lysozyme)에는 점성다당류(mucopolysaccharide) 및 점성단백질(mucoprotein)의 N-아세틸글루코사민(N-acetylglucosamine)과 N-아세틸뉴라민산(N-acetylneuram inic acid)의 β-1, 4결합을 절단하는 효소와 용균작용이 있다.

효소(enzyme, E)에는 활성중심, 활성표면, 촉매부위라 하는 활성부위가 있고, 이곳에 효소의 작용을 받는 기질(substrate, S)이 들어가서 쉽게 효소와 결합할 수 있게 되어 있다. 효소반응은 기질(S)이 효소(E)에 결합하여 효소-기질복합체($ES^{\neq}$)를 만들고, 복합체(complex)가 생성물(P)과 원래의 효소(E)로 분리된다.

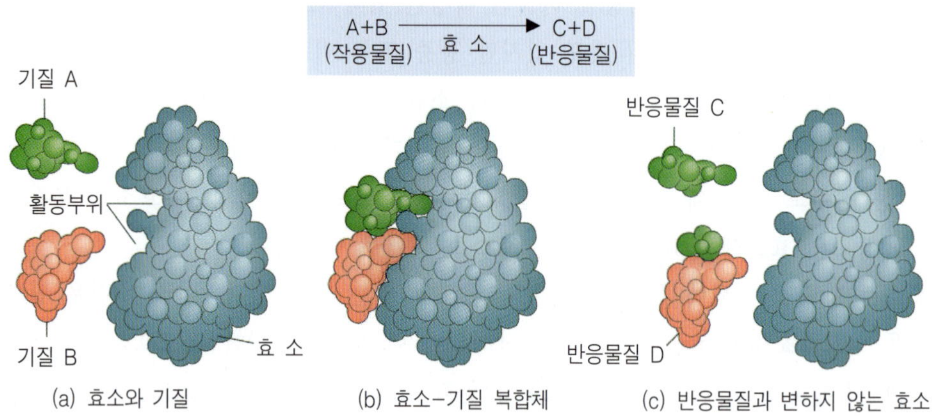

그림 8-4. **효소의 반응**

기질이 효소에 결합해서 반응이 일어나는 부위를 효소의 활성중심(active center)이라 한다. 보결분자족을 가진 효소에서는 보결분자족이 활성중심의 일부를 구성한다.

효소의 기질결합 부위와 기질의 관계는 자물쇠와 열쇠설(lock and key theory)에 비유되고, 효소-기질복합체는 이온결합, 수소결합, 소수결합 등을 형성하여 최적의 구조로 된다.

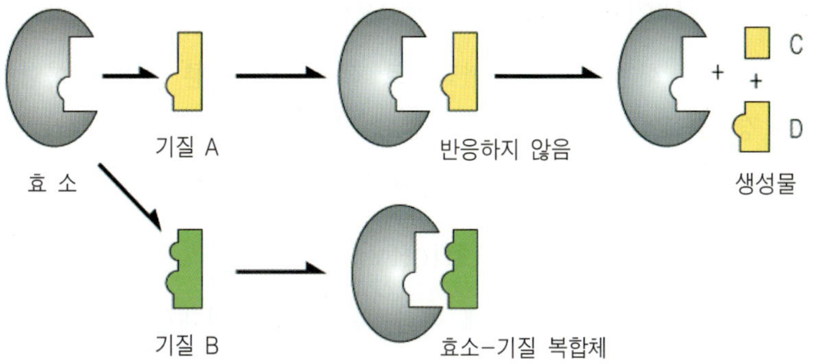

그림 8-5. 효소의 기질 특이성(자물쇠-열쇠 모델)

3) 효소반응의 특이성

효소는 백금 등의 무기촉매와는 달리 특정 기질의 특정 반응만을 촉진한다. 이것을 효소의 기질특이성(substrate specificity)이라 한다. 자물쇠와 열쇠의 관계에 있다고 할 수 있는 효소의 특이성은 다음과 같이 3가지 종류로 나눌 수 있다.

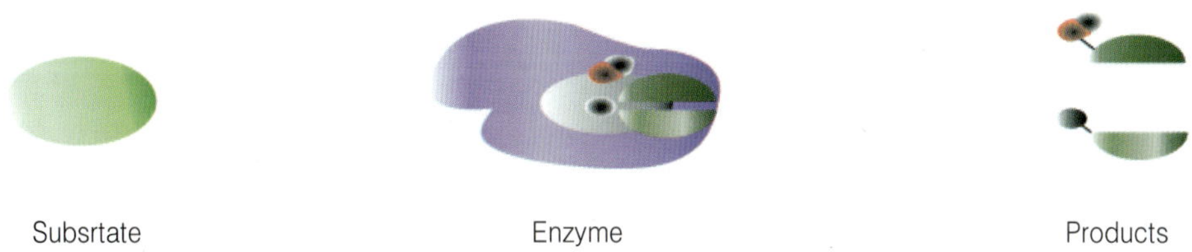

그림 8-6. 효소작용의 모형도

(1) 절대적 특이성(absolute specificity)

유사한 일군의 기질 중 특이적으로 한 종류의 기질에만 촉매작용을 하는 경우를 절대적 특이성이라 한다. 아밀라아제(amylase)는 녹말, 유레아제(Urease)는 요소, 펩신(pepsin)은 단백질, 디펩티다아제(dipeptidase)는 디펩티드 만을 가수분해한다.

(2) 상대적 특이성(relative specificity)

효소가 어떤 그룹의 화합물에는 우선적으로 작용하고, 다른 그룹의 화합물에는 약간만 반응하는 경우를 상대적 특이성이라 한다. 췌장의 리파아제(lipase)는 지방을 우선적으로 가수분해하고, 저급의 에스테르(ester)를 서서히 분해한다.

(3) 광학적 특이성(optical specificity)

효소가 기질의 광학적 구조의 차이에 따라 특이성을 나타내는 경우이다. 말타아제(maltase)는 말토오스(maltose)와 α-글루코시드(α-glucoside)를 가수분해시키지만 β-글루코시드(β-glucoside)에는 작용하지 못한다.

D 및 L형에 특이적으로 작용하는 아미노산 산화효소도 그러하며, L-아미노산 옥시다아제(L-amino acid oxidase)는 D-아미노산(D-amino acid)에는 작용하지 못하지만 L-아미노산(D-amino acid)에만 작용한다.

3. 효소의 반응에 영향을 미치는 요소

1) 효소의 농도

효소는 기질보다 훨씬 적은 농도로 존재하므로 효소-기질 복합체가 생성될 때까지만, 즉 반응 초기의 효소 반응속도는 효소의 농도에 정비례한다. 그러나 반응이 진행되면 반응생성물이 효소작용을 저해하므로 일정 반응속도 이상이 되면 비례관계를 상실한다.

2) 기질의 농도

효소의 농도가 일정하고 기질의 농도가 낮을 경우의 반응속도는 기질 농도에 비례하지만 어느 범위를 넘으면 정비례하지 않는다. 즉 기질의 농도가 낮으면 기질농도는 반응속도에 큰 영향을 주지만 고농도에서는 전혀 영향을 주지 않고 반응속도가 일정하게 된다.

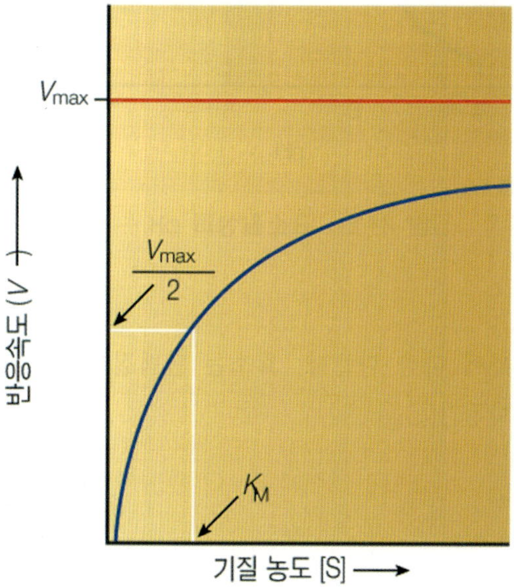

그림 8-7. 효소의 반응속도에 대한 기질 농도의 영향

3) 수소이온농도(pH)

효소는 단백질이므로 그의 성질은 pH에 따라 영향을 받는다. pH의 변화에 따라 기질의 해리상태는 물론 효소의 해리상태, 고차구조도 변화된다. 대부분의 효소는 일정한 pH 범위에서만 활성을 갖는다. 효소활성이 가장 좋은 때의 pH를 최적 pH(optimum pH)라 한다.

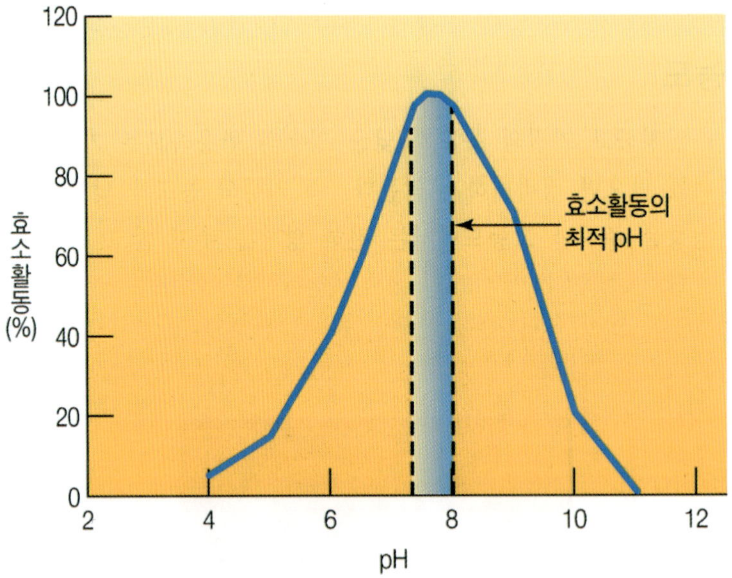

그림 8-8. 효소활성과 pH

최적 pH는 효소의 종류에 따라 다르다. 효소는 단백질이므로 강산이나 강알칼리에 의하여 변성되어 불활성화된다.

표 8-1. 효소의 최적 pH

효소명	최적 pH	효소명	최적 pH
펩신	1.5	아밀라아제(췌장)	7.0
트립신	8.0	리파아제(위장)	5.0
프티알린	6.9	리파아제(췌장)	8.0

4) 온 도

일반 화학반응과 마찬가지로 효소의 반응도 온도가 상승되면 반응속도가 증가한다. 그러나 효소는 단백질이기 때문에 변성이 시작되는 온도가 되면 반응속도는 급격히 저하되며, 마침내는 응고하여 활성을 잃게 된다.

이 때 최대 반응속도를 가질 때의 온도를 최적온도(optimum temperature)라 한다. 보통 동물성 효소의 최적온도는 그 동물의 체온 부근의 온도에서 최고의 활성을 가지며, 식물성 효소는 40~60℃에서 최고의 활성을 갖는다. 최적온도는 반응시간, 효소농도, 기질농도, 용액의 pH, 공존하는 화학물질 등에 의해서 영향을 받는다.

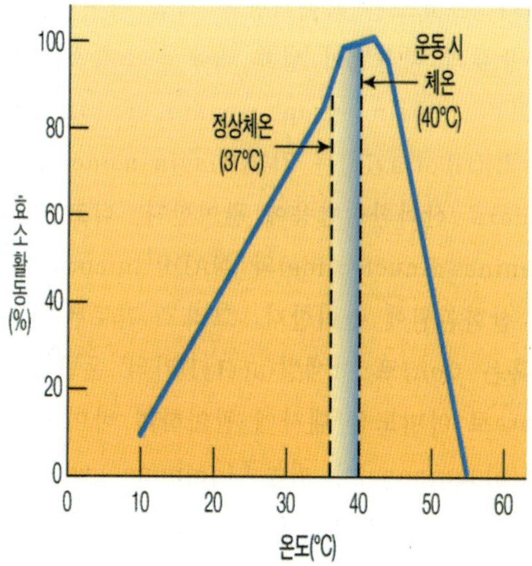

그림 8-9. 효소의 최적 온도

5) 활성화제(activator)

효소작용을 특수하게 발현시키거나 증강시키는 것을 모두 활성화제라 한다.

(1) 키나아제(kinase)

효소는 생체 세포내에서 불활성의 상태로 존재 또는 분비된다. 이와 같은 불활성의 효소를 효소전구체(zymogen) 혹은 선구효소(proenzyme)라 하며, 이 불활성 효소를 활성화시키는 단백질을 키나아제(kinase)라 한다.

트립신(trypsin)은 트립시노겐(trypsinogen)으로 분비된다. 이 트립시노겐은 트립신과 저해물의 결합체이며, 엔테로키나아제(enterokinase)는 이 저해물을 가수분해시켜서 유리 트립신을 생성한다. 이 때 비로소 효소의 작용을 하게 된다. 또 펩신(pepsin)도 분비될 때에는 펩신과 저해물의 결합체인 펩시노겐(pepsinogen)으로 존재하나 저해물은 미량의 유리 펩신의 작용이나 위액의 산으로 가수분해되어 연쇄적으로 다량의 활성 펩신을 유리하게 된다. 이와 같이 활성에 관여하는 엔테로키나아제(enterokinase)나 유리형의 트립신, 펩신과 같은 것이 키나아제(kinase)이다.

(2) 조효소(coenzyme)

조효소란 기질 이외에 효소반응에 관여하는 유기화합물이다. 특히 효소에 약하게 결합한 것을 조효소라 한다. 조효소는 촉매작용에 직접 관여함과 동시에 반응 중간체의 운반체로 되며, 많은 종류의 비타민이 생체 내에서 조효소로 변환된다. 즉 비타민 B_1은 티아민 피로포스페이트(thiamin pyrophosphate, TPP)로 알데히드(aldehyde)의 전이에 관여하고, 비타민 B_2(riboflavin)는 FMN(flavin mononucleotide)과 FAD(flavin-adenine dinucleotide)로 산화환원반응에 관여한다. 니코틴산(nicotinnic acid)은 NAD^+(nicotinamide adenine dinucleotide)와 $NADP^+$(nicotinamide adenine dinucleotide phosphate)로 산화환원에 관여한다. 그리고 판토텐산(pantothenic acid)은 코엔자임 A(Co A-SH 혹은 CoA)로 아세틸(acetyl)기의 운반체로 작용하고, 비타민 B_6는 pyridoxal phosphate로 아미노산 대사에 관여하며 바이오틴(biotin)은 탄산화반응에 관여한다. 유비퀴논(ubiquinone)은 퀴논족(quinone group)으로 미토콘드리아에서 유리되었으며, 이들 화합물을 코엔자임 Q(coenzyme Q)라 한다. 이는 산화환원에 관여하며 동물에서 n=10이므로 coenzyme Q_{10}이라 한다.

그림 8-10. 효소-조효소 상호작용

(3) 환원제

파파인(papain), 카텝신(cathepsin) 등과 같이 -SH기를 가진 효소는 산화되어 -S-S-결합을 생성하면 활성이 저하된다. 환원제로 이와 같은 효소의 -SH기를 유리시키면 활성이 증가된다.

(4) 담즙산과 그의 칼슘(Ca) 염

담즙산과 담즙산의 칼슘(Ca) 염은 지방 가수분해 효소작용을 촉진한다. 담즙산은 지방의 표면장력을 저하하여 유화를 돕고 분해를 용이하게 한다.

6) 저해제(inhibitor)

저해제란 효소의 반응을 저해하는 물질이다. 즉 어느 물질을 가하면 효소작용이 억제되고, 그 물질을 제거하면 다시 효소작용이 활성화되는데 이런 물질을 저해제(inhibitor)라 한다. 생콩에는 항트립신(antitrypsin)이란 특수한 단백질이 함유되어 있고, 이것은 트립신의 작용을 억제한다. 그러나 대두를 가열하면 이 저해제 단백질은 변성되어서 트립신의 작용을 억제하지 못한다.

4. 효소의 명명과 분류

효소는 그 특이성에 따라서 분류되고 명명된다. 효소가 많이 알려지지 않았을 때는 대부분 가수분해 효소이므로 명명도 간단하였다. 그러나 지금은 가수분해 효소 이외의 효소, 즉 3000종 이상의 효소가 발견되었기 때문에 분류상 명명이 복잡하고 불편하다. 1961년 국제생화학연합회의 효소위원회(International Enzyme Commission, IEC)에서 효소의 새로운 명명과 분류법이 제안되었다.

1) 효소의 명명

효소는 관용명(trivial name)과 계통명(systematic name)으로 명명되고 있다.

① 관용적으로 사용해온 명칭 그대로 사용해온 것이 있으나 일부분에 지나지 않는다. 예를 들면 타액의 아밀라아제(amylase)를 프티알린(ptyalin)이라하며, 펩신(pepsin), 트립신(trypsin), 레닌(rennin) 등이 있다.

② 효소가 작용하는 기질명 또는 그 작용을 받는 물질명에 -ase를 붙여 효소를 명명한다. 예를 들면 요소(urea)의 가수분해 효소인 유레아제(urease), 단백질(protein) 분해하는 효소는 프로테아제(protease), 지질(lipid)을 분해하는 효소는 리파아제(lipase), alcohol dehydrogenase 등이 있다.

③ 작용하는 기질 군을 명명하는 방법이 있다. 즉 산화환원효소(oxidoreductase), 전이효소(transferase), 가수분해효소(hydrolase) 등이다.

이외에도 조효소의 명칭을 사용하는 것으로 플라빈 효소(flavin enzyme), 피리딘 효소(pyridine enzyme) 등을 들 수 있다.

2) 효소의 분류

효소는 촉매하는 화학반응의 종류에 따라 산화환원효소(oxidoreductase), 전이효소(transferase), 가수분해효소(hydrolase), 분해효소(lyase), 이성화효소(isomerase), 합성효소(ligase) 등 크게 6가지로 분류된다.

표 8-2. 효소의 대분류

그 룹	계통번호	계 통 명	반응형식
I	1	산화환원효소 (oxidoreductase)	산화반응, 탈수소반응, 수소 첨가반응, 환원반응 등
II	2	전이효소 (transferase)	원자단, 즉 메틸기, 아세틸기, 아미노기, 인산기, 글루코오스기 등의 전달반응
III	3	가수분해효소 (hydrolase)	에스테르결합, 글루코시드결합, 펩티드결합, 아미드 결합 등의 가수분해반응
IV	4	분해효소(lyase)	비가수분해적으로 작용기의 이탈반응, 즉 탈탄산, 탈알데히드, 탈수, 탈암모니아 반응
V	5	이성화효소 (isomerase)	입체이성질화반응, 시스-트렌스 전환반응, 분자 내 산화환원 반응, 분자내 전달반응
VI	6	합성효소(ligase)	ATP→AMP+PP반응과 공역한 합성반응 X+Y+ATP→X-Y+AMP+PP

각각의 효소에는 4개의 숫자로 된 분류번호(Enzyme Commission number, E.C.번호)와 이것이 촉매하는 반응을 나타내는 계통명이 주어진다. 다음 반응을 촉매하는 효소를 명명해보면

$$ATP + D\text{-}glucose \rightarrow ADP + D\text{-}glucose\text{-}6\text{-}phosphate$$

효소의 계통명은 ATP로부터 글루코오스에 인산기의 전이를 촉매하는 ATP : glucose phosphotransferase이며, 분류번호는 2, 7, 1, 1이다. 첫 번째 숫자 (2)는 큰족에 속하는 분류명칭인 trasnferase, 두 번째 숫자 (7)은 두 번째로 큰 족에 속하는 subclass인 phosphotransferase, 세 번째의 숫자 (1)은 두 번째로 큰 족을 더욱 더 세분한 sub-subclass인 수용체가 OH기를 갖는 phosphotransferase, 네 번째의 숫자 (1)은 D-glucose가 인산기의 수용체라는 것을 나타낸다.

3) 인체의 소화 효소

(1) 탄수화물의 분해 효소

① 프티알린(ptyalin, α-amylase)

프티알린은 구강의 타액에 존재하는 효소로서 전분, 글리코겐, 덱스트린 등을 맥아당(maltose)으로 가수분해하는 효소이다. 그러나 이 작용은 α-1, 4-글루코시드(α-1, 4-glucoside)에만 부분적으로 가수분해한다.

Soluble Starch → Dextrin → Maltose

최적의 pH는 NaCl 용액에서 5.5 ~ 6.5이나 pH 4 ~ 9사이에서도 작용한다. 그러나 pH 4이하에서는 불활성으로 되며, 펩신에 의해서도 불활성으로 된다. 타액에는 프티알린 이외에 소량의 말타아제가 존재하기 때문에 맥아당의 극소량이 포도당으로 가수분해한다.

음식물은 구강 내에서 머무르는 시간이 짧기 때문에 충분한 프티알린의 작용을 받지 못한다. 그러므로 가능한 충분히 씹어서 프티알린의 작용을 오랜 시간 동안 받게 하여야 한다. 프티알린이 15 ~ 20분간 작용하면 쌀밥의 60%는 맥아당으로, 40%는 덱스트린으로 분해된다. 구강으로부터 위장으로 들어가서도 위액의 침윤에 의하여 산성으로 될 때까지 15 ~ 30분간 프티알린의 작용은 지속된다. 타액으로 지질이나 단백질은 소화되지 않는다.

② 그 외 효소

췌액에 존재하는 아밀롭신(amylopsin) 혹은 아밀라아제(amylase)는 타액에 존재하는 아밀라아제와 같이 전분과 그들의 부분적 분해산물의 α-1, 4-글루코시드(α-1, 4-glucoside) 결합에 작용하고, α-1, 6-linkage에 작용하는 다른 효소와 공동으로 이들을 맥아당까지 분해한다.

설탕(sucrose)은 장액에 존재하는 슈크라아제(sucrase) 혹은 인버타아제(invertase)에 의하여 포도당(glucose)과 과당(fructose)으로 가수 분해된다. 맥아당(maltose)은 말타아제(maltase)에 의하여 포도당과 포도당으로 가수 분해되며, 젖당(lactose)은 락타아제(lactase)에 의하여 포도당과 갈락토오스(galactose)로 가수 분해된다.

(2) 지방분해효소

리파아제(lipase)는 췌장에서 약활성 상태로 분비되어 십이지장에서 담즙산염, 아미노산, 펩티드 등으로 부활되며, 지방을 지방산과 글리세롤로 분해하는 효소이다. 최적의 pH는 7.0 ~ 8.8이며, 지방산의 탄소사슬의 길이가 길수록 최적 pH는 높다. 리파아제는 지방산의 분자량 크기, 불포화도의 크기, 아실글리세롤(acylglycerol)의 지방산 수가 클수록 활발하다. 리파아제는 위액에 소량 존재하는 지방의 가수분해 효소로서 위 내의 소화는 매우 적다. 이의 최적 pH는 5이다.

지방은 물에 불용이므로 지방의 소화는 먼저 위장의 기계적 작용, 담즙산염, 지방산염 등의 작용으로 유화된다. 이로 인하여 지방과 효소의 흡착제 형성이 조장되어 쉽게 분해된다.

(3) 단백질의 분해 효소

① 펩 신(pepsin)

펩신은 단백질의 펩티드 결합을 가수분해하며, 레닌(rennin)과 같이 응유작용이 있다. 펩신은 위액에 존재하는 소화효소로서 주세포(chief cell)에서 불활성인 펩시노겐(pepsinogen)으로 분비된다. 펩시노겐은 위산에 의하여 펩신으로 활성화되고, 그 후 자동 촉매로 pH 5 또는 그 이하에서 펩신 자신이 펩시노겐을 활성화시킨다. 펩신의 최적 pH는 1.5 ~ 2.5이며, 중성 혹은 알칼리성에서 거의 불활성화된다.

② 레 닌(rennin)

강력한 응유작용을 하며, Ca^{2+}가 함유되어 있기 때문에 카제인(casein)을 불용성의 p-카제인(p-casein)으로 하여 펩신의 작용을 쉽게 받게 한다. 자신에도 소화작용이 있다.

레닌은 주세포(chief cell)에서 프로레닌(prorennin)으로 분비되어 위산에 의해서 활성화된다. 성인의 위액에는 존재하지 않고, 펩신 분비 이전의 젖먹이 유아에게만 존재한다.

③ 트립신(trypsin)

트립신은 췌액에 존재하는 효소로서 위장에서 내려오는 단백질을 저분자의 폴리펩티드 및 아미노산까지 분해한다. 트립신은 불활성의 트립시노겐으로 분비되나 소장에서 엔터키나아제(enterkinase)로 활성화되어 트립신으로 되며, 최적의 pH는 8 ~ 9이다.

④ 키모트립신(chymotripsin)

췌액에 존재하는 키모트립신은 불활성 키모트립시노겐(chymotripsinogen)으로 분비되나 소장에서 트립신에 의하여 활성화된다. 키모트립신은 트립신과 같은 단백질을 분해시키는 작용을 하며, 최적의 pH는 8 ~ 9이다. 키모트립신은 레닌이나 트립신과 같이 강력한 응유작용을 한다.

⑤ 카르복시펩티다아제(carboxypeptidase)

췌액에 존재하는 카르복시펩티다아제는 -SH기와 Mg를 함유하는 효소로서 말단 아미노산이 유리된 카르복시기를 가진 펩티드 결합을 분해한다. 최적의 pH는 7.4이다.

⑥ 펩티다아제(peptidase)

소장에서 분비되는 소화 효소로서 아미노펩티다아제(aminopeptidase)는 유리 아미노기를 말단 아미노산으로 하는 펩티드 결합을 분해한다. 트리펩티다아제(tripeptidase)와 디펩티다아제(dipeptidase)는 트리펩티드와 디펩티드 결합에 작용하여 아미노산으로 분해시킨다.

표 8-3. 주요 소화 효소

효 소	생성장소	작용부위	최적 pH	소화작용
탄수화물의 소하				
침 아밀라아제	침 샘	입	중 성	녹말 + H_2O → 맥아당
췌장 아밀라아제	췌 장	소 장	염기성	녹말 + H_2O → 맥아당
말타아제	소 장	소 장	염기성	맥아당 + H_2O → 포도당 + 포도당
단백질 소화				
펩 신	위 샘	위	산 성	단백질 + H_2O → 펩티드
트립신	췌 장	소 장	염기성	단백질 + H_2O → 펩티드
펩티다아제	소 장	소 장	염기성	펩티드 + H_2O → 아미노산
핵산의 소화				
핵산가수분해효소	췌 장	소 장	염기성	RNA와 DNA + H_2O → 뉴클레오티드
뉴클레오시드가수분해효소	소 장	소 장	염기성	뉴클레오티그 + H_2O → 염기 + 당 + 인산
지방의 소화				
리파아제	췌 장	소 장	염기성	지방방울 + H_2O → 모노글리세리드 + 지방산

5. 효소의 이용

1) 질병에 활용

나이가 들거나 과로하게 되면 호르몬이나 효소 그리고 비타민과 미네랄 등의 조절소가 부족하게 된다. 이러한 경우 단백질, 지방, 탄수화물 등의 영양소를 섭취하더라도 소화 및 흡수 등의 장애로 건강을 유지하기가 어렵다. 반면에 건강이 좋지 않더라도 호르몬이나 효소, 비타민 그리고 미네랄을 공급하여 신진대사를 활성화해 줌으로써 건강상태를 개선할 수 있다. 즉 대체로 어렸을 때나 청소년기에는 우리 몸속의 효소가 풍부하다. 소화효소의 분비도 충분하여 청소년기에 밥을 두 공기 이상 먹어도 배탈 나는 경우가 없다. 그러나 노인이 그렇게 많은 음식을 먹는다면 소화흡수에 어려움을 겪는다. 또한 혈액순환이나 면역과 관련한 효소의 양도 풍부하여 청소년기에는 중풍 등의 혈액순환관련 질병도 거의 없고 감기 등의 병에 걸려도 노인들보다 빨리 낫는다. 그러나 나이가 들면서 효소의 함유량은 급격히 줄어들어 몸의 신진대사가 월등히 떨어지게 된다. 실제로 조사한 바에 의하면 침 속의 효소가 60대에는 20대에 비해 30분의 1 정도라고 한다.

과거에 중남미의 인디언들은 파파야와 파인애플 등의 과일과 잎을 염증을 비롯한 다양한 질병 치료에 사용해 왔다. 이러한 열대 과일에는 파인애플 추출효소인 브로멜라인과 파파야 추출효소인 파파인 등 효소가 풍부하게 함유되어 있다. 또한 인류는 효소가 풍부한 발효식품을 먹어 왔다. 예를 들면 우유를 발효시킨 요구르트, 콩을 발효시킨 청국장, 나또 그리고 야채의 발효 식품인 김치 등이 그것이다.

최근에는 효소요법을 이용하여 질병의 예방에 이용하고 있으며, 식품 등에 다양하게 활용되고 있다. 효소요법은 효소를 우리 몸에 공급하여 질병을 사전에 예방하고 환자의 경우에는 질병의 치료를 앞당겨주는 대체요법이다. 현대적인 효소요법은 스코틀랜드의 발생 학자이자 의사인 존 비어드에 의해 시작되었다. 어린 송아지와 양의 췌장 추출물을 암환자에게 투여하였는데, 정맥주사 또는 암조직에 직접 주사하였다. 췌장의 주된 기능은 효소를 합성하는 것이며, 췌장 추출물에 의해 암 크기가 줄어들고 암세포의 성장이 멈추는 것을 확인하였다.

1930년대에 미국의 의사 포텐저(Dr. Frances Pottenger)가 영양학 분야의 흥미로운 연구를 하였다. 10년간에 걸쳐 별개 집단의 고양이에게 익히거나 익히지 않은 먹이를 여러 조성으로 주었다. 그 결과 익히지 않은 날 음식만 먹인 고양이들은 퇴행성 질환에 걸리지 않고 다른 고양이들보다 더 오래 살았다. 그러나 익힌 음식만 먹인 집단에서는 관절염, 암, 알레르기, 골다공증 그리고 간, 심장, 신장의 질환 등 퇴행성 질환 증상을 보였다. 더구나 2대에서는 이런 질환이 더 심각해졌고 3대에서는 이미 질병을 갖고 태어나는 새끼들도 보였고 4대에 가서 이 실험이 중단되었는데 생식력이 없어졌기 때문이다. 이를 통해 열에 약한 어떤 물질이 건강에 아주 중요하다는 결론을 내렸는데 당시의 지식으로는 그것이 효소라는 것을 알지는 못했다.

20세기 중반에 뉴욕에서 활동하던 의사 막스 울프(Max Wolf, M.D.)는 체계적인 효소요법의 유용성을 재발견하였고 여러 병증에 효소요법을 시행하였다. 울프는 의학을 연구하면서 사람의 몸에서 효소가 아주 중요한 역할을 한다는 것을 알게 되었다. 울프는 여러 사람들과 효소요법에 관한 연구를 함께 하였다. 울프의 친구이자 의학박사인 프랜드(Dr. Ernst freund, M.D.)는 건강한 사람의 혈액이 암세포를 죽이는 것을 발견하였다. 그는 건강한 사람의 혈액에는 암세포를 인식하여 죽이는 성분이 있는데 암환자에게는 그 성분이 부족하든지 없을 것이라 가정하였다. 울프는 베니테즈(Helen Benitez)와 함께 시행한 연구를 통해 암환자의 혈액에 효소를 공급하게 되면 암과 싸우는 것을 도와준다는 것을 확인하였다. 이런 효과는 여러 가지 식물과 동물로부터 얻은 효소를 복합처방하면서 발견하게 되었다. 울프는 동물실험을 통해 염증, 퇴행성 질환, 암등의 질병에 효과적인 효소들을 찾아내었고 효소요법이 안전하다는 것을 확인하였다. 또한 효소의 결핍은 사람을 빨리 늙게 한다고 생각하여 1960년에 나이든 많은 사람들에게 복합효소요법을 시행하였다. 그리고 체중조절과 배변의 조절이 중요하다고 생각하여 이를 위한 식이요법을 시행하였다. 생선과 신선한 과일, 채소의 섭취를 늘리고 동물성 지방은 줄이며 효소를 결핍시키는 흡연과 과도한 커피의 섭취를 못하게 할 뿐만 아니라 효소의 작용에 중요하다고 알려진 비타민과 미네랄을 균형 있게 공급하였다. 이와 같은 식이요법은 혈관질환, 림프종, 대상포진, 상처, 염증 질환에 효과가 좋다는 것을 확인하였다.

그리고 의사인 하웰(Dr. Edward Howell)은 우리 몸이 효소를 만들기 때문에 성장하고 병을 막지만 나이가 들면서 효소보유량이 줄어들어 비만과 갑작스런 건강상의 문제를 유발하고 만성질환에 시달리게 되는 것이라고 믿었다. 따라서 신선한 과일과 채소, 싹틔운 곡식 등 효소가 풍부한 음식과 효소제품을 공급하면 효소의 고갈로 인한 질병을 예방할 수 있다고 주장하였다. 지금도 미국과 독일 등의 많은 의대와 병원에서 효소요법을 연구하고 있다. 그 결과로 류마티스 관절염, 결핵성 피부염 등의 자가면역질환의 치료에 돌파구를 마련하기도 하였다. 즉 이 분야에서 효소요법이 보다 더 유용하게 활용되고 있다.

그리고 암과 같은 질병의 치료에 보조요법으로 효소가 쓰이고 있고 또한 건강한 사람이라고 해도 건강의 지속적인 유지와 노화의 지연을 위해 효소를 복용하는 것이 일반화 되어 있다. 우리나라에서 특별한 질병이 없어도 피로회복이나 건강을 위해 비타민제를 복용하는 것과 같이 미국이나 캐나다 그리고 독일 등지에서는 비타민, 미네랄 이외에도 효소를 복용하고 있는 것이다.

2) 식품으로서의 효소

우리는 이미 일상적으로 효소를 외부로부터 섭취하고 있다. 과일과 야채를 생으로 먹게 되면 그 안에 포함되어 있는 효소를 섭취하게 되는 것이다. 익히지 않으면 효소가 활성을 유지할 수 있기 때문이다. 과일과 채소 중에 효소의 함량이 높은 것에는 파인애플이나 파파야, 배, 무 등이 있다. 소화가 안 되어 속이 불편한 경우에 배 또는 무를 먹게 하는 이유가 여기에 있다. 또한 예전부터 발효식품을 먹어 왔는데 발효식품은 발효과정에서 미생물이 분비한 효소를 함유하고 있다. 김치, 요구르트, 청국장 등이 발효식품에 해당된다.

그런데 청국장의 경우 찌개로 먹으면 효소의 활성을 잃기 때문에 생으로 먹든지 낮은 온도에서 건조한 제품을 먹는 것이 필요하다. 과일이나 채소, 곡물을 익히지 않고 저온에서 동결 건조하여 만든 제품으로 생식을 하는 것은 효소와 비타민을 섭취하는 한 방법이 될 수 있다. 효소 위주로 제조된 건강기능식품을 섭취하여 질병 치료에 이용되는 경우도 있다.

이는 효소의 농도가 높은 것을 먹어야 적은 양을 먹어도 효과가 높기 때문이다.

이러한 효소는 소화 효소와 기능성 효소로 구분할 수 있다. 소화효소는 섭취한 음식물을 분해하여 흡수가 잘 되게 하는 효소이고, 기능성 효소는 면역력을 높여주고 혈액순환을 높여주는 등의 기능을 보이는 효소이다. 효소는 식사 후에 바로 먹거나 아니면 속이 비었을 때 먹을 수 있는데 먹는 시기는 사람에 따라 다르다. 위장관이나 간이 안 좋아 소화흡수가 잘 안되는 사람은 식후에 효소를 복용하고, 식품에 의한 알레르기가 있다든가 아토피 피부염이 있는 사람도 식후에 효소를 먹는 것이 바람직하다. 이는 알레르기나 염증의 원인물질을 분해시켜 주기 위함이다. 이외의 경우에는 대부분 공복에 먹는 것이 효과가 좋다. 공복 시에 효소를 먹으면 음식물의 방해를 받지 않고 소장까지 도달하여 효소자체가 흡수되어 작용하기 때문이다. 공복 시에 효소를 섭취하는 경우는 아주 다양한데 혈액순환 질환, 면역관련 질환, 염증관련 질환 등 이다.

체내에서 작용하는 효소의 종류가 알려져 있는 것만도 3,000가지가 넘는다. 소화효소의 예를 보면 우선 먹은 음식물 중에 전분을 분해하는 아밀라제, 단백질을 분해하는 프로테아제, 지방을 분해하는 리파제 등이 있다. 이외에도 젖당을 분해하는 락타아제 등 많은 효소가 소화흡수에 관여한다. 우리가 먹는 음식물 중 쌀이나 밀, 보리, 옥수수 등에는 전분이 대부분을 차지한다. 전분은 포도당으로 분해되어야만 흡수가 되어 에너지원으로 사용될 수 있다. 전분의 소화는 입안의 침에 있는 효소인 아밀라제에 의해서 분해되기 시작하여 위의 윗부분에 도달할 때까지 계속 소화가 진행되며 위를 지나 소장에 다다르면 췌장액에 함유되어 있는 아밀라제에 의해서 포도당으로 분해되어 흡수된다.

이와 같은 소화효소 이외에도 효소의 종류가 있다. 즉 사람이나 동물이나 미생물 등 산소를 이용하여 호흡을 하는 모든 생명체는 호흡과정에서 필연적으로 활성산소종을 발생하는데 이를 제거하지 않으면 세포에 치명적으로 작용하기 때문에 이를 제거해 주어야 한다. 활성산소종을 제거하는 효소로 글루타치온 퍼옥시다아제(glutathione peroxidase), 슈퍼옥시드 뮤타아제(superoxide dismutase, SOD)와 카탈라제(catalase)가 있다. 또한 혈액이 응고되어 혈전을 이루면 혈액순환에 장애를 줄 수 있는데 이를 분해하여 혈액순환을 원활히 하는 플라스민이라는 효소가 혈액에 존재한다. 또한 외부로부터 병균이 들어오면 마크로파지라고 하는 면역세포가 병균을 포집하는데 이때에 면역세포에서 프로테아제(protease) 등의 여러 가지 효소가 분비되어 병균을 녹여 없앤다. 이렇게 우리 몸속에서는 생명을 유지하기 위해 효소가 필수적으로 작용하는데 그 효소의 보유량이 적으면 몸의 여러 기관에서 문제가 발생한다. 이럴 때 외부로부터 효소를 공급해 주면 기존의 효소의 기능을 대신하게 되어 약화된 신진대사를 활발하게 해 주는 것이다.

각각의 일을 수행하는 효소는 생물의 종류에 따라 완전히 다른 것이 아니라 아주 유사하다. 예를 들면 사람의 소장에서 분비하는 아밀라아제와 바실러스균이 분비하는 아밀라아제는 그 기능이 동일하다. 따라서 바실러스균의 아밀라아제를 먹으면 사람의 아밀라아제를 대신하여 전분을 분해하는 기능을 수행한다. 아밀라아제뿐만 아니라 많은 효소들이 우리 몸속의 효소를 대신해서 그 기능을 수행한다는 것이 많은 임상과 생화학적 연구를 통해 확인되었다. 생화학적으로 밝혀진 효소들은 일부에 지나지 않고 아직도 많은 효소들에 대한 연구가 필요하다. 그렇지만 이미 밝혀진 효소들의 작용기작에 비추어 볼 때 밝혀지지 않은 효소들도 유사한 방식으로 우리 몸의 효소를 대신할 수 있다는 것을 예상할 수 있다.

청국장을 비롯한 발효제품들을 익히지 않고 먹으면 소화흡수도 증진하고 면역력을 높인다든가 혈액순환을 개선한다든가 하는 것은 이미 알려진 것이다. 그러나 어떤 효소가 들어가서 어떤 기능을 하는지에 대하여 명확하게 밝혀져 있지는 않다. 그러나 기존에 기능이 밝혀져 있는 효소의 메카니즘을 통해서 유추를 해 볼 수 있다. 청국장은 콩을 삶아서 여기에 고초균(바실러스)을 접종하여 발효시킨 것인데, 발효된 청국장에는 바실러스균이 1g당 100억개 이상 있다. 이 균이 자라면서 분비해 낸 소화흡수 관련 효소를 비롯하여 균이 분비하거나 균의 내부에 있는 효소의 종류는 사람의 몸속에 있는 효소들의 종류보다는 적지만 거의 버금갈 정도로 많다. 또한 그 기능들도 유사하다. 왜냐하면 원칙적으로 바실러스균은 세포하나로 이루어진 생물이고 사람은 수억 개 이상의 세포로 이루어진 생물이지 각 세포가 생명을 유지하는 방식은 대동소이하기 때문이다. 따라서 청국장을 생으로 섭취하게 되면 바실러스균 유래의 다양한 효소들이 우리 몸속으로 들어와 우리 몸의 부족한 효소의 기능을 보충하여 신진대사를 원활히 해 줄 수 있다. 보충해 주는 효소와 우리 몸속의 효소가 완전히 같지는 않지만 유사한 기능을 나타내는 효소가 많아 우리 몸의 건강을 유지하는데 큰 기여를 한다.

효소요법은 특정 질병의 증상을 없애는 것보다는 기존 치료의 보조수단으로 설정하는 것이 바람직하다. 약의 흡수를 증대하고 치료의 부작용을 줄이고 치료효과를 높이는 보조요법으로 적합하다. 효소는 특정 증상을 없애기보다는 영양흡수, 염증제거, 혈액순환, 면역증대 등의 근원적인 체질을 개선하는 것이기 때문이다. 나아가 효소는 질병의 예방 차원에서 비타민이나 미네랄처럼 항시 복용하는 것이 필요하다.

Chapter 9. 비타민(Vītamīn)

1. 서 론(introduction)
2. 비타민의 종류와 그 성질

1. 서 론(introduction)

비타민은 미량으로 사람의 영양을 조절하고, 정상적인 대사와 생리기능을 조절하는 유기화합물이다. 생체조직의 구성성분과 에너지원이 아닌 필수적인 물질로서 사람의 몸에서는 전혀 합성되지 않거나 미량 합성되기 때문에 대부분 영양소로 섭취하여야 한다. 그러나 니아신과 비타민 D는 특정 조건에서 체내 합성이 가능하며, 비타민 K와 비오틴은 소장에서 박테리아에 의해 상당량 합성된다.

비타민은 주로 조효소로서 중요한 역할을 하므로 비타민은 효소와 밀접한 관계가 있다. 즉 생체조직에는 다량의 효소가 존재하고 있기 때문에 대사반응을 촉매하고 있다. 대사는 호르몬과 신경의 작용으로 조절된다. 그러므로 비타민의 작용은 효소나 호르몬과 직접 관련성이 있다. 그러나 효소나 호르몬은 미량으로 생리작용을 조절하는 유기화합물이지만 체내에서 단백질, 지질 그리고 그 밖의 화합물로부터 합성되기 때문에 음식물로부터 섭취할 필요가 없는 점이 비타민과 다르다. 즉 비타민은 외부로부터 섭취되어야 하지만 효소와 호르몬은 동물 체내에서 합성되는 것이 다르다.

비타민은 생명 유지에 필수불가결한 영양소이고, 생화학적 작용이나 생리적인 작용 등 그 기능도 다양하다. 현재 약 20여 종의 비타민이 알려져 있다. 비타민은 효소의 구성 또는 활성 상 필수적인 요소이다. 따라서 비타민이 부족하면 효소작용이 원활하지 못하여 생체내의 여러 가지 대사가 순조롭게 진행될 수 없다. 이것이 생체에서 비타민 결핍증을 일으키는 화학적 원인이며, 비타민이 결핍되면 특징적인 장애가 발생하게 된다. 그러나 특별한 경우를 제외한 대부분의 비타민 결핍증은 비타민을 재공급함으로써 회복된다.

2. 비타민의 종류와 그 성질

비타민은 크게 2가지, 즉 지용성 비타민과 수용성 비타민으로 분류된다. 비타민 A, D, E, K는 에테르와 같은 유기용매에 용해되기 때문에 지용성 비타민으로 분류되고, 물에 용해되는 비타민 B군(B_1, B_2, B_6, B_{12}, 니아신, 판토텐산, 엽산, 비오틴)과 C는 수용성 비타민으로 분류된다. 비타민 B군은 생체 내에서 활성형으로 변환되며, 효소 반응의 조효소나 보결분자족으로 작용한다.

수용성 비타민은 물에 녹는 성질 때문에 과잉으로 섭취되면 소변으로 배설되어 생체 내에는 축적되지 않는다. 그러나 예외로 비타민 B_{12}와 B_6는 다른 수용성 비타민에 비해 훨씬 쉽게 축적된다. 체내에 축적되지 않는 대부분의 비타민은 매일 식사를 통하여 섭취할 필요가 있다.

표 9-1. 비타민의 종류와 구분

구 분	지용성 비타민	수용성 비타민
종 류	비타민 A, D, E, K	- 비타민 B군 : 비타민 B_1(티아민), B_2(리보플라빈), 니아신, B_6, B_{12}, 엽산, 판토텐산, 비오틴 - 비타민 C
성 질	지방에 녹음	물에 녹음
과량 섭취 시	체내 축적(특히 비타민 A, D는 간 독성)	대개 소변으로 배설

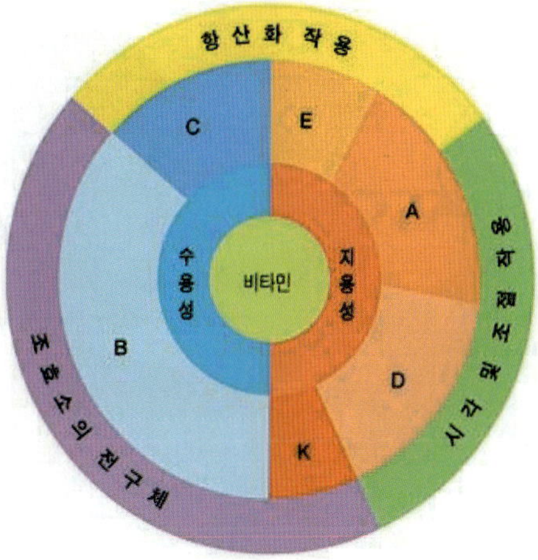

그림 9-1. 비타민의 주요 기능

지용성 비타민은 비극성이고 소수성 분자이며, 이소프렌 유도체(isoprene derivatives)이다. 지용성이기 때문에 지방과 같은 경로로 미셀(micelle)에 받아들여져 흡수된다. 장관에 일단 흡수되면 다른 비극성지질과 같이 리포단백질이나 특정 결합단백질에 의해 혈액으로 운반된다. 소장의 흡수 능력뿐만 아니라 지방의 소화도 지용성 비타민의 흡수에 영향을 미친다.

보통 섭취된 지용성 비타민의 흡수율은 40 ~ 90%이며, 필요량 이상으로 섭취되면 흡수율은 저하된다. 비타민 K를 제외한 지용성 비타민은 많이 섭취하면 체내에 축적되기 때문에 과잉증이 일어날 수 있다.

어떠한 비타민이든 과잉으로 섭취하면 독성을 나타낼 수 있다. 특히 지용성 비타민 A와 수용성 비타민 B_6는 독성을 일으키기 쉽다. 즉 비타민 A의 과잉증은 피부습진, 탈모, 간 비대, 골막 비후증이 나타나고, 비타민 D의 과잉증은 혈청 Ca의 증가, Ca 침착, 신장장애, 혈관 경화 등을 들 수 있다.

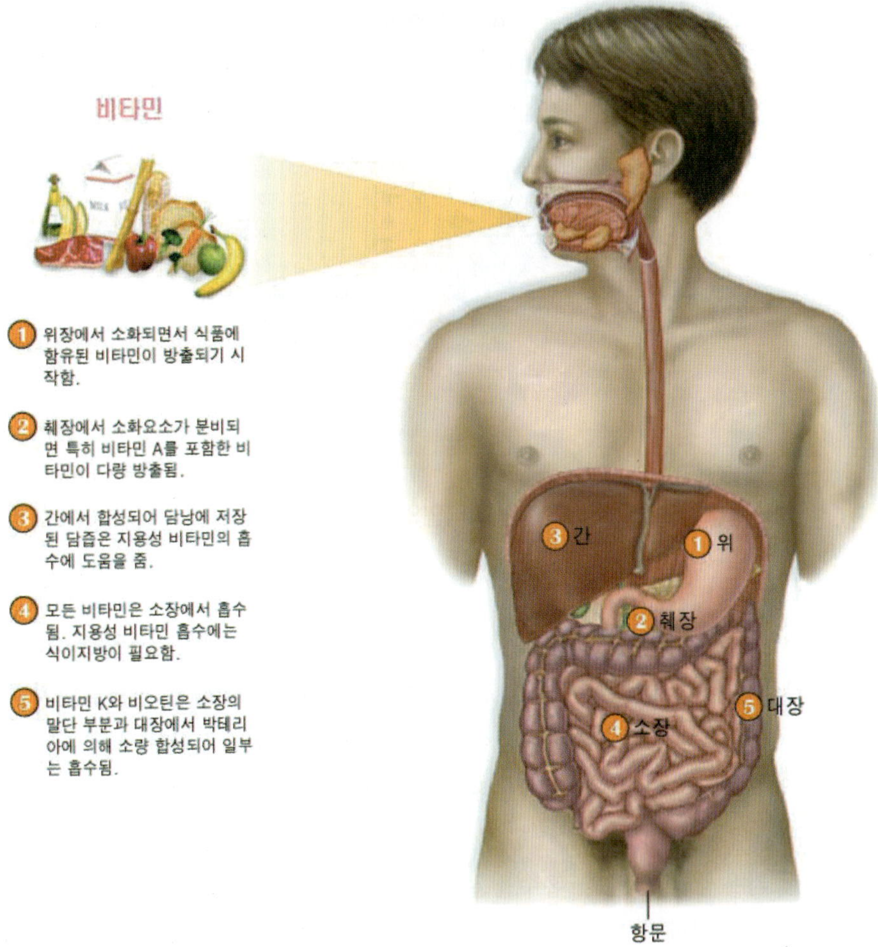

그림 9-2. 비타민의 소화 흡수

1) 지용성 비타민(fat soluble vitamins)

(1) 비타민 A(retinol)

① 일반적인 성질

비타민 A와 프로비타민 A(provitamin A)는 폴리엔(polyene) 화합물로서 시스형(cis form)과 트랜스형(trans form)의 이성질체가 가능하다. 일반적으로 트랜스형은 생리적 활성이나 시스형은 불활성이다. 그의 생리작용은 비타민 A의 70 ~ 80%

이다. 비타민 A는 공기 중에서 불안정하나 불활성 가스나 어두운 곳에서는 비교적 안정하다. 또한 지방산과 에스테르를 형성하며, 자연계에서는 주로 에스테르 형으로 존재한다.

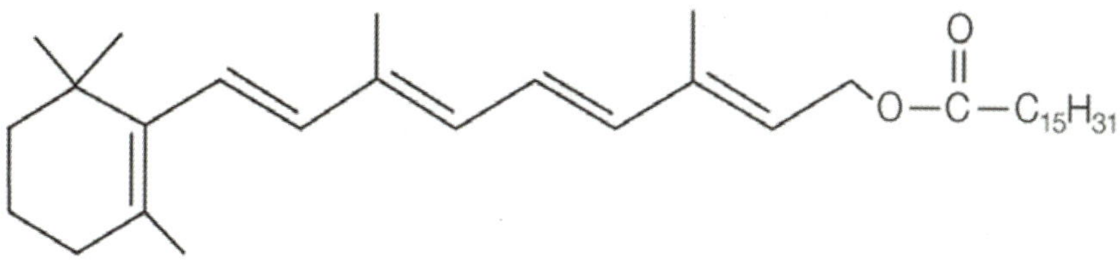

그림 9-3. 레티닐 에스테르(retinyl ester)

비타민 A는 레티노이드(retinoid)와 비타민 A의 전구체인 카로티노이드(carotinoid)를 말한다. 비타민 A는 고리구조에 지방산 꼬리가 달린 구조를 이루고 있다. 레티노이드에는 수산기(hydroxy group)가 함유된 레티놀(retinol)과 알데히드기(aldehyde group)가 함유된 레티날(retinal), 카르복시기(carboxyl group)가 함유된 레티노인산(retinoic acid) 등 3가지 형태가 있다. 이들은 상호 전환될 수 있지만, 일단 레티노인산 형태로 되면 더 이상 전환되지 않는다.

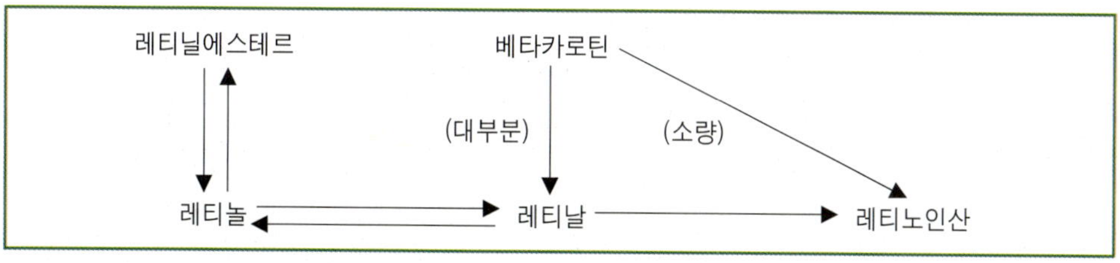

비타민 A는 동물성 식품에 레티놀의 형태 또는 레티놀에 지방산이 결합된 레티닐 에스테르(retinyl ester) 화합물의 형태로 존재한다. 레티닐에스테르는 비타민 A의 활성이 없지만 소장 관에서 레티놀로 가수 분해된다.

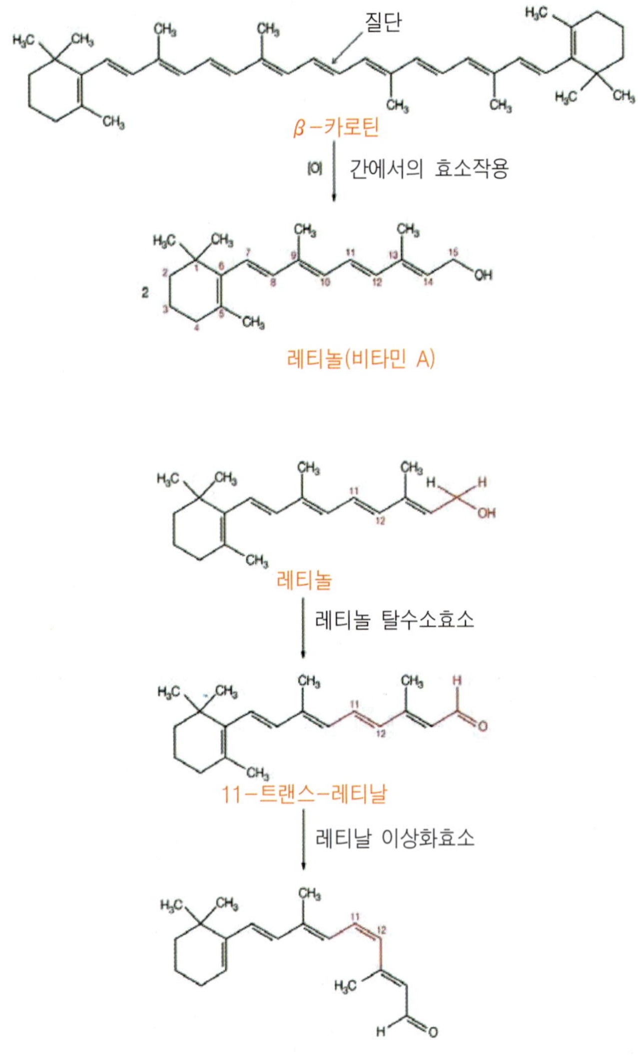

11-시스-레티날

그림 9-4. 카로틴(carotene)과 레티놀(retinol)

비타민 A의 전구체인 카로티노이드도 소장세포 또는 간세포에서 효소에 의하여 가수 분해되면 레티날로 되고, 일부는 레티노인산이 된다. 카로티노이드(carotinoid)는 α-카로틴(α-carotene), β-카로틴(β-carotene) 그리고 β-크립토산틴(β-cryptoxanthin)이 있다. 과일과 채소의 등황색은 β-카로틴의 색이다. 자연계에 있는 기타 카로티노이드는 비타민 A 활성이 없다.

음식물에서 섭취된 레티닐 에스테르(retinyl ester)는 소장 점막에서 가수분해 되면 지방산과 레티놀로 분해된다. 담즙은 레티닐에스테르의 용해도를 높여주고, 췌장의 지방분해 효소와 레티닐 에스테르 가수분해 효소를 활성화한다.

가수 분해된 레티놀은 소장세포로 흡수된 후 다시 지방산과 결합하여 새로운 레티닐 에스테르를 생성한다. 새롭게 만들어진 레티닐에스테르는 다른 지방과 함께 킬로미크론(chylomicron)의 형태로 림프계를 통과하여 간으로 운반된 후 저장된다. 필요에 따라 레티닐에스테르는 가수 분해되어 간에서 합성된 레티놀결합단백질(retinol binding protein, RBP)과 결합하여 혈액으로 방출된다.

② 비타민 A의 기능

- **세포의 성장과 분화**

  레티노인산은 피부, 폐, 소화기관 등의 상피세포 합성, 구조 유지 그리고 정상적인 기능을 발휘하기 위해서 필요하다. 또한 점막세포의 형성과 유지에도 필요하다. 이러한 피부에 대한 효과로 레티노인산은 주름과 같은 피부 손상에 이용된다.

- **면 역**

  비타민 A 중 레티노인산은 면역기능에 중요하다. 즉 세균감염 등에 대한 저항성을 증가시키는 작용이 있다. 따라서 비타민 A가 결핍되면 감염에 대한 저항력이 감소된다.

- **시 력**

  눈의 기능을 정상적으로 유지하는 작용이 있다. 눈의 망막에는 빛에 감수성을 가진 로돕신(rhodopsin)이 있는데, 이는 옵신(opsin)이라는 단백질과 레티놀이 결합한 것이다. 비타민 A(retinol)가 결핍되면 망막 안의 로돕신이 형성되지 않기 때문에 광감수성이 저하되어 어두운 환경에서 보기가 어려워진다.

③ 비타민 A의 분포 및 권장량

일상식품 중 비타민 A는 A_1과 β-카로틴이 가장 많다. A_1은 해산물의 간유, A_2는 담수어의 간유 중에 특히 많이 함유되어 있고, β-카로틴은 당근, 호박, 야채 등의 식물성 식품에 많다. 또한 간, 생선, 생선기름, 강화우유, 달걀은 레티노이드의 함량이 높은 식품이다. 비타민 A 전구체인 카로티노이드는 주로 짙은 녹색 그리고 등황색 채소와 과일에 다량 함유되어 있다. 당근, 시금치, 기타 녹색 채소, 겨울호박, 고구마, 브로콜리, 망고, 복숭아, 살구 등이 그 예이다.

표 9-2. 비타민 A 공급원(μg RAE)

쇠간 30g	3.042
고구마 1/2컵	958
시금치 2/3컵	494
망고 1개	402
당근조각 5개	375
늙은 호박 2/3컵	244
케일 1/2컵	206
탈지우유 1컵	150
브로콜리 1컵	138
살구 3개	137
체다치즈 30g	78
상추 1컵	72
마가린 1컵	50
부추 1컵	32
복숭아 1개	26

식품으로 섭취된 비타민 A와 카로틴은 수 시간 후에 소장 점막에서 흡수되어 흉관을 거쳐 혈관을 통하여 간으로 운반되고 저장된다. 카로틴은 소장 점막이나 간장에서 대부분 비타민 A로 변하며, 지단백질(lipoprotein)과 결합한 상태로 존재하기도 한다. 혈액 중의 비타민 A의 함량은 사람의 경우 100mL 중에 100 ~ 300IU(international unit)이며, 70IU 이하가 되면 야맹증이 된다.

우리나라에서 성인의 경우 1일 권장량은 비타민 A는 2000IU, 카로틴은 6,000IU이다. 1IU는 β-카로틴의 경우 0.6μg이고 비타민 A는 0.3μg이다.

④ 비타민 A의 결핍증

비타민 A가 결핍되면 여포성 과각화증(follicular hyperkeratosis)과 같은 피부 변화가 나타난다. 표피의 각질층을 구성하는 케라틴은 표피의 내층을 보호하고, 피부의 수분 손실을 억제하는 작용을 한다. 비타민 A의 결핍이 심각해지면 정상적으로는 바깥층에만 있어야 할 케라틴화된 세포가 피부 아래층의 상피세포로 위치를 바뀌게 된다. 그 결과 모낭이 케라틴으로 막히게 되면 피부가 거칠고 매우 건조하게 된다.

또한 비타민 A의 결핍이 심화되면 신체의 성장이 둔화된다. 젖을 뗀 후 일단 간에 저장된 비타민 A로부터 수개월 동안 레티놀이 제공될 있다. 따라서 어린이의 경우 비타민 A의 결핍은 주로 이유 직후에 발생한다.

혈액에서 레티놀이 부족하여 시각과정에서 소진된 레티날이 보충되지 않으면 안구의 간상세포에서 빛의 감지 기능이 늦어지게 되고, 그 결과 야맹증이 나타난다. 이는 비타민 A 결핍의 초기 증상이다. 비타민 A가 없으면 점막을 형성하는 세포도 파괴되어 더 이상의 점액을 합성할 수 없게 된다. 특히 안구의 각막에서 점막이 손실되면 안구 표면의 수분이 보유되지 못하고 이물질의 세척이 어려워지는 등 큰 부작용이 나타날 수 있다. 비타민 A는 감염에 대한 저항성을 부여하는 기능도 가지고 있기 때문에 비타민 A가 결핍되면 박테리이 침입에 의해 인구손실이 일어나기 쉽다. 비타민 A의 결핍이 더 진행되면 결막건조증 등의 안구건조증으로 발전된다.

표 9-3. 카로티노이드의 종류와 기능

종 류	체내 기능	주요 공급원
β-카로틴	노화지연, 항암효과, 당뇨병 합병증 예방, 폐기능 증진	당근, 늙은 호방, 고구마, 망고, 파파야, 키위, 살구, 브로콜리, 시금치, 케일 등
루테인	시각기능, 백내장 및 황반퇴화예방, 시각퇴화속도지연	케일, 시금치, 키위, 브로콜리, 아욱, 양배추, 양상추, 배추 등
라이코펜	전립성 암과 심장병 예방	붉은 과일과 채소, 토마토, 고추, 자몽, 수박
지아잔틴	황반 퇴화 지연, 항암효과	옥수수, 시금치, 늙은 호바, 계란 노른자 등

카로티노이드(carotinoid)

카로티노이드는 식물영양원으로 과일이나 채소의 색깔이나 향기, 맛을 결정하는 영양인자이다. 자연계에는 600종 이상의 카로티노이드가 존재하는 것으로 알려져 있지만 사람이 섭취하는 과일과 채소에서는 소수만이 발견되고 있다. 카로티노이드는 쉽게 흡수되어 혈액과 체내에 축적된다. 따라서 피부의 색깔을 결정짓는 주요한 인자 중 하나이다. 카로티노이드는 항산화제로서 항질병 및 항노화제 이다. 뿐만 아니라 체내의 면역시스템을 신장시킨다. 비타민 E와 C 그리고 β-카로틴과 같은 항산화제는 자유라디칼(free radical)을 완전히 소거시키기에는 부족하지만 이들의 상호작용을 할 때 보다 더 효과적인 소거작용을 한다. 특히 카로티노이드는 과일이나 채소 등의 오렌지색이나 황색 및 붉은 색을 띠게 하는 물질이다. 물론 초록색 채소에도 카로티노이드가 풍부하지만 클로로필에 의해 녹색으로 나타난다. 카로틴은 피부, 눈, 간과 폐의 보호에 뛰어난 기능을 가지고 있는데 α-카로틴은 호박이나 당근, β-카로틴은 감자, 당근, 시금치, 살구, 호박, 브로콜리에 많이 함유되어 있다. β-카로틴은 세포막의 접합 중 하나인 gap junction의 정상적인 수송과정을 신장시키며, 암세포를 억제하는 기능을 가지고 있다. 루테인(lutein)과 지아잔틴(zeaxanthin)은 카로티노이드의 일종으로 케일, 시금치, 붉은 고추 등에 많이 함유되어 있고, 각막의 탈증식화를 막는 기능이 있으며 암에도 효과적이다. 토마토와 딸기에 함유되어 있는 라이코펜(lycopen)은 암세포의 성장 억제기능이 β-카로틴보다 더 크다. 즉 단일항 산소($^1O_2$, singlet oxygen)를 억제하는 효과가 더 크기 때문에 암의 발달 전 단계에서 억제 효과가 뛰어난 좋은 항산화제이다. 또한 라이코펜은 사람의 기관이나 조직의 세포 사이 물질이나 이온교환을 담당하는 역할을 신장시키며 심장질환에도 효과적이다. 따라서 카로티노이드는 심장병, 암, 면역능력의 신장 그리고 노화에 따른 각막의 탈증식화 억제 등에 효과적인 것으로 알려져 있다.

레티노이드(retinoid)

주름 예방과 개선을 목적으로 사용되는 레티노이드는 단일항 산소를 효율적으로 소광시킨다. 또한 레티노이드는 UVA 영역의 파장을 흡수함으로서 UVA가 피부 깊숙이 침투하는 것을 차단시킨다. 화장품에 첨가된 레티노이드는 피부에 흡수되어 세포 증식과 분화, 콜라겐 그리고 세포간 지질의 합성뿐만 아니라 항산화작용을 한다. 레티노이드는 비타민 A로서 알려진, all-trans-retinol(tretinoin)으로 부터 유래된 것으로 세포증식과 분화, 세포간 지질의 생성, 상처치유, 시각 등의 조절에 있어서 중요한 역할을 한다. 트레티노인과 이소트레티노인은 모두 피부의 광노화뿐만 아니라 내인성 노화와 색소성 질환에도 효과적이다. 화장품에서는 피부세포의 신진대사 촉진, 피부 저항력의 강화, 피지분비의 억제 효과 등이 있는 것으로 알려져 있다. 즉 화장품에서 피부 분화의 촉진, 자외선 등에 의하여 손상된 피부의 치료, 피부 건선, 여드름 방지 등에 효과가 있는 것으로 알려져 있다. 특히 최근에는 레틴산과 레티놀의 주름제거 등에 효과가 있는 것으로 알려져 있다. 일반적으로 레티놀은 산소나 열, 자외선 등에 의하여 불안정하기 때문에 가능한 이들과의 접촉을 최소화하여야 한다.

1) 레틴산(retinoic acid)

레틴산은 광노화와 내인성 노화에 효과적이다. 레틴산은 표피에서 세포분열을 촉진시켜 손상 받은 세포의 탈락을 촉진하고 새로운 표피세포로 바꾸어 준다. 또한 멜라닌색소의 형성을 감소시키고 균일하게 하므로 얼굴의 기미, 잡티, 주근깨 등 색소침착 치료 및 나이가 들면서 생기는 과색소침착에도 사용된다. 그리고 진피에서 새로운 교원섬유와 탄력섬유의 생성을 촉진시켜서 피부의 잔주름을 없애준다. 그 외 레틴산은 광선각화증과 같은 전구암을 치료하거나 억제시키는 효과 및 피부의 혈류를 증가시켜서 핑크빛의 건강한 피부를 만드는데 도움을 준다. 그러나 레틴산은 장기간 사용하여야 치료효과가 나타나며, 최대의 치료효과는 치료 시작 후 첫 1년 내에 나타난다. 첫 1년 동안 노화과정은 지연되고 일부는 더 젊어지기도 하지만 이미 손상된 피부가 더 이상 회복되는 경우는 드물다. 또한 레틴산은 치료효과가 우수하지만 화장품 원료로는 사용할 수 없다. 레틴산은 치료 약물의 일종이므로 나이, 피부 유형, 햇빛의 노출 정도, 약물의 과민성, 피부 병변에 따라 의사의 처방에 의하여 사용되어야 한다. 레틴산은 여러 가지 농도의 제품이 있는데, 일반적으로 낮은 농도부터 사용하고 필요시 점진적으로 농도를 증가시켜 사용한다.

그리고 레틴산은 햇빛에 의하여 피부가 민감해지므로 밤에 사용하고 아침에는 제거하는 것이 좋다. 레틴산을 처음 사용하면 레틴산이 보습, 보호기능을 수행하는 각질층을 감소시킨다. 그러나 장기간 레틴산을 사용하면 표피의 세포분열을 촉진시키고 표피의 두께도 증가시켜 건강한 피부를 만드는데 도움을 준다. 따라서 처음 레틴산을 사용하면 2~3주 동안에 각질이 생기고 피부가 건조해진다. 이와 같은 부작용은 자연스러운 현상이다. 그리고 레틴산은 화장품 등 다른 제품과 동시에 사용할 경우 불안정하게 되어 효과가 떨어지므로 동시에 사용하지 않아야 한다.

2) 레티놀(retinol)

레티놀의 효과는 다소 떨어지지만 부작용이 적어 화장품의 원료로 이용된다. 체내에서 레틴알데히드(retinoyl aldehyde)로 바뀌고, 이는 다시 레틴산으로 전환된다. 따라서 레티놀도 노화피부에 효과가 있을 것으로 예측된다.

(2) 비타민 D(calciferol)

① 일반적인 성질

비타민 D는 석회화(calcification)와 관계가 있기 때문에 항구루병 인자(calciferol)라 한다. 보통 비타민 D는 비타민 D_2(ergocalciferol)와 D_3(cholecalciferol)를 말한다. 사람의 피부에 존재하는 프로비타민 D_3(provitamin D_3)인 7-디히드로콜레스테롤(7-dehydrocholesterol)은 콜레스테롤로부터 합성되며, 자외선의 광화학반응에 의하여 비타민 D_3(cholecalciferol)로 전환된다. 또한 표고버섯 등에 존재하는 프로비타민 D_2(provitamin D_2)인 에르고스테롤(ergosterol)은 자외선조사에 의해 비타민 D_2(ergocalciferol)로 되지만 섭취한 프로비타민 D_2는 비타민 D_2로 전환되지 않는다. 비타민 D_2는 비타민 D_3와 거의 같은 효력을 가지고 있다. 비타민 D로는 효력이 없고, 체내에서 수산화 반응이 일어나서 1,25-디히드록시칼시페롤(1,25-dihydroxycalciferol)로 되어야만 효력이 있다.

즉 일광에 의하여 피부세포에서 7-디히드록시콜레스테롤(7-dehydro cholesterol)로부터 생성된 프로비타민 D(provitamin D)는 수 시간 후 체온에 의하여 비타민 D로 전환되고, 혈액으로 들어가서 단백질과 결합되어 호르몬의 기능이 시작된다. 이와 같이 비타민 D는 콜레스테롤 유도체로부터 충분히 합성될 수 있다. 이러한 경우에는 비타민 D가 함유된 식품을 섭취하지 않아도 문제가 되지 않는다. 또한 식품으로 비타민 D가 섭취되면 약 80%가 소장에서 미셀(micelle)을 형성한 후 흡수되고, 킬로미크론 형태로 림프계를 통해 간으로 운반된다.

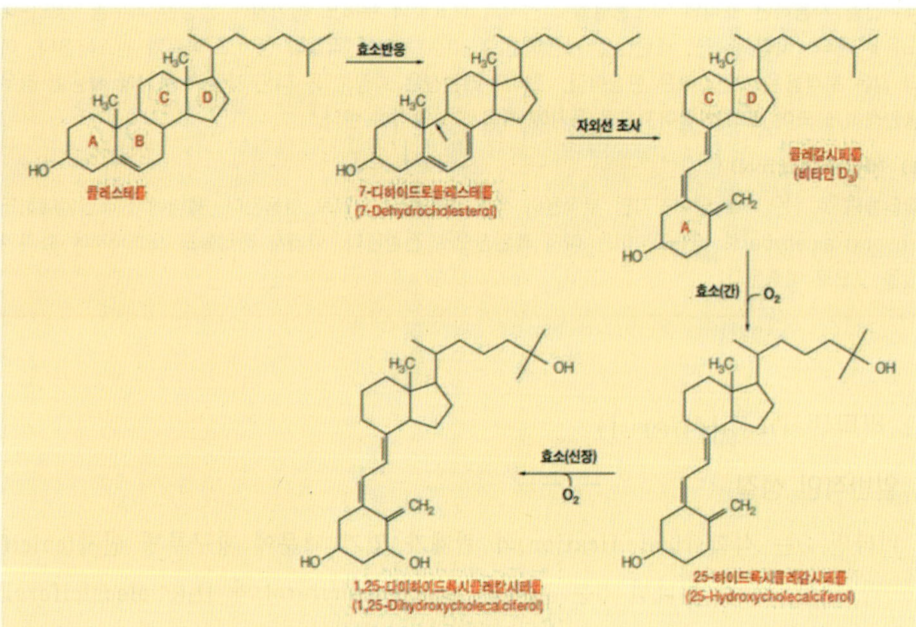

그림 9-5. 비타민 D의 구조

비타민 D는 체내에서 합성된 것이나 식품으로 섭취된 것 모두 프로호르몬 형태이며, 간과 신장에서 활성형으로 전환되어야 표적기관으로 전달되고 생물학적 기능을 할 수 있다. 일단 순환계로 들어간 비타민 D는 지방조직에 저장되었다가 필요한 경우 사용되거나 간에서 25-OH 비타민 D로 전환된다. 혈액의 칼슘농도가 낮아지면 부갑상선 호르몬의 분비가 증가된다. 부갑상선 호르몬은 다시 신장의 1,25$(OH)_2$ 비타민 D의 형성을 증가시킨다. 비타민 D는 주로 담즙을 통하여 배설되며 소변으로는 소량 배설된다. 비타민 D란 프로비타민(프로호르몬)과 활성 비타민을 모두 총칭하는 용어이다.

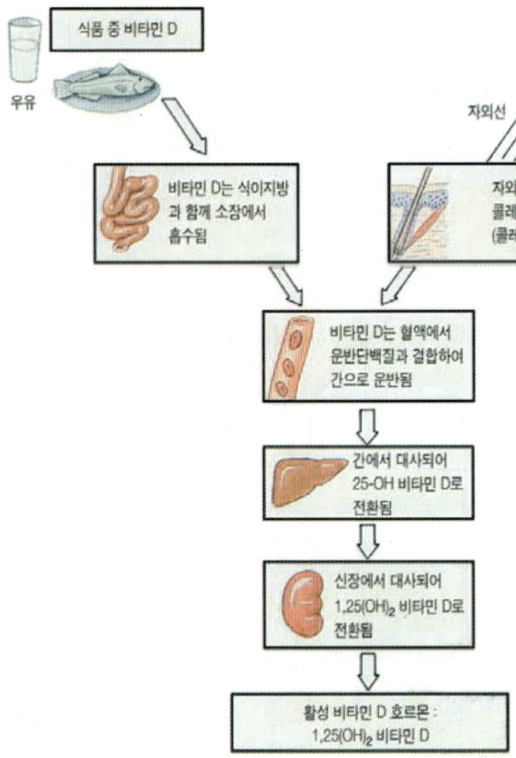

그림 9-6. 비타민 D의 대사

② 비타민 D의 기능

비타민 D는 칼슘과 인의 대사에 영향을 미치는 호르몬의 기능을 가지고 있다. 비타민 D는 구루병을 예방하는 스테롤 계통의 유도체이며, 그 작용도 호르몬과 유사하게 작용하는 것이 다른 비타민과 차이점이다. 뼈에 대해서 상반되는 2가지 기능으로 칼슘대사에 영향을 미친다. 즉 호르몬 활성을 지닌 1,25$(OH)_2$ 비타민 D는 소장에서 식이 칼슘의 흡수를 증가시켜 체내 세포의 칼슘 유용성을 높인다.

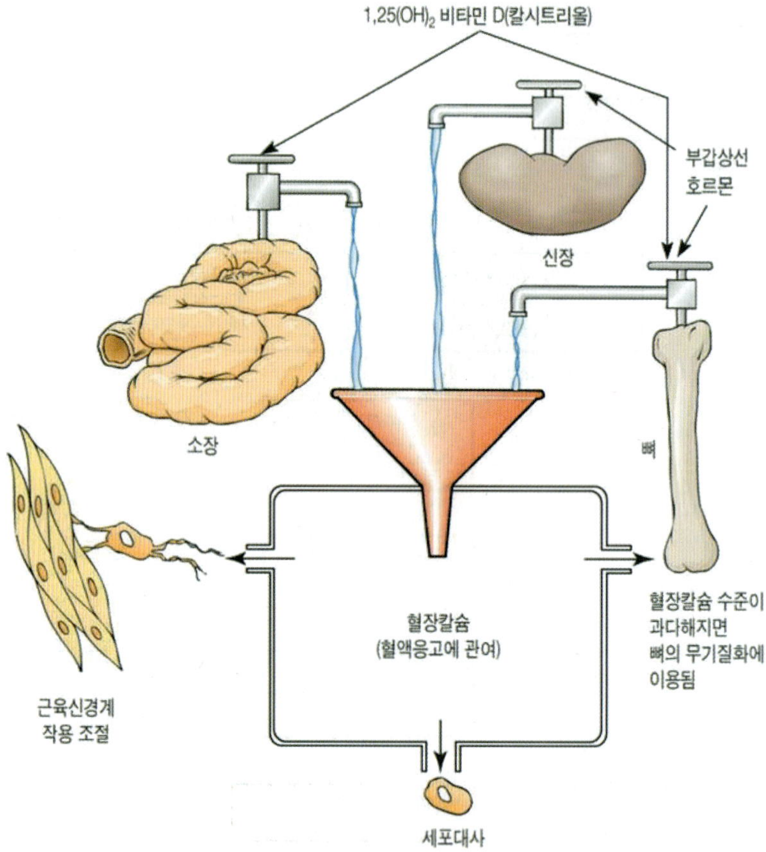

그림 9-7. 활성형 비타민 D 호르몬의 작용

이로써 체내 세포에서 칼슘이 유용해지며 혈중 칼슘 농도가 생명 유지를 위해 필요한 양보다 높아지면, 뼈로 영입되어 축적된다. 즉 비타민 D는 동물조직 중의 인산을 Ca과 결합시켜 뼈의 주요 구성성분인 인산칼슘($Ca_3(PO_4)$)으로 만들어 뼈에 침착시킨다. 이와는 반대로 비타민 D는 부갑상선 호르몬과 함께 뼈의 칼슘을 혈액으로 방출시키기도 한다. 이와 같이 비타민 D는 부갑상선 호르몬과 협동작용으로 혈액 중의 칼슘과 인의 농도를 일정하게 유지하는 작용을 한다. 부갑상선 호르몬은 혈중 칼슘 농도가 감소하면 비타민 D에 의하여 뼈에서 칼슘을 방출시키는 작용을 한다. 부갑상선 호르몬의 작용이 너무 크거나 지속되면 뼈를 약화시킬 수 있으나 이로 인하여 유익한 점도 있다. 즉 칼슘은 심장박동 등과 같은 기본적인 생명유지 기능을 위해 필요하다. 그러므로 비타민 D가 부족하면 체내에서 뼈의 발육, 특히 석회화가 늦어져서 어린이의 경우 구루병(rickets)이 걸리며, 성인의 경우에는 골연화증과 임산부, 수유부의 뼈대나 치아의 탈피현상이 나타난다.

사람의 표피세포 핵에는 1,25$(OH)_2$ 비타민 D에 대한 수용체가 있다. 활성화된 수용체는 피부 세포의 분화에 영향을 미친다. 사람의 표피에는 칼슘 농도의 차가 있는데 기저층에는 칼슘 농도가 낮고, 과립층에는 칼슘 농도가 높으며 각질층에서는 다시금 칼슘의 농도가 낮아서 각화과정이 일어난다. 표피의 세포 중 칼슘 농도가 낮으면 각질형성세포는 증식하고, 높으면 세포의 증식은 중지되면서 분화가 일어난다. 비정상적인 각질세포가 탈락할 경우 각질층이 두꺼워지고, 건조한 인설이 동반된다. 비타민 D는 건조성 피부의 개선, 세라마이드의 합성 촉진, 신진대사의 촉진 등이 있는 것으로 알려져 있다. 그러나 비타민 D는 의약품으로만 사용할 수 있기 때문에 화장품에는 사용할 수 없다. 따라서 화장품의 경우에는 비타민 D의 전구물질이 함유된 천연성분이나 7-dehydrocholesterol 등이 화장품에 이용되고 있다.

비타민 D는 alkaline phosphatase를 활성화시킨다. 활성화된 alkaline phosphatase는 인산을 분리시켜 뼈를 석회화시키고, 장에서는 인산흡수, 신장에서는 인산재흡수를 증가시킨다.

③ 비타민 D의 분포 및 권장량

충분한 일광에 노출되지 않으면 식품을 통하여 비타민 D를 섭취하여야 한다. 프로비타민 D(provitamin D)인 에르고스테롤(ergosterol)은 버섯, 효모 등의 식물계에 많고, 7-디히드로콜레스테롤(7-dehydrocholesterol)은 동물체의 장기나 피하지방, 버터 등에 많이 존재한다.

일반적으로 우유는 모유보다 비타민 D의 함량이 적으므로 수유 중인 어린이는 적당한 방법으로 비타민 D를 보충하여야 한다. 우리나라 사람의 비타민 D 소요량은 Ca을 최대한 체내에 보유시킬 수 있는 양으로 하여 성장기 아동, 임신부 및 수유부의 경우 하루 권장량을 400IU로 정하고 있다. 성인은 자외선에 의하여 체내에서 비타민 D를 충분히 합성할 수 있으므로 별도로 권장량을 정하지 않고 있다. 비타민 D의 1IU는 0.025μg의 순수한 비타민 D_2 또는 D_3를 함유한 액으로 정하고 있다.

표 9-4. 비타민 D 공급원

	μg	IU
구운 청어 90g	44.4	1.775
훈제한 뱀장어 30g	25.5	1.020
간유 1큰술	11.3	463
구운 연어 90g	6.0	238
정어리 30g	3.4	136
통조림 참치 90g	3.4	136
1% 저지장 우유 1컵	2.5	99
무지방 탈지우유 1컵	2.5	98
소프트 마가린 1작은 술	1.5	60
이탈리안 돼지고기 소시지 90g	1.1	44
두유 1컵	1.0	40
구운 청어 90g	0.9	34
시리얼 3/4컵	0.8	30
달걀 노른자 1	0.6	25

④ 비타민 D의 결핍증

비타민 D가 결핍되면 혈액중의 칼슘과 인의 농도가 저하되어 뼈의 형성이 지연되고, 뼈의 석회화가 억제되므로 구루병 및 골연화증의 원인이 된다. 또한 신부전 및 인공투석 등으로 신장기능이 저하된 경우에는 활성형 비타민 D의 생성량이 부족하여 혈액 중의 전해질 이상과 함께 뼈의 병변이 일어나기 쉽다.

성장하는 어린이의 경우 비타민 D_3가 결핍되면 구루병에 걸린다. 구루병은 머리, 관절, 흉곽의 비대, 기형적 골반, 휘어진 다리 등을 볼 수 있다. 성인에서 나타나는 구루병을 골연화증(osteomalacia)이라 한다. 새롭게 만들어지는 뼈의 골화가 미약하여 엉덩이, 척추, 기타 뼈 등이 골절되는 원인이 된다. 골연화증은 신장, 위장, 담낭 또는 소장에 질환이 있는 경우와 간경변 있는 사람에게서 나타나기 쉽다.

정상적인 표피의 각질세포는 각화과정에 소요되는 기간이 28 ~ 44일 정도 걸린다. 그러나 건선 피부의 경우는 4일 밖에 걸리지 않으므로 피부염으로 발전한다. 비타민 D 유사물질을 피부에 적용함으로써 건선을 효과적으로 개선할 수 있다.

(3) 비타민 E(tocopherol)

① 일반적인 성질

비타민 E는 출산(tocos)과 관련되기 때문에 항불임인자, 즉 토코페롤(tocopherol)이라 하며 토코(toco)는 '아이를 낳음과 관련된' 뜻이다. 자연계에는 4종류의 토코페롤, 즉 α-, β-, γ-, δ-토코페롤이 존재한다. 이들은 곡류, 두류, 녹황색 채소류 등에 함유되어 있고, 특히 식물성 기름은 비타민 E류의 우수한 공급원이다. 4가지 토코페롤 중에서 생리활성이 가장 높은 것은 α-토코페롤이다.

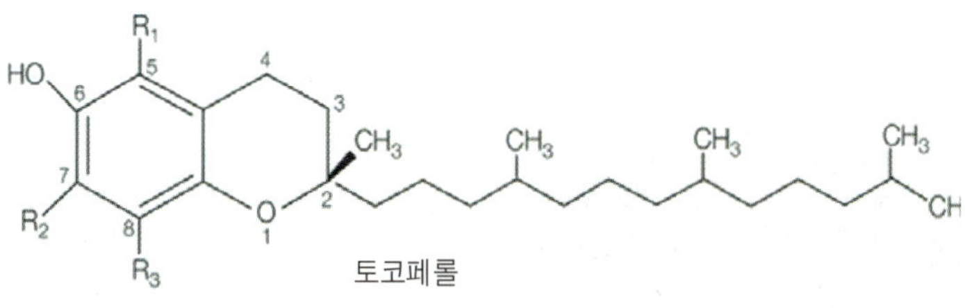

α-$R_1 = CH_3$, $R_2 = CH_3$, $R_3 = CH_3$
β-$R_1 = CH_3$, $R_2 = H$, $R_3 = CH_3$
γ-$R_1 = H$, $R_2 = CH_3$, $R_3 = CH_3$
δ-$R_1 = H$, $R_2 = H$, $R_3 = CH_3$

그림 9-8. 토코페롤(tocopherol)의 화학적 구조

비타민 E는 지용성 영양소와 같이 소장의 유미관에서 미셀(micelle)로 영입되어 담즙과 췌장 효소의 작용을 받기 때문에 흡수는 식이지방과 관련이 있다. 소장점막에서 흡수된 비타민 E는 킬로미크론(chylomicron)의 형태로 림프를 통해 운반되다가 혈액을 통하여 각 조직과 간으로 운반된다. 주로 간, 지방조직, 골격 근육에 저장되며, 결국 인지질과 함께 세포막에 위치한다. 비타민 E는 흡수가 제한적이어서 소장에서 흡수되지 못한 상당량은 대변으로 배설된다. 그러나 대부분 담즙과 소변으로 배설된다. 비타민 E는 결핍 사례가 드물고, 최근에는 오히려 건강을 위해 과잉 섭취하는 것이 문제로 인식되고 있다.

② 비타민 E의 기능

비타민 E는 산화되기 쉬운 화합물로써 그 자체가 항산화력을 가지고 있다. 즉 비타민 E는 항산화제로써 자유라디칼(free radical)에 의하여 시작된 일련의 산화반응 과정을 중단시킬 수 있다. 자유라디칼은 비공유 전자쌍을 가진 활성체로 일련의 산화반응을 시작하게 하여 산화적 스트레스를 유발시킨다. 산화적 스트레스는 산화반응 중 특별히 자유라디칼에 의하여 생물학적 분자가 손상되는 반응을 한다. 비타민 E는 세포막을 구성하는 불포화지방산의 산화반응을 억제하는 방법으로 세포막을 보호한다. 산화적 스트레스로 인하여 피부노화, 관절염, 심장순화기계 질환 등이 유발되고 면역 기능의 손상과 그 밖에 많은 영향을 미친다.

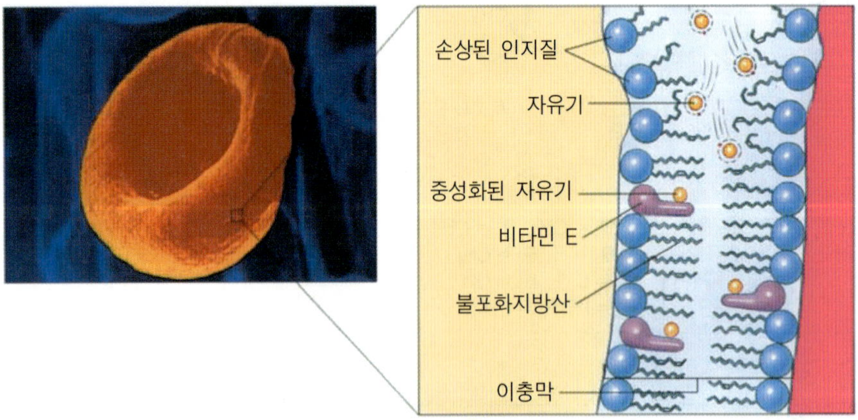

그림 9-9. 비타민 E의 항산화작용

항산화제란 산화적 스트레스로 인한 손상에 대항하여 작용하는 물질이다. 항산화 작용에 대한 메카니즘(mechanism)은 다양하며, 비타민 E는 주로 지용성 환경에서 일련의 산화반응을 중단시키는 역할을 한다.

자유라디칼은 세포막 또는 지단백질을 구성하는 인지질의 불포화지방산과 반응하여 지질 과산화 라디칼(peroxy radical, ·O-O-R)이 형성된다. 이는 활성산소종(reactive oxygen species, ROS) 중의 하나이며, 이렇게 형성된 지질 과산화 라디칼은 다른 불포화지방산과 반응하여 새로운 지질 과산화 라디칼을 형성한다. 이와 같은 라디칼은 반응성이 매우 크기 때문에 2개의 라디칼이 화학 결합하여 중화될 때까지 반응이 계속된다. 그러나 2개의 라디칼이 화학 결합하여 중화될 즈음에는 이미 많은 지방산이 파괴된 후이다. 비타민 E는 지질 과산화 라디칼과 반응하여 이러한 산화반응을 중지시키므로 항산화제 중의 하나이다. 비타민 E의 항산화작용은 세포의 파괴와 저밀도 지단백질(low density lipoprotein, LDL)의 산화로부터 세포를 보호하는 측면에서 매우 중요하다. 비타민 E는 항산화작용을 하는 과정에서 비타민 E 라디칼로 전환되지만 비타민 C에 의하여 비타민 E가 재생산되어 계속적으로 항산화작용을 할 수 있다. 일반적으로 항산화제는 스스로 산화되면서 다른 화합물을 보호하는 화합물이다.

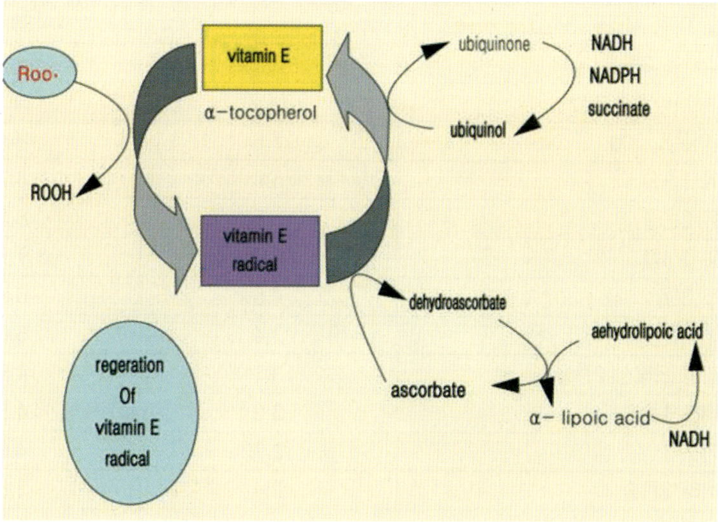

그림 9-10. 비타민 E의 재생산

이와 같은 작용을 하는 활성산소종은 지질 과산화 라디칼 이외에 단일항산소(singlet oxygen, $^1O_2$), 히드록시 라디칼(hydroxy radical, ·OH), 슈퍼옥사이드 음이온 라디칼($O_2 \cdot ^-$), 과산화수소(H_2O_2) 등이 있다.

그러나 자유라디칼은 항상 해로운 작용을 하는 것만은 아니다. 병원균이 침입하면 면역작용의 일환으로 백혈구는 자유라디칼을 생성하여 감염원을 파괴시킨다. 또한 자유라디칼은 정상적인 세포의 성장과 분화를 촉진시키기도 한다. 즉 자유라디칼은 생명활동의 일부로 필요한 경우가 더 많다. 그러나 자유라디칼에 노출 될지라도 적절하게 조절되어 바람직하지 않는 결과를 얻지 않도록 하여야 하며, 이러한 기능을 위하여 항산화제가 필요하다.

③ 비타민 E의 분포 및 권장량

옥수수, 해바라기, 대두, 면실 등의 식물성 유지와 배아, 아스파라거스, 땅콩 등은 비타민 E의 중요한 공급원이다. 지느러미가 있는 생선과 패류, 오트밀과 같은 곡류 아몬드와 같은 견과류, 해바라기씨 등도 좋은 공급원이다. 비타민 E는 산소, 금속, 빛, 기름에 의하여 쉽게 파괴되기 때문에 가공이나 저장 그리고 조리 과정에 따라 함량이 달라진다.

표 9-5. 비타민 E 공급원

	mg	IU
건포도 미려 시리얼 3/4컵	22.5	33.5
해바라기유 2큰술	16.3	24.3
볶은 해바라기씨 30g	14.3	21.2
볶은 아몬드 30g	7.5	11.1
잇꽃유 1큰술	5.9	8.7
유채유 2큰술	5.7	8.5
밀배아 1/4컵	5.2	7.7
아몬드 30g	4.5	6.8
기름에 볶은 해바라기 1큰술	3.4	5.0
이탈리안 드레싱 2큰술	3.1	4.5
마요네즈 1큰술	3.0	4.5
아보카도 1	2.7	4.0
땅콩버터 2큰술	2.4	3.6
망고 1개	2.3	3.5
땅콩 30g	2.1	3.0

비타민 E(α-토코페롤)의 1일 섭취량은 20세 이상 남녀 성인의 경우 10mg이다. 이러한 섭취 기준은 적혈구 막의 파괴를 예방하는 데 필요한 비타민 E의 양이다. 비타민 E는 일반적으로 사람들이 먹는 식품에 최소한의 비타민이 있기 때문에 정상적인 상태에서 비타민 E의 결핍은 거의 발생되지 않는다. 그러나 흡연으로 비타민 E 결핍과 산화적 손상이 초래될 수 있다.

신체의 항산화계

항산화제의 생체 보호 작용은 3단계로 이루어진다. 첫 번째 방어단계는 주로 효소반응이다. 효소의 활성은 주로 망간(Mn), 구리(Cu), 아연(Zn), 셀레늄(Se) 등과 같은 미량의 무기물에 의존한다. 두 번째 단계는 비타민 E와 비타민 C, 플라보노이드, 카로티노이드 등의 항산화제에 의한 반응이다. 세 번째 단계는 연쇄반응이 종결되어 생성된 유도체로부터 2차 라디칼의 생성을 효소에 의하여 억제하는 것이다.

1. 효소적 항산화 작용

1) 슈퍼옥사이드 디스뮤타아제(superoxide dismutase, SOD)

조직에 있는 SOD는 활성산소종의 생성에 의존되며, 간이나 신장 같은 조직에 상대적으로 많이 존재한다.

$$2O_2^- + 2H^+ \xrightarrow{SOD} H_2O_2 + O_2$$

2) 카탈라아제(catalase)

카탈라아제는 대부분의 호기성 세포에 존재하는 효소로서 과산화수소(H_2O_2)에 의한 산화적 손상으로부터 세포를 보호한다. 카탈라아제는 사람의 적혈구와 간에 많이 존재하며, 상대적으로 뇌, 심장, 근육에서는 훨씬 적게 존재한다.

$$2H_2O_2 \xrightarrow{catalase} 2H_2O + O_2$$

과산화수소는 세포막을 통과할 수 있기 때문에 세포 내에 과산화수소의 농도가 높을 경우 글루타치온 퍼옥시다아제(glutathione peroxidase, GSHPx)의 세포 보호 작용을 억제한다. 글루타치온 퍼옥시다아제는 세포내의 과산화수소의 농도가 낮은 경우에만 효과적으로 작용할 수 있기 때문에 이러한 환경에서 카탈라아제의 보호 작용이 매우 중요하다.

3) 글루타치온 퍼옥시다아제(glutathione peroxidase, GSHPx)

글루타치온 퍼옥시다아제는 셀레늄(Se)에 의존하여 촉매기능을 하는 셀렌효소(salenoenzyme)이다. 글루타치온 퍼옥시다아제(glutathione peroxidase, GSHPx)는 과산화수소 (H_2O_2)를 환원시키는 촉매작용을 할 뿐만 아니라 지질 히드로과산화물을 환원시키는데 중요한 효소이다. SOD와는 달리 셀레늄과 같은 미네랄이 결핍되거나 부적절한 식이에 의하여 글루타치온 퍼옥시다아제(glutathione peroxidase, GSHPx)의 기능과 관련된 질병을 초래한다.

2. 비효소적 항산화제

1) 비타민 E(α-tocopherol)

비타민 E는 지용성 비타민으로서 세포막 또는 세포 소기관의 막에 분포되어 있다. 막에 분포된 비타민 E는 국부적으로 생성된 활성산소종에 의한 지질 과산화반응의 연쇄반응을 효율적으로 차단시킨다. 특히 자외선에 노출된 피부에서 생성된 반응성이 큰 단일항산소(singlet oxygen, $^1O_2$)를 효율적으로 제거할 수 있다. 일반적으로 사람들이 먹는 식품에는 최소한의 비타민이 있기 때문에 정상적인 상태에서 비타민 E의 결핍은 거의 발생되지 않는다.

그러나 질병상태나 자외선에 노출될 경우에는 다른 항산화제의 감소와 함께 비타민 E의 수준도 감소되어 활성산소종에 의한 조직 손상이 야기된다. 항산화제인 α-tocopherol은 지질 과산화라디칼을 억제하는 반응에서 생성되는 α-토코페롤 라디칼(α-tocopherol radical)이 수소를 받아들여 다시 비타민 E(α-tocopherol)로 재생된다. 비타민 C, 일부의 플라보노이드(flavonoid)와 카로티노이드(carotenoid)가 비타민 E(α-tocopherol)의 재생에 도움을 준다.

2) 비타민 C(ascorbic acid)

사람은 체내에서 비타민 C(ascorbic acid)를 합성할 수 없기 때문에 식이 등을 통하여 외부에서 공급되어야 한다. 비타민 C는 수용성 비타민이며, 몇몇 효소의 보조인자로 작용한다. 비타민 C의 환원작용에 의하여 단백질을 구성하는 아미노산 중 프롤린(proline)이 히드록시프롤린(hydroxyproline)으로 전환됨으로서 피부에 탄력을 주는 교원섬유(collagenous fiber)를 생성하게 된다. 따라서 비타민 C가 결핍되면 교원섬유의 합성에 결함이 생기게 되는데, 이를 괴혈병이라 한다. 생체 내에서의 비타민 C는 활성산소종인 히드록시 라디칼(hydroxy radical, ·OH)과 만성 염증반응에서 중요한 HOCl을 제거할 수 있으며, 피부노화의 원인이 되는 반응성이 매우 큰 단일항 산소(singlet oxygen, $^1O_2$)의 효율적인 소거제로 잘 알려져 있다. 화장품에서도 항산화작용과 콜라겐 생합성을 촉진하는 것으로 알려져 노화방지나 미백제품 등에 널리 사용되는 비타민이다. 그러나 비타민 C는 불안정하여 그 자체를 화장품으로 사용하기는 극히 어렵기 때문에 비타민 C 팔미테이트(vitamin C palmitate)와 같이 비타민 C 유도체를 이용한다.

3) 플라보노이드(flavonoid)

플라보노이드(flavonoid)는 벤즈 감마 피론(benz-γ-pyrone)의 구조를 갖는 페놀성 화합물로서 식물에 널리 분포되어 있다. 항산화제 중 비타민 E는 지용성이어서 주로 세포막에서 항산화작용을 하고, 비타민 C는 수용성이어서 주로 세포질에서 항산화작용을 한다. 그러나 플라보노이드는 지용성, 수용성 그리고 그 중간정도의 플라보노이드 등 종류가 매우 다양하기 때문에 기존의 항산화제의 복합적인 기능을 한다. 플라보노이드의 항산화작용은 여러 과정에 이루어진다. 첫째, 플라보노이드는 활성산소종과 직접 반응하여 바로 활 성산소종을 소거하여 조직 손상을 막아줄 수 있다. 특히 광노화의 원인인 단일항산소($^1O_2$)를 소거시킬 수 있다. 또한 피부의 암을 유발하는 것으로 알려진 히드록시라디칼(·OH)의 제거도 가능하며, 슈퍼옥사이드 음이온 라디칼(O_2^-), 과산화수소(H_2O_2)의 작용을 억제하는 것으로 알려져 있다. 둘째, 플라보노이드는 전이금속과 결합하여 히드록시라디칼(·OH)의 생성을 억제한다. 특히 류마티스 관절염, 심근경색, 당뇨병, 암 등의 성인병과 과도한 자외선에 노출된 피부에서의 과도한 산화적 스트레스를 감소시키는데 중요한 물질이다. 셋째, 플라보노이드는 단일항산소($^1O_2$)와 히드록시라디칼

(·OH)로 개시된 세포막의 자동산화반응에서 라디칼 반응을 전파시키는 과산화라디칼에 수소원자를 제공하여 지질의 연쇄반응을 종결한다. 넷째, 플라보노이드는 활성산소를 생성시키는 생체 내 산화효소의 작용을 저해시킴으로서 활성산소의 생성을 억제한다.

4) 카로티노이드(carotenoid)

현재 자연계에 알려진 카로티노이드는 600여 종 이상이다. 생체 내에서의 카로티노이드는 비타민 A의 전구물질로 잘 알려져 있다. 또한 최근에 카로티노이드는 암의 형성을 억제하고, 동맥경화의 발병을 저해하는데 매우 효율적인 물질로 알려져 있다. 피부노화의 원인으로 알려진 단일항 산소($^1O_2$)를 소거할 수 있고, 그 처리 능력은 컨쥬게이트된 이중결합의 수에 비례한다.

5) 유비퀴놀/유비퀴논(ubiquinol/ubiquinone, coenzyme Q)

유비퀴논은 산화-환원 작용을 하는 퀴노이드 핵과 여러 개의 단일 불포화 트랜스-이소프레노이드 단위를 함유한 지용성 화합물이다. 유비퀴놀은 유비퀴논의 2전자 환원 산물이다. 생체 내에서 유비퀴논은 막 횡단 전자 수송계의 산화-환원 성분으로서 작용을 하고, 사람의 경우 유비퀴논-10이 지배적으로 많다.

최근 유비퀴논과 유비퀴놀은 활성산소종으로부터 세포막을 보호하는 항산화제로 작용을 하는 것으로 알려지고 있다.

표 9-6. 플라보노이드의 종류와 기능

	체내 기능	주요 급원
레스베라트롤	에스트로젠과 유사한 구조임, 심장병과 암의 예방, 혈전 형성 지연, 뇌졸중 예방	적포도, 적포도주스, 적포도주
안토시아닌	노인 쥐에서의 단기 기억력 증가, 요도 감염 감소	딸기, 키위, 자두, 블루베리, 크랜베리
퀴세틴	알레르기와 관계된 염증 감소, 뇌암과 기관지염의 성장 저지, 오염물과 흡연으로부터 폐 보호	사과, 배, 체리, 포도, 양파, 케일, 아욱, 브로콜리, 잎상추, 마늘, 녹차, 적포도주
헤스페라딘	심자아병 예방, 혈관 강화	감귤류, 오렌지, 오렌지주스, 귤, 레몬, 자몽, 자몽주스, 라임, 만다린 오렌지
탄데리틴	뇌와 기관지 암 예방	헤스페라딘과 동일
카테친	함암효과	녹차, 포도

(4) 비타민 K

① 일반적인 성질

비타민 K는 혈액응고와 관련되며, 식품 중에는 비타민 K_1(phylloquinone)과 비타민 K_2(menaquinone)가 존재한다. 비타민 K_1(phylloquinone)은 식물에서 유래되었으며, 케일, 양배추, 시금치 등의 녹색야채, 브로콜리, 녹차, 해조류 등에 함유되어 있다. 비타민 K_2(menaquinone)는 어유와 동물에서 유래되었으며, 버터, 치즈 등에 함유되어 있고 신체의 장내 세균에 의하여 합성되기 때문에 식이성 결핍증은 드물다. 비타민 K는 알칼리나 광선에 극히 불안정하지만 열에 비교적 안정하기 때문에 조리 과정에서 거의 손실되지 않는다.

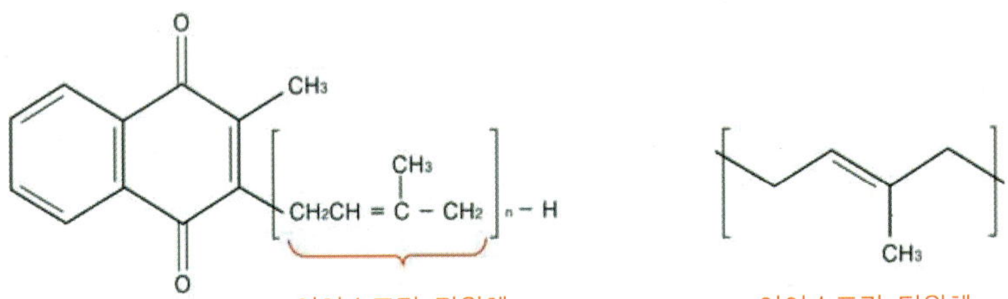

아이소프린 단위체　　아이소프린 단위체

비타민 K

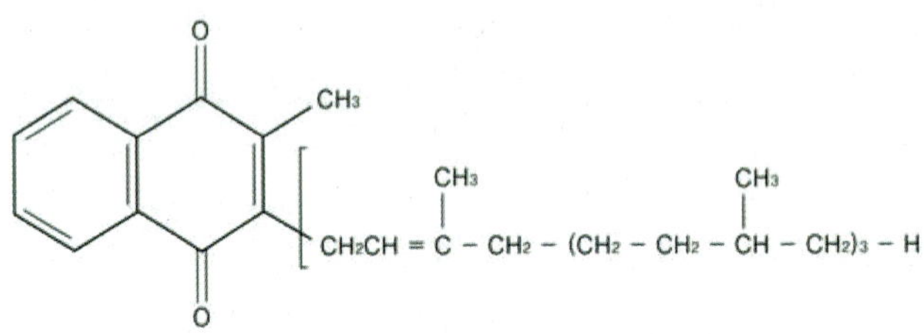

비타민 K_1(파일로퀴논, phylloquinone)

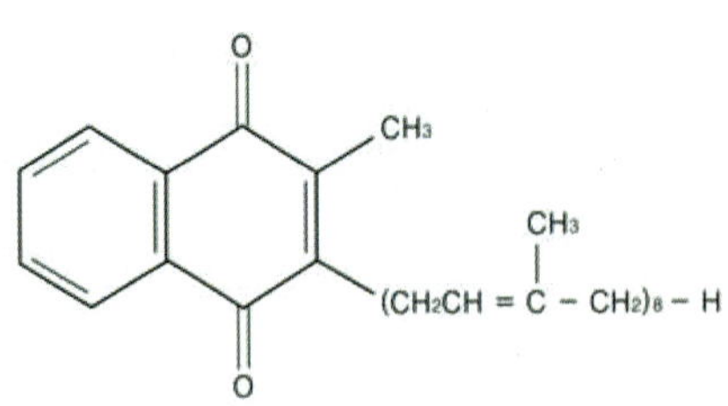

비타민 K_2(메나퀴논, menaquinone)

그림 9-11. 비타민 K의 화학적 구조

식품에 의하여 섭취된 비타민 K는 지용성이므로 지질의 흡수와 같으며, 80% 이상 소장에서 흡수되고 킬로미크론에 의하여 영입된다. 이때 담즙과 췌장액이 필요하며, 장내 세균에 의하여 합성된 비타민 K_2(menaquinone)도 동일한 과정에 의하여 흡수된다. 흡수된 비타민 K는 간에 저장되거나 VLDL, LDL, HDL로 영입되어 체내에서 순환된다. 미네랄 오일과 기타 체내 흡수율이 낮은 기타 지방은 비타민 K의 흡수를 방해한다. 비타민 K의 주요 배설은 담즙이며, 주로 대변에는 다량 존재하나 소변으로 배설되는 양은 적다.

② 비타민 K의 기능

비타민 K는 항출혈성 비타민으로 프로트롬빈(prothrombin) 등 많은 혈액응고인자의 생합성에 필요하다. 몇 개의 혈액응고인자는 폴리펩티드(polypeptide)로 생합성 된 후 여러 개의 글루타민산(glutamic acid) 잔기가 카르복시(carboxyl)화되어서 감마 카르복시글루타민산(γ-carboxyglutamic acid)으로 작용하는데, 이 효소반응에서 비타민 K는 조효소로 이용된다.

또한 비타민 K는 프로트롬빈에 칼슘 결합 능을 주고, 칼슘에 의하여 피브린(fibrin)의 가교형성을 촉진하여 혈액 응고를 일으킨다. 따라서 비타민 K의 결핍은 프로트롬빈의 생성을 감소시켜 혈액 응고시간을 길어지게 한다. 또한 비타민 K는 소장 내에서 칼슘의 흡수를 높이는 효과가 있다. 비타민 K는 이뇨작용이 있으며, 비타민 K_3(menadione)은 항균력이 있기 때문에 식품의 방부에도 이용된다. 비타민 K_3(menadione)는 합성한 비타민으로 비타민 K_1(phylloquinone)과 비타민 K_2(menaquinone)에 비하여 그 작용이 3배 정도 강하게 나타난다.

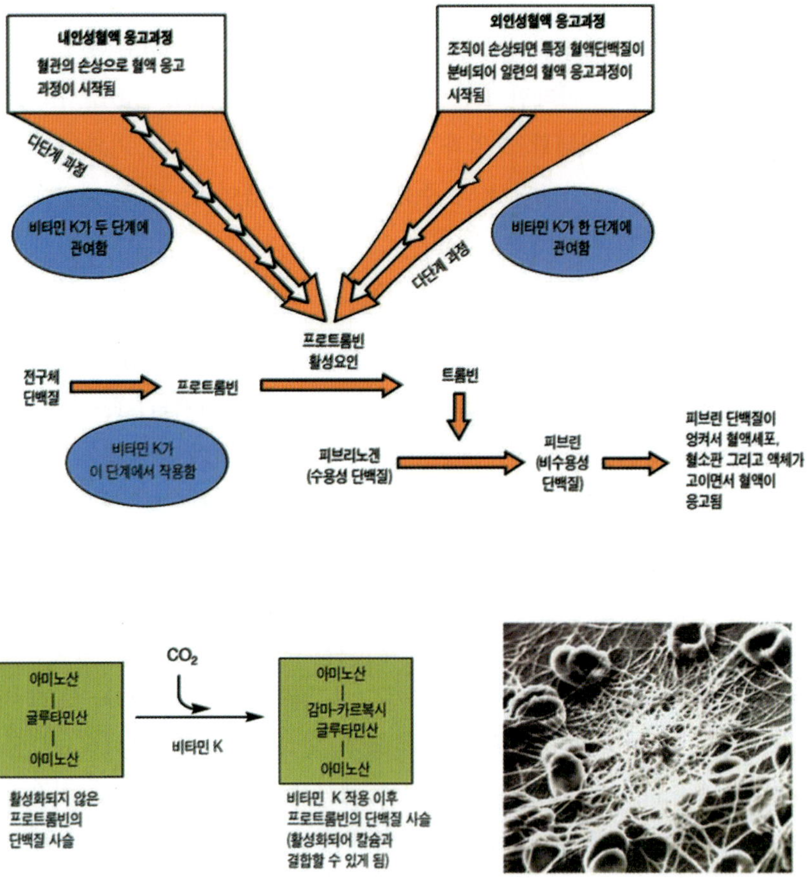

그림 9-12. 비타민 K의 대사

③ 비타민 K의 공급원과 필요량

케일, 무청, 양배추, 시금치 등의 푸른잎 채소, 브로콜리, 완두콩, 간 등은 비타민 K의 함량이 높은 식품이다. 대두와 캐놀라와 같은 식물성 유지도 비타민 K의 공급원 식품이 될 수 있다. 비타민 K는 조리에 의하여 소실되지 않는다.

식품에서 섭취한 비타민 K는 수일 내에 거의 배설되므로 상한 수준을 설정하지 않는다. 또한 식품으로부터 쉽게 섭취되므로 결핍되지 않는다. 그러나 비타민 A와 비타민 E를 과량 섭취하면 비타민 K의 작용이 방해된다. 즉 비타민 A는 장에서 비타민 K의 흡수를 방해하고, 고용량의 비타민 E는 비타민 K 의존적 응고인자를 감소시켜 출혈의 우려를 높인다.

표 9-7. 지용성 비타민의 기능과 함유식품

지용성 비타민	생리 기능	결핍증	과잉증	급원 식품	권장량
비타민 A (relinol), povitamin A	상피조직의 형성과 항산화제로서 작용, 다량→독성	안구건조증, 야맹증, 상피조직의 각질화, 불완전한 치아형성	두통, 머리카락빠짐, 창백, 권태, 식욕부진, 체중감소	간, 난황, 버터, 강화 마가린, 녹황색의 채소, 황색의 과일	성인(남,여):700R.E. 임산부:800R.E. 수유부:1,000R.E. 어린이:350~500R.E.
비타민 D (calciferol)	Ca.P의 흡수촉진, 뼈·치아의 건강유지 다량→독성	어린이:구루병, 골격성장부진, 성인:골연화증	구토, 피로, 요독증	생선기름, 강화우유, 대구간유, 버터, 달걀	성인(남,여):5μg 어린이, 임산부, 수유부:10μg
비타민 E (tocopherol)	세포막 손상을 저해하는 항산화제	적혈구의 용혈작용: 빈혈, 불임증(쥐)	지혈방해	식물성 기름과 그 제품들, 푸른 채소, 견과류	
비타민 K (menaquinone)	혈액응고작용	신생아 출혈병, 혈액응고가 잘 안 되어 상체에 심한 출혈	황 달	녹색채소, 차, 치즈, 난황, 간	

2) 수용성 비타민(water soluble vitamins)

수용성 비타민에는 비타민 B군(B_1, B_2, B_6, B_{12}, 니아신, 판토텐산, 엽산, 비오틴)과 비타민 C가 있다. 8가지의 비타민 B군 중 문자와 숫자로 구분되는 것은 2가지, 즉 비타민 B_6와 B_{12} 뿐이며 나머지는 고유의 이름이 있다. 티아민(thiamine)은 이전에 비타민 B_1으로 불리었고, 리보플라빈(riboflavin)은 비타민 B_2, 니아신(niacin)은 비타민 B_3로 불리었다. 그러나 그 외에 판토텐산(pantothenic acid), 비오틴(biotin), 엽산(folic acid) 등은 고유의 이름으로 사용되고 있으나 비타민 보충제의 표시에는 옛날 이름이 그대로 사용되기도 한다.

모든 비타민 B군은 조효소(coenzyme)로 작용한다. 조효소는 보조인자(cofactor)의 일종으로 무기이온 등도 보조인자에 속한다. 보조인자는 특정 효소반응에 반드시 필요하다. 조효소란 비타민 B군과 같은 특정 비타민과 기타 화학물질로 구성된 분자를 말한다. 기타 화학물질은 체내에서 합성되어 조효소의 일부가 될 수 있지만 비타민 B

군은 합성될 수 없다. 체내에서 조효소는 효소와 함께 작용하여 세포 내 화학적 반응을 진행시킬 수 있다. 즉 비타민은 효소의 구성 또는 활성 상 필수적인 요소이다. 따라서 비타민이 부족하면 효소작용이 원활하지 못하여 생체내의 여러 대사가 순조롭게 진행될 수 없다. 이것이 생체에서 비타민 결핍증을 일으키는 화학적인 원인이다.

비타민 B군은 모두 열량대사에 관여하며, 어떤 것은 세포 내 화학적 반응에서 다른 기능을 한다. 비타민 B군은 조효소로써 특정 단백질에 결합된 형태로 식품에 함유되어 있다. 티아민은 티아민 피로포스페이트(thiamin pyrophosphate, TPP), 비타민 B_2 (riboflavin)는 FMN(flavin mononucleotide)과 FAD(flavin-adenine dinucleotide), 니코틴산(nicotinnic acid)은 NAD^+(nicotinamide adenine dinucleotide)와 $NADP^+$ (nicotinamide adenine dinucleotide phosphate), 판토텐산(pantothenic acid)은 코엔자임 A(Co A-SH 혹은 CoA), 비타민 B_6는 pyridoxal phosphate(PLP)로 사용된다.

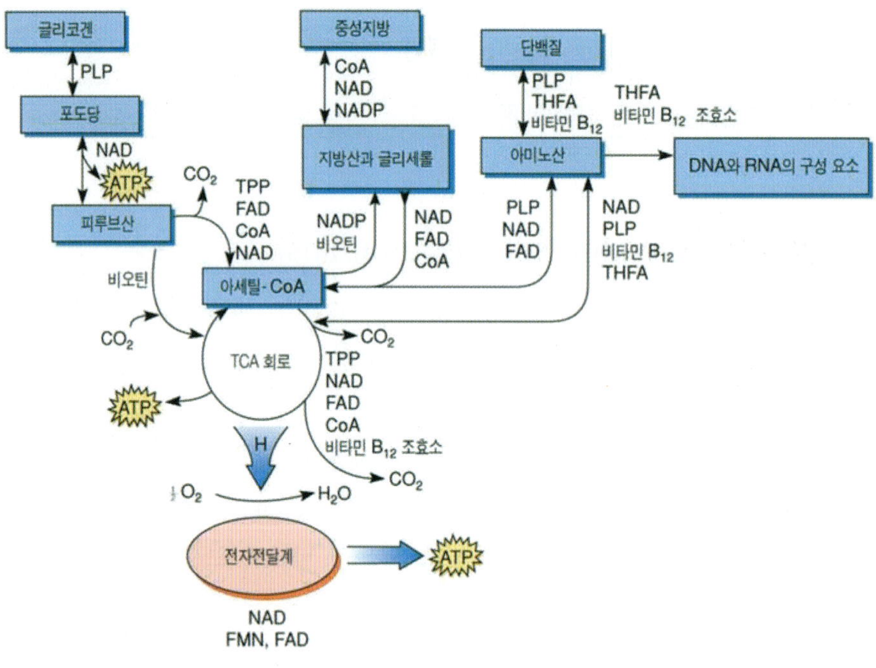

그림 9-13. 조효소로서 비타민 B군의 작용

소화가 진행되는 동안 결합된 비타민 조효소가 위장과 소장으로 방출되어 흡수된다. 보통 식품으로 섭취되는 비타민 B군은 50 ~ 90% 정도 흡수된다. 소장세포 내에서 비타민은 조효소의 형태로 재합성된다. 건강 기능식품 중에는 조효소의 형태로 판매하기도 하는데 실제로 이에 대한 특별한 기능은 기대할 수 없다. 왜냐하면 모든 비타민이 조효소의 형태로 흡수되는 것은 아니기 때문이다.

비타민 C는 조효소로 작용하지는 않지만 체내에서 중요한 기능을 담당하는 화합물, 즉 진피의 콜라겐 등을 합성하는데 관여한다. 그 결과 피부의 탄력에 영향을 미친다. 수용성 비타민은 지용성 비타민에 비하여 체내에서 쉽게 배설되며, 열, 알칼리 등의 조리 조건에서 쉽게 파괴되기도 한다.

20세기 초에 식품에 함유된 특정 활성 물질이 부족하기 때문에 괴혈병과 같은 질병으로 고통을 당하고 죽은 사람이 많았다. 이러한 활성물질을 비타민 B군과 비타민 C라 한다. 비타민 B군과 비타민 C의 결핍은 신체가 심각하게 손상되기 전이라면 단순히 보충하는 것만으로도 원래 상태로 회복될 수 있다.

(1) 티아민(thiamin, vitamin B_1 : 항신경염 인자)

① 일반적인 성질

티아민은 각기병의 예방 및 치료의 인자로 발견되었으며, 비타민 중의 하나인 vitamin B_1이다. 티아민은 티아졸 고리(thiazole ring)에 히드록시기(-OH)기가 있어서 에스테르를 형성하고, 질소가 함유된 육각형의 고리(pyrimidine ring)와 황이 함유된 오각형의 고리(thiazole ring)가 메틸렌(methylene)에 의하여 연결되어 있다. 이와 같은 메틸렌은 열에 장시간 노출될 때 파괴되어 티아민의 기능을 잃게 된다. 또한 티아민은 물에 잘 녹고 알칼리에 쉽게 분해되어 NH_3와 H_2S를 발생한다.

티아민은 생체 내에서 티아민 피로포스포키나아제(thiamin pyrophosphokinase)라는 효소에 의해 ATP와 반응하여 티아민 피로포스페이트(thiamin pyrophosphate, TPP)가 된다. TPP는 당대사의 중요한 조효소이다. 즉 codarboxylase로서 탄수화물과 분지상 아미노산(루신, 이소루신, 발린)의 대사에 관여하는 중요한 효소 작용을 한다.

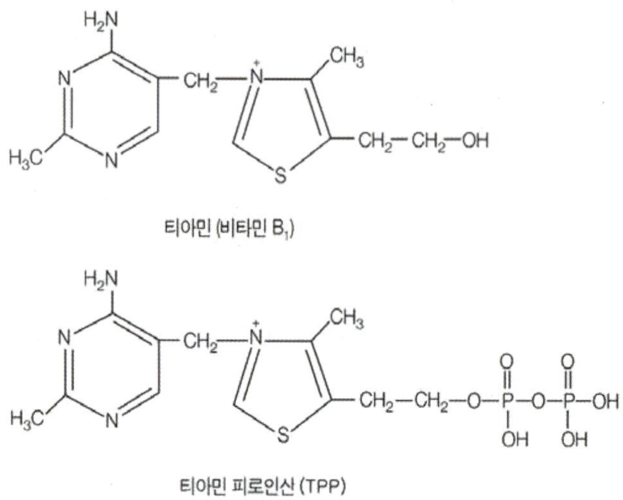

그림 9-14. 티아민(비타민 B_1)과 그 조효소

티아민의 1일 권장 섭취량은 성인의 경우 남자는 1.2mg/day, 여자는 1.1mg/day이다. 티아민이 함유된 식품은 매우 다양하지만 일반적으로 함량은 낮다. 일반적인 식사에서는 식빵, 크래커, 돼지고기, 소시지, 아침 식사용 시리얼, 오렌지 쥬스 등에 함유되어 있다. 티아민이 풍부한 식품은 돼지고기, 해바라기 씨, 두류, 밀베아, 수박 등이다.

이와 같은 티아민은 운반체의 도움을 받아 주로 소장에서 흡수된다. 혈액 내에서 티아민은 형태 그대로 또는 적혈구 세포에 의하여 조효소의 형태로 운반된다. 주로 간, 신장 등에 존재하며 저장성이 없기 때문에 매일 섭취하여야 한다. 티아민은 식품이나 보충제의 형태로 과량 섭취해도 부작용이 없으며, 과량 섭취할 경우에는 바로 소변을 통하여 배설된다.

② 생리작용 및 결핍증

티아민은 항각기병, 항신경염성 비타민으로 알려져 있으며, 티아민은 티아민 피로포스페이트(TPP)로 되어 cocarboxylase의 작용을 한다. 당질이 많은 식이의 경우에 티아민의 필요량이 많은 것은 당질 대사에 티아민의 소비가 많아지기 때문이고, 지방합성에도 티아민이 요구된다. 그 외에도 전염병 방지, 성장촉진 작용, 위액 분비를 촉진하며 식욕을 증진시킨다.

전형적으로 나타난 티아민 결핍증인 각기병은 정제된 쌀을 주식으로 먹는 경우에 나타난다. 수주일간 정제된 쌀만 먹으면 질병이 발생된다. 티아민은 열량대사에 중요하며, 모든 세포는 열량을 필요로 하기 때문에 티아민 결핍은 모든 기관과 기관계에 영향을 미칠 수 있다. 신경세포도 다른 세포에 비하여 화학적 열량의 필요량이 많기 때문에 티아민 결핍의 경우 신경계에도 민감하다. 또한 피부와 소화기계 세포는 자주 교체되므로 많은 열량이 필요하기 때문에 피부와 소화기관도 티아민 및 기타 열량대사에 관여하는 다른 비타민 B군의 결핍에 매우 민감하다. 따라서 비타민 B군의 결핍증은 대부분 피부, 신경계, 소화기계와 관련된다. 즉 중추신경 장해로 인한 각기병 유발, 신경염, 심장기능 장해, 위장 장해, 권태감, 식욕감퇴 등이다.

(2) 리보플라빈(riboflavin, vitamin B_2 : 성장촉진 인자)

① 일반적인 성질

리보플라빈은 황색효소의 연구에 의해 발견된 것으로 구각염증(cheilosis)의 예방인자이다. 리보플라민은 3개의 육각형 고리가 연결되어 있으며, 가운데 고리구조에 당알코올이 결합되어 있다. 리보플라빈이라는 명칭은 라틴어로 노란색을 의미하는 플라빈에서 유래되었다. 리보플라빈은 2개의 조효소인 플라빈 모노뉴클레오티드(flavin mononucleotide, FMN)와 플라빈 아데닌디뉴클레오티드(flavin adenine dinucleotide, FAD)의 구성성분이다.

비타민 B군으로 부터 열에 불안정한 비타민 B_1과 구별하여 열에 안정한 인자를 발견하고, 이것을 비타민 B_2라 하였다. 그러나 빛에 의하여 쉽게 분해된다. 비타민 B_2(리보플라빈)은 성장촉진 작용이 있고, 단백질 합성에 관계되는 효소임이 밝혀졌다.

리보플라빈은 위에서 염산에 의하여 화학결합이 분해되어 리보플라빈이 방출된다. 주로 소장에서 능동운반이나 촉진확산으로 흡수된다. 리보플라빈은 혈액에서 단백질 운반체에 의해 운반된다. 리보플라빈은 대부분 조직에서 조효소 형태인 FMN과 FAD로 전환되지만 주로 소장, 간, 심장 및 신장에서도 전환된다.

리보플라빈의 권장섭취량은 남자가 1.5mg/day이고, 여자가 1.2mg/day이다. 리보플라빈은 간, 버섯, 시금치와 녹색잎 채소, 브로콜리, 아스파라거스, 저지방 우유와 탈지 우유 등이다. 과량 섭취하여도 흡수가 제한되거나 소변으로 배설되기 때문에 부작용은 나타나지 않는다. 보충제 형태로 과잉의 리보플라빈을 섭취한 경우 밝은 황색의 소변을 보게 된다.

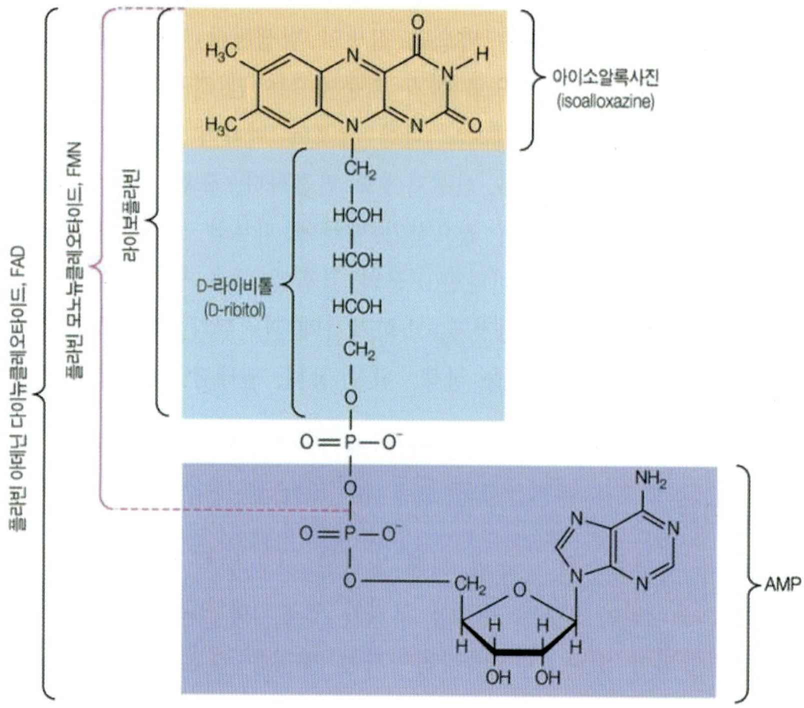

그림 9-15. 리보플라빈(비타민 B_2)과 그 조효소

② 생리작용 및 결핍증

리보플라빈은 생체 산화환원반응에서 조효소로서 작용한다. 이러한 리보플라빈의 조효소는 플라빈 모노뉴클레오티드(flavin mononucleotide, FMN)와 플라빈 아데닌 디뉴클레오티드(flavin adenine dinucleotide, FAD)가 있다. 이는 당, 단백질과 지방 대사에 중요한 역할을 한다. 또한 망막에서 황색효소로서 광화학작용을 하며, 시홍의 재생 메카니즘에 관여한다. 그리고 영양학적으로 동물의 성장을 촉진시키고, 피부의 정상화를 돕는다.

리보플라빈의 결핍증은 지루성피부염, 설염(glossitis), 구각염(cheilosis), 눈과 신경계의 장애 그리고 성장 지연 등이다. 또한 리보플라빈이 결핍됨으로써 피곤해짐을 느낄 수 있을 뿐만 아니라 심한 결핍 시 초기에 나타나는 증상은 입과 혀의 염증이다. 그러나 건강한 사람의 경우 리보플라빈의 결핍은 거의 발생하지 않는다.

알코올중독자는 영양소가 극히 결핍된 식사를 하기 때문에 리보플라빈 결핍 위험이 있다. 우유나 유제품을 섭취하지 않는 사람들은 리보플라빈의 섭취량이 매우 낮다. 이러한 사람들은 리보플라빈이 강화된 빵이나 시리얼과 같은 급원을 찾아야 한다.

(3) 니아신(niacin, vitamin B_3 : 항pellagra 인자)

① 일반적인 성질

사람의 펠라그라(pellagra)는 영양 결핍으로 발생한 것이며, 이때의 결핍된 화합물을 니코틴산(nicotinic acid)이다. 펠라그라의 치료와 예방에 니코틴산의 효력이 밝혀진 후에 니코틴산을 비타민이라 하였다.

니아신(niacin)은 니코틴산과 니코틴아미드(nicotinamide)의 2가지 형태로 존재한다. 니아신은 조직에서 생리적 활성체인 NAD^+(nicotinamide adenine dinucleotide)와 $NADP^+$(nicotinamide adenine dinucleotide phosphate)의 생성에 이용된다. 니아신의 조효소 형태인 NAD^+와 $NADP^+$는 산화-환원반응에 작용한다.

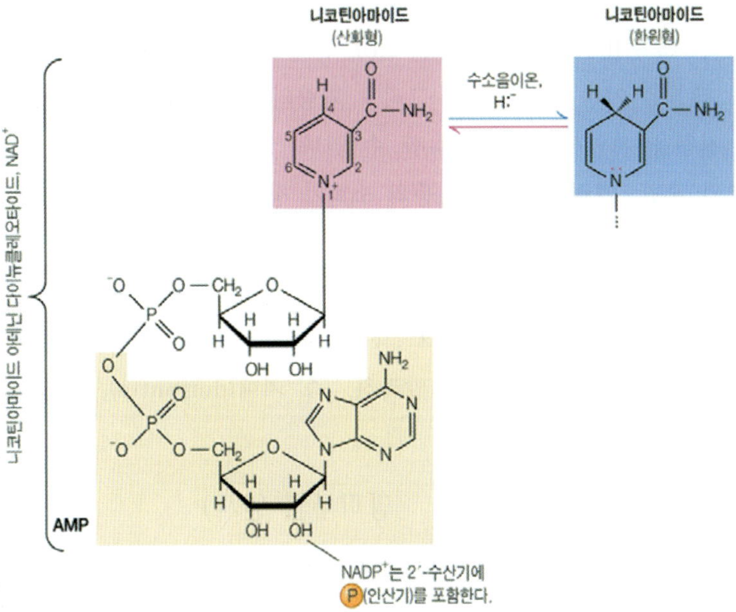

그림 9-16. 수소를 이용한 NAD^+와 $NADP^+$

니코틴산과 니코틴아미드는 주로 소장에서 흡수된다. 니아신은 간에서 모든 조직으로 운반되어 조효소 형태인 NAD^+와 $NADP^+$로 전환되고, 산화형 또는 환원형으로 작용한다. 니아신 조효소는 간에 저장되고 과잉의 니아신은 여러 대사물 형태로 소변을 통해 배설된다.

니아신은 버섯, 밀겨, 연어, 닭고기, 아스파라거스와 땅콩 등에 함유되어 있다. 그러나 니아신은 사람, 토끼, 쥐와 어떤 미생물 등에서는 트립토판(tryptophan)으로 부터 합성되며, 동물성 단백질은 트립토판이 풍부하다. 권장섭취량은 성인의 경우 남자는 16mg/day이고, 여자는 14mg/day이다.

옥수수가 주식인 사람의 경우에는 펠라그라(pellagra)라는 니아신 결핍증에 걸리기 쉽다. 옥수수의 니아신 함량은 쌀의 니아신 함량과 비슷하고 채소보다는 높지만 단백질과 단단히 결합되어 있어서 소량 흡수되기 때문이다.

② 생리적 작용 및 결핍증

니아신은 NAD^+와 $NADP^+$의 구성성분으로 탈수소효소(dehydrogenase)의 조효소이고 생체의 산화-환원에 관여한다. 특히 ATP를 합성하는 당 대사에 중요하다. 니아신은 다른 비타민과는 달리 자신이 약리작용을 한다. 즉 하루에 니코틴산을 1.5 ~ 2.0g(권장량의 75 ~ 100배)을 섭취하면 LDL이 감소하고 HDL이 증가한다. 식사와 운동, 콜레스테롤을 저하시키는 약물 그리고 과량의 니아신 복용을 병행했을 경우에 동맥경화의 진전을 지연시키거나 치유할 수 있다. 또한 고용량 처방은 초기의 부작용으로 피부의 홍반, 가려움증, 구토 등의 소화기 장애 등의 부작용이 있을 수 있다.

결핍증으로는 특수 피부염인 펠라그라가 발생되고, 소화 장애, 설사, 설염 등을 일으킬 수 있다. 펠라그라는 햇빛에 노출된 부위, 특히 목 주위에 전형적인 붉은 발진이 나타나기 때문에 '붉은 질병(red sickness)'이라 하였으며, 후에 펠라그라로 명명되었다. 펠라그라 증상은 3D라 알려진, 즉 치매(dementia), 설사(diarrhea), 피부염(dermatitis) 중의 하나이다.

(4) 판토텐산(pantothenic acid : 항피부염 인자)

① 일반적인 성질

항병아리 피부염인자로서 동정된 조효소 A(coenzyme A, Co A)의 성분으로 아실기나 아세틸기의 전이에 도움을 주고, 당질이나 지질의 대사에 중요한 역할을 한다. 즉 조효소 A는 당질, 단백질, 지질을 분해하여 ATP 형성 시 필수적이다.

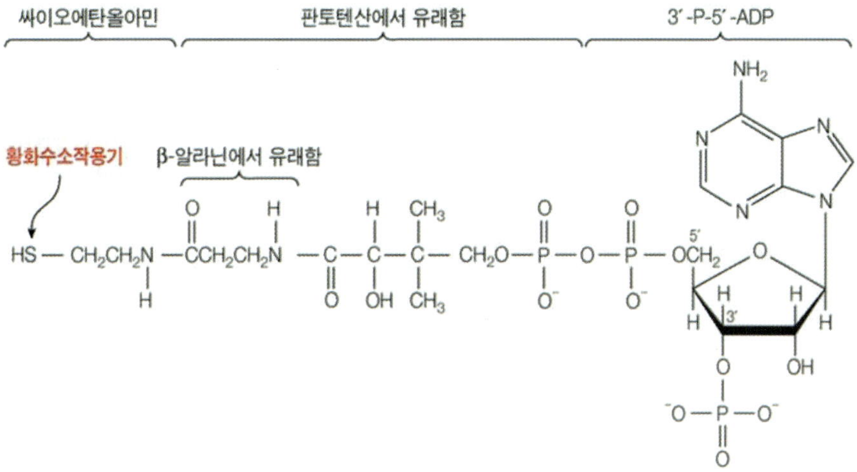

그림 9-17. 판토텐산과 조효소 A(Co A)

사람과 동물은 판토텐산을 합성하지 못하지만 식물이나 미생물에서는 합성되고, 조효소 A는 포유동물 조직에서 생합성된다. 판토텐(pantothen)은 '모든 곳으로 부터'라는 뜻으로 모든 식품으로 충분히 공급될 수 있는 비타민이다. 즉 일반적으로 육류와 우유, 다양한 채소에 함유되어 있고, 버섯, 간, 땅콩, 달걀, 효모, 브로콜리 등에 풍부하다. 판토텐산의 충분한 섭취량은 5mg/day이다.

② 생리적 작용 및 결핍증

조효소 A는 아세틸화 반응(acetylation)에 관여한다. 고급지방산의 대사, 스테로이드, 포피린(porphyrin), 호르몬 등의 합성과 분해에 관여한다. 해당과정에서 있어서 당으로부터 생성된 피르브산이 TCA 회로로 들어가게 한다. 또한 항피부 인자로서 피부의 정상 보존에 필요하며, 효모의 증식에 필요하다.

판토텐산 결핍증은 티아민, 리보플라빈, 비타민 B_6와 엽산 결핍증에 숨어 있기 때문에 잘 인식되지 않고, 극히 영양불량의 식사를 하는 알코올 중독자에게 나타나지만 결핍되는 경우가 드물다. 그러나 사람의 경우에 결핍 증상은 명확하지 않지만 실험적으로 결핍을 유도하면 두통, 피로, 피부의 병변, 체중감소, 성장 정지, 신경계 장해, 부신 호르몬 합성 능력 상실, 항체 생성의 장해 등이 유발된다.

(5) 비오틴(biotin, vitamin H : 항피부염 인자)

비오틴은 항계란흰자장해인자로서 발견되었던 비타민 H와 동일한 것이다. 비오틴은 탄수화물과 아미노산, 지방산의 대사에 필요하다. 비오틴은 식품에 광범위하게 분포되어 있지만 함량이 다르며, 주로 전곡류, 달걀, 두류에 함유되어 있다. 일반적으로 장내 세균에 의하여 합성될 수 있기 때문에 결핍증은 일어나지 않는다. 비오틴은 식품에서 2가지 형태로 존재한다. 비오틴의 유리 형태와 비오시틴(biocytin)이라는 단백질에 결합된 조효소 형태이다. 비오시틴은 단백질 내의 아미노산인 리신 잔기(lysine residue)의 ε-아미노산에 비오틴이 결합한 조효소이다.

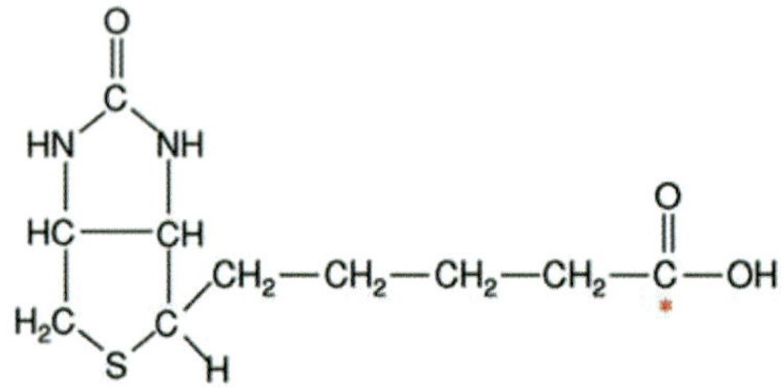

그림 9-18. 비오틴과 비오시틴

비오틴은 소장에서 흡수되는 반면에 비오시틴은 소장에 존재하는 비오티니다아제(biotinidase)에 의하여 비오틴과 단백질 결합을 분해시켜 유리형태의 비오틴이 방출되어야 흡수된다. 그러나 계란 흰자 안에 비오틴과 특이적으로 결합하는 아비딘(avidine)이라는 당단백질이 포함되어 있기 때문에 날계란 흰자를 대량 섭취하면 비오틴의 장관 흡수가 저해되어 결핍증이 일어난다. 유아는 비오시틴을 비오틴으로 분해할 수 없기 때문에 비오틴 결핍증이 일어나기 쉽다. 특히 유아의 경우 태어난지 수개월 안에 비오틴 결핍증이 나타나는데 피부발진과 모발감소가 시작된다. 다른 증상으로는 경련, 신경이상과 성장 저하이다. 그러나 비오틴 결핍증이 일어나는 경우는 드물다.

(6) 비타민 B_6(pyridixine, vitamin B_6 : 항pellagra 인자)

① 일반적인 성질

쥐의 항피부염인자로서 존재가 발견된 후 쌀겨, 효모로부터 추출된 것으로서 아미노산 대사에 중요한 비타민이다. 비타민 B_6는 피리딘 핵의 4번 위치에 치환된 작용기에 따라서 3가지 형태, 즉 피리독살(pyridoxal), 피리독신(pyridoxine), 피리독사민(pyridoxamine)이 있다. 이 3가지 형태는 모두가 활성비타민 B_6 조효소로 인산화될 수 있으며, 비타민 B_6의 생리효과를 가진다. 주로 피리독살 포스페이트(pyridoxal phosphate, PLP)이다.

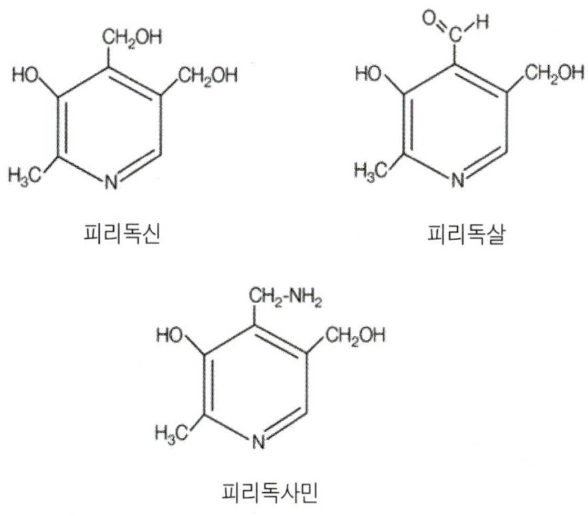

그림 9-19. 비타민 B_6

비타민 B_6는 동물의 근육 조직에 저장되므로 육류와 생선, 가금류에 함유되어 있다. 동물성 식품의 비타민 B_6는 식물성에 비하여 쉽게 흡수된다. 전곡류도 좋은 급원이지만 곡류를 도정할 때 비타민 B_6가 손실된다. 대부분의 과일과 채소는 좋은 급원은 아니지만 당근, 감자, 시금치, 바나나 등은 예외이다. 성인의 비타민 B_6의 권장량은 대사 연구와 비타민 B_6의 섭취량 및 단백질 섭취량을 토대로 설정한다.

표 9-8. 비타민 B_6 공급원과 함량

구운 연어 30g	0.8
구운 감가 1개	0.7
바나나 1개	0.7
아보카도 1개	0.6
효모 2큰술	0.5
닭가슴살 구이 30g	0.5
호박 1컵	0.5
시리얼 3/4컵	0.5
통밀빵 1조각	0.5
쇠간 튀김 30g	0.4
등심 스테이크 30g	0.4
저지방 햄 30g	0.4
수박 1조각	0.3
해바라기씨 1/4컵	0.3
익힌 시금치 1/2컵	0.2

한국인 권장섭취량(제7차, 2000) 성인 1.4mg

비타민 B_6의 조효소와 유리 형태는 모두 수동적으로 흡수된다. 문맥을 통하여 간으로 운반되고 거기서 3가지 형태의 비타민 B_6가 인산화된다. 인산화 형태의 비타민 B_6은 간으로부터 방출되어 혈장 단백질에 결합하여 운반된다. 체내에서 비타민 B_6의 주요 저장고는 근육조직이다. 과량 섭취하였을 때에는 소변으로 배설된다. 정상의 경우 소변과 대변으로 배설되는 비타민 B_6의 유도체 총량은 섭취량보다 많은데 장내 미생물에 의하여 비타민 B_6가 합성되기 때문이다.

② 생리적 작용과 결핍증

비타민 B_6는 그 자체적으로 특별한 생리작용을 하지 않는다. 피리독살 포스페이트(pyridoxal phosphate, PLP)는 transaminase, decarboxylase, dehydrase 등의 조효소로서 단백질과 아미노산의 정상적인 대사에 관여한다. 즉 PLP는 비필수아미노산을 합성하는 반응에 작용한다. 만일 PLP의 작용이 없다면 모든 아미노산이 필수아미노산이 되어 반드시 섭취되어야 한다. 또한 비타민 B_6는 지방의 대사에 관여한다.

비타민 B_6의 결핍증은 동물에서 펠라그라와 같은 피부병, 지루성 피부염, 사지의 각질증식, 충혈, 탈모를 유발한다. 그러나 사람의 경우 결핍증이 잘 나타나지 않는다. 이는 장내 세균에 의하여 합성된 비타민 B_6가 이용되기 때문으로 추측된다. 임상적으로 비타민 B_6는 습진, 동상, 피부염, 구각염, 신경통, 불면증 및 빈혈증에 효과가 있는 것으로 알려져 있다.

(7) 엽산(foliate, folic acid, vitamin M : 항빈혈 인자)

① 일반적인 성질

엽산은 사람, 원숭이, 병아리의 항빈혈성 비타민으로 발견되었으며, 3가지로 구성된다. 즉, 프테리딘(pteridine), 파라아미노안식향산(p-aminobenzoic acid, PABA) 그리고 1개 이상의 글루탐산(glutamate)으로 구성되어 있다. 일반적으로 자연 식품에는 폴리글루탐산(polyglutamate)으로 알려져 있다. 즉 자연 식품에는 존재하는 엽산은 *표시된 카르복시산기에 글루탐산 분자가 추가된 형태이다. 이 추가된 글루탐산은 엽산의 생체이용률을 감소시킨다.

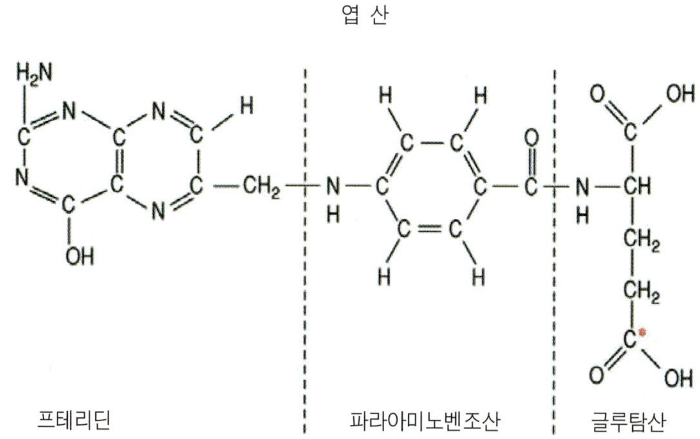

그림 9-20. 엽 산(folic acid)

최근에는 엽산이 일반적으로 'foliate'로 불리고 있으나, 과거에는 'folic acid' 또는 'folacin'으로 알려졌다.

엽산은 가장 좋은 공급원이 짙푸른 잎채소이기 때문에 라틴어의 잎(folium)에서 유래되었다. 엽산이 결핍된 식이는 여러 영양소가 전체적으로 결핍된 경우가 아니라면 실질적으로 거의 발생하기 어렵다고 생각했다. 그러나 최근 식이 엽산의 섭취가 주요 관심거리가 되면서 엽산은 결핍되기 어려운 영양소라는 인식이 변하고 있다. 식이로부터 엽산과 비타민 B_{12}를 제외하면 여러 가지 동일한 결핍 징후와 증상이 나타난다. 비타민 B_{12} 조효소는 엽산 조효소가 재활용되어 반복적으로 기능을 수행하도록 하는데 꼭 필요하기 때문에 이들 두 수용성 비타민은 서로 밀접한 관련이 있다.

엽산은 가수 분해되어 모노글루탐산 형태로 소장에서 흡수되어 간으로 운반되며, 간에서 다시 폴리글루칸산 형태로 전환된다. 이것은 간에 저장되거나 혈액 또는 담즙으로 방출된다. 소변으로 배설되는 엽산의 대부분은 대사산물로 존재한다. 장내 박테리아는 엽산을 합성하지만, 이렇게 합성된 엽산의 대부분은 대변으로 배설된다.

② 생리적 작용과 결핍증

동물체에서 엽산은 성장, 발육, 조혈에 중요하다. 엽산은 비타민 B_{12}와 협동하여 DNA 합성 등 핵산의 대사, 단백질과 지방 대사 등에 관여한다. 그리고 뇌에서 신경전달물질을 형성한다. 엽산의 필요량을 충족시키면 몇 가지 정신병에서 우울증의 상태를 개선시킬 수 있다. 알코올 중독으로 인한 불충분한 흡수율, 임신에 의한 필요량 증가, 비타민 B_{12} 결핍과 관련한 이용율 저해, 장기간 지속되는 설사 등으로 인하여 섭취량이 낮아질 수 있다. 엽산의 결핍증으로는 악성 빈혈, 백혈구 감소, 구강의 변화와 설사 등이 있다.

(8) 비타민 B_{12}(cyanocobalamin : 항빈혈 인자)

① 일반적인 성질

비타민 B_{12}는 악성 빈혈의 치료인자로서 발견되었으며, 동물 성장에 필요한 인자, 즉 animal protein factor(APF) 중 하나이다. 비타민 B_{12}는 코발아민(cobalamin)이라고도 하며, 필수미량원소인 코발트(Co)를 포함하고 있어서 수용액은 홍자색이다. 좁은 의미로는 시아노코발아민(cyanocobalamin)을 말한다.

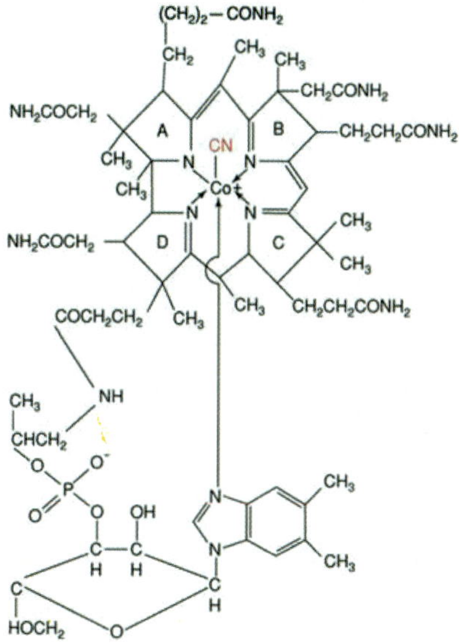

그림 9-21. 비타민 B_{12}(cyanocobalamin)

동물이나 고등식물도 시아노코발아민(cyanocobalamin)을 합성할 수 없으며, 박테리아, 곰팡이, 조류(algae) 등의 미생물에 의하여 합성된다. 사람은 주로 육류, 가금류, 해산물, 달걀 등과 같은 동물성 식품을 통해서 비타민 B_{12}를 섭취한다. 식품에 존재하는 비타민 B_{12}는 위액에 함유되어 있는 염산과 펩신(pepsin)의 작용에 의해 단백질로부터 유리되고, 침샘에서 분비되는 R-단백질(R-protein)과 결합된다. R-단백질과 비타민 B_{12}의 복합체는 소장으로 이동하여 트립신(trypsin)과 같은 췌장단백질분해효소(pancreatic protease)에 의하여 분해된다. 이렇게 분리된 비타민 B_{12}는 위벽세포에서 분비되는 당단백질(glycoprotein)인 내적인자(intrinsic factor)와 다시 결합한다. 내적인자와 비타민 B_{12} 복합체는 소장 끝부분인 회장까지 도달하여 장 점막에 존재하는 특성 수용체에 결합된다. 회장에서 비타민 B_{12}가 흡수된 후 간문맥을 통하여 간, 골수, 적혈구 등의 조직으로 운반된다. 특히 간, 신장, 심장 등 동물의 기관에는 비타민 B_{12}가 매우 풍부하다.

② 생리적 작용과 결핍증

비타민 B_{12}는 아미노산, 당, 지방대사에 관여한다. 특히 엽산은 퓨린(purine), 피리미딘(pyrimidine) 합성에 관여함에 반하여 비타민 B_{12}는 티민(thymine)의 합성에 관여한다. 또한 히드록시메틸기(hydroxymethyl group)가 환원되어 메틸기로 전환될 때 필요하며, 발육 불완전의 경우 APF로서 효과가 있다. 결핍증으로는 악성빈혈과 신경질환, 간 질환 그리고 간 장해 등이 있다. 특히 위액 중의 내적 인자가 결핍될 때 비타민 B_{12}의 흡수장해가 일어나 조혈기능이 방해됨으로써 악성빈혈이 유발되는 것으로 알려져 있다.

(9) 비타민 C(ascorbic acid : 항괴혈병 인자)

① 일반적인 성질

비타민 C는 생물체의 생명유지에 필수적인 영양소이다. 식물과 대부분의 동물은 체내에서 비타민 C를 합성할 수 있지만 사람, 원숭이 등의 영장류, 기니아피그, 큰박쥐, 몇 종의 조류와 어류는 합성할 수 없기 때문에 반드시 식품으로 섭취해야 한다. 비타민 C는 환원형인 아스코르빈산(ascorbic acid)과 산화형인 디히드로아스코르빈산(dehydroascorbic acid)이 있다. 생체 내에서는 환원형으로서 존재하며, 2개의 수소를 주거나 받음으로써 소량의 산화형과 가역평형을 이룬다.

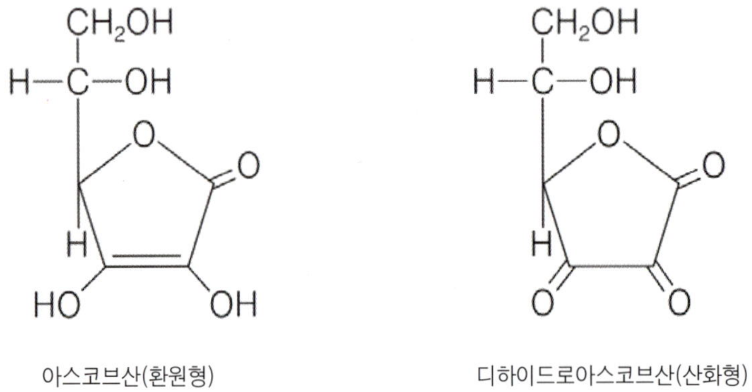

그림 9-22. 비타민 C의 산화형과 환원형

사람이 섭취하는 식품에도 2가지 형태가 모두 존재한다. 모든 과일과 채소에는 어느 정도 비타민 C가 함유되어 있으나 함유량은 다르다. 감귤류, 감자, 녹색 채소 등은 대체적으로 비타민 C의 좋은 공급원이지만 동물성 식품과 곡류는 좋은 공급원이 아니다.

표 9-9. 비타민 C의 공급원과 함량

비타민 C의 공급원	함량(mg)
오렌지 1개	98
딸기 1컵	94
자몽쥬스 1컵	80
빨간고추 1/4컵	71
키위 1개	57
피망 5개	45
토마토 쥬스 1컵	45
데친 브로콜리 1/2컵	33
케일 1/2컵	27
고구마 1개	17
구운 감자 1개	16
파인애플 1/2개	12
데친 시금치 1/2컵	9

비타민 C는 소장에서 흡수된 후 아스코르빈산은 능동적 운반 그리고 디히드로아스코르빈산은 촉진적 확산에 의해 운반된다. 섭취량이 증가되면 흡수율은 저하되어 하루에 30～180mg 정도 섭취하면 약 79～90%가 흡수되지만 섭취량이 1g 이상으로 증가되면 흡수율은 50% 미만으로 감소된다. 섭취량이 증가되면 신장을 통한 배설량이 증가한다.

성인의 경우 비타민 C의 권장 섭취량은 100mg/day이다. 비타민 C는 소장, 복막, 피하조직 등에서 쉽게 흡수되어 각 조직에 널리 분포되어 있다. 특히 비타민 C만을 저장하는 조직은 없고 전체 조직에 보존되어 있다. 흡연은 산화적 스트레스의 원인이 되므로 흡연자의 비타민 C의 권장량은 다소 높다. 비타민 C의 필요량은 경구피임제를 사용하는 경우에도 증가된다. 또한 화상이나 수술과 같은 조직의 손상이 있는 경우에도 증가된다. 이는 손실된 조직을 복구하기 위하여 다량의 콜라겐 합성이 요구되기 때문이다.

② 생리적 작용

세포 내에서 비타민 C는 비특이적인 환원제(reducing agent)로서 다양한 생리기능을 발휘한다. 환원제란 전자 혹은 수소이온을 방출하면서 스스로 산화되는 물질이다. 리보플라빈이나 니아신과는 달리 아스코르빈산에서 방출된 수소 전자는 수소의 나머지 부위가 아닌 다른 분자로 가는 경향이 있다. 예를 들면 비타민 C는 철분이나 구리와 같은 금속이온에 전자를 내어준다. 따라서 산화 상태의 제2철분(ferric iron, Fe^{3+})은 제1철분(ferrous iron, Fe^{2+}), 그리고 제2구리(Cu^{2+})는 제1구리(Cu^{+})로 환원된다. 금속은 전자를 얻고 수소의 나머지 부분(H^{+})은 다른 곳으로 이동한다.

◆ **콜라겐(collagen) 합성**

콜라겐은 결체조직(connective tissue)에 장력을 부여하는 섬유성 단백질이다. 콜라겐 섬유는 뼈와 혈관 구조에 중요하며 상처회복에도 필수적이다. 콜라겐 분자는 3가닥으로 꼬인 로프와 같은 모양을 하고 있다. 즉 3가닥의 폴리펩티드 사슬이 나선형으로 꼬여 있다. 이와 같은 형태를 이루기 위해서는 각각의 폴리펩티드 사슬을 구성하고 있는 아미노산 중 리신(lysine)과 프롤린(proline)이 각각 히드록시리신(hydroxylysine)과 히드록시프롤린(hydroxyproline)으로 전환되어야 한다. 히드록시리신과 히드록시프롤린은 콜라겐에서만 형성되며 유전자 정보를 가지고 있는 20가지 1차 아미노산에는 속하지 않는다. 비타민 C는 리신과 프롤린이 수산화되는 과정에서 필수적이다. 즉 콜라겐을 구성하는 아미노산 중 프롤린에 수산기(-OH)를 제공할 때 필요하다.

◆ **항산화 작용**

비타민 C는 시험관 내에서 활성산소종에 전자를 내어주면서 항산화제로 작용한다. 비공유 전자를 가지고 있는 활성산소종은 비타민 C가 내어준 전자를 제공받아 안정화된다. 비타민 C는 체내 수용성 환경에서 작용하며, 지용성 환경에서는 비타민 E가 동일한 역할을 담당한다. 비타민 C는 비타민 E의 재생 작용에 기여하며, 비타민 E의 효율적인 항산화작용을 돕는 기능을 한다.

◆ 철분의 흡수

식품에서 섭취된 비타민 C는 소장에서 철분을 환원형 철분인 Fe^{2+}(ferrous iron)로 전환시킴으로써 헤모글로빈에 결합되어 있지 않은 비헴철의 흡수를 촉진시킨다.

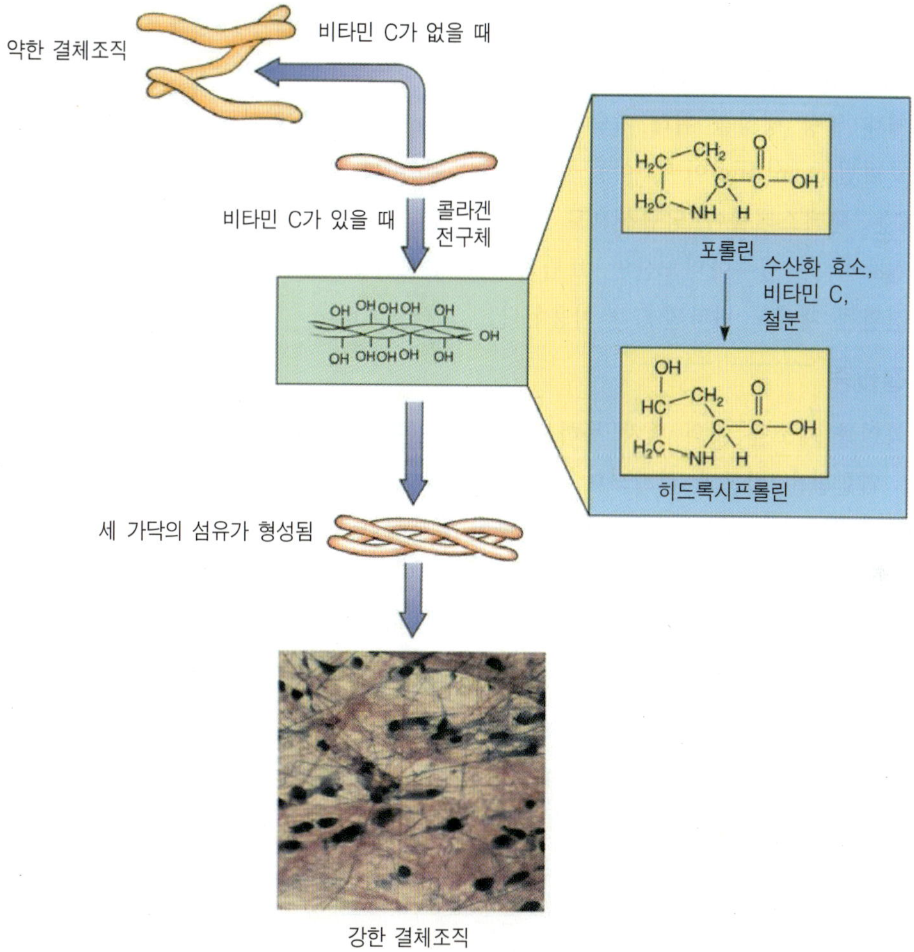

그림 9-23. 비타민 C에 의한 콜라겐 합성

◆ **면역기능**

체내 면역을 일부 담당하는 백혈구는 체내에서 비타민 C의 함량이 가장 높은 곳이다. 비타민 C는 세포 대사에 따른 산화적 손상으로부터 백혈구를 보호한다. 백혈구의 식균작용(phagocytosis)과 호중성 백혈구 활성(neutrophil activation)과정에서 생성된 활성산소종은 박테리아나 손상된 조직뿐만 아니라 면역세포 자체도 소멸시킬 수 있는데, 비타민 C가 항산화제로 작용하면 이와 같은 자기파괴를 줄일 수 있기 때문이다.

◆ **기타 활성 물질의 합성**

체내 열량 생성을 위해 지방산을 세포질에서 미토콘드리아로 운반하는 물질이 카르니틴(carnitine)이며, 이를 생합성하는데 비타민 C가 필요하다. 그리고 비타민 C는 콜레스테롤이 담즙산으로 전환될 때와 티로신(tyrosine)이 대사 될 때에도 필요하다. 필수아미노산인 트립토판이 신경전달물질인 세로토닌(serotonin)으로 전환될 때에도 비타민 C가 이용된다.

③ 결핍증

과일과 채소를 거의 먹지 못하는 사람들은 누구나 비타민 C 결핍을 우려해야 한다. 괴혈병은 빈곤과 관련되며, 특히 우유를 끓여 먹이면서 다른 방법으로 비타민 C를 공급받지 못하는 영아에게 괴혈병이 발생한다. 일반적으로 여자에 비하여 남자의 경우에 비타민 C 결핍의 위험도가 더 높다. 흡연자는 비흡연자에 비하여 비타민 C의 수준이 낮아질 수 있다. 또한 비타민 C 결핍은 알코올 중독자와 기타 약물 중독자에게서도 발견된다.

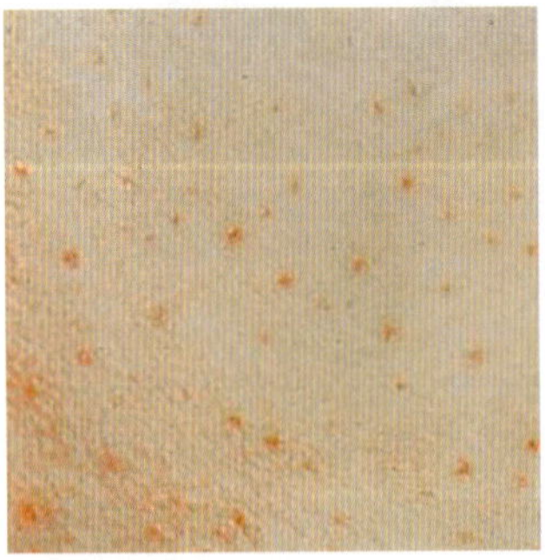

그림 9-24. 피부의 모낭 부근에 나타나는 괴혈병 초기 증상

비타민 C가 결핍되면 콜라겐이 정상적으로 합성되지 못하므로 신체 전반에 걸쳐 결체조직에 변화가 초래된다. 또한 괴혈병은 비타민 C가 전혀 함유되지 않은 식이를 함으로써 나타난다. 그리고 피곤함, 팔과 다리 뒷부분에 있는 모낭 주위에 핀으로 찌른 것 같은 출혈을 들 수 있다. 이러한 출혈은 괴혈병의 특징이다. 이 외에 잇몸과 관절에서 출혈이 나타나는데, 이는 결체조직 손상의 특징이다. 기타 상처회복의 지연, 뼈 통증, 골절, 설사 등을 들 수 있다. 우울증과 같은 심리적인 문제도 괴혈병이 진행되면 공통적으로 나타난다.

표 9-10. 수용성 비타민의 기능과 함유식품

수용성 비타민	생리적 기능	결핍증	과잉증	급원 식품	영양권장량(1일)
비타민 B_2 (thiamin)	탄수화물대사시의 보조효소	식욕저하, 메스꺼움, 구토, 부종, 심장확대, 각기병	신경흥분	돼지고기, 통과 식물, 강화곡류, 땅콩, 전곡류, 쇠간	성인남자:1.3mg 성인여자:1.0mg
비타민 B_2 (riboflavin)	탄수화물, 지방, 단백질의 에너지 대사의 보조효소	구순구각염, 설염, 눈이부시는 현상, 피부염	신경흥분	낙농제품, 고기, 달걀, 강화 곡류, 녹색채소	성인남자:1.6mg 성인여자:1.2mg
나이아신(niacin)	탄수화물산화, 지방산생하바성, 전자전달계에작용	심한 설사, 피부염, 신경장애, 전신쇠약, 펠라그라	구역질, 토사, 설사, 얼굴 · 목 · 손이 붉어짐	땅콩류, 육류, 간, 대부분의 단백질 식품	성인남자:17mg 성인여자:13mg
비타민 B_{12} (coballamine)	RNA와 DNA 보조효소, 혈액조성에 관여	악성빈혈, 신경계질환	무독성	동물성 식품	
비타민 C (ascorbic acid)	콜라겐합성, 항산화제, 철분흡수	괴혈병, 쇠약, 상처회복의 지연	설사, 결석	과일, 채소류, 감귤류, 딸기, 배추, 브로콜리	성인남자:55mg 성인여자:55mh

3) 비타민 유사물질

여러 가지 비타민 유사물질은 체내 대사를 정상적으로 유지하는 데 필요하다. 체내에서 합성될 수 있지만 필수아미노산과 같은 영양소가 이용된다. 보통 건강한 성인의 경우에는 결핍될 우려는 없다.

(1) 리포산(lipoic acid)

체내에서 여러 항산화제와 함께 작용하지만 외부에서 특별히 공급할 필요는 없다. 그러나 리포산의 공급원은 육류, 간 그리고 효모 등이 있으며, 해독제 등의 임상에 사용된다.

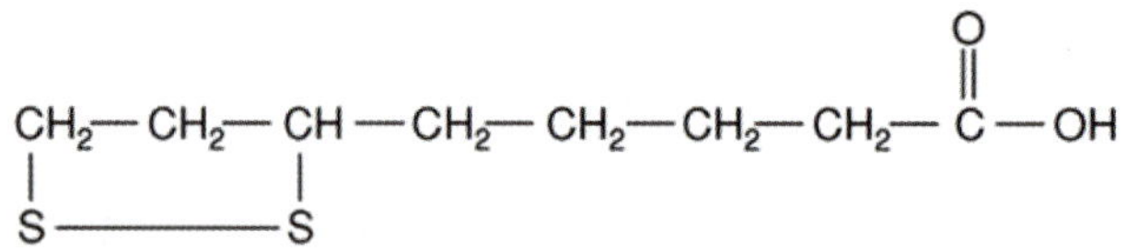

그림 9-25. 리포산(lipoic acid)

(2) 콜린(choline : 항지간 인자)

콜린은 기억력, 집중력, 근육 조직 이외에 다양한 기능에 관여하는 신경전달물질인 아세틸콜린의 전구체이다. 콜린은 세포막과 혈중 지단백질의 주요 구성 성분인 포스파티딜콜린(phosphatidylcholine, lecithin)과 같은 인지질의 구성 성분이고, 항지간 인자로 중요하며 비타민 B 복합체(vitamin B complex)이다.

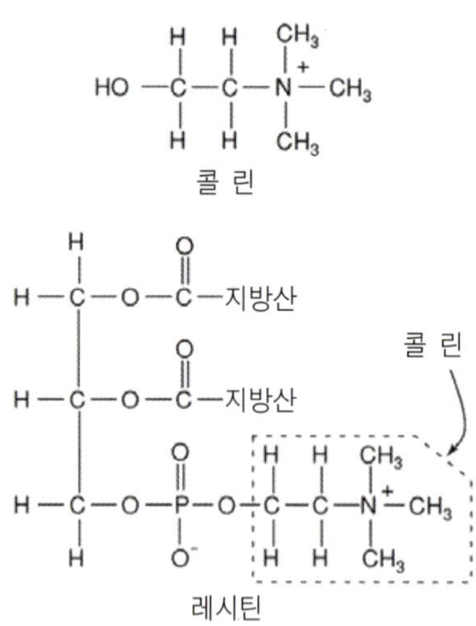

그림 9-26. 레시틴(lecithin)과 콜린(choline)

또한 콜린은 메틸기를 제공해주는 역할을 하는 배타인(betaine)의 전구체이다. 비타민 B_{12}나 엽산의 존재 하에 동물체 내에서 합성된다. 지방대사에 중요하며 간에 있는 지방을 동원하는데 큰 역할을 한다. 콜린 투여는 간에 중성지방과 콜레스테롤의 침착을 방지하여 항지간 인자로 크게 작용을 한다.

(3) 비타민 F(vitamin F : 항피부염 인자)

녹말 세포 입자내 지방을 제거한 정밀 사료로 동물을 사육할 때 일종의 피부 장해, 영양 결핍이 일어나는데, 이를 헤마투리아(haematuria)라 하였다. 그 후 이의 결핍된 쥐에 리놀레산(linoleic acid), 아라키돈산(arachidonic acid) 혹은 리놀렌산(linolenic acid)를 투여함으로써 치료할 수 있었는데, 이를 비타민 F라고 하였다. 결핍증으로는 사람의 경우 습진, 기관지염 등이 나타나고, 쥐의 경우에는 성장정지, 탈모, 피부염, 생식감퇴 등이 일어난다.

(4) 이노시톨(inositol)

체내에서 포도당으로부터 합성되며, 세포막의 인지질을 구성한다. 이러한 이노시톨 인지질은 호르몬과 같이 작용하는 에이코사이드의 전구체로서 중요하다. 당뇨병과 같이 고혈당증의 경우 이노시톨 운반이 서해된다.

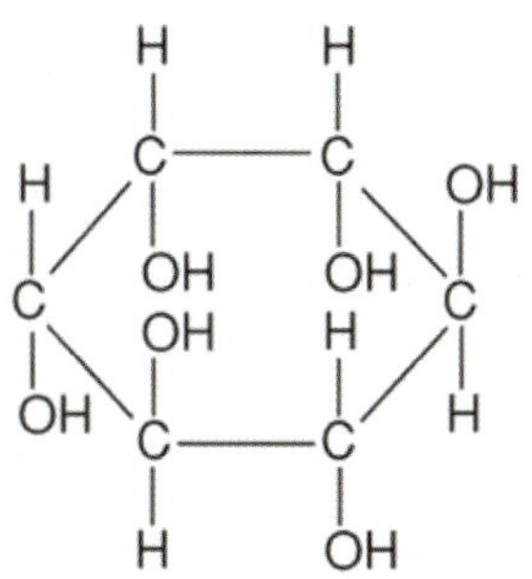

그림 9-27. 이노시톨(inositol)

(5) 카르니틴(carnitine)

세포 내에서 카르니틴은 지방산이 대사되어 열량을 생성할 수 있도록 세포질로부터 미토콘드리아로 지방산을 운반시키는 역할을 한다. 또한 카르니틴은 미토콘드리아에서 대사산물인 과량의 유기산을 제거시킨다.

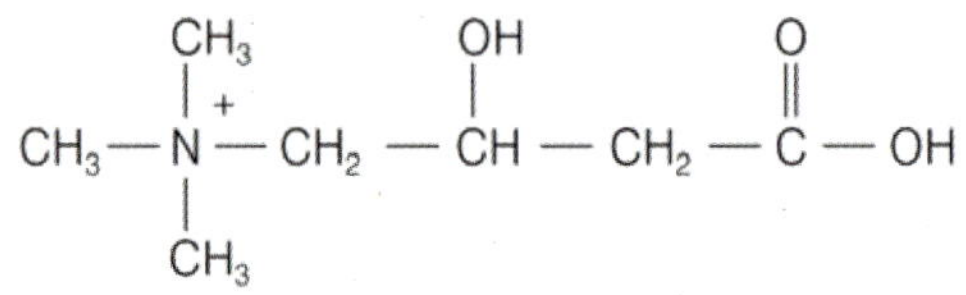

그림 9-28. 카르니틴(carnitine)

카르니틴은 비교적 간단한 화합물로 간에서 리신과 메티오닌으로부터 합성될 수 있다. 사람은 동물성 식품을 먹거나 체내에서 생합성하여 카르니틴의 필요량을 충족할 수 있다. 단백질 공급이 부족하면 카르니틴 생합성에 필요한 아미노산이 부족하여 지방산 대사가 비정상적으로 될 수 있다. 단 간경화증이 있는 사람은 체내 합성이 적절하지 않기 때문에 식사로 공급받아야 한다. 또한 채식 주의자들은 카르니틴 섭취량이 매우 낮으나 혈중 카르니틴의 농도는 정상이다.

(6) 타우린(taurine)

타우린은 황 함유 아미노산인 메티오닌과 시스테인으로부터 합성된다. 근육, 혈소판, 신경조직에 풍부하며 담즙산에도 결합되어 있다. 백혈구의 항산화작용, 폐 조직의 산화로부터 보호, 혈소판 응집, 심장수축, 인슐린 작용, 세포분화와 성장에 관여하고 있다. 타우린은 동물성 식품에만 있다. 식물성 식품에는 들어 있지 않지만 채식주의에게서 타우린 결핍이 명확하게 나타나지 않는다. 이는 체내 합성량으로 필요량이 충족되기 때문이다.

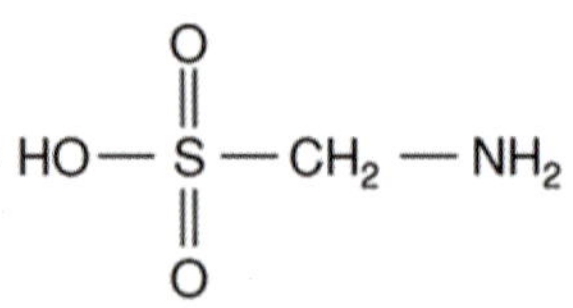

그림 9-29. 타우린(taurine)

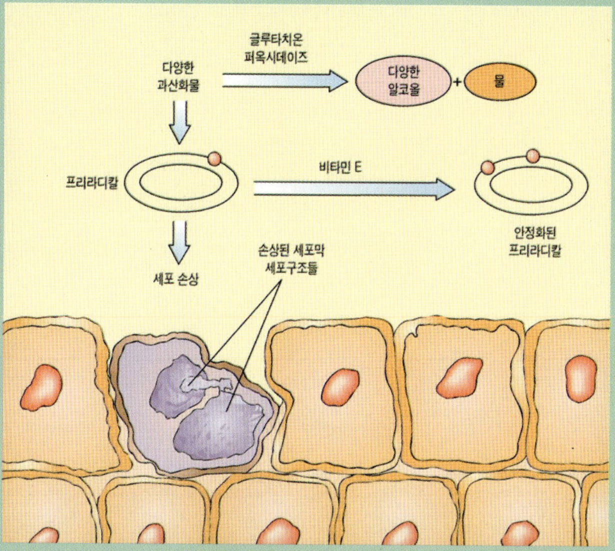

Chapter 10. 무기질(Mineral)

1. 서 론(introduction)
2. 무기질의 흡수와 배설
3. 무기질의 종류
4. 무기질과 혈압

1. 서 론(introduction)

사람의 몸은 여러 가지 원소로 구성되어 있다. 구성 원소는 인체 내의 대사와 반응의 필수성분으로 존재하고 작용함으로써 생명의 유지에 기여한다. 인체의 구성 성분 중 탄소(C), 수소(H), 산소(O), 질소(N)의 양이 96%를 차지하고, 나머지 4%가 무기질(mineral)이다. 그 4% 중에서 30여 종의 무기질이 존재하고 있으며, 무기질의 대사적 역할과 체내에서 필요한 무기질의 양은 차이가 있다.

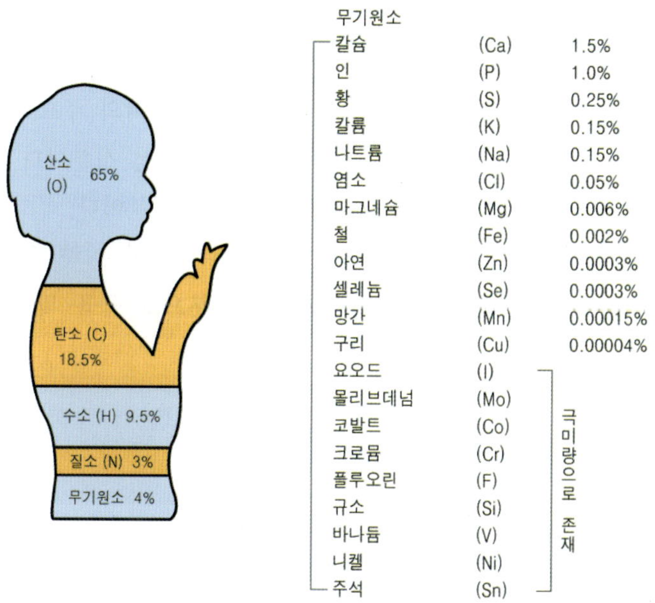

그림 10-1. 인체의 구성 원소

무기질은 보통 무기염류(inorganic salt) 또는 회분(ash)이라고도 한다. 여기서 무기질은 인체를 구성하는 성분 중 산소(O), 탄소(C), 수소(H), 질소(N) 이외에 비교적 적은 량으로 존재하면서 생리학적으로 매우 중요한 기능을 하기 때문에 반드시 식품으로 섭취하여야 한다. 즉 무기질은 신체조직, 체액, 효소, 호르몬, 수송분자 등의 구성성분이고, 신경자극 전달, 산-염기 평형 등에 관여하는 물질이다.

대부분의 무기질은 음식물 중에서 충분히 섭취할 수 있으나 칼슘(Ca)과 철(Fe)은 공급량이 신체의 요구량을 충족시키지 못하는 경우가 자주 있기 때문에 영양상 중요한 무기물이다. 그리고 특별한 경우에는 나트륨(Na)과 요오드(I)도 문제가 될 수 있다.

인체 내에서 무기질의 양은 적으나 세포와 조직, 기관과 체내의 무기질은 신체 기능을 유지하는데 중요한 역할을 한다.

① 생체기능 조절 작용 : 체액 중에 이온으로 존재하여 삼투압의 조절, 산-염기의 평형 유지에 도움을 준다. 즉 수분 균형은 나트륨과 칼륨, 칼슘, 인을 필요로 한다. 혈장, 림프액, 조직간액, 세포 내액에는 나트륨, 칼륨, 염소 등이 있다.

② 연조직 기능에 관여 : 근육수축, 심장, 신경 등의 기능 유지에 관여한다. 즉 나트륨(Na), 칼륨(K) 및 칼슘(Ca)은 신경자극의 전달을 도와준다.

③ 경조직의 구성 : 골격이나 치아를 형성하는 주성분이다. 신체의 성장과 발달도 칼슘(Ca), 인(P)과 같은 무기질에 의하여 좌우되며, 뼈의 주요 구성 성분은 칼슘과 인이다. 또한 무기질은 많은 신체 화합물의 구성 성분이다. 예를 들면 철(Fe)은 적혈구의 헤모글로빈이나 호흡효소의 구성 성분이다.

④ 생리활성 물질의 성분, 효소반응 : 인(P), 유황(S) 및 미량 원소들이 단백질, 핵산, 비타민 등의 생체 내 유기화합물 구성성분으로 근육 및 세포 성분을 구성하고, 효소반응 및 호르몬 작용에 관계한다.

2. 무기질의 흡수와 배설

무기질은 동물성 식품과 식물성 식품으로부터 얻는다. 무기질에 따라 동물성 식품에 가장 많이 함유되어 있다. 즉 칼슘은 유제품, 철분과 아연은 육류 또는 육류로 만든 식품이 좋은 공급원이다. 반면에 마그네슘과 망간은 동물성 식품보다는 식물성 식품에 더 많이 함유되어 있다. 무기질의 흡수는 무기질의 종류에 따라 다르지만 위나 소장 그리고 대장에서 흡수된다.

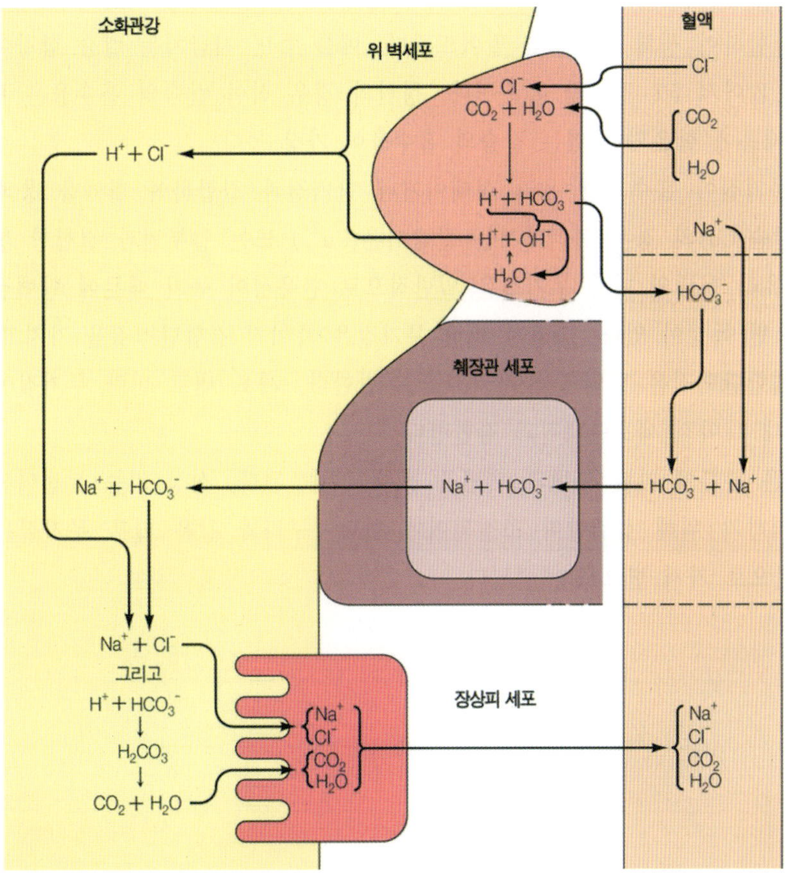

그림 10-2. 무기질의 흡수와 순환

무기질의 흡수 정도를 좌우하는 인자는 섭취 시 무기질의 생리적 필요량이다. 무기질은 분자량이 비슷하고, 마그네슘(Mg^{2+}), 칼슘(Ca^{2+}), 철(Fe^{2+})과 구리(Cu^{2+}) 등 전하가 같아서 흡수과정에서 서로 경쟁한다. 이로 인하여 무기질의 생체 이용률(bioavailability)과 대사에 영향을 미친다. 단일 무기질을 과량 섭취하면 다른 무기질 대사에 영향을 미친다. 즉 섭취과정에서 아연의 양이 많으면 구리의 흡수가 감소한다. 또한 비타민 C와 철분을 동시에 섭취하면 비타민 C는 철분의 흡수를 증가시킨다. 밀겨에 있는 피틴산 등 섬유질 성분은 무기질과 화학적으로 결합하여 일부 무기질의 흡수를 제한한다. 그러나 빵에서와 같이 곡류가 효모로 발효되면 효모에 의해 생성된 효소가 피틴산과 무기질 사이의 화학적 결합을 파괴시킬 수 있다. 이러한 경우에는 피틴산이 무기질 흡수에 미치는 영향이 감소된다. 옥살산(oxalic acid)은 식물에 존재하면서 무기질과 결합하여 생체 이용률을 떨어뜨린다. 예를 들면 시금치는 칼슘 함량이 많지만 옥살산이 많아서 5% 정도만 흡수된다. 성인의 경우 식이 칼슘의 흡수율은 평균 25%이며, 유제품에 함유되어 있는 칼슘의 흡수율이 가장 높다.

일단 무기질이 흡수되면 유리 형태이거나 단백질과 결합하여 혈액을 통해 운반된다. 즉 칼슘(Ca)의 경우 혈액에서는 칼슘이온(Ca^{2+}) 또는 알부민과 결합한 형태로 존재한다. 유리 형태의 미량 무기질은 일반적으로 반응성이 높기 때문에 단백질과 결합하지 않으면 독성이 있다. 따라서 미량 무기질은 특이적 결합단백질을 가지고 있으며, 특이적 결합단백질은 혈액에서 무기질을 운반한다. 세포 내로 미량 무기질이 흡수되면 세포 내 특이적 세포단백질과 결합한다.

무기질은 종류에 따라 소변과 대변을 통하여 배설된다. 신장 기능 부전이면 무기질 독성을 피하기 위해 섭취량이 조절되어야 한다. 구리와 같은 일부 무기질은 담즙을 통해 장관으로 가서 변으로 배설된다.

3. 무기질의 종류와 성질

무기질은 신체에서 필요로 하는 양에 따라 다량 무기질과 미량 무기질로 분류할 수 있다. 일반적으로 하루 필요량이 100mg 이상이면 다량 무기질(major minerals)이고, 20mg 미만이면 미량 무기질(trace minerals)로 분류한다. 인체에 존재하는 99% 이상은 칼슘(Ca, 50.8%), 인(P, 29.4%), 칼륨(K, 6.7%), 유황(S, 5.1%), 염소(Cl, 3.7%), 나트륨(Na, 2.9%), 마그네슘(Mg, 1.1%) 등이 다량 무기질이고, 철(Fe, 0.2%)과 기타 원소(0.1%)는 모두 합쳐도 0.5% 미만으로 미량 무기질이다.

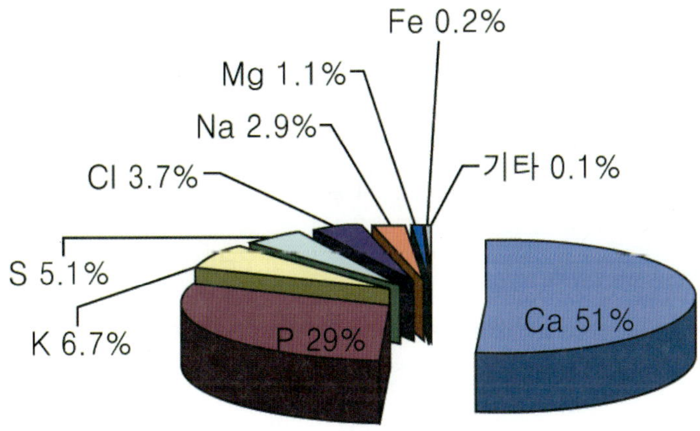

그림 10-3. 인체의 무기질 함량

1) 다량 무기질(major minerals)

(1) 나트륨(Na)

나트륨 양이온(Na^+)은 대부분 세포 외액에 존재하며, 전체 혈액의 160mg/dL, 근육조직에 60 ~ 160mg%, 신경조직에 312mg% 존재한다. 나트륨의 균형은 아드레날린에 의해 분비된 알도스테론(aldosterone)에 의해 조절된다. 또한 나트륨은 세포내액과 외액 간의 균형을 이루도록 도와준다.

표 10-1. 다량 무기질의 종류와 기능

무기질	기 능	공급원	증 세	
			결 핍	과 다
칼슘 (Ca^{2+})	강한 뼈와 치아, 신경전도, 근수축	유제품, 잎이 있는 초록색 채소	어린이 발육부진, 성인 골밀도 저하	신장결석; 철 및 아연의 흡수 곤란
인 (PO_4^{3-})	뼈와 연한 조직 생장 : 인지질, ATP, 핵산의 구성 요소	육류, 유제품, 해바라기씨, 식품 첨가제	약함, 혼동, 뼈와 관절 통증	혈액과 뼈에 칼슘 함량 저하
칼륨 (K^{+})	신경전도, 근 수축	많은 과일과 채소, 겨	마비, 불규칙한 심장 박동, 경우에 따라 사망	구토, 심장마비, 사망
황 (S^{2-})	단백질 구조 변화, 독성물질의 중화	육류, 유제품, 콩류	없 음	동물에서 성장 부진
나트륨 (Na^{+})	신경전도, pH와 물 균형	식 염	혼수상태, 근육 경련, 식욕부진	부종, 고혈압
염소 (Cl^{-})	물균형	식 염	없 음	구토, 탈수
마그네슘 (Mg^{2+})	신경과 근 수축, 단백질 합성을 위한 효소의 구성요소	곡식, 잎이 있는 초록색 채소	근육 발작, 불규칙한 심박동, 경련, 혼동, 인격의 변화	설 사

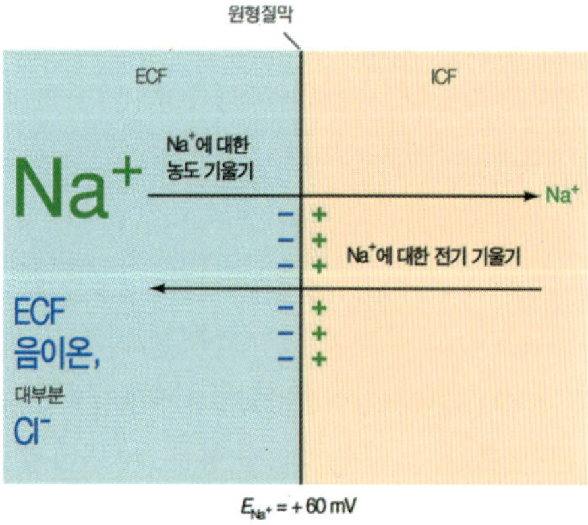

① Na^{+}의 농도 기울기가 이 이온을 세포 안으로 밀어 넣음

② 양전하를 띤 Na^{+}가 농도 기울기를 따라 안쪽으로 이동해 감에 따라 세포의 안쪽이 점점 더 양이됨

③ 양전하를 띤 Na^{+} 이온이 세포 안으로 들어오고 ECF에 주로 Cl^{-} 등의 음이온이 불균등하게 많아짐에 따라 바깥은 점점 더 음이됨

④ 이동 결과 생기는 전기 기울기는 Na^{+}를 세포 밖으로 이동시킴

⑤ 바깥쪽으로 작용하는 전기 기울기가 안쪽으로 작용하는 농도 기울기와 균형을 이루게 되면 더 이상의 Na^{+}의 순이동은 없어진다. 이 평형점에서의 막전위는 Na^{+}의 평형전위인 +60 mV임

그림 10-4. 나트륨의 균형

혈액 내 나트륨의 농도가 높으면 오스몰 농도(osmorality)에 영향을 주고, 이것은 세포 내액과 외액 양의 조절에 작용한다. 나트륨이나 칼륨 등과 같은 전해질(electrolyte)의 농도가 낮은 용액에서 높은 용액으로 물이 이동할 때의 특이적인 농도를 오스몰 농도라 하고, 용매 kg당 입자의 수를 나타낸다. 칼륨과 나트륨이 세포막을 통과함으로써 전위차가 생기고, 이것에 의해 근육이 수축하고 신경자극이 전달된다. 나트륨은 소장에서 포도당이나 아미노산과 같은 다른 영양소의 흡수에도 작용한다.

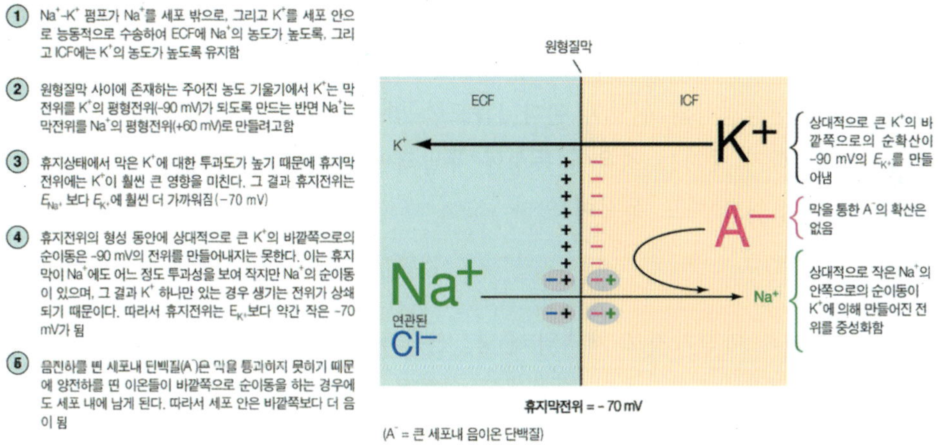

그림 10-5. 나트륨과 칼륨의 균형

나트륨 섭취량의 1/2 ~ 1/3 정도가 조리 중에 첨가하거나 식탁에서 사용하며, 그 이외에 대부분 식품의 가공 과정에서 사용된다. 또한 자연적으로 존재하는 대부분의 식품이 약간의 나트륨을 함유하고 있다. 그러나 우유에는 많은 양(약 120mg/컵)이 함유되어 있다.

섭취한 나트륨은 거의 대부분 흡수되며, 위와 소장, 대장에서 쉽게 흡수된다. 혈액에 존재하는 일부 나트륨은 신장에서 여과되고, 여분의 나트륨은 소변으로 배설된다. 나머지는 혈액으로 되돌아가서 적정 농도의 나트륨을 유지한다. 나트륨은 신장을 통해 배설되고, 일부 나트륨이 뼈에 저장된다. 신체에서 필요로 하는 나트륨의 양은 약 100mg/day 정도이다.

발한으로 인한 체중감소가 체중의 2 ~ 3%를 초과하는 경우에 나트륨의 손실이 발생한다. 이러한 경우에 염분이 함유되어 있는 음식을 섭취하면 신체 내 나트륨의 결핍을 보충하는데 충분하다. 그러나 지구력이 요구되는 운동의 경우에 나트륨의 결핍을 막기 위해서 경기 중에 스포츠 음료를 마셔야 한다. 땀에 함유된 나트륨 농도는 혈액 내의 나트륨 농도의 2 / 3 정도이다. 나트륨 결핍은 특히 유아들이 설사나 구토 시에 일어날 수 있다.

과도한 염분을 섭취하였을 때 일부 사람들에게는 고혈압의 원인이 되지만 대부분의 사람들은 식사에서 많은 나트륨을 섭취해도 적응할 수 있다. 하루에 나트륨의 섭취가 2g 이상이면 소변으로 배설되며, 칼슘 손실도 증가한다. 특히 염분을 많은 섭취하면서 칼슘을 적게 섭취하는 경우에 보다 더 건강상의 문제가 된다. 그 한 예는 칼슘 배설이 증가하여 신장결석의 원인이 된다. 과도한 염분 섭취는 신장에서 소변으로 과잉의 염분을 배설하지 못하는 경우에 독성이 유발되며, 물을 충분히 섭취하지 않으면서 나트륨을 많이 섭취할 때도 독성이 있다.

(2) 칼륨(K)

칼륨은 나트륨과 마찬가지로 체액의 균형, 신경자극 전달과 같은 기능을 한다. 또한 연근육과 골격 근육, 심장근육의 수축에도 영향을 미친다. 칼륨은 세포 내액의 주요 양이온으로 세포 내액은 신체 내 칼륨의 95%를 함유하고 있다.

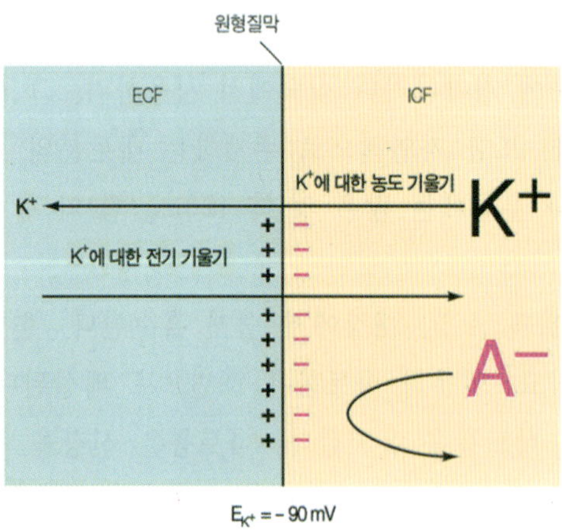

① K^+에 대한 농도 기울기는 이 이온을 세포 밖으로 밀어내려고 함

② 세포의 밖은 양전하를 띤 K^+ 이온이 농도 기울기를 따라 바깥쪽으로 이동함에 따라 점점 더 (+)가 됨

③ 막은 큰 세포내 음이온 단백질(A^-)을 통과하지 못한다. 세포의 안쪽은 양전하를 띤 K^+ 이온이 밖으로 나가고 음전하를 띤 A^-가 남게 되므로 점점 더 (-)가 됨

④ 이동의 결과 생기는 전기 기울기는 K^+를 세포 안으로 보내려고 함

⑤ 안쪽으로 작용하는 전기 기울기와 바깥쪽으로 작용하는 농도 기울기가 서로 균형을 이루면 K^+의 순이동은 없어진다. 이 평형점에서의 막전위는 K^+의 평형전위인 -90 mV임

그림 10-6. 칼륨의 균형

나트륨과는 달리 칼륨은 식품에 첨가되지 않는다. 신선한 과일과 채소 그리고 우유, 전곡류, 육류 등이 좋은 공급원이다. 특히 성인의 경우 우유나 감자, 커피, 토마토 그리고 오렌지 쥬스 등 다양한 음식에 함유된 칼륨이 주요 공급원이며, 칼륨의 충분섭취량은 4.7g/day이다. 사람이 섭취한 칼륨의 90% 정도가 흡수되며, 칼륨의 균형은 신장에서 배설이나 보유량을 조절함으로써 유지된다.

표 10-2. **칼륨 공급원 식품과 함유량**

공급원	함유량(mg)
강낭콩 1컵	715
호박 3/4컵	670
플레인 요구르트 1컵	570
오렌지 쥬스 1컵	495
바나나 1개	470
대두 1/2컵	440
토마토 쥬스 3/4컵	400
등심스테이크 90g	345

칼륨의 결핍은 식욕감소와 근육경련, 발작, 소변으로 칼슘의 배설 증가 등으로 생명에 영향을 미친다. 특히 고혈압 치료제로 사용되는 이뇨제가 칼륨을 고갈시키기 때문에 이뇨제를 복용하는 경우에는 칼륨 섭취에 세심한 주의가 요구된다. 식품 섭취가 부족한 알코올 중독자, 식사량이 적고 구토가 심한 신경성 식욕부진과 신경성 탐식증인자, 초저열량 식사를 하는 사람, 격한 운동을 하는 사람 등은 칼륨 결핍에 주의하여야 한다. 이러한 경우 칼륨이 풍부한 과일, 과일 쥬스, 채소류와 같은 고칼륨 식품을 섭취하여야 한다.

신장 기능이 정상이면 보충제 형태의 칼륨도 해롭지 않지만 과량 섭취할 때에는 배탈을 일으킨다. 신장기능이 약하면 칼륨이 혈액에 축적되며, 이는 심장 기능을 저해하고 심장 박동을 느려지게 한다. 따라서 신장 기능이 약한 경우에는 칼륨 섭취량에 주의하여야 한다.

(3) 염소(Cl)

염소이온(Cl-)은 세포 외액의 중요한 구성 성분 중 하나이며, 전해질 균형을 유지하는데 매우 중요하다. 또한 염소는 위산의 구성 성분이며, 백혈구의 면역반응에도 사용된다. 염소는 이산화탄소가 세포에서 폐로 운반되는 것을 도와줄 뿐만 아니라 호기시 이산화탄소의 처리에도 이용된다.

염소는 해초류와 올리브, 귀리, 상추, 과일류, 채소류 그리고 염소로 처리된 물이 좋은 공급원이다. 그러나 사람은 식품에 첨가된 염분의 형태로 대부분의 염분을 섭취한다. 성인의 경우 염소의 최소 필요량은 700mg/day이다. 염소는 소장과 대장에서 거의 대부분 흡수된다. 나트륨이나 칼륨과 마찬가지로 염소는 주로 신장을 통해 배설된다.

일반적으로 염분의 섭취량이 많기 때문에 염소의 결핍은 잘 일어나지 않는다. 그러나 구토를 자주하거나 오랫동안 하면 염소의 결핍이 일어날 수 있다.

(4) 칼슘(Ca)

인체에 존재하는 무기질 중에서 칼슘의 함유량이 가장 많으며, 체중 65kg의 사람에는 칼슘이 1.3kg 정도이다. 칼슘은 체내에서 주로 칼슘 이온(Ca^{2+})으로 존재하고, 뼈와 치아 등을 형성하며 소량은 체액이나 유연조직 중에 존재한다. 체내에서 칼슘의 기능은 신경이나 근육의 흥분성 그리고 모세관이나 세포막의 투과성을 저하시킨다. 또한 신경충동의 정상적인 전달에 필요하다. 그리고 근육수축과 혈액 응고에 관여하고, 리파아제(lipase), 프로테아제(protease), ATPase 등의 효소를 부활시키며 dipeptidase, enolase 등 일부 효소의 저해 작용을 한다.

칼슘은 우유와 치즈 같은 유제품이 좋은 공급원이며, 시금치와 같은 녹색잎 채소, 브로콜리 그리고 연어나 정어리와 같은 통조림, 생선의 뼈도 좋은 공급원이다. 그러나 시금치와 같은 일부 녹색 엽채류에 함유되어 있는 칼슘은 옥살산 때문에 흡수되지 않지만 케일이나 순무의 경우는 그러하지 않다. 오렌지 쥬스, 음료수, 빵, 초콜릿, 시리얼 등 칼슘 강화식품도 많은 양의 칼슘을 공급한다.

표 10-3. 칼슘 공급원 식품과 함유량

공급원	함유량(mg)
큰 멸치(말린 것) 1/4컵	381
가공 치즈 1장(20g)	168
두부 1/5모	145
플레인 요구르트 100g	123
우유 100g	89
시금치 삶은 것 100g	48
배추김치 100g	47

섭취한 칼슘은 산성 상태인 소장의 상부에서 대부분 흡수된다. 왜냐하면 칼슘은 이온상태(Ca^{2+})로 존재하기 위해서는 pH 6 이하가 되어야 하기 때문이다. 산성의 위 내용물이 소장에 도달하면 췌장에서 분비된 중탄산염에 의하여 부분적으로 중화된다. 이것은 칼슘이 흡수되기에 적절한 환경이다. 장 내용물이 소화관을 따라 내려가면서 점점 알칼리성으로 변하기 때문에 소장의 끝부분과 대장에서는 흡수가 감소한다. 또한 소장 상부에서 칼슘 흡수는 활성형의 비타민 D((1,25-dihydroxy1cholecalciferol, 1,25-$(OH)_2$-D_3))에 의해 좌우되며, 장관, 뼈 및 신장에 작용하여 칼슘의 흡수를 돕는다. 칼슘 흡수를 증진시키는 다른 요인은 부갑상선 호르몬과 식이 포도당, 젖당, 정상적인 장관 운동이다. 칼슘 흡수를 제한하는 요인은 피틴산, 과잉의 인 섭취, 차의 폴리페놀 그리고 비타민 D 결핍과 설사이다.

사람은 식품으로 섭취한 칼슘의 25%를 흡수한다. 그러나 유아나 임산부와 같이 신체가 더 많은 칼슘을 필요로 할 때 흡수율이 60%까지 증가한다. 젊은 사람은 나이든 사람보다 칼슘을 더 많이 흡수하는 경향이 있다. 폐경기 여성은 칼슘 흡수율이 가장 낮다. 칼슘의 권장섭취량은 청소년기 남자는 1,000mg/day이고, 여자는 900mg/day이다. 또한 성인은 남자와 여자 모두 700mg/day로 동일하지만 50세 이상의 여성은 800mg/day이다. 청소년기에는 성장 급등과 함께 칼슘의 체내 보유가 빠르게 이루어져 골 질량이 증가하는 시기이므로 권장량이 가장 높다.

인체를 구성하는 세포는 칼슘을 필요로 하고, 필요한 칼슘은 혈액에서 공급받는다. 혈중 칼슘은 칼슘 섭취가 부족해도 뼈에 저장되어 있는 칼슘이 많으므로 정상적으로 유지될 수 있다. 그러나 뼈의 칼슘 함량은 감소한다. 혈중 칼슘 함량이 저하되면 부갑상선 호르몬을 분비한다. 이 호르몬은 소변으로 칼슘이 배설되기 전에 신장에서 칼슘의 보유를 증가시킨다. 또한 부갑상선 호르몬은 활성비타민 D의 합성을 증가시킴으로써 소장에서 간접적으로 칼슘의 흡수를 증가시킨다. 게다가 부갑상선 호르몬은 때때로 활성비타민 D와 같이 작용하여 뼈에서 칼슘 방출을 증가시킨다.

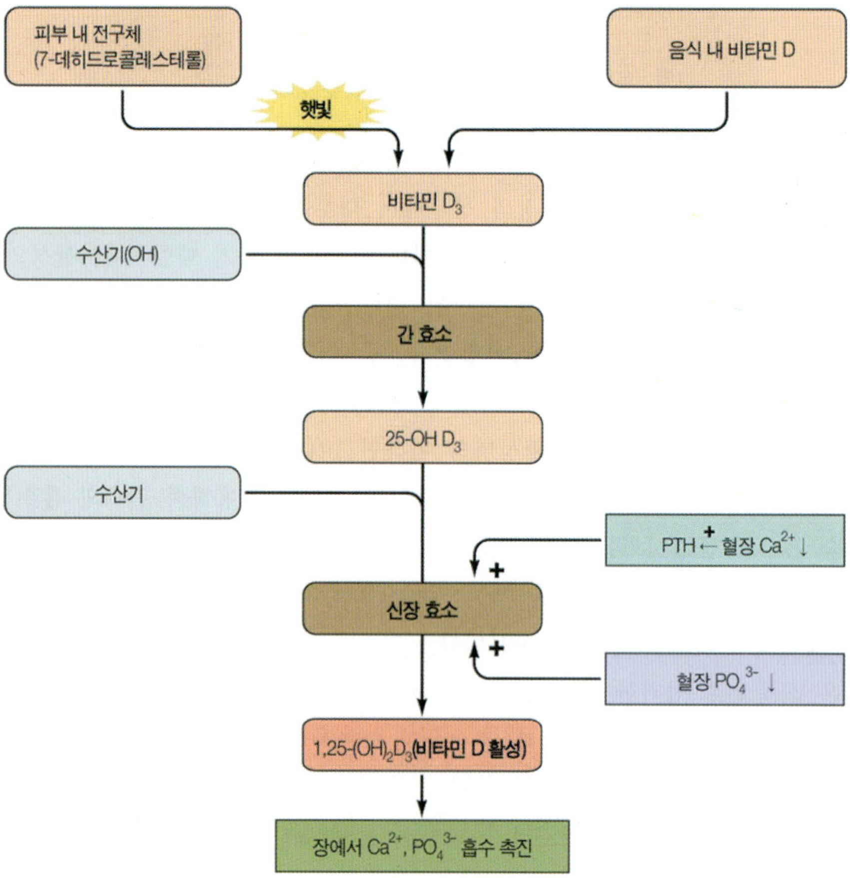

그림 10-7. 칼슘과 인의 흡수 촉진

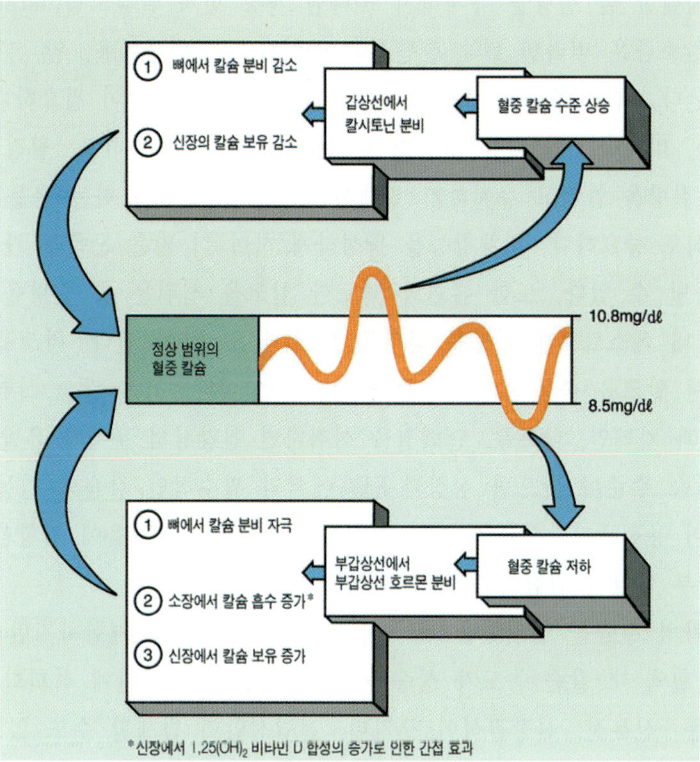

그림 10-8. 혈중 칼슘의 유지

칼슘은 소변, 담즙, 소화액에 배출된다. 대변 중의 칼슘은 대부분이 음식물 중 칼슘의 미흡수분이다. 과잉의 혈청 칼슘은 일차적으로 소변으로 배설된다. 그러나 사구체에서 여과된 이온형 칼슘은 신세뇨관에서 99%가 재흡수 됨으로 소변으로 배설되는 칼슘 량은 매우 낮다. 따라서 칼슘은 대변을 통해서 주로 배설된다.

칼슘과 관련된 가장 흔한 질병은 골다공증이다. 그러나 뼈 건강을 유지하는데 칼슘만 필요한 것은 아니다. 칼슘 섭취량의 부족이 뼈 손실의 주요 인자라고 추정하고 있지만 칼슘섭취와 다른 요인 간의 정확한 기여도 비교는 정량하기 어렵다. 즉 비타민 C가 결핍되었을 때 나타나는 괴혈병의 경우와 같이 뼈의 손실이 칼슘 결핍 때문이라고 볼 수는 없다. 괴혈병은 비타민 C의 결핍이 유일한 원인인 반면에 뼈 손실은 여러 가지 요인이 작용한다. 뼈 건강에 기여하는 여러 가지 요인의 정도를 정확하게 집어내기는 힘들다. 적절한 골 질량을 유지하지 못하면 가장 먼저 골감소증(osteopenia) 상태가 된다. 골감소증은 비타민 D의 결핍증인 골연화증과 약물복용, 암, 다른 요인들에 의하여 일어난다. 특히 여성은 성숙해감에 따라 골다공증 예방이 필요하다. 젊은 여성의 경우 칼슘, 비타민 D와 다른 영양소 필요량이 충족되어야 하고, 월경 불순을 막아야 한다. 골 질량을 늘리고 유지하기 위해서는 체중을 실어서 하는 운동과 함께 활동적인 생활양식도 중요하다. 신체활동을 왕성하게 하여 더 많은 근육을 가지고 있을 때 골 질량을 늘릴 수 있다. 또한 흡연과 과도한 알코올 섭취는 골 질량을 감소시킨다. 흡연은 혈액 내 에스트로겐 농도를 낮추고 뼈 손실을 증가시킨다. 알코올은 뼈세포에 독성이 있어서 알코올 중독은 골다공증의 주요 요인이다. 특히 칼슘 섭취가 부족하면서 과량의 인과 카페인, 나트륨, 단백질을 섭취하면 건강상의 문제가 유발된다.

혈액 내 칼슘 수준이 낮으면 심장과 근육에서의 필수적인 칼슘의 기능을 보존하기 위하여 칼슘이 용출된다. 칼슘을 적게 섭취했을 때 세포 교체율에 영향을 미친다. 이로 인하여 일부 발암의 위험이 높아지고 혈압이 상승한다.

그러나 과량의 칼슘을 섭취했을 때 소장에서 칼슘 흡수를 제한하지만 조절 시스템이 붕괴되면 혈액 내 칼슘 농도가 상승하고, 신장과 다른 기관에 석회화가 일어난다. 과민함과 두통, 신부전, 신장결석이 생기며, 전립선암이 발생할 수도 있고 다른 무기질의 흡수도 감소된다.

(5) 인(P)

인은 체내에서 많은 기능을 하며, 신체의 조직과 세포에 함유되어 있다. 인은 신체 내 존재하는 무기질 중 칼슘 다음으로 많은 무기질이며, 인의 약 80%가 인산칼슘으로 뼈와 치아에 함유되어 있다. 또한 약 10%는 근육에 함유되어 있고, 나머지는 뇌와 신경에 존재하며 많은 효소계와 ATP, DNA, RNA의 구성 요소이다. 그리고 세포막에서는 인지질의 성분이며 산-염기 평형에도 관여한다.

성인의 경우 인은 우유와 치즈, 요구르트, 빵류, 육류 등의 식사로부터 대부분 공급받고, 시리얼과 달걀, 견과류, 생선도 좋은 공급원이다. 성인의 경우 인의 권장섭취량은 700mg/day이고, 한국 성인의 인 섭취량은 600～1,500mg/day로 칼슘과 인의 비율이 1 : 2정도이다.

체내에서 인의 흡수는 매우 효율적으로 이루어진다. 성인의 경우 식이 인 섭취량의 70% 이상이 흡수된다. 활성비타민 D는 인의 흡수를 증가시키지만 대부분의 흡수는 소장과 대장에서 인의 농도에 따라 수동 흡수에 의하여 이루어진다. 인의 배설은 신장을 통하여 이루어진다.

만성적인 인의 결핍은 뼈가 손실되고 성장저하와 치아 발달이 저해된다. 구루병은 인이 결핍된 어린이에게서 나타난다. 이외에 식욕부진, 체중감소, 허약함, 성급함, 뼈의 통증 등이 일어난다. 일상적으로 섭취하는 인의 양은 건강한 성인의 경우독성이 나타나지 않는다. 그러나 신장 질환을 가진 사람의 경우 신장을 통하여 인의 배설이 충분하지 않기 때문에 혈액 내의 농도가 상승하고 체조직에서 Ca-P 침전물을 형성할 수 있다. 또한 부갑상선 호르몬 분비를 유도하여 뼈의 손실을 유발한다. 즉 골 조직으로부터 인산을 동원하여 신장에서의 배설을 높인다.

(6) 마그네슘(Mg)

마그네슘은 성인의 경우 20g 내외로 존재한다. 그 중 약 65%는 인산칼슘과 함께 복합염으로 뼈를 구성하며, 나머지 35%는 연조직 및 체액 중에 존재한다. 즉 34%는 세포 내에서 작용하고, 1%는 세포 외액에 존재한다. 세포 내에서는 칼륨(K)다음으로 많은 양이온이다. 혈액 내의 마그네슘의 항상성은 유지되며, 혈청 농도는 1.6~2.5mEq/L의 좁은 범위 내에 있다. 혈청 내에 있는 마그네슘의 약 35%는 단백질과 결합해 있고, 나머지는 대부분 이온화되어 있다.

마그네슘은 생화학적, 생리적 과정에서 중요한 역할을 한다. ATP를 이용하는 대부분의 효소는 마그네슘을 필요로 한다. 마그네슘 이온은 ATP와 결합하여 활성형 ATP를 형성한다. 마그네슘을 사용하는 효소계 중 하나는 나트륨을 세포 외부로 펌프질하고, 칼륨은 세포 내부로 펌프질한다. 이 과정은 특히 마그네슘 결핍에 민감하다. 마그네슘은 세포 증식기에 DNA와 RNA 합성에도 관여하며, 칼슘 대사과정에 관여하여 뼈의 구조에 작용한다. 또한 마그네슘은 신경과 심장기능에도 중요하고, 췌장의 인슐린 분비와 세포에서의 인슐린 작용에도 관여한다. 이외에 마그네슘은 동맥을 이완시켜 혈압을 떨어뜨리고, 심장박동이 비정상적으로 되는 것을 방지한다.

마그네슘은 전곡류, 브로콜리, 호박, 견과류, 종실유 등의 식물성 식품이 가장 풍부한 공급원이고, 우유와 육류 같은 동물성 식품은 약간의 마그네슘을 공급한다. 식이 마그네슘의 45% 정도는 채소류와 과일류, 견과류에서 공급되고, 30% 정도는 우유와 육류이다. 우리나라의 경우 마그네슘 권장 섭취량이 남자의 경우 340mg/day, 여자는 280mg/day이다.

표 10-4. 마그네슘 공급원 식품과 함유량

공급원	함유량(mg)
시금치 1컵	157
호박 1컵	105
플레인 요구르트 1컵	43
해바라기씨 1/4컵	41
브로콜리 1컵	37
저지방 우유 1컵	34

식사에서 섭취한 마그네슘의 40～60%가 흡수되고, 섭취량이 적을 경우에는 80% 정도까지 흡수되기도 한다. 소장에서 수동적인 흡수와 능동적인 흡수가 일어난다. 활성 비타민 D는 마그네슘의 흡수를 어느 정도 향상시킨다. 신장은 혈중 마그네슘 농도를 조절하고, 혈중 마그네슘 농도가 낮으면 소변으로 배설되는 마그네슘의 양을 감소한다. 일부 마그네슘은 뼈에 저장되고 소량은 근육과 같은 조직에 저장된다.

마그네슘이 결핍되면 심장 박동이 빠르고, 허약함과 근육 경련, 방향감각 상실, 구역질과 구토, 발작이 일어난다. 이러한 현상은 나트륨과 칼륨 펌프의 손상으로 인하여 신경세포의 기능이 비정상적이기 때문이다. 만성적으로 마그네슘 섭취량이 부족하면 골다공증의 위험이 증가할 수 있다. 신체에서 마그네슘은 쉽게 저장되기 때문에 마그네슘 결핍은 매우 서서히 일어난다. 마그네슘 결핍은 소변으로 마그네슘을 배설시키는 이뇨제 사용자에게 나타난다. 또한 더운 기후에서 심하게 땀을 흘리거나 장기간의 설사와 구토 시에도 마그네슘 결핍이 일어나기 쉽다. 일상적인 식품을 섭취하는 건강한 사람의 경우에 마그네슘의 독성이 발생하지 않는다. 그러나 350mg 이상을 섭취하면 설사를 하게 되며, 신장은 혈중 마그네슘을 조절하기 때문에 신부전 환자의 경우 독성이 나타난다. 혈액 중 마그네슘 함량이 많을 경우 허약함, 구역, 느린 호흡, 불안, 혼수와 사망을 일으킨다. 일반적으로 노인들은 신장 기능이 저하됨에 따라 마그네슘 독성 위험이 있다. 그러나 마그네슘은 일반적으로 음식물에 많이 함유되어 있어서 결핍되는 경우는 드물다.

(7) 황(S)

대부분의 무기질은 체내에서 이온상태로 존재하지만 황(S)은 시스테인(cysteine)이나 메티오닌(methionine)과 같은 아미노산이나 비오틴(biotin), 티아민(thiamine)과 같은 유기화합물의 구성 성분으로 존재한다. 특히 황은 시스테인이나 메티오닌과 같은 아미노산에 함유되어 있기 때문에 단백질에도 존재한다. 즉 콜라겐과 피부, 손톱과 발톱 그리고 머리카락을 구성하는 케라틴에 함유되어 있다.

황은 대부분 단백질 등의 유기화합물로 섭취되지만 황산염 등의 무기 황화합물로도 섭취된다. 단백질의 소화로 생기는 아미노산이나 무기 황산염은 그대로 소장에서 흡수되며, 흡수된 황 화합물은 황의 이온형태(SO_4^{2-})로 빠르게 산화된다. 황의 이온형태(SO_4^{2-})는 체내에서 산-염기 평형에 작용하는데 세포 외액에 들어 있는 많은 물질에 존재하고 약물 제독 과정에서 중요한 역할을 한다. 섭취한 단백질이 황을 공급해주기 때문에 황을 따로 섭취할 필요는 없다. 간에 들어간 황은 내인성과 외인성으로 변화된다. 대부분의 유기황은 무기 황산염으로 산화되고 일부는 순환 혈에 들어가 소변으로 배설된다. 일부의 무기 황산은 간에서 단백질의 부패로 생긴 페놀 화합물(phenol compound)과 결합되어 해독되고, 황산 에테르(ether sulfate)로 전환되어 소변으로 배설된다.

2) 미량 무기질(trace minerals)

미량 무기질은 체내 모든 무기질의 1% 이하를 구성하지만, 그 기능은 생명에 절대적이며 필수적이다. 미량 무기질은 하루에 20mg 이하의 필요한 영양 무기질로 정의된다. 그러나 각 미량 무기질의 기능, 흡수 기전, 체내 운반 기전과 대사는 서로 다르기 때문에 단순히 그 필요량만으로 무기질을 다량과 미량으로 구분하기에는 무리가 있다.

(1) 철(iron, Fe)

체중이 70kg인 성인의 경우 철이 약 3 ~ 4g을 함유한다. 이 중 70%는 혈액의 헤모글로빈(hemoglobin) 중에 존재하고, 나머지 약 30%는 미오글로빈(myoglobin)에 저장되어 있으며 카탈라아제(catalase), 과산화효소(peroxidase), 시토크롬(cytochrome)계 효소나 철 저장단백질인 페리틴(ferritin)으로 간, 비장, 골수 중에 소량 저장되어 있다.

표 10-5. 미량 무기질의 종류와 기능

무기질	기 능	공급원	증 세	
			결 핍	과 다
철 (Fe^{2+})	헤모글로빈 합성	곡식, 육류, 자두 쥬스	빈혈, 육체적, 정신적 나태	철 중독증, 기관 기능 부전, 경우에 따라 사망
아 연 (Zn^{2+})	단백질 합성, 상처 회복. 태아 발달과 생장, 면역기능	육류, 콩류, 곡식	상처 회복 지연, 야맹증, 설사, 정신적 혼수	빈혈, 설사, 구토, 신기능 부전
구 리 (Cu^{2+})	헤모글로빈 합성	육류, 견가류, 콩류	빈혈, 어린이 발육부지	배설 못하면 내장 손상
셀레늄 (SeO_4^{2-})	항산화효소 구성 요소	해산물, 육류, 달걀	혈관위축, 암발생 가능성	머리카락과 손톱 유실, 피부퇴색
요오드 (I^-)	갑상선 호르몬 합성	요오드 식염, 해산물	티로이드 결핍증	갑상선 기능 감퇴, 불안
망 간 (Mn^{2+})	효소의 구성 요소	견과류, 콩, 초록색 채소	약함, 혼동	혼동, 혼수, 사망

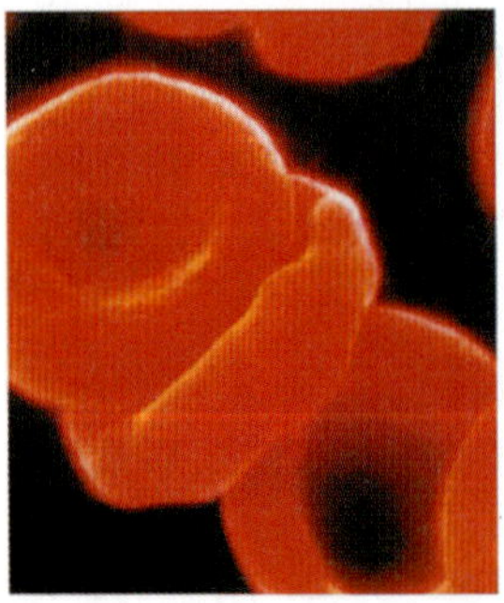

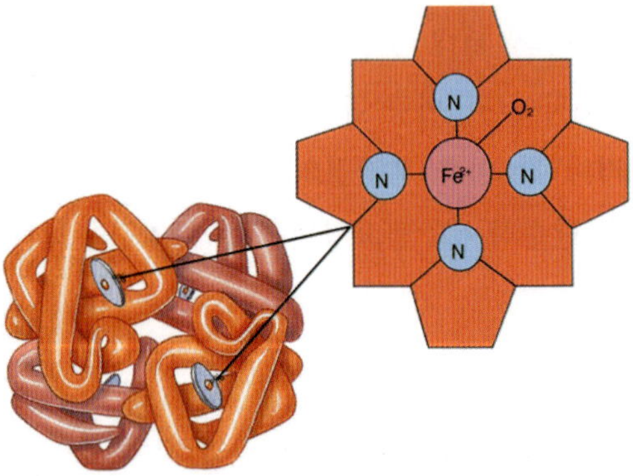

그림 10-9. 적혈구와 헤모글로빈

철분은 면역 기능, 인지 발달, 체온 조절, 열량 대사, 작업 수행력 등을 포함하는 체내의 여러 부분에서 중요한 역할을 한다. 철분은 산소의 운반과 대사에 관여하는 2가지 단백질의 구성성분이다. 헤모글로빈의 철분은 산소를 폐로부터 모든 조직으로 운반하며, 숨을 내쉬는 동안 일부 이산화탄소를 폐로 운반하는 것을 도와준다. 미오글로빈 내의 철분은 산소를 저장했다가 골격근과 심장근 세포에 산소를 공급한다.

미토콘드리아 내의 전자전달계는 시토크롬(cytochrome)의 구성 성분으로 철분을 사용한다. 과산화효소(peroxidase) 내의 철분은 과산화수소(H_2O_2)와 같은 독성 있는 활성산소종(reactive oxygen species)을 분해하는 것을 돕는다. 과산화효소는 백혈구 세포와 혈소판에 존재한다. 또한 철분은 콜라겐, 도파민, 에피네프린, 세로토닌 등의 신경전달물질과 아이코사노이드(eicosanoid) 합성에 관련되는 효소들의 보조인자로 작용한다.

동물성 식품 속의 철분은 대부분 생체 이용률이 좋은 헴철(heme iron)의 형태이므로 육류는 철분의 가장 좋은 공급원이다. 또한 생선과 곡류, 과일, 야채, 달걀 등에도 함유되어 있으므로 음식을 고루 섭취하는 것이 좋다. 식물성 식품 중의 철은 제 2철(Fe^{3+}, ferric iron)의 형태로 존재한다. 헴철은 직접 흡수될 수 있지만 제 2철은 소화관 내에서 염산(HCl) 및 환원제에 의하여 제 1철(Fe^{2+}, ferous iron)로 환원되어야만 십이지장과 소장의 상부에서 흡수될 수 있다. 철의 흡수를 촉진하는 물질에는 비타민 C와 같은 환원성 물질과 환원성이 없는 단백질 및 엽산 등이 있다. 그러므로 철의 흡수를 촉진하므로 신선한 야채를 충분히 먹고 비타민 C를 보충하는 것이 필요하지만 섬유질이 많은 음식, 칼슘, 제산제 등은 철을 흡수하는 것을 방해한다.

인체의 철분 조절은 여러 가지 인자들에 의하여 영향을 받지만 그중 가장 큰 요인은 체내 철분의 저장량이다. 신체에서 철을 많이 요구할 때에는 철의 흡수율이 좋고, 신체에 철을 충분히 보유하고 있을 때에는 철의 흡수가 억제된다. 즉 철의 체내 저장량은 장점막의 흡수율 증감에 따라 조절된다. 철의 저장량이 적으면 소장은 철분 흡수를 더욱 효율적으로 하게 된다.

철분은 아포페리틴(apoferritin)이라는 단백질과 결합하여 페리틴을 형성하므로써 세포 내에 저장한다. 철분이 흡수되기 전에 장 흡수세포가 떨어져 나가면 철분은 혈류로 들어올 수 없다. 이것이 체내에서 철분의 흡수를 조절하는 기전이다. 이 기전은 주로 비헴철 형태의 과다한 철분이 흡수되는 것을 막기 위한 것으로 '점막방어'라 한다.

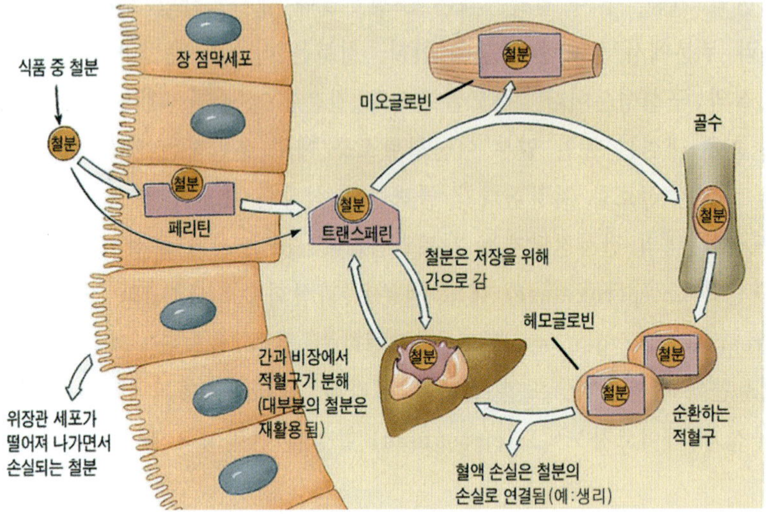

그림 10-10. **체내 철분의 흡수와 배분**

철분의 권장 섭취량은 연령과 성별에 따라 다르다. 한국인의 1일 권장섭취량은 남자 10mg, 여자 14mg(50세 이상 여자 9mg/day)이며, 10대 청소년의 경우 남녀 모두 12 ~ 16mg/day이다. 10대에 더 많은 근육 조직의 성장이 필요하기 때문에 10대 청소년이 성인에 비하여 권장섭취량이 다소 높다.

철분이 결핍되어 헤모글로빈을 만들어내지 못하면 철분결핍성빈혈이 유발되는데, 이는 빈혈의 가장 흔한 형태이다. 빈혈은 혈액 내의 산소를 운반하지 못하기 때문에 호기성 호흡이 일어날 수 없으므로 열량 생산이 감소된다. 그 결과 정신집중의 어려움과 신체활동에 따른 피로감이다. 그러나 호기성 호흡은 성장과정 중의 기관 시스템 발달과 같은 여러 가지 보이지 않는 생체과정에서도 중요하다. 철분결핍성 빈혈에 기인하는 열량 생산 감소는 철분 결핍의 다른 영향들에 의하여 더욱 악화된다. 열량 대사에서의 영향뿐만 아니라 면역기능에도 손상시킨다.

육류를 정기적으로 먹는 성인 남자의 경우 철분 결핍의 위험성이 낮다. 반면에 10대 소녀뿐만 아니라 젊은 성인 여성의 경우 같은 연령대의 남성들에 비하여 평균적으로 육류 섭취가 낮을 뿐만 아니라 생리 주기에 따른 혈액의 손실로 인하여 철분 결핍이 쉽다. 또한 임신 중에는 체내 철분이 대부분 혈액 공급의 팽창과 다른 신체적 변화로 인하여 생리혈의 손실은 없으나 철분이 결핍되기 쉽다. 노인의 경우에도 식품 섭취량이 감소하기 때문에 철분은 남녀 모두에게 결핍되기 쉽다. 그리고 편식아동과 채식주의자들에게도 철분 결핍이 쉽다. 육류는 상대적으로 흡수가 잘 되는 헴철을 공급할 뿐만 아니라 다른 식품으로부터 철분 흡수를 돕는 인자가 되기 때문에 채식주의자들이 충분한 철분 섭취를 얻는 것은 어렵다. 게다가 많은 체식주의자의 식이에는 옥살산의 함량이 많아서 철분 흡수를 더욱 저하시킨다.

(2) 아연(zinc, Zn)

성인의 아연 총 함량은 약 2g이다. 아연은 동식물 조직에 널리 분포되어 있으며 성장과 건강 유지에 필수적이다. 사람에게는 피부, 모발, 근육, 뼈, 간, 신장, 위장, 비장, 혈액 등에 함유되어 있다.

아연의 생리적 기능은 효소의 구성 성분 혹은 효소의 구조를 안정화시킨다. 50개 이상의 효소가 그 기능을 위해 아연이 필요하다. 즉 DNA와 RNA의 합성, 알코올 대사, 단백질 대사, 체내 성장과 발달, 항산화 방어, 면역 기능 그리고 체내 산-염기 평형 등에 기여한다. 아연은 효소와 관련된 기능 이외에 세포막 단백질, 특정 호르몬 등의 구조를 안정화시킨다. 세포막 안정성은 세포 내 모든 종류의 반응을 신호화하는 세포막의 수용체에 영향을 미치기 때문에 세포막의 기능에 파급효과를 갖는다. 즉 어떤 체내 기능은 부진하게 되고, 다른 기능은 과잉 반응을 하게 된다. 이러한 효과는 면역 기능과 관련하여 나타난다.

일반적으로 아연은 단백질이 풍부한 식품에 많이 함유되어 있다. 특히 쇠고기 등의 붉은 살코기, 조개 등이 아연의 가장 좋은 공급원이다. 땅콩, 콩, 전곡류 등과 같은 아연의 식물성 공급원은 상당량의 아연을 체내 세포에 공급한다. 한국 성인 남자의 권장섭취량은 10mg/day이고, 여자의 경우는 8mg/day이다.

아연은 소장에서 흡수된다. 아연 흡수에 영향을 미치는 요인은 아연의 체내 필요량과 섭취한 식품의 조성 등이다. 수명이 짧은 소장 세포로부터 혈류로 이동되지 못하면 아연은 소장세포와 함께 배출된다. 다량의 아연을 섭취하였을 때 아연은 췌장을 경유하여 장관으로 빠르게 배설되며, 대변을 거쳐 체외로 빠져나간다. 또한 아연은 소변과 땀으로 소량 배설된다. 아연도 철분 흡수와 같이 섭취되는 식품의 종류에 의하여 영향을 받는다. 동물성 단백질을 섭취한 경우나 체내 아연의 필요량이 증가된 경우 그리고 섭취량이 적을 때에 아연의 흡수가 더 잘 일어난다.

아연이 결핍되면 성장이 억제되고, 비만세포에서 히스타민과 헤파린의 함량이 3~4배 낮아진다. 세포막의 기능은 경미한 아연 결핍에도 매우 민감한 변화를 보인다. 또한 심각한 아연 결핍은 많은 아연 의존적인 효소와 호르몬과 같은 여러 요인이 관여하기 때문에 골격 성장에 영향을 미친다. 그리고 심각한 발육 정지, 미각 저하 그리고 남성 성기능 부전, 면역기능 저하, 창상 치유지연 등의 결핍증상도 생긴다. 아연 결핍은 신장 투석 중인 사람, 당뇨병 환자, 노인, 알코올 중독자, 채식주의자 등에서 발생하기 쉽다. 반면에 하루에 100mg 이상을 섭취한 경우에는 설사, 경련, 구토, 메스꺼움을 일으킬 수 있으며, 특히 하루에 2g을 초과하면 면역체계의 기능이 억제된다.

(3) 구리(copper, Cu)

구리는 신체의 각 조직에 미량으로 널리 분포되어 있으나 모발, 뇌, 간, 신장, 비장, 골수 등에 주로 존재한다. 구리는 시트크롬 C 옥시다아제(cytochrome C oxidase), 슈퍼옥사이드 디스뮤타아제(superoxide dismutase, SOD)나 티로시나아제(tyrosinase) 등 약 20여 종의 효소 활성 부위를 구성하는 구성 성분이다. 따라서 구리는 헤모글로빈의 합성, 멜라닌의 합성, 결합조직의 형성, 자유라디칼의 제거, 도파민(dopamin)의 대사 등에 관여한다.

간에서 합성되는 청록색의 금속단백질(metalloprotein)인 셀룰로플라스민(ceruloplasmin)은 철분이 자유라디칼을 형성하는 것을 촉매하지 못하도록 방해함으로써 항산화 기능을 갖는다. 구리의 항산화 기능은 세포질 내에 존재하는 SOD의 기능에 필요하다. 구리함유 효소 중 하나인 시트크롬 C 옥시다아제는 산소가 들어가고 물이 방출되는 전자전달계의 마지막 단계를 촉매한다. 시안화물(cyanide)은 이 효소 내 구리와 결합하여 호기성 호흡을 방해하는 독성이 있다. 또한 구리 효소는 호르몬과 신경전달물질로서 중요한 노르에피네프린(norepinehrine)을 형성한다. 그리고 다른 구리함유 효소인 리실옥시다아제(lysyl oxidase)는 결체조직 형성에 매우 중요하다. 리실옥시다아제는 엘라스틴과 콜라겐과 같은 2개의 구조 단백질 내에 가닥(strand)을 가교(crosslinking)시켜 장력을 부여한다. 결합단백질은 피부, 혈관, 폐, 뼈 등의 단백질 부분과 같은 대부분의 구조를 구성한다.

구리는 간, 갑각류, 견과류, 종자류, 대두, 아보카도, 초코렛 등이 좋은 공급원이다. 또한 두류, 전곡류 및 일부의 음용수가 중요한 공급원이지만 육류는 철분이나 아연의 좋은 공급원이고, 구리의 공급원은 아니다. 그러나 육류는 철분처럼 다른 식품으로부터 구리의 흡수를 촉진하기 때문에 고기류를 섭취하면 최소한 구리의 필요량은 얻을 수 있다. 구리의 최저 필요량은 0.6 ~ 2.0mg/day로 음식물에서 충분히 섭취된다. 보통 식이 중에는 약 1.5 ~ 4mg의 구리가 함유되어 있다. 한국의 경우 구리 권장섭취량은 800μg/day이며, 일반적으로 여자는 더 적은 양을 섭취하고 있다.

구리는 대부분 소장에서 흡수되어 빠르게 간과 신장으로 이동하고, 흡수율은 30%정도이다. 구리는 셀룰로프라스민과 결합하여 간에서 다른 조직으로 이동하고, 셀룰로플라스민은 특정 수용체를 경유하여 구리를 세포 안으로 보낸다. 구리와 아연의 공통된 소장의 수용체에 대한 경쟁으로 인하여 높은 용량의 아연 보충제는 구리 흡수를 방해하여 심각한 구리 결핍증을 유발시킨다.

구리의 결핍은 모발과 피부의 탈색, 선천성 구리 흡수 장해, 빈혈, 중추신경의 이상, 면역기능 저하, 혈색소 합성장애, 시토크롬 옥시다아제 등의 활성 저하이다. 그리고 구리가 결핍되면 철이 간장에 축적될 정도로 이용되지 않으므로 철 결핍성 빈혈을 일으킨다. 이때 구리를 투여하면 간장 내의 철이 즉시 동원되면서 빈혈이 회복된다. 역으로 구라가 체내에 많으면 해롭기 때문에 흡수와 담즙을 통한 배설이 엄격히 조절되어야 한다. 구리가 간과 뇌에 축적되면 Wilson병(hepatolenticular degeneration)이 유발된다. 이 질병은 구리 대사의 이상뿐만 아니라 장관에서 과잉으루 흡수된 구리가 간과 뇌에 축적되고, 그 부분의 세포가 변성되어 간 경변과 함께 Parkinson 증후군이라고 하는 신경증상을 나타내는 질병이다.

(4) 셀레늄(selenium, Se)

셀레늄은 글루타치온 퍼옥시다아제(glutathione peroxidase), 정자에 함유된 셀레노프로테인(selenoprotein) 그리고 셀레노시스테인(selenocystein)의 구성 성분으로 간, 심장, 신장 등에 주로 존재한다.

글루타치온 퍼옥시다아제는 사람의 적혈구 안에 존재하며, 과산화수소나 과산화지질을 제거하는 항산화 효소 중 하나이다. 따라서 셀레늄은 세포막의 산화적 손상을 억제시키는 항산화작용을 가진 비타민 E의 작용과 비슷하다. 셀레늄은 중금속과 쉽게 복합물을 만들고, 동물의 경우 수은 중독을 해독하며 간 괴사와 근육의 영양 실조증을 방지한다. 셀레늄은 여러 효소의 구성성분으로 과산화물의 제거, 갑상선호르몬의 대사, 항 종양작용, 중금속 해독 작용 등에 관여한다.

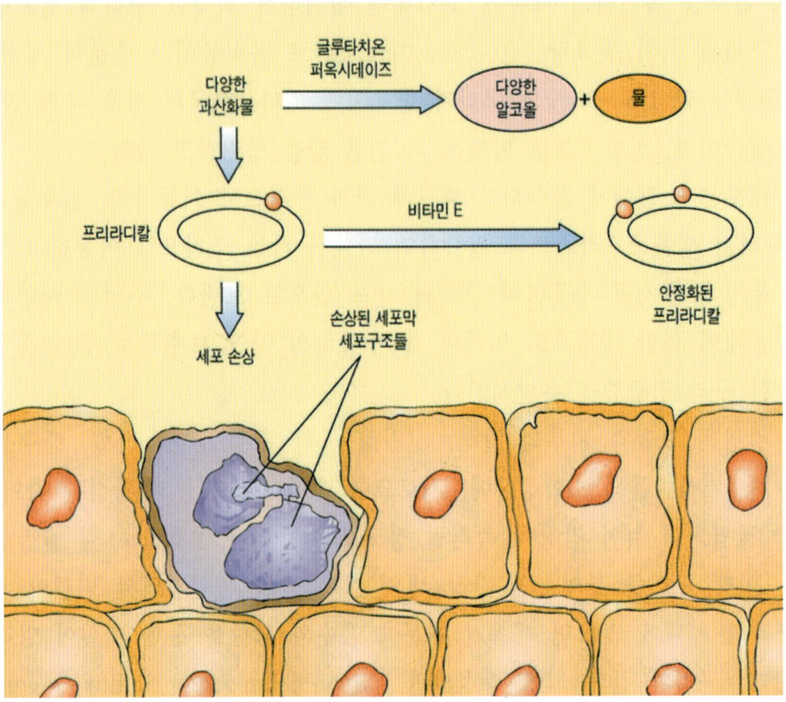

그림 10-11. 셀레늄이 함유된 글루타치온 퍼옥시다아제의 항산화작용

동물성 식품과 곡류, 견과류는 셀레늄의 좋은 공급원이다. 일반적으로 전곡류 제품은 밀가루보다 더 많은 양의 셀레늄을 함유하지만 밀가류도 상당량의 셀레늄을 공급한다. 우리나라 성인의 셀레늄 권장섭취량은 50㎍/day이다.

셀레늄은 여러 가지 이온 형태로 체내에 들어간다. 식품 중의 대부분의 셀레늄은 아미노산 메티오닌과 시스테인의 파생물과 결합되어 있다. 이런 물질은 빠르게 흡수되기 때문에 셀레늄의 생체이용률은 철분이나 아연의 생체이용률보다 훨씬 더 높다. 섭취된 셀레늄의 약 90%가 흡수되고, 셀레늄의 영양 상태에 의해 영향을 받지 않는다.

셀레늄의 결핍 증상은 근육통, 근육소모, 심근증 등이며, 이중 심근증은 심장근육의 손상에 의해 발생하는 심장질환의 한 형태이다. 또한 심장에서 지방산 과산화물의 축적을 초래하며, 지방산 과산화물은 혈액응고 형성을 증진시키는 물질의 형성을 유도한다. 혈액 내 낮은 수준의 셀레늄과 심근경색의 발생 및 심혈관계 질환으로 인한 사망률 증가와의 관련성에 대한 연구가 진행되고 있다. 과량의 셀레늄은 탈모나 높은 혈액 농도와 같은 독성이 있는 것으로 보고되고 있다. 또한 탈모 외에 숨 쉴 때 입속의 마늘냄새, 구토, 설사, 피로 그리고 손톱과 발톱의 변형이다.

(5) 요오드(iodine, I)

인체 내에 약 20 ~ 30mg의 요오드가 함유되어 있다. 이것의 약 50%가 근육에 있고, 약 20%가 갑상선에 있으며 피부와 골에도 존재한다. 요오드의 혈장 함유량은 10μg/100mL 정도이고, 이 중에서 이온으로 존재하는 것은 일부에 지나지 않고 대부분은 단백질과 결합한 상태로 존재한다.

요오드의 주 기능은 갑상선 호르몬인 티록신(thyroxine, T_2-T_4)의 합성이다. 체내 거의 모든 기관은 T_4의 표적기관이다. T_4는 실제로 전구 호르몬(prehormone)으로 여겨진다.

요오드의 주요 공급원은 생선, 해산물, 바닷가 부근에서 자란 식품의 잎 등이다. 그러나 건강 식품점에서 판매하는 바닷소금은 가공 중에 요오드를 상실하기 때문에 요오드의 좋은 공급원은 아니다. 요오드의 하루 권장섭취량은 성인이 150μg이다.

요오드는 소화관의 각 부위에서 흡수되나 소장에서 더욱 잘 흡수된다. 또한 폐, 피부에서도 흡수된다. 해조류를 통해 섭취된 요오드는 이온의 형태로 소장에서 흡수된다. 요오드는 소변, 담즙, 땀 등으로 배설되는 외에 타액, 젖 그리고 폐를 통해서도 배출된다.

성인의 1일 소요량은 약 25μg이며, 소아는 약 50μg이다. 해산물 중에 다량으로 함유되어 있기 때문에 해조류를 많이 섭취하는 사람의 경우는 결핍증이 없지만 해조류가 귀한 내륙지방에서는 요오드 결핍이 발생할 수 있다. 요오드의 섭취가 부족하면 단순갑상선종이 생기고, 심하면 점액수종이 생긴다. 그리고 결핍이 심하면 육체적, 정신적 장해와 기초대사율 저하, 근육의 이완, 골격의 발육이상 등의 증상이 나타난다. 또한 요오드가 결핍되면 갑상선 기능이 약해져서 신진대사가 저하되기 때문에 남은 영양소가 지방으로 축적되기 때문에 체중이 증가된다. 그러나 갑상선 종은 요오드의 과잉 섭취에 의해서도 생긴다. 즉 요오드를 과량 섭취하면 결핍에서와 같이 갑상선 호르몬의 합성이 저해된다.

(6) 플루오르(fluorine, F)

플루오르는 불소라고도 하며, 미량이지만 플루오르화칼륨(KF)의 형태로 뼈 및 치아와 몇몇 효소계 등에 함유되어 있다. 그러나 플루오르는 신체에 있어서도 모든 기초적인 신체 기능이 진행되기 때문에 그 자체로 필수 영양소는 아니다.

플루오르는 적당한 양의 불소를 섭취하면 치아를 건강하게 유지하고 치아의 발달에 좋은 영향을 주지만 과다하면 에나멜(enamel)이 손상된다.

플루오르는 차, 해산물(특히 뼈째 먹는 생선), 해조류, 우유, 달걀 등에 함유되어 있다. 치약, 구강제, 불소 치료 등은 플루오르의 또 다른 공급원이다. 음료수에 플루오르가 많으면 치아의 에나멜이 손상되어 부스러지기 쉬운 반상치를 형성할 뿐만 아니라 골에도 병변을 유발시킨다. 그러나 적당한 양의 플루오르는 충치예방에 좋다. 음료수에 적당한 양의 플루오르는 0.5 ~ 1.0ppm이다. 식이 플루오르의 상당한 비율이 위에서 빠르게 흡수되며, 위장관 전체에서 흡수가 일어난다. 플루오르는 이온 형태로 혈류를 경유하여 체내 전체로 운반된다. 체내의 플루오르는 주로 소변을 통해서 배설된다.

플루오르가 부족하면 충치가 생기고 과다하면 반상치(치아침착증, mottling)가 형성되므로 치아건강에 중요하다. 즉 치아가 변색된다 하더라도 이러한 반점이 있는 치아는 충치가 거의 없다. 플로오르는 많은 효소의 작용을 억제하기 때문에 과량 섭취하면 당질과 지질대사에 장애가 생기고, 화골화 과정도 장애된다. 플루오르는 골격의 결정체인 수산화인석회[$Ca_{10}(PO_4)_6(OH)_2$]의 OH부분을 교체할 수 있으므로 산의 공격과 광물질 손실에 저항할 수 있는 단단한 구조를 형성한다. 생명을 위협하는 정도의 플루오르 독성은 극히 드물다. 그러나 플루오르의 독성은 메스꺼움, 구토, 설사, 복통, 침분비 과다, 폐장애, 심부전, 무기력, 감작장애, 마비 그리고 혼수상태 등이 포함된다.

4. 무기질과 혈압

1) 혈 압

혈압은 수축기혈압과 이완기혈압으로 표현된다. 수축기혈압은 심장이 활발하게 혈액을 펌프질할 때 동맥에서의 압력이고, 이완기혈압은 심장이 이완될 때 동맥에서의 압력이다. 정상혈압은 수축기 혈압이 120mmHg 미만이고, 이완기혈압은 80mmHg 미만이다.

성인의 경우 수축기혈압이 120 ~ 139mmHg이고, 이완기혈압이 80 ~ 89mmHg 일 때 고혈압 전단계이다. 그리고 고혈압은 수축기혈압이 140mmHg 이상이고 이완기혈압이 90mmHg 이상일 때이다.

표 10-6. 성인의 혈압(mmHg)

분 류	수축기혈압	이완기혈압
정 상	⟨ 120	⟨ 80
고혈압 전단계	120 ~ 139	80 ~ 89
제1기 고혈압	140 ~ 159	90 ~ 99
제2기 고혈압	⟩ 160	⟩ 100

대부분의 고혈압은 뚜렷한 원인이 없으며, 이러한 고혈압을 본태성(1차성) 고혈압이라 한다. 2차성 고혈압의 원인은 신장 질환과 수면 중 일시 호흡중지 등이다. 고혈압은 증상이 없기 때문에 간과하기 쉽지만 주기적으로 검사하여야 만이 건강을 유지할 수 있다. 즉 혈압은 심혈관계질환, 신장질환, 뇌졸중과 두뇌 기능의 감퇴, 하지의 혈액순환 불량, 시력의 문제와 돌연사에 영향을 미친다. 이러한 증상은 정상혈압인 사람의 경우보다 고혈압이 있는 사람의 경우에 훨씬 더 많이 일어난다.

일반적으로 나이가 들면서 혈압은 상승하고, 동맥경화증에 의해서도 상승한다. 플라크가 동맥에 쌓이면 동맥은 유연성이 떨어져서 이완되지 않고, 혈관이 경직된 상태가 되면 혈압이 높아지게 된다. 특히 비만은 여자의 경우 고혈압과 관련된다. 체지방량이 증가하면 혈액 순환량도 증가한다. 따라서 심장의 부담이 증가하고 혈압의 증가로 이어진다. 인슐린 내성 지방세포와 관련이 있는 혈중 인슐린 농도의 증가는 고혈압의 또 다른 원인이다. 인슐린은 체내에서 나트륨 보유량을 증가시키고, 동맥경화를 촉진시킨다. 당뇨 환자의 경우 65%는 고혈압이 동반된다. 그러나 5 ~ 6kg 정도의 체중 감량은 고혈압 치료에 도움이 된다. 또한 비만인 사람이 하루에 30 ~ 45분간, 일주일에 5회 정도 규칙적인 신체활동을 하면 체중이 감소하고 혈압이 정상으로 되기도 한다.

2) 무기질과 혈압

과잉의 식염 섭취는 혈압을 높일 수 있다. 체내 나트륨 농도를 조절하는 데 문제가 있는 사람을 "나트륨 민감형"이라 한다. 이들은 신장을 통해 과잉의 소금을 잘 배설하지 못한다. 과잉의 소금 보유는 민감형인 사람들에게 혈압을 상승시키기도 하지만 나트륨 이온(Na^+) 또는 염소 이온(Cl^-)이 주요 물질인지는 분명하지 않다. 그러나 소금 민감형인 사람은 신체에서 나트륨을 배설하기 위해 소금 내성형인 사람보다 더 높은 혈압이 필요하다. 이것은 소금 민감형인 사람들이 더 많은 나트륨을 보유하는 원인이다. 체내의 나트륨 보유는 체액의 보유로 이어진다. 궁극적으로 체액의 보유는 혈액량의 증가를 유도하여 나트륨 배설을 유지하는데 필요한 혈압이 상승하도록 한다.

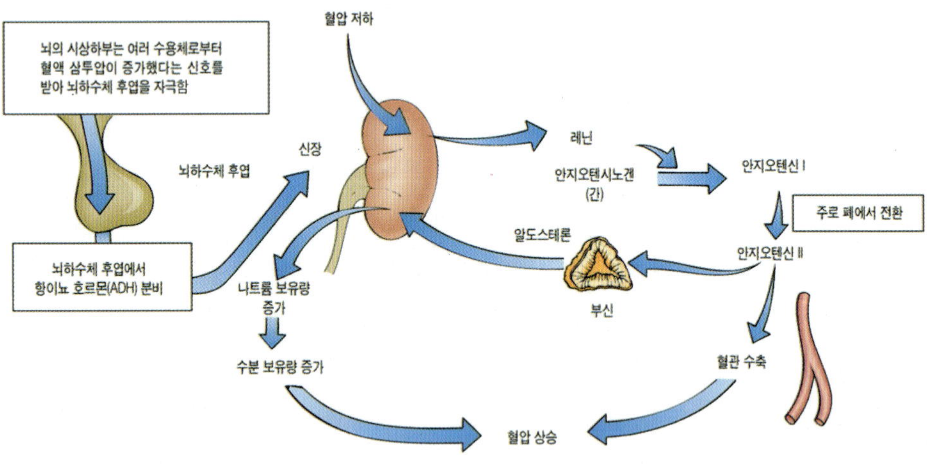

그림 10-12. 나트륨에 의한 혈압상승

칼슘, 칼륨 그리고 마그네슘과 같은 무기질은 고혈압을 예방하거나 치료할 목적으로 이용한다. 혈압이 약간 낮은 사람, 특히 수축기 혈압이 낮은 사람의 경우 하루에 최소한 1000mg의 칼슘을 섭취하는 것이 이롭고, 하루에 2～4g의 칼륨을 보충한 경우에 사람의 혈압을 감소시킨다. 최근 FDA에서는 "칼륨의 좋은 공급원이면서 나트륨을 소량 함유한 식품으로 구성된 식사는 고혈압과 뇌졸중의 위험을 낮춘다"고 발표하였다. 이에 해당하는 식품은 칼륨 함량이 최소한 350mg이고 나트륨의 함량이 140mg 미만이어야 한다. 그리고 지방은 3g 미만, 포화지방은 1g 미만, 콜레스테롤은 20mg 미만이어야 한다.

고혈압과 뇌졸중의 위험인자들은 조절될 수 있고, 적절한 생활양식의 변화는 고혈압 위험도를 낮출 수 있다. ① 고혈압이 있는 사람의 경우 과일, 채소와 견과류를 더 많이 섭취하고, 칼슘과 칼륨 그리고 마그네슘의 권장량을 충족한다. ② 표준 체중을 유지하고, 규칙적인 신체활동을 한다. ③ 음주를 삼가고, 적당량의 소금을 섭취한다. ④ 금연을 하고, 정상 범위의 혈중지질단백질 수준을 유지한다. 일반적으로 고혈압 전단계와 제1기에 속한 경우에는 약물을 사용하기 보다는 식사와 생활양식의 변화로 혈압을 조절하는 것이 바람직하다.

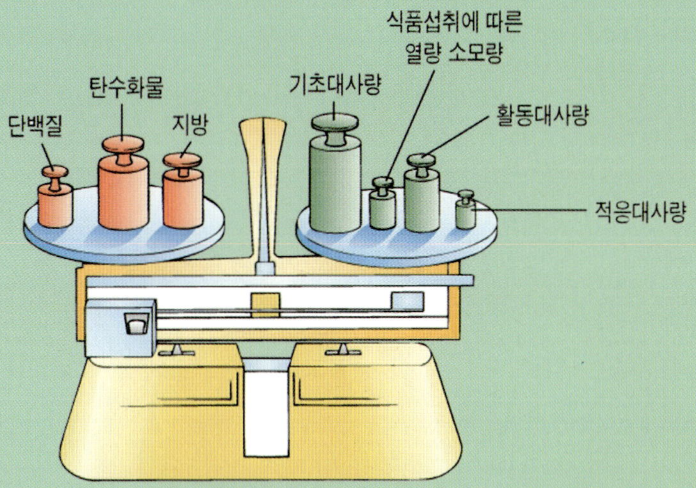

Chapter 11. 비만과 건강

(Obesity and Health)

1. 열량균형(energy balance)
2. 비 만(obesity)

1. 열량 균형(energy balance)

열량 균형이란 음식물에 의한 열량 섭취량과 대사에 의한 열량 소비량에 의해 좌우된다. 열량 섭취량과 소비량은 열량의 저장량, 주로 체지방 양에 영향을 미친다. 열량의 섭취량이 소비량에 비하여 많은 양의 열량 균형(positive energy balance)은 체내 열량 저장을 초래한다. 태아의 성장발달이 요구되는 임신기와 신체의 성장이 활발한 성장기에는 양의 열량 균형 상태가 필요하다. 음의 열량 균형(negative energy balance)은 소비 열량보다 섭취한 열량이 적은 경우로 열량 부족을 초래하며 체중이 감소된다. 이러한 경우에 체지방뿐만 아니라 제지방조직도 감소한다.

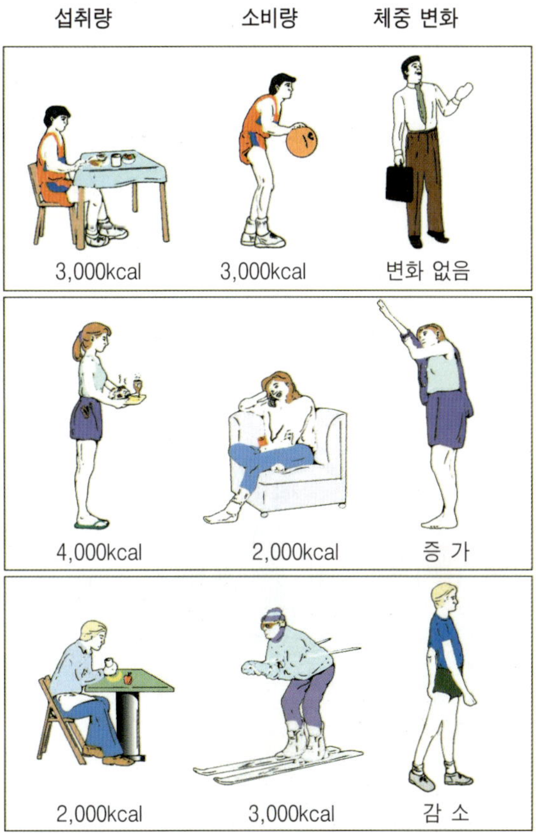

그림 11-1. 열량 균형

열량의 균형을 오랜 기간 동안 유지하면 건강 문제의 위험을 감소시켜 성인기의 건강과 웰빙(well being)에 기여한다. 성인기는 완만한 체중 증가가 일어나기 쉬운 시기이므로 비만으로 발전할 가능성이 크기 때문에 항상 주의를 기울어야 한다. 이는 단순히 연령의 증가가 체중 증가의 원인이 아니라 과도한 음주와 식사, 운동량의 부족 등에 의하여 체중 증가가 일어난다.

1) 열량의 섭취

영양소가 생체 내에서 대사되어 유효하게 이용되는 에너지량을 생리적 연소열이라 한다. 이는 영양소의 종류에 따라 다르고, 그 영양소가 보유하고 있는 에너지량(물리적 연소열)에 따라 다르다. 이러한 생리적 연소열은 영양소의 구성성분, 즉 지방을 구성하는 지방산 조성이나 단백질을 구성하는 아미노산 조성 등에 따라 다르다. 또한 생리적 연소열은 식품을 포함하고 있는 영양소가 소화, 흡수되어 생체 내에서 실제로 도움이 되는 에너지량을 나타내기 때문에 각 식품의 소화 흡수율에 따라서도 영향을 받는다. 이러한 요인을 고려한 유효 에너지량은 탄수화물이 4kcal, 단백질이 4kcal, 지방이 9kcal이다. 1kcal은 1kg의 물을 1℃(14℃에서 15℃로) 올리는 데 필요한 열량이다. 1kcal는 4.184kJ에 해당된다. 체내의 열량 필요량은 매일 섭취하는 음식물을 통해서 충족된다.

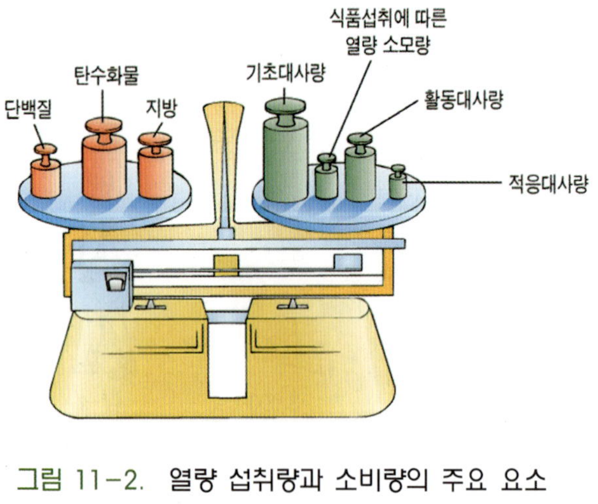

그림 11-2. 열량 섭취량과 소비량의 주요 요소

2) 열량의 소비

일반적으로 신체는 기초대사량, 활동대사량, 식품 섭취에 의한 열량 소모량, 적응대사량에 필요한 열량을 소비한다. 그러나 과식이나 추위에 노출되었을 때를 제외하면 적응대사량은 거의 무시된다.

(1) 기초대사량

기초대사율(basal metabolic rate, BMR)로 표시되는 기초대사량은 혈액 순환과 내분비 활동과 같은 신체의 필수 기능들을 수행하는 데 필요로 하는 최소량의 에너지이다. 즉 기초대사량은 심장박동, 호흡, 체온유지와 기타 기능 유지를 위한 열량을 포함하며, 신체의 활동대사량과 식품의 소화에 따른 열량 소비량은 포함하지 않는다. 아무 일도 하지 않고 쉬거나 잘 때조차도 이런 필수적인 신체 기능은 열량을 계속 소비한다. 에너지 필요량을 결정하는 요소 중 기초대사량은 개인에게 필요한 총 열량의 60~70%를 차지한다.

사람은 나이가 들어감에 따라 기초대사량이 변한다. 남성과 여성 모두 기초대사량은 출생 시 비교적 높으며 2세가 될 때 까지 지속적으로 증가한다. 사춘기에 약간 증가하는 것을 제외하고 평생 동안 점차적으로 감소한다. 따라서 사람이 나이가 들어감에 따라, 즉 10년마다 BMR이 약 2% 정도 줄어들기 때문에 음식물의 섭취와 신체의 활동 수준을 조절하여야 체중 증가를 예방할 수 있다. 그 외에 기초대사량에 영향을 미칠 수 있는 요인은 다음과 같다. 일반적으로 체지방률이 높은 사람보다 제지방량의 비율이 높은 사람의 기초대사량이 더 높다. 체표면적이 클수록 체온 손실이 크기 때문에 기초대사량이 더 높고, 고열 및 체온 상승은 기초대사량을 증가시킨다. 또한 갑상선호르몬, 임신 등은 기초대사량을 증가시킨다.

반면에 열량을 적게 섭취하면 기초대사량이 약 10~20% 감소 또는 150~300kcal/day 만큼 감소된다. 이것은 체중 감소를 어렵게 만드는 원인이 된다. 그러나 규칙적인 운동과 같은 신체활동은 제지방량을 유지하는데 도움이 되며, 소비에너지를 증가시켜 나이가 들더라도 높은 기초대사율을 높여주고 식욕을 다소 억제시켜 주는 효과도 있다. 근육세포들이 지방세포들보다 대사 활동량이 8배 이상 높기 때문에 근육량이 많아질수록 기초대사량도 높아진다.

(2) 활동대사량

활동대사량은 에너지 소비량을 기초대사량보다 25 ~ 40% 이상 증가시키고, 신체가 하루 소비하는 열량의 약 30%를 차지한다. 하루 총열량 소비량은 활동대사량에 의해 크게 변한다. 기초대사량과는 달리 활동대사량은 사람에 따라 차이가 크다. 일상생활에서 운동량을 늘리면 열량 소비량을 쉽게 증가시킬 수 있다. 예를 들면 엘리베이터를 타는 것보다는 계단을 선택하고, 상점에 운전해서 가는 것 보다는 걷는 것을 선택하면 매일 추가적으로 100 ~ 800kcal를 더 소비할 수 있다. 과거에 비하여 비만 인구가 증가하는 이유는 식품 섭취의 증가 원인도 있지만 신체활동량이 줄어 든 이유가 보다 더 것으로 보고 있다.

표 11-1. 에너지 대사의 불균형과 신체에 미치는 영향

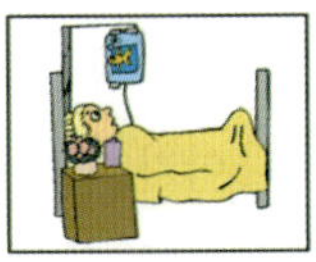

구 성	정 의	총칼로리(%)	증가/감소
기초 대사량	심장박도, 호흡, 체온유지 등 생명유지 필요한 최소한의 에너지	60 ~ 70%	• 남자, 성장기 근육증가, 운동 시↑ • 여자, 다이어트 중일 때 ↓
활동 대사량	의식적인 근육활동에 필요한 에너지	20 ~ 30% (활동에 따라 다름)	• 운동이나 노동할 때↑ • 안 움직이면 ↓
식품섭취에 의한 열량 소모량	식품의 소화, 흡수, 대사, 이동, 저장을 위해 필요한 에너지	섭취열량의 약 10%	• 육류 위주의 식사시↑ • 다이어트 중이거나 지방 위주의 식사시↓

(3) 식품 섭취에 의한 열량 소모량

기초대사량과 활동대사량 이외에도 신체는 소화와 흡수 및 영양소의 대사과정에서 열량이 사용된다. 이러한 과정에서 사용되는 열량을 식품 섭취에 의한 열량 소모량이라고 한다. 이는 섭취하는 열량의 10% 정도 해당된다.

식사 구성에 따라 식품 섭취에 의한 열량 소모량이 다르다. 단백질이 풍부한 식사를 했을 때 식품 섭취에 따른 열량 소모량은 20 ~ 30%, 탄수화물이 풍부한 식사의 경우는 5 ~ 10%, 지질이 풍부한 식사의 경우는 0 ~ 5% 정도이다. 한꺼번에 많은 양의 식사를 하게 되면 같은 열량을 여러 시간에 걸쳐 섭취하는 것보다 식품 섭취에 따른 열량 소모량이 증가한다. 그 이유는 영양소의 흡수와 저장의 증가와 함께 신경계 활동, 효소 및 호르몬의 생성과 분비가 증가하기 때문이다.

2. 비 만(obesity)

1) 비만이란

비만은 신체의 활동에 의해 소비된 열량보다 음식물로 섭취된 열량이 많을 경우 여분의 열량이 체내의 여러 부분, 특히 피하조직과 복강 내의 지방 조직에 과다하게 축적되는 현상이다. 여성에게서 지방 축적이 잘 되는 부위로는 아랫배, 엉덩이, 허벅지, 팔 등이며, 남성은 허리, 배, 가슴 등이다. 신장이나 연령 등에 비하여 지방이 과다하게 축적된 것으로 단순히 체중이 많이 나가는 경우를 지칭하는 것은 아니다.

지방조직은 에너지 저장원, 외부에 대한 방어 및 단열제로써 역할을 하지만 그 이상 축적 시에는 대사에 장해를 초래하게 된다. 체중이 많이 나갈지라도 근육이나 뼈의 발달 때문이라면 비만이라 할 수 없다. 지방 축적이 점차적으로 증가하기 때문에 정상과 비만을 정확하게 구분하는 것은 어렵지만 일반적으로 표준체중의 10 ~ 20% 초과 시에는 과체중, 20% 이상 초과 시에는 비만이라고 한다.

특정한 신체 부위의 피하조직에 노폐물과 함께 지방이 축적될 때 변형된 지방세포가 섬유조직과 엉켜 단단한 층을 형성하게 된다. 이는 과도한 에너지 섭취와 불균형으로 인하여 여분의 에너지가 지방으로 축적됨으로써 생성된다. 이로 인하여 미세혈류 장애와 림프순환 장애가 일어나면서 부종과 결절이 생성되어 피부 표면이 귤 껍질처럼 울퉁불퉁해지는 경우를 셀룰라이트(cellulite)라 한다.

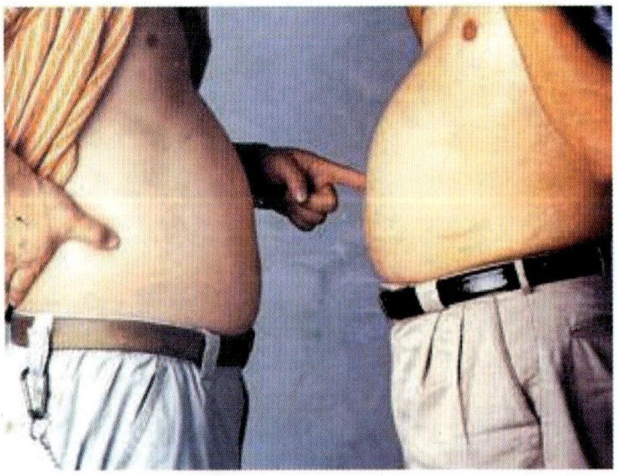

그림 11-3. 비 만

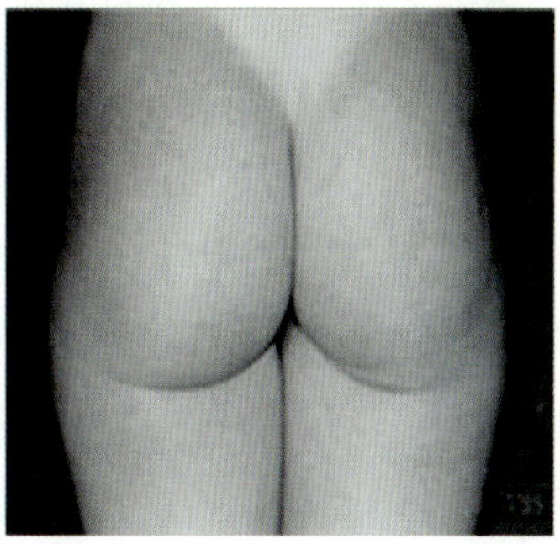

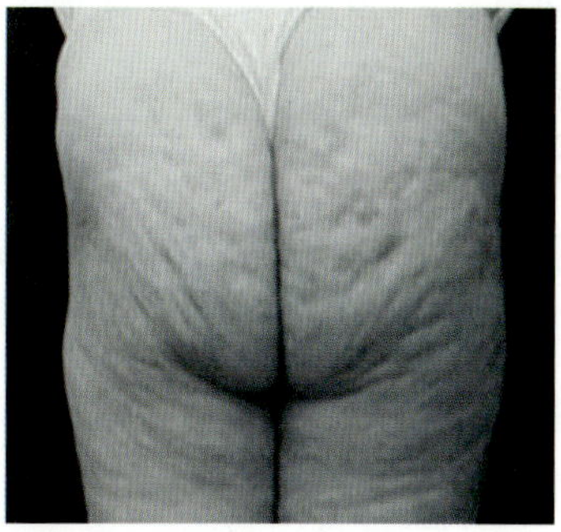

그림 11-4. 정상피부와 셀룰라이트의 비교

셀룰라이트는 피부와 체형의 변화를 초래하는 미용 상의 문제로 여성 호르몬인 에스트로겐과 밀접한 관계가 있기 때문에 95% 이상이 여성에서 발생한다. 셀룰라이트가 잘 발생하는 부위는 엉덩이, 허벅지, 무릎 안쪽, 팔, 배, 옆구리 등이며, 체형과는 상관없이 여성이라면 누구에게나 나타날 수 있다. 셀룰라이트는 지방조직 내의 미세순환을 저해함으로써 국소 비만의 원인이 되기도 한다.

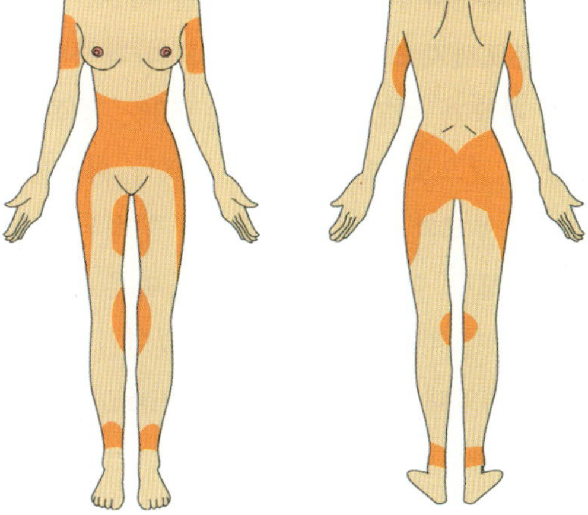

그림 11-5. 셀룰라이트 형성 부위

셀룰라이트는 심한 경우에 정맥, 림프순환장애, 결합조직과 신경 압박으로 신체의 말단 부위에서 마비되는 느낌과 차가운 느낌, 다리의 경련 등을 유발시킨다. 또한 여성호르몬의 영향으로 사춘기나 임신 동안에 특히 많이 생성되고 신진대사 저하와 지방의 과다, 림프순환 저하, 유전적 요인, 스트레스, 과다한 염분섭취와 불규칙한 식습관 등이 원인으로 추정하고 있다. 이러한 셀룰라이트를 예방하고 효과적인 관리 방법은 적절한 식이요법과 적당한 운동 그리고 피부미용학적 여러 가지 기법이 함께 이루어져야 한다. 또한 생활습관 개선과 충분한 수분섭취 등으로 사전에 예방하는 것이 무엇보다 중요하다.

2) 비만의 원인

비만의 원인은 유전, 환경, 생활양식, 심리적인 요인, 사회적인 요인 등 여러 측면에서 생각할 수 있다. 선천적인 유전자 이상으로 인하여 비만인 경우는 전체 인구의 일부에 해당하며, 그에 대한 일반적인 요법으로는 개선이 불가능하다. 그러나 비만인 대부분은 유전자 이상에 의해서보다는 선천적인 비만 소인을 가진 사람이 후천적으로 비만할 환경에 노출되기 때문에 발생한다. 이중 생활양식은 비만을 유발하는데 중요한 요인으로 작용하며, 이러한 잘못된 생활양식을 수정하는 것이 비만의 개선 방법이다.

(1) 유전적인 원인

비만은 유전자의 영향을 받는다. 일란성 쌍생아는 따로 양육되더라도 체지방량, 체중뿐만 아니라 체지방의 분포까지도 유사하다. 부모의 체중이 정상일 경우 아이가 비만이 될 확률 10%, 한쪽 부모가 비만일 경우에는 50%, 양쪽 부모가 모두 비만일 경우에는 80%의 확률이 있는 것으로 보고되었다. 그러나 이러한 양상은 순수한 유전적인 요인도 있겠지만 일부는 부모와 유사한 식습관이 형성되기 때문이기도 하다.

사람마다 타고난 체격은 모두 다르다. 키가 크고 마른 체격을 가진 사람은 그렇지 않은 같은 체격을 가진 사람에 비하여 체표면적이 넓어서 기초대사량이 많다. 그리고 열량을 보유하는 기전, 즉 절약대사(thrifty metabolism)가 발달된 형질을 타고난 사람은 같은 양의 열량을 섭취하더라도 비만하기 쉽다.

(2) 잘못된 식습관

하루 섭취 열량 중 필요한 탄수화물의 양은 50~100g이다. 부족하면 몸의 근육량이 줄어 피로를 심하게 느끼지만 지나치게 먹으면 인슐린이 과다하게 분비되어 체내 지방으로 축적되기 때문에 비만의 중요한 원인이 된다. 인슐린은 지방 생성을 촉진하는 작용도 하기 때문에 인슐린이 많이 분비되는 사람일수록 비만이 될 가능성이 높다. 비만인 사람 중 75%가 걸렸다는 탄수화물 중독증은 균형 잡힌 식사 대신 빵이나 초콜렛 쿠키, 패스트푸드 등을 억제하지 못하고 탐닉하는 증상을 말한다. 인슐린 과다분비에 따른 생리적 불균형에 의해 일어나는 증상으로 지방을 줄이는 다이어트를 하더라도 쉽게 요요현상을 일으킨다.

(3) 에너지 대사의 불균형

에너지 섭취와 에너지 소비에 있어서 에너지 섭취의 양이 장기간 지속적으로 많았을 때 에너지 불균형에 의해 비만이 초래된다. 정상량의 에너지를 섭취하더라도 활동량이 적어 에너지 소모가 감소하면 비만이 생길 수 있으며, 비만인들의 대부분은 움직이지 않으려고 하고 운동량이 부족하다.

(4) 중추신경계 및 호르몬 이상

시상하부의 포만중추와 섭식중추가 서로 의사소통하고 뇌, 간, 소장의 다른 영향인자들과 상호작용을 한다. 시상하부가 자극되면 시상하부의 섭식중추 세포들은 먹으라는 신호를 함으로써 먹게 되고, 배고픔은 사라지게 된다. 결국 시상하부의 포만중추 세포들이 자극되면 그만 먹게 된다. 다양한 섭식신호는 시상하부 근처에 있는 다른 세포 그룹, 혈액 내 포도당과 같은 대량 영양소, 여러 호르몬과 다른 물질들, 교감신경계의 활동 등으로부터 발생한다. 전체적으로는 교감신경계의 활동이 감소되면 식품의 섭취가 증가한다. 에너지 섭취의 조절은 이와 같이 상호 자극과 완화의 조절기능이 무너질 경우 식사에 대한 억제와 조절이 안되므로써 영양과잉의 원인이 된다. 또한 쿠싱증후군, 난소증후군, 부갑상선기능 저하증, 성기능부전, 성장호르몬 결핍, 인슐린종, 시상하부성 비만증이 비만을 유발할 수 있다.

(5) 환경적인 원인

현대 사회에 이르러 경제수준의 향상에 따른 여러 가지 환경적인 요인이 비만에 영향을 미치는 것으로 보고되고 있다.

① 음식을 쉽게 구할 수 있다.
② 교통의 발달과 TV나 컴퓨터 등의 이용으로 인해 활동량이 감소되었다.
③ 음식물의 에너지 밀도가 높아졌다.
④ 공공장소에서 자동화 설비가 증가되었다.

(6) 심리적인 원인

각종 스트레스나 불안, 우울증, 슬픔 그리고 욕구불만으로 인하여 식욕이 억제되는 경우도 있지만 사람에 따라서는 섭식행동에 전가함으로써 식욕항진 되어 비만을 유발할 수 있다. 그러나 많은 연구 결과에 의하면 비만과 관련된 심리적인 문제는 비만의 원인으로 작용하는 것보다 비만으로 발생되는 결과인 경우가 많다.

(7) 운동 부족

운동은 무엇보다도 에너지 소비를 증가시켜 에너지 소비를 에너지 섭취보다 많게 한다. 또한 근육세포는 활성화되어 기초대사를 촉진하고, 신체에 축적된 체지방량을 감소시킬 뿐만 아니라 분포도 균형을 이루게 한다. 특히 걷기, 수영, 자전거 타기, 조깅, 에어로빅 등의 유산소운동은 체지방을 주요 연료로 사용하기 때문에 체지방을 감소시키는데 기여한다. 그러나 고강도의 근력 운동이나 단거리 질주 등의 무산소 운동은 당질만을 에너지원으로 이용되기 때문에 체지방이 연소될 수 없으므로 근육 증강에는 도움이 되지만 체중조절의 효과는 없다. 운동은 식욕을 억제시킬 뿐만 아니라 음식 억제와는 달리 운동이 끝나더라도 1～2시간 동안 계속적으로 열량을 소모하게 된다.

3) 비만의 종류

(1) 원인에 따른 분류

비만은 여러 가지 관점에서 분류할 수 있으나 우선 어떤 기초질환에 의해 생기는 증후성 비만과 기초질환이 없는 단순성 비만으로 나눌 수 있다.

① 단순성 비만

살이 찐 사람들의 99% 이상이 과식과 운동부족이 주요 원인인 단순성 비만이다. 이러한 단순성 비만자는 피로감, 무기력증 그리고 식은땀이 많아지는 무기력형과 부종이나 변비 그리고 스트레스가 많은 기체울혈형이 있다.

② 증후성 비만

자신도 느끼지 못하는 사이 어떤 부분에 질환이 생겨 일어나는 비만이다. 단순성 비만과는 달리 증후성 비만이 나타나는 비율은 1% 미만으로 매우 적다. 비만증을 유발하는 내분비 질환으로는 쿠싱증후군, 갑상선기능 저하증, 다낭성 난소 및 인슐린 종 등이 있다.

(2) 지방세포의 수와 크기에 따른 분류

정상적인 체중을 가진 사람은 약 250 ~ 300억 개의 지방세포를 가지고 있는 반면에 비만인 사람은 약 420 ~ 1060억 개의 지방세포를 가지고 있다. 그리고 비만인의 지방세포는 정상인의 지방세포보다 평균 40% 정도 더 크다.

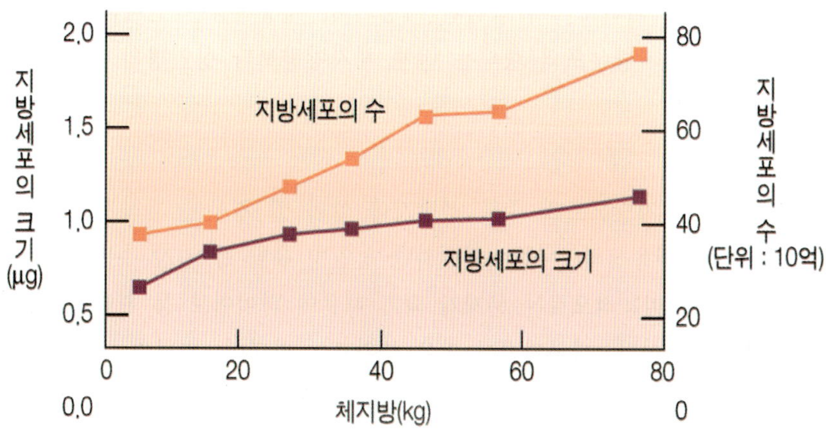

그림 11-6. 체지방과 지방세포

① 증식형 비만

비만의 정도로 볼 때 열량 과다와 에너지 소비의 불균형이 원인인 비만을 지방세포 증식형 비만이라고 하는데 지방 세포의 크기는 정상이지만, 지방세포의 수가 증가한 것이다. 지방세포의 수가 증가하는 것은 주로 생후 1년까지가 왕성하므로 증식형 비만은 소아 비만에 많다.

② 비대형 비만

지방세포의 수는 거의 정상에 가까우나, 지방세포의 크기가 커졌기 때문에 생기는 비만이다. 보통 비대형 비만은 성인이 된 후에 시작되며, 중년 이후에 뚱뚱해지는 경우가 많다.

(3) 부위에 따른 분류

비만은 지방이 어느 부위에 분포하느냐에 따라 복부형 비만과 둔부형 비만으로 나눌 수 있다.

① 복부형 비만

복부나 허리에 지방이 축적된 형태로, 이러한 현상은 주로 남자에게서 나타나므로 남성형 비만이라고도 한다. 복부 비만은 크게 피하지방과 내장지방으로 분류할 수 있다. 피하지방이란 피하조직에 축적된 지방이며, 내장지방은 신체의 장기 사이사이에 있는 지방이다. 지방분포의 형태는 전체 체지방량보다 성인병의 위험을 평가하는데 중요하다.

- **피하지방**

  피하조직에 쌓인 지방으로써 주로 성장기에 살이 찔 경우에 피하지방인 경우가 많다. 피하지방은 미용상의 문제는 되겠지만 성인병 유발 등 건강 측면에서는 큰 문제가 없다. 그러나 미용적으로는 문제가 되기 때문에 다이어트 등 관리를 통하여 살을 빼려고 하는 부위이다. 피하지방이 많은 부위로는 엉덩이, 허벅지, 팔뚝 등이 있다.

- **내장지방**

  내장지방은 사람의 장기 사이사이에 축적된 지방으로써 영양소를 중성지방으로 전환시킨다. 그 중성지방을 지방세포에 저장시키는 지질단백질 지방분해효소(lipoprotein lipase)가 복부의 지방 안에서 매우 활성화되어 있기 때문에 당뇨병, 고혈압, 고지혈증 등 각종 성인병에 걸릴 확률이 높다. 또한 내장 지방은 인체의 혈당을 조절해 주는 인슐린의 작용을 방해한다.

그림 11-7. 복부형 비만

② 하체형 비만

엉덩이나 허벅지 등의 하체에 지방이 많이 몰려있는 타입으로 여성 비만자들에게 많이 나타나는 여성형 비만이다.

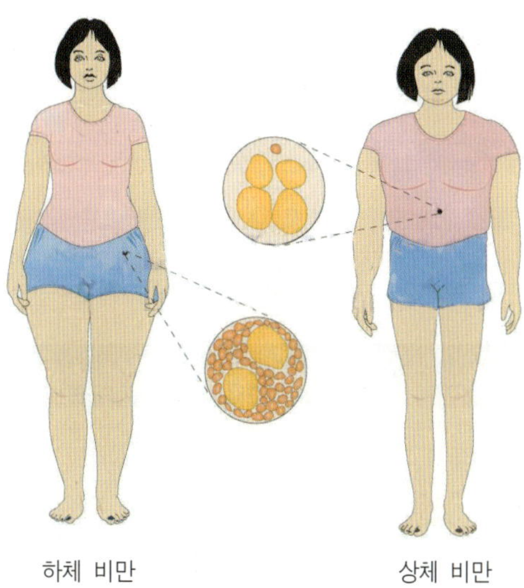

그림 11-8. 하체형 비만과 상체형 비만

③ 상체형 비만

중년 이후의 여성에게 발생하는 예가 많으며 가슴이나 복부에 비해 얼굴이나 손발이 가는 것이 특징이다. 상체비만형인 사람들은 비만의 합병증인 고혈압, 당뇨병 등이 잘 일어난다.

④ 전신형 비만

젊은 층에 많으며 대부분이 세포 증식성 비만이다. 전신비만형인 사람들은 식욕이 강하며 먹기만 하면 쉽게 비만이 되는 체질이다.

4) 비만도의 측정

비만도의 측정은 체지방을 측정하는 것이며, 건강위험도 평가뿐만 아니라 체형관리에도 매우 중요하다. 또한 체지방 측정은 비만자의 표준체중을 결정하거나 운동과 식사요법 등 비만관리 방안을 선택하는 데에도 필요하다. 주기적인 체지방 측정은 여러 가지 비만 관리 효과를 평가하거나 영양상태 등을 평가하는데 도움이 될 수 있다.

비만의 기준은 단순히 체중이 아니라 체중에서 체지방이 차지하는 비율이다. 즉 체지방이 과잉 축적된 상태이므로 체지방량을 산출하여 비만을 판정해야 한다. 체지방은 연령이 증가하면서 늘어나기 때문에 체지방량 산출에 있어서 연령이 고려되어야 한다. 그러나 일반적으로 체지방량은 성인 남자의 경우 11 ~ 20.9%, 여자의 경우 18 ~ 25.9%일 때 정상으로 간주하지만 남자의 체지방이 25%, 여자의 체지방이 30% 이상일 때 비만으로 간주한다.

표 11-2. 체지방에 의한 비만 기준

구 분	남 자	여 자
정 상	11 ~ 20.9%	18 ~ 25.9%
경 계	21 ~ 24.9%	26 ~ 29.9%
비 만	25% 이상	30% 이상

이와 같은 비만도의 측정은 다양한 방법이 있으며, 측정법에 따라 크게 신체계측법과 기계계측법으로 구분할 수 있다.

(1) 신체계측법

신체계측법은 기본적으로 줄자, 체중계. 피부 캘리퍼를 이용하여 비만도 측정이 가능하다. 이러한 측정 방법은 일정한 원칙이 있으며, 정확한 측정에는 숙련이 요구된다. 신장과 체중의 측정이 필수적이며, 이를 가지고 체지방 지수를 산출한다. 허리둘레 측정도 중요한 기준이 되고, 피하지방 두께를 측정하는 방법도 있다.

표 11-3. 흔히 사용하는 체격지수

지 수	산층방법	판 정
비만도 (obesity rate)	$\frac{\text{실제 체중}}{\text{표준 체중}} \times 100$ * 표준 체중 산출 • 신장≥160cm : {신장(cm)−100}×0.9 • 150<신장<160cm : {신장(cm)−150}×0.5+60 • 신장<150cm : 신장(cm)−100	• 체중미달 : 비만도< 90% • 정상 : 90%≤비만도≤110% • 체중 과다 : 110%<비만도<120% • 비만 : 120%≤비만도
체질량지수 (body mass index, BM)	$\frac{\text{체중}(kg)}{\{\text{신장}(m)\}^2}$	• 수척 : 18.5 미만 • 정상 : 18.5~22.9 • 과체중 : 23~24.9 • 비만 : 25~29.9 이상 • 고도비만 : 30 이상
허리엉덩이둘레비 (waist-hip ratio, WHR)	$\frac{\text{허리둘레}}{\text{엉덩이둘레}}$	복부비만 판정 • 비만 : 남자 0.95 이상, 여자 0.85 이상 • 수치가 높을수록 당뇨병, 심장병 등 질병 위험도 증가 • 정상 헐리둘레 : 남<90cm, 여<80cm

* 어린이의 경우 적합하지 않음.

① 체질량지수(Body mass index, BMI)

체질량지수(BMI) = 체중(kg)/[신장(m)]^2

체질량지수(BMI)는 성인의 체중을 신장의 제곱으로 나누어서 산출하는 방법으로 신장과 체중을 이용한 지수 중 가장 체지방량과 관련성이 높다. 임상에서 가장 많이 사용되며, 체지방률을 비교적 정확히 반영되기 때문에 비만도 판정의 기준이 된다. 체중은 8시간 금식 후 소변을 보고나서 최소한의 복장으로 측정한다. 또한 비만인의 경우 체중의 변동이 크므로 항상 일정한 시간에 동일한 조건으로 측정한다. 그러나 신장은 매번 측정할 필요는 없고, 신장과 체중은 모두 소수점 한 자리까지 측정함을 원칙으로 한다.

미국의 National Health and Nutrition Examination Survey와 우리나라의 국민영양조사에서 이 체질량지수를 이용해서 비만을 판정하고 있다.

표 11-4. 체질량지수에 의한 WHO의 비만도

분 류	BMI(kg/m^2)	동반 질환의 위험도
저체중	< 18.5	낮 음
정상 체중	18.5~24.9	보 통
과체중	25 ≤	
전비만	25~29.9	위험도 증가
비만 (I)	30~34.9	중등도 위험
비만 (II)	35~39.9	고도 위험
고도 비만	40.0 ≤	매우 고도 위험

우리나라 국민영양조사에서는 25kg/m^2 이상의 체질량지수를 비만으로 간주하고 있다.

표 11-5. 한국인의 체질량지수에 의한 비만도(대한비만학회)

분 류	BMI(kg/m^2)	동반 질환의 위험도
저체중	< 18.5	낮 음
정상체중	18.5 ~ 22.9	보 통
과체중	≥ 23.0	
위험체중	23.0 ~ 24.9	위험 증가
비만 (I)	25.0 ~ 29.9	중등도 위험
비만 (II)	> 30 고도 위험	고도 위험
비만 (III)	40.0 ≤	극심한 위험

BMI는 신장과 체중의 비율로 간편하게 비만여부를 판정하는 지수이며 영양학이나 의학에서 비만을 판정하는 지수로 가장 많이 사용하고 있다. 이 방법은 신장과 체중만으로 남녀 모두에게 적용할 수 있어 간편하므로 가장 많이 사용하고 있지만, 성장기 아동이나 65세 이상의 노인, 임신, 수유부 혹은 매우 근육질인 사람에게는 적용할 수 없다. 또한 아시아인들은 백인에 비해 체질량지수는 낮은 반면 체지방율이 높아 체질량지수와 체지방의 상관관계가 크지 않은 것으로 보인다. 체성분 분석기에서는 남자의 경우 BMI 22, 여자의 경우 21을 표준으로 한다.

연령이 증가함에 따라 정상적으로 체중이 느는 것을 감안할 때 연령별로 바람직한 체질량지수(BMI)는 19 ~ 24세의 경우 19 ~ 24kg/m^2, 25 ~ 34세는 20 ~ 25kg/m^2, 35 ~ 44세는 21 ~ 26kg/m^2, 45 ~ 54세는 22 ~ 27kg/m^2, 55 ~ 64세는 23 ~ 28kg/m^2, 65세 이상은 24 ~ 29kg/m^2이다. 20 ~ 39세를 대상으로 한 연구에서 체질량지수에 의한 사망률 곡선은 U자 혹은 J자 모양을 보여 가장 건강한 상태는 체질량지수가 20 ~ 23kg/m^2이며, 25 ~ 27kg/m^2일 때는 건강증진을 위한 노력을 해야 하고, 27kg/m^2를 넘을 때는 건강에 주의하여야 한다.

② 허리둘레(waist circumference, WC)

비만의 유형을 평가하기 위해 정확하면서도 간편하게 비용을 들이지 않고 이용할 수 있으며 배꼽 부위에서 수평으로 측정한다. 비만이 심한 경우 피하지방을 들어 올려 측정함을 원칙으로 한다. 허리둘레는 복부 지방량을 반영하는 아주 유용한 지표로 정상 체중을 보인다 하더라도 허리둘레가 크면 심혈관 질환의 발생 위험이 높아지게 된다. 서구인의 경우 허리둘레는 성별, 연령별, 인종별 차이가 큰데, 남자의 경우 94cm, 여자는 80cm 이상이면 심혈관 질환의 발생 위험이 높기 시작하여, 남자는 102cm, 여자는 88cm 이상이면 매우 위험한 상태이다. 우리나라는 남자의 경우 90cm, 여자는 80cm 이상이면 복부형 비만으로 간주한다.

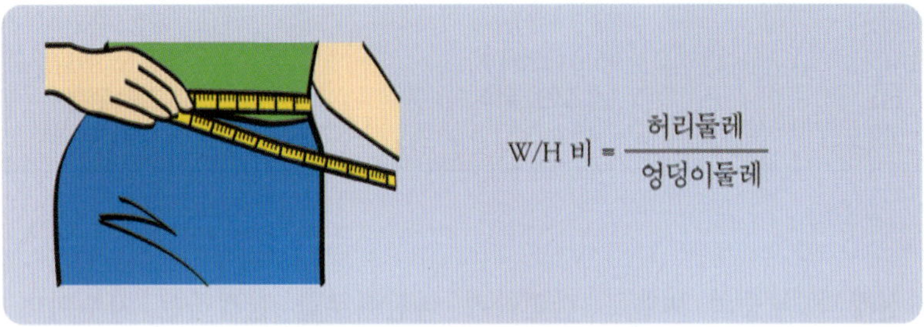

그림 11-9. 허리둘레 측정

표 11-6. 성인의 허리둘레에 의한 비만도

구 분	복부형 비만	매우 위험
남 자	≥ 90 cm	≥102 cm
여 자	80 cm	≥88cm

과거에는 허리-엉덩이 둘레 비(waist to hip ratio, WHR)가 사용되어 왔지만 최근에는 허리둘레가 복부내장 지방을 잘 반영하여 이를 사용하고 있다. 허리둘레는 배꼽 부위의 둘레를 측정하고 엉덩이는 가장 많이 튀어나온 부분에서의 둘레를 잰다. 허리둘레와 엉덩이둘레의 비인 허리-엉덩이 둘레비가 남자는 0.9, 여자는 0.8을 넘을 때 심혈관 질환의 위험이 증가한다.

표 11-7. 성인의 허리-엉덩이 둘레 비에 의한 비만도

구 분	복부형 비만	매우 위험
남 자	≥ 1.0	〈 1.0
여 자	≥ 0.85	〈 0.85

분별 점에 대해서도 학자 마다 의견이 분분하며 체중이 늘어나면서 허리둘레와 엉덩이둘레가 같이 증가할 경우 그 비는 변화가 없게 나타날 수도 있다는 제한점이 있다.

③ 피부두께(skinfold thickness, SFT)

피하지방의 두께를 측정하여 전에 체지방의 정도를 평가하는 방법으로 캘리퍼(caliper)를 이용한다. 캘리퍼 사용 시 가하는 압력에 따라 값이 변할 수 있기 때문에 측정상의 오차가 심하고 체지방이 너무 심하면 측정하기가 어렵다. 일반적으로 이두박근, 삼두박근, 견갑골 하부, 장골릉 상부의 네 군데 혹은 두 군데의 피부두께를 측정하여 이들의 합을 구한다. 측정 방법의 정확도와 재현성은 측정자의 숙련 정도에 따라 다르며 피부 두께 측정에는 심한 오차가 발생할 수 있기 때문에 임상적으로 사용되지 않는다. 피부두께를 이용할 때 삼두근 한 부위만을 측정하여 판정하기도 하고, 여러 곳의 신체 부위 피부두께를 측정한 후 회귀식을 이용하여 체지방량을 산출한다. 그러나 학자마다 측정부위와 회귀식이 다르다.

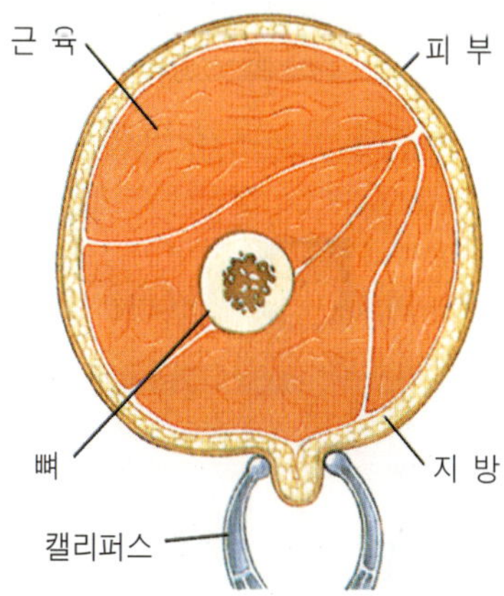

그림 11-10. 피부두께 측정

(2) 기계 계측법

① 수중 체중 측정법(underwater weighing, UW)

신체의 밀도와 이를 구성하는 지방과 제지방을 측정하기 위하여 물속에서 비중을 이용하는 방법이다. 수중에서의 체중을 측정하고 신체의 비중을 계산하여 체지방량을 산출하는 방법이다. 즉 숨을 다 내쉰 상태에서 물속에 들어가 체중을 측정하고, 물 밖에서 체중을 측정하여 체비중(body density)을 구한 후 Brozek의 산출 공식에 의해 체지방량을 산출한다.

$$F = (4.57/d - 4.142) \times 100$$

체지방량 = 체중 × F

F(%) : fat(체지방율)

d : density(체밀도)

이는 재현성이 높으며, 측정 방법도 쉽기 때문에 체 구성 측정의 표준으로 사용되고 있다. 그러나 설치 장소나 비용, 측정 시 방법상의 어려움 등이 문제가 되며, 잔존 폐 용량을 계산하여야 하는 불편이 있어서 현재 임상에서는 사용하기 어렵고 연구용으로 이용되고 있다.

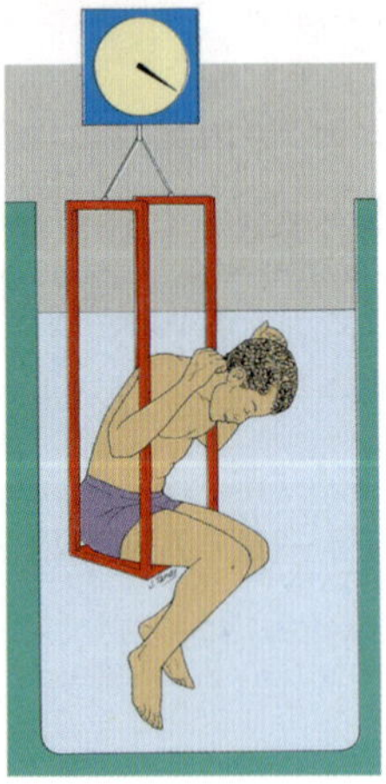

그림 11-11. 수중체중측정법

② 생체전기저항법(bio-electrical impedance analysis, BIA)

인체에 낮은 교류전압을 통과시키면 주파수에 따라 일정한 저항이 발생하며, 이때 생긴 임피던스가 체성분 구성과 일정한 연관성을 보이는 것을 이용하는 방법이다. 저주파에서는 세포외액을 통하여 전류가 흐르고, 고주파에서는 모든 종류의 체액을 통하여 전류가 흐른다. 이 차이에 의하여 발생되는 임피던스를 측정하는 방법이다. 일반적으로 오른 손등과 오른 발등 또는 손과 두 발 사이에 전극을 연결하여 측정한다. 실제 체수분을 측정하여 지방으로 환산하는 값이므로 인종의 차이, 측정 시간에 따른 변화, 사람의 수분 상태에 따라서 오차가 생길 수 있다. 수중체중측정법과의 관련성은 상관계수 0.82 ~ 0.94로, 비교적 정확하고 간편하다.

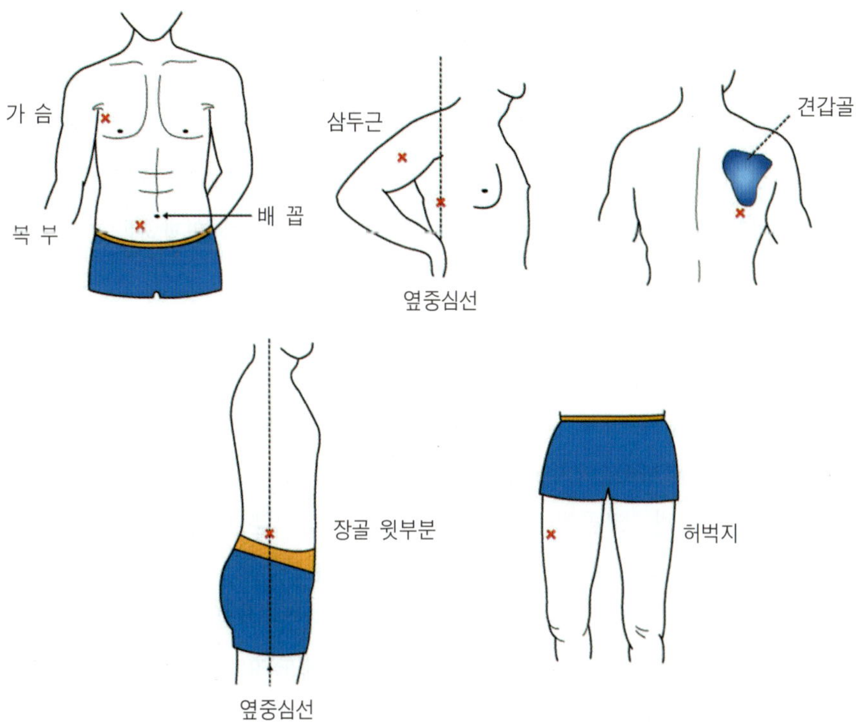

그림 11-12. 측정 부위

③ 근적외선 측정기(near infrared reactance, NIR)

두 개의 주파수를 이용하여 체성분을 분석하는 방법이다. 이두박근에 적외선 감응기를 대고 반사되어 나오는 빛을 이용하여 체지방량을 측정한다. 오차의 범위가 크기 때문에 현재는 임상적으로는 사용되지 않는다. 수중밀도법과의 관련성은 상관계수 0.82～0.96으로 비교적 정확하고 간편하게 측정할 수 있다.

5) 비만으로 인한 신체의 장애

체중이 1kg 늘어나면, 모세혈관은 3km나 늘어난다. 3km는 도보로 1시간이 걸리는 엄청난 길이로서 10리에 가까운 거리다. 모세혈관은 왜 그렇게 길어질까? 지방세포도 산소와 영양공급을 받고 노폐물을 배출해야 함으로 혈관이 지방세포를 입체적으로 둘러싸야 하기 때문이다. 살이 쪄 신체부피가 늘어나면 혈관의 길이도 입체적으로 늘어나게 되고, 또한 이렇게 늘어난 혈관으로 심장은 부담을 받을 수밖에 없다. 또한 비만은 신체 무게 증가로 인한 허리와 무릎 등의 관절부에 압박을 주어 관절염 등을 초래한다. 또한 체중이 늘면, 늘어난 만큼 심장은 몸 전체에 더 많은 혈액을 보내야 한다. 일반적으로 운동을 하거나 움직일 때 산소와 영양분 그리고 노폐물을 운반해야 하기 때문에 많은 혈액순환이 활발해야 하지만 비만인의 경우는 혈액순환이 원활하지 못하다.

비만은 현재 전 세계적으로 급속한 증가를 보이는 대표적인 만성 질환으로 이미 비만으로 인한 건강상의 문제가 흡연의 피해를 앞지르고 있다. 비만으로 인한 대표적인 건강상의 문제는 고혈압, 당뇨병, 심혈관질환, 뇌혈관 질환, 퇴행성관절염, 담석증, 암(유방암, 대장암) 등이 있다. 이러한 신체적인 질병과의 연관성뿐만 아니라 비만은 삶의 질에도 커다란 영향을 미치고 있다.

만성 피로, 호흡 곤란, 코골이, 요통 등의 신체적 증상뿐 아니라 우울증, 자신감 결여, 대인 기피 등 정신적인 문제도 빼놓을 수 없는 부분이다. 그럼에도 불구하고 비만치료에 대해 의학적인 관심이 부족한 이유는 지금까지는 치료 성공률이 낮았고, 의학적인 치료의 방법이 제한적이었으며 치료의 성공 후에도 90% 이상이 다시 재발을 한다는 등의 문제가 있었기 때문이다.

미국의 경우 성인 인구의 61%가 과체중으로 분류될 정도이며, 우리나라의 경우 1998년 조사에 의하면 남성의 26%, 여성의 26.5%가 비만인구로 조사되었다. 향후 우리나라도 습관의 서구화로 인하여 비만의 증가 추세는 계속될 것으로 추산된다. 한편 어린이 비만 역시 급격한 증가 추세를 보이고 있어 1988년에 12.5%이던 것이 1998년에는 35.6%로 약 3배가 증가하였다고 보고하고 있다. 이처럼 급증하고 있는 비만의 문제점들을 살펴보면 다음과 같다.

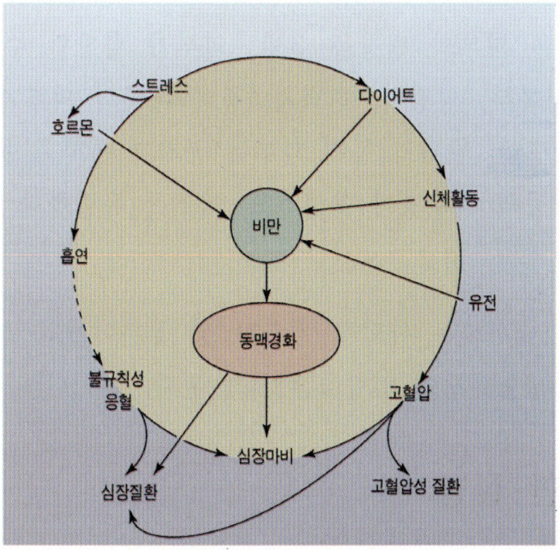

그림 11-13. 비만의 원인과 신체적 질병과의 관련성

① 생활상의 불편

비만은 그 자체가 생활에 불편을 주고 미용상 문제가 되기도 한다. 이로 인해 정신적 건강을 해치기도 한다.

② 여러 가지 성인병 유발

비만은 성인병이 생길 수 있는 집합체로, 비만한 사람은 정상 체중을 가진 사람과 비교 시 고혈압이 발생할 위험이 높고 성인기에 발병하는 인슐린 비의존 당뇨병의 경우 비만과 매우 관련이 높다. 또한 허혈성 심장질환, 고지혈증, 지방간, 담석증, 수면 중 무호흡, 통풍, 퇴행성 관절염이 생기기 쉽다. 여성은 월경불순의 원인이 되기도 하고 여러 가지의 암, 즉 자궁내막암, 난소암, 유방암, 전립선암, 대장암, 직장암, 췌장암 등은 비만한 경우 위험도가 높아지는 것으로 알려져 있다.

③ 여성의 불임증

비만한 여성은 대사성 호르몬과 여성 호르몬이 영향을 받아 임신에 장애가 되기도 한다. 임신이 되었을지라도 정상적인 임산부보다 임신 중독, 난산, 요통 등의 부작용을 일으킬 확률이 더 많다.

④ 피부 부작용

피부에 지방축적은 피부의 팽창을 유발, 피부가 확장될 수 있는 한계를 넘으면 남녀를 불문하고 하복부, 엉덩이, 허벅지, 종아리 등의 피부가 갈라져 보기가 흉하다. 사타구니, 겨드랑이, 발가락 등의 피부는 공기가 통하지 못할 정도로 심하게 접촉되어 무좀, 습진 등의 피부병이 발생하고, 악취를 유발한다.

⑤ 정신적 장애

지나치게 외모를 중시하는 사회적 분위기 상 젊은이들의 경우 대인기피증, 우울증, 신경과민 등과 생활태도에 영향을 비치게 된다.

6) 비만으로 인한 질병

현대의학에서 비만은 만성 질환으로 다루고 있으며, WHO의 국제 질병분류에서도 비만을 하나의 질병으로 인정하고 있다. 비만은 고혈압, 당뇨, 동맥경화, 암과 같은 성인병을 일으키기 쉽고, 그 시기는 보통 성인병이 찾아오는 나이보다 훨씬 더 빠르다. 여러 조사에 의하면 비만은 성인병 발생을 넘어서 사망률과도 장기적인 인과관계가 있으며, 실제로 비만한 사람의 사망률은 그렇지 않은 사람에 비해 10배 이상 높게 나타난다.

(1) 고혈압

혈압이란 혈액이 혈관 벽에 가하는 힘을 말한다. 수축기 혈압은 심장이 수축하면서 혈액을 내보낼 때 혈관에 가해지는 압력이고, 이완기 혈압은 심장이 확장하면서 혈액을 받아들일 때 혈관이 받는 압력이다.

정상 혈압은 수축기 혈압이 120mmHg 미만이고, 이완기 혈압이 80mmHg 미만일 때 이다. 고혈압의 전단계는 수축기 혈압 120 ~ 139mmHg이거나 이완기 혈압이 80 ~ 89mmHg이다. 그리고 1기 고혈압(경도 고혈압)은 수축기 혈압 140 ~ 159mmHg이거나 이완기 혈압이 90 ~ 99mmHg이고, 2기 고혈압(중등도 이상 고혈압)은 수축기 혈압 160mmHg 이상 이거나 이완기 혈압 100mmHg 이상인 경우이다.

표 11-8. 성인 혈압의 기준

분 류	수축기혈압	이완기혈압
정 상	< 120	< 80
고혈압 전단계	120 ~ 139	80 ~ 89
제1기 고혈압	140 ~ 159	90 ~ 99
제2기 고혈압	> 160	> 100

고혈압은 크게 두 가지로 분류할 수 있다. 원인이 밝혀진 고혈압을 이차성 고혈압이라고 하고, 원인이 밝혀지지 않은 경우를 본태성(일차성) 고혈압이라 한다. 전체 고혈압 환자의 약 95%는 본태성 고혈압이다. 본태성 고혈압이 생기는 근본적인 이유는 명확하지 않지만, 심박출량(cardiac output : 심장에서 1분 동안 박출하는 혈액의 양)의 증가나 말초 혈관저항의 증가에 의한다. 고혈압의 나머지 5 ~ 10% 정도는 신장 이상이나 혈관 이상, 부신 질환, 갑상선 질환 등으로 혈압이 높아지는 이차성 고혈압이다. 이차성 고혈압의 경우에는 원인 질환을 찾아 치료하면 혈압이 정상화된다.

고혈압과 관련된 위험 인자에는 고혈압의 가족력, 음주, 흡연, 고령, 운동 부족, 비만, 짜게 먹는 식습관, 스트레스 등의 환경적, 심리적 요인이 있다. 특히 가족적인 성향이 있어서 부모가 모두 고혈압인 경우는 자녀의 80%가 향후 고혈압 환자가 될 수 있으며, 부모 중 한쪽이 고혈압이면 자녀의 25 ~ 50%가 고혈압이 될 수 있다.

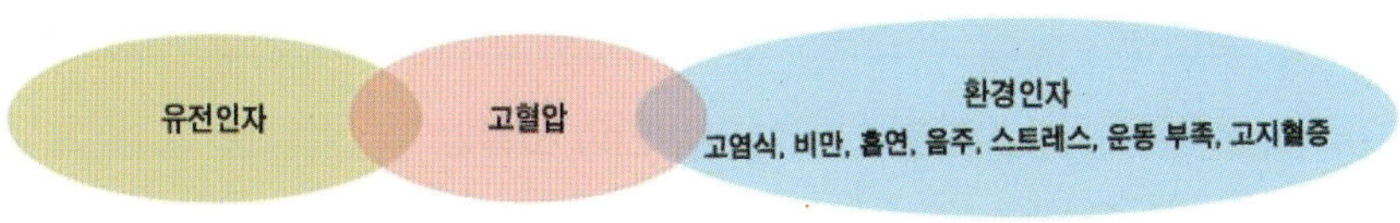

그림 11-14. 고혈압과 관련된 인자

비만하면 고혈압을 먼저 떠올리는 경우가 많다. 비만이 되면 그 만큼 전체의 혈액량이 증가하고, 심장이 많은 혈액을 보내기 위해 무리를 하게 되며 말초 혈관의 저항성이 증가되어 혈압이 증가한다. 정상 체중보다 20%가 증가되면 고혈압의 발병 가능성은 10배가 된다. 왜냐하면 비만에서 흔히 나타나는 고인슐린혈증이 염분의 정체를 야기하고 교감신경을 자극하며 혈관을 싸고 있는 근육의 증식을 가져와 혈압이 상승하기 때문이다. 비만인 고혈압 환자가 체중을 5kg 정도 감소시키면 수축기 혈압은 10mmHg, 이완기기 혈압은 5mmHg 정도를 떨어뜨릴 수 있다.

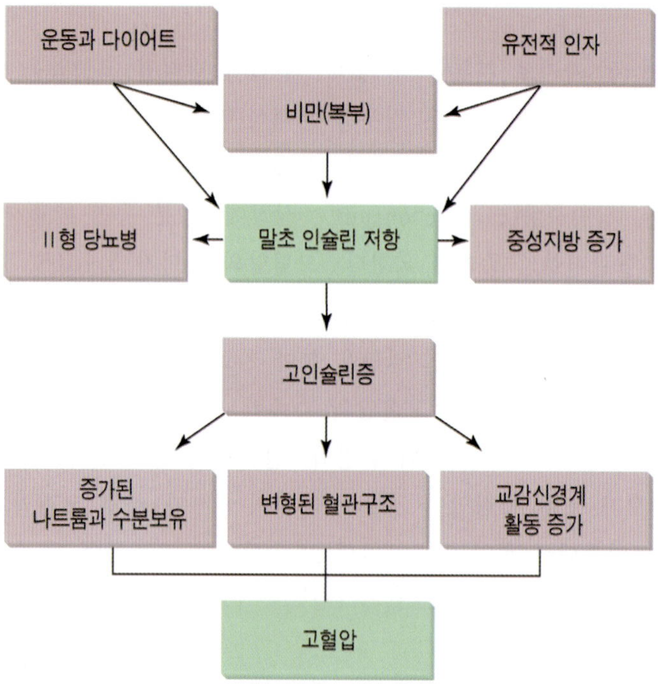

그림 11-15. 비만과 고혈압

식염 섭취량과 혈압은 서로 상관관계가 있다. 짜게 먹는 식습관이 고혈압의 원인이 될 수 있으며 식염을 제한할 경우 평균 혈압이 떨어지는 등 고염식이와 고혈압의 관계는 여러 연구에서 밝혀져 있다. 그러나 염분의 섭취량과 혈압의 상승 정도는 사람마다 큰 차이를 보이는데 이는 염분에 대한 예민도가 다르기 때문이다. 염분을 섭취하면 우리 몸은 물의 배출을 줄여서 체내의 염분의 농도를 적절하게 유지하려고 한다. 보통 노인이나 고혈압 환자의 경우 약 1/3이 염분에 대한 민감성을 보이고 있다.

최근 우리나라 1인당 하루 평균 염분 섭취량은 나트륨 4.9g(소금 12.5g)으로, 소금 섭취가 감소하고 있으나 미국(나트륨 3.5g/일, 소금 8.7g/일)에 비하면 높은 수준이다. 우리나라에서 권장하고 있는 일일 소금섭취량은 10g 이하이며, 미국에서는 정상 혈압일지라도 하루에 2.4g 미만의 나트륨(소금 6g/일)을 섭취할 것을 권장하고 있다. 염분 제한은 고혈압 환자와 정상 혈압군 모두에게서 혈압을 낮출 수 있고, 이러한 혈압 강하의 효과는 고혈압 환자에게 더 좋다.

고혈압은 합병증이 없는 한 증상이 거의 없다. 그래서 고혈압을 '조용한 살인자'라고 한다. 뒷머리가 당긴다거나 어지럽다는 증상을 호소하는 경우도 있지만 개인에 따라 다르기 때문에 혈압이 아무리 높아도 증상이 없는 사람이 있는가 하면 혈압이 조금만 올라도 두통과 같은 증상을 바로 보이는 사람도 있다. 그러므로 증상에 따라 고혈압을 진단하거나 치료하는 것은 아니다.

그러나 고혈압을 치료하지 않으면 혈관 내 압력이 증가하고 동맥경화 촉진 작용으로 뇌경색이나 뇌출혈과 같은 뇌졸중, 협심증, 심근경색증, 심장 근육 비대, 심부전 등의 심장 질환과 신부전, 신경화증 등의 신장질환 및 말초 혈관 질환, 눈 망막증 등 여러 장기에 손상을 입힌다. 고혈압을 치료하면 뇌졸중, 심장혈관 질환에 의한 사망률을 감소시킬 수 있다. 고혈압 환자의 혈압을 조절하면 뇌졸중을 35 ~ 40%, 심근경색을 20 ~ 25%, 심부전을 50% 이상 감소시킬 수 있다. 수축기 혈압을 5mmHg만 낮추어도 뇌졸중의 사망률을 14%, 관상동맥 질환의 사망률을 9%, 총 사망률을 7% 낮출 수 있다. 또 혈압의 조절은 치매와도 관계가 있어서 고혈압 환자의 혈압을 잘 조절하면 치매의 발생 위험을 줄일 수 있다. 일반적으로 고혈압 치료에 사용되는 방법들이다.

① 약물치료

생활 요법으로 혈압 조절이 만족스럽지 못할 때는 약물로 혈압을 140/90mmHg 미만으로 낮추어야 한다.

② 운 동

지속적으로 운동을 함으로써 체중 감소와 무관하게 5 ~ 7mmHg 정도 혈압이 감소한다. 운동 중의 심박 수가 분당 110 ~ 120회 정도가 되도록 하거나 땀이 날 정도의 강도로 30 ~ 60분간 하며, 1주일에 3~5회 정도를 하는 것이 좋다. 고혈압이 있는 사람에게 적합한 운동은 빨리 걷기, 조깅, 아쿠아로빅, 자전거 타기, 줄넘기, 체조 등의 유산소 운동이다.

③ 음주량 조절

보통 하루에 1 ~ 2잔 정도의 음주는 심혈관 질환을 감소시키는 것으로 알려져 있다. 그러나 과음을 하면 초기에는 혈관 확장에 의해 혈압이 감소하나 각성 시 혈압이 상승되고 맥박수가 증가되어 심혈관계 사고를 유발시킬 수 있다.

④ 금 연

금연은 전체적인 심혈관 질환을 감소시키기 위한 필수 요소이다.

⑤ 체중 감량

비만 중 남성형 비만(상체 비만)은 고혈압과 관계가 많다. 체중을 1kg 감량하면 수축기/이완기 혈압은 1.6 / 1.3mmHg 감소하는 것으로 알려져 있다.

⑥ 식사요법

- 염분 섭취를 줄인다.
- 포화지방산과 콜레스테롤의 섭취를 줄여 칼로리를 줄인다.
- 전곡과 생선, 가금류와 견과류 섭취를 증가시키고, 육류와 단순당의 섭취를 줄인다.
- 과일과 채소를 통해 칼륨 섭취를 증가시킨다.
- 우유 섭취를 통해 칼슘 섭취를 증가시킨다.
- 가공하지 않은 신선한 채소 및 과일, 육류를 섭취한다.
- 인스턴트 음식과 가공식품, 외식을 되도록 줄인다.

(2) 당뇨병

① 당뇨병이란

당뇨병은 몸 안에서 혈당을 조절하는 인슐린이 부족하거나 몸의 각 장기에 작용하는 인슐린이 그 기능을 제대로 발휘하지 못함으로써 당대사에 장애가 생겨 발생하는 질병이다. 그 결과 몸속의 에너지원, 특히 포도당에 의한 에너지 생성이 되지 않아 필요한 에너지가 부족하게 된다. 한편 사용되지 못한 포도당은 혈액 중에 필요 이상으로 많이 쌓여 결국은 소변으로 배출된다.

혈당은 우리가 섭취한 음식물에서 공급되는 포도당이며, 인체 내에서 일종의 연료 역할을 하는 에너지원이다. 정상인의 경우 식사 후 섭취한 음식물에 의해 혈당이 높아지면 그 정도에 따라 췌장에서 인슐린이 분비되고, 이 때 분비된 인슐린이 혈액내의 포도당을 세포 속으로 운반해 줌으로써 에너지로 이용하게 하는 혈당을 정상으로 유지시켜 준다. 건강한 사람은 공복 시 포도당의 농도는 혈액 100mg/dL 내외이고, 식후 2시간에는 140mg/dL을 넘지 않는다.

그러나 당뇨병 환자의 경우에는 이와 같은 인슐린의 분비가 부족하거나, 그 기능을 제대로 발휘하지 못해 혈당이 상승하게 된다. 그 결과 콩팥에서 걸러지는 과정에서 재흡수가 되지 못한 포도당이 소변으로 배출된다. 그 때의 혈액 속에 녹아 있는 포도당은 170mg/dL을 초과하게 된다. 다량의 포도당이 물과 함께 소변으로 배출되기 때문에 소변량이 많아지게 된다. 당뇨병 환자의 경우 기운이 없어지고 쉽게 피로해지며, 많이 먹는데도 불구하고 체중이 감소하는 등 여러 가지 이상이 생기게 된다.

표 11-9. 당뇨병 및 간기능 진단을 위한 생화학적 검사

	평 가	특 징
공복 시 혈당	70 ~ 115mg/dL	• 공복 시 혈당이 140mg/dL 이상, 공복이 아닌 경우 혈당 차가 200mg/dL 이상이면 당뇨병으로 진단
경구 당부하검사 (oral glucose tolerance test, OGTT)		• 포도당 용액(성인 : 포도당 75g, 어린이 1.75g/kg)을 마시고 1시간 단위로 2 ~ 3시간 동안 혈당 측정 • 1 ~ 2시간 후 혈당차가 200mg/dL 이사이면 당뇨병으로 진단
당화헤모글로빈 (glycosylated hemoglobin, Hb_{Ab})	≤ 6%	• 최근 1 ~ 3개월간 평균 혈당 농도를 평가하는 지표 • 이 수치가 10% 정도이면 혈당조절이 보통, 13~20%이면 혈당조절이 불량한 상태임
혈청 GOT*	7 ~ 27untis/L	• 간기능 이상에 민감하게 반응하는 효소로, 간염 초기에 상승
혈청 GPT**	1 ~ 21units/L	• 간염, 간경화, 담관폐쇄 등 간기능 손상 시 상승

* GOT : glutamic oxaloaxetic transaminase
** GPT : glutamic pyruvic transaminase.

혈당이 정상 이상으로 증가하는 상태를 고혈당이라 하는데, 이런 고혈당은 위에서 말한 것과 같은 급성 증상뿐만 아니라 만성적으로 여러 가지 합병증을 가져 오기 때문에 건강상 문제가 크게 된다. 즉 고혈당이 지속되면 실핏줄과 같은 미세한

혈관에 생기는 미세혈관 합병증뿐만 아니라 더 큰 혈관에 생기는 동맥경화증 같은 합병증의 발생 가능성이 높기 때문에 당뇨병 치료의 일차적 목표는 고혈당을 낮춰서 정상 수준의 혈당으로 유지하는데 있다.

당대사에 이상이 생기면 필연적으로 지질대사에도 이상이 발생한다. 즉 인슐린의 기능장애와 고혈당은 지방대사의 이상을 초래하여 혈액 내 지방성분이 증가하고 결과적으로 동맥경화증이 발생하게 된다.

② 당뇨병의 종류

당뇨병은 크게 제1형 당뇨병과 제2병 당뇨병으로 구분된다. 제1형 당뇨병은 인슐린 의존성 당뇨병으로 주로 30세 이전에 발병하고, 보통 저체중으로 몸이 마른 편인 사람이 많고 인슐린이 절대적으로 부족하여 생기는 당뇨병이다. 이 당뇨병은 11~12세의 어린이에게 가장 많이 생기지만 동양인에게는 서양인보다 드문 편이다.

표 11-10. 당뇨병의 종류와 특성

	제1현 당뇨병(인슐린, 의존형, 소아형 당노병 : IDDM*)	제2형 당뇨병(인슐린, 비의존형, 성인형 당뇨병 : NIDDM*)
발병속도와 시기	갑자기 발병	서서히 발병
발생빈도	당뇨병의 10~12%	당뇨병의 80~90%
인슐린 분비 및 감수성	인슐린을 분비하지 못하거나 부족	인슐린 분비는 정상이나 인슐린 감수성 지헤(즉, 인슐린 저항성 증가)
위험요인	유전, 바이러스 감염 또는 자기면역에 의한 췌장을 베타 세포 파괴	유전, 비만, 운동 부족, 임신, 스트레스, 중금속 오염, 약물남용

IDDM : insulin dependent Diabetes Mellitus
NIDDM : non-insulin dependent Diabetes Mellitus

제2형 당뇨병은 인슐린 비의존성 당뇨병으로 보통 40세 이후에 발생하며, 비만한 경우가 많고 천천히 증상이 나타나므로 증상이 뚜렷하지 않은 경우도 많다. 또한 제1형 당뇨병과는 달리 초기에는 췌장 기능이 정상에 가까운 경우가 많아 인슐린이 정상적으로 분비된다. 그러나 인슐린이 작용하는 근육, 간, 지방세포 등의 장기에서 인슐린에 대한 저항성이 생겨 인슐린이 제기능을 충분히 발휘하지 못해 생기는 당뇨병이기 때문에 제1형 당뇨병처럼 급성 케톤산증에 빠지는 경우는 드물다.

제2형 당뇨병은 모든 당뇨병 환자의 90% 이상을 차지하며, 연령 및 비만 정도가 증가함에 따라 발생률이 높아지며 50% 정도의 환자가 정상체중 이상으로 비만한 경우가 많다. 그래서 제2형 당뇨병의 경우 치료는 인슐린이 모자라기는 하나 췌장의 인슐린 분비 능력이 남아 있으므로 식사요법과 운동요법만으로도 혈당조절이 가능할 수가 있다. 이와 같은 방법에 의해 혈당 조절이 불가능할 경우에는 경구혈당강하제와 같은 약물을 사용하거나, 인슐린 주사를 이용하여 혈당을 조절할 수 있다.

③ 당뇨병의 원인

일반적으로 당뇨병을 일으키는데 관여한다고 알려진 요인들은 다음과 같다. 첫째, 유전적 요인이 당뇨병, 특히 제2형 당뇨병의 발생과 많은 관련이 있다. 예를 들면 일란성 쌍둥이의 경우에 어느 한 쪽이 제1형 당뇨병에 걸리면 현재 건강한 쪽도 나중에 당뇨병에 걸릴 확률이 50% 정도이고, 제2형 당뇨병인 경우에도 두 명 모두 당뇨병이 될 가능성이 거의 100%인 것으로 알려져 있다.

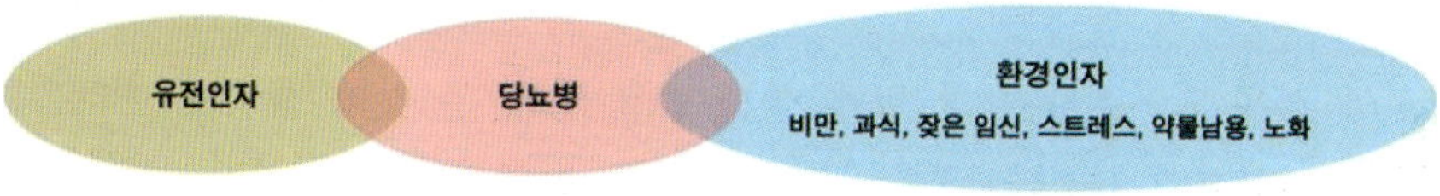

그림 11-16. 당뇨병의 원인

둘째, 성인에서 나타나는 제2형 당뇨병 환자에서 100명 중 50명 이상은 비만증을 가지고 있다. 이러한 경우 철저한 식사요법과 운동요법에 의해 체중이 줄어들게 되는 경우가 많아 당뇨병과 비만의 정도는 깊은 관계가 있음을 알 수 있다. 셋째, 연령과 관계가 있다. 연령이 증가함에 따라 당뇨병에 걸릴 확률이 매우 커진다. 넷째, 지금까지 약 20여종의 바이러스 감염에 의해 당뇨병이 발생할 수 있다고 알려져 있다. 다섯째, 다른 병으로 약을 쓰고 있는 동안에 그 부작용으로 당뇨병이 발생하는 경우가 있다. 일반적으로 관절염 또는 신경통의 치료제가 부신피질 호르몬제를 남용하여 발생한 예가 많다. 그 외에 이뇨제나 피임약이 당뇨병을 일으키거나 당뇨병 자체를 약화시키는 경우가 많다. 여섯째, 임신이나 외상, 타박상 및 수술 등의 스트레스에 노출될 때에 혈당이 증가함을 흔히 볼 수 있다. 또한 고혈압이나 고지혈증에서 당뇨병이 함께 있는 경우가 많다. 이는 인슐린 저항성 때문이다.

이와 같이 당뇨병을 잘 일으킬 수 있는 유전적 요인과 나이, 비만증, 약물복용, 임신 등의 환경적 요인을 감안하여 당뇨병의 가족력이 있는 사람은 언젠가는 당뇨병이 발생할 수 있는 가능성이 높다. 여러 가지 환경적 요인들에 노출되지 않도록 평소에 식사, 운동 및 건강관리에 꾸준한 노력을 기울여 당뇨병의 발생을 사전에 예방하여야 한다.

④ 당뇨병의 증상

- 갈증으로 수분을 많이 섭취한다.
- 잘 먹어도 점점 몸이 마른다.
- 몸이 나른하고 쉽게 피로해진다.
- 손발이 저리거나 통증이 생긴다.
- 종기가 생기고 쉽고 잘 낫지 않는다.
- 눈이 침침해지거나 현기증이 생긴다.
- 점차 혼수상태로 확대된다.
- 여성의 경우 외음부나 유방 밑에 빨간 좁쌀 알 같은 것이 생겨서 가려움증을 동반하기도 한다.

⑤ 당뇨병의 합병증과 치료

당뇨병의 합병증은 혈당조절이 잘 되지 않아 발생하는 퇴행성 증상으로 심혈관계 장애, 신경계 장애, 신장병, 실명 등이 있다. 신경 자극이 감소되어 장에서는 간헐적으로 설사와 변비가 발생한다. 또한 말초조직 신경의 퇴화로 통증 감각이 없어 손이나 발의 상처를 제때에 치료하지 않으면 왕성한 박테리아 성장으로 발이나 다리를 절단하는 경우가 발생한다.

1921년 이전에는 인슐린 의존성 당뇨병 치료에 고지방 저열량 식이요법이 사용되었다. 이 방법은 혈당 조절에는 좋으나 아동 성장에 장애가 되는 결점이 있다. 현재는 인슐린 요법과 식이요법을 병행한다.

식이요법은 탄수화물과 단백질, 지방의 비율을 엄격히 규정한 1일 3회의 식사와 1회 이상의 간식으로 인슐린 작용을 최대화 하고 혈당의 변화를 최소화 한다. 자주 먹지 않으면 투여한 인슐린으로 인해 심한 저혈당 증세를 보일 수 있다.

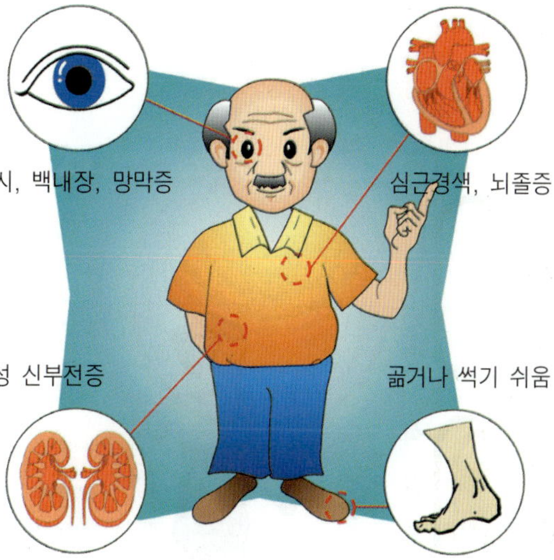

그림 11-17. 당뇨병의 합병증

당뇨병 환자들은 고혈당, 인슐린 저항성, 중성지질의 증가, LDL-콜레스테롤의 증가 외에 심혈관 질환과 심장마비의 위험이 높으므로 매일 아스피린과 비타민 E를 복용하도록 권한다. 인슐린 의존형 당뇨병 환자의 경우 지방이 케톤체로 전환되어 혈액 내 케톤체의 농도가 높아져 소변으로 배설되면서 탈수, 이온 불균형, 케톤성 혼수, 죽음에 이를 수 있다. 이때는 인슐린 처방과 함께 수분과 나트륨, 칼륨, 염소의 섭취를 함께 해야 한다.

혈당조절을 위해 규칙적인 식사, 열량 섭취 조절, 섬유질이 많은 혈당 부하도가 낮은 식품 섭취가 당뇨병 환자의 주요 식사요법이다. 매일 식사 때 마다 탄수화물의 배분도 혈당 조절에 매우 중요하다. 식품의 혈당 부하도는 식품의 혈당 지수와 그 식품의 1회 섭취 분량의 탄수화물량에 따라 다르다. 그리고 식품의 혈당지수는 식이 섬유 함량, 소화 흡수 속도, 총지방 함유량 등의 요인에 영향을 받는다. 따라서 복합 탄수화물이라도 소화 흡수가 빠르게 진행되는 경우 혈당 부하도는 단순 당질과 거의 비슷해진다. 수용성 섬유질을 함유한 오트밀 등의 식품은 소화가 천천히 진행되므로 섭취하였을 때 혈당이 천천히 상승한다. 반면에 감자 등의 식품은 소화가 빨라 혈당이 급상승한다. 당뇨병 환자가 낮은 혈당 부하도를 갖는 식품을 섭취할 경우 혈당조절이 용이해진다. 규칙적인 운동은 근육 세포로의 포도당 유입을 증진시키기 때문에 중요하다.

그림 11-18. 당뇨병의 예방 및 치료

(3) 심혈관질환

비만에 의한 지질의 증가, 고인슐린혈증은 직접적으로 혈관의 손상을 가져온다. 혈관 벽에 지방이 수도관에 녹이 슨 것처럼 침착되고, 고인슐린혈증은 혈관 벽을 구성하는 세포의 비후를 초래한다. 결과적으로 혈관의 내경이 좁아져 혈압이 오르고 관상동맥경화증이 되면 협심증이나 심근경색증이 일어나게 된다.

심장질환 협심증, 심근경색증과 같은 허혈성 심장질환은 심장에 분포되어 있는 혈관이 막히거나 혈액 순환이 잘 안되어서 생기는 심장질환이다. 비만인 사람은 정상인 사람보다 허혈성 심장질환이 생길 위험이 높다.

최근 한국을 비롯하여 세계 선진국에서 심혈관질환(cardiovascular disease, CVD)은 주요 사망 원인 중의 하나이다. 전 세계적으로 심혈관질환의 발병률은 러시아가 가장 높고 일본이 가장 낮으며 미국은 중간정도이다. 심혈관질환이란 순환계질환을 모두 포함하며, 그 발병 요인은 환경과 생활습관으로 알려져 있다.

① 심혈관질환의 발생 과정

관상심장질환과 뇌졸중은 심장근육과 뇌조직의 혈액순환이 잘 되지 않아 영양소와 산소 공급이 차질이 생겨 발생된다. 심장 근육에 혈액을 공급하는 관상동맥의 혈류가 막히면 심장 근육이 손상되고, 그 결과 심근경색(myocardial infraction)이 발생한다. 심근경색은 심장의 박동이 불규칙해지거나 중지되는 증세로 첫 번째 발병 시 환자의 25%가 사망한다. 장기간 뇌혈관이 막히면 뇌의 일부가 손상되어 뇌혈관질환(cerebrovascular accident, CVA)이나 뇌졸중이 나타나며 뇌졸중으로 근육 조절이 마비되면 사망할 수 있다.

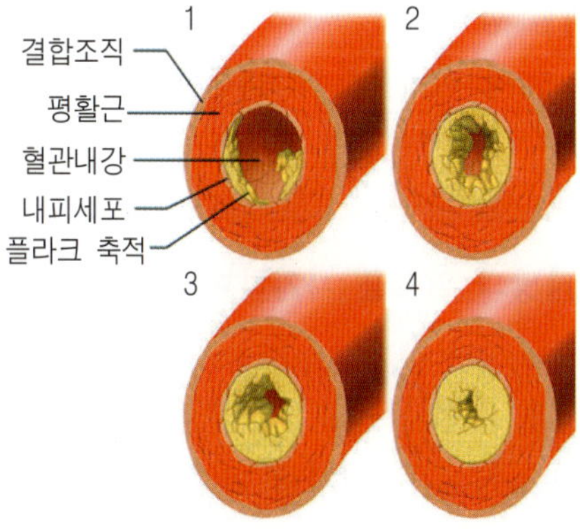

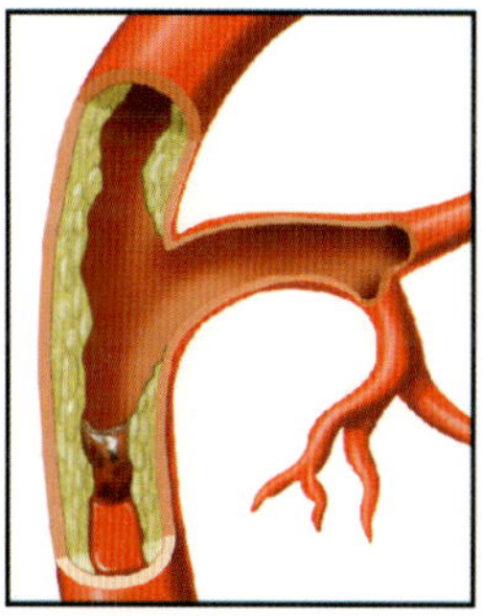

혈전

혈관의 좁아진 부분 내에 하나의 혈액 덩어리 형성

그림 11-19. 심혈관에서 플라크 및 혈전의 형성 과정

심장 질환의 95% 이상이 심장이나 뇌의 혈류를 막는 혈전에 의해 발생된다. 이러한 혈전은 동맥경화성 플라크가 형성된 관상동맥이나 경동맥 혈관에서 쉽게 유발된다. 본래 플라크는 손상된 혈관 벽을 복구하기 위해 침착되며, 특히 두 혈관으로 분지되는 지점에 생성되는데 이러한 손상복구 과정이 동맥경화의 시작 단계가 된다.

그 다음 단계인 플라크 진전 단계는 부분적으로 혈액 내 LDL 양에 따라 그 속도가 좌우되며 결체조직, 평활근, 콜레스테롤 층이 두꺼워지고 칼슘이 축적된다. 플라크가 확대됨에 따라 혈관은 단단해지고 좁아지면서 탄력성을 잃게 되어 혈압 변화에 유연하게 대응하지 못한다. 심근경색의 위험이 있는 사람에서 심근경색을 유발하는 인자로 탈수현상을 포함하여 갑작스런 정신적, 육체적 스트레스, 일상적이지 않는 육체노동, 혈전을 증가시키는 고지질 식사 등을 들 수 있다. 이러한 심혈관질환은 어린시기에 시작하여 장기간 동안 지속될 수 있다. 심혈관질환을 예방하기 위해서는 생활습관을 바꾸는 노력이 필요하다.

② 심혈관질환의 위험 요인

유전적인 지질대사의 결함이 없는 일반인들의 위험 요인은 다양하다.

- 혈액의 총 콜레스테롤의 농도가 200mg/dL 이상의 경우, 특히 총 콜레스테롤이 240mg/dL이고 동시에 LDL-콜레스테롤이 16mg/dL 이상인 경우
- HDL-콜레스테롤의 농도가 40mg/dL 이하인 경우, 특히 총 콜레스테과 HDL-콜레스테롤이 4 : 1 이상인 경우에 위험 함
- 남자의 경우 45세 이상, 여자의 경우 55세 이상, 특히 60세 이전에 발생하는 조기 심혈관질환의 가족력이 있는 경우
- 흡연

  흡연자의 경우 심혈관질환으로 인한 사망의 20%를 차지하며, 혈전 형성을 용이하게 함
- 고혈압

  수축기혈압이 140mmHg, 이완기혈압이 90mmHg 이상인 경우
- 당뇨병

  인슐린은 간의 콜레스테롤 합성을 증진시키며, 이로 인하여 혈액 LDL-콜레스테롤의 농도가 증가. 비록 LDL-콜레스테롤의 농도가 낮더라도 당뇨병은 심혈관계질환을 유발시키는 인자임

• 비 만

나이가 들면서 체중이 증가하면 LDL-콜레스테롤의 농도가 증가. 일반적으로 비만, 특히 복부비만은 인슐린 저항을 유도하여 당뇨병 위험을 높임

• 신체활동의 저하

운동은 혈관이 신체적 스트레스에 적응하도록 도움. 규칙적인 운동은 인슐린 작용을 개선하며, 인슐린 분비를 저하하여 지단백질 합성을 감소시킴. 규칙적인 에어로빅, 저항성 근육 운동 등이 건강에 유익함

표 11-11. 혈중 지질 농도 및 심혈관계 질환의 위험도

항 목	평 가			참 고
	정 상	경 계	위 험	
중성지방(mg/dL)	< 200	200~399	> 400	• 탄수화물 및 지방 과다 섭취, 당뇨병 비만시 ↑
총 콜리스테롤 (mg/dL)	< 200	200~230	> 240	• 고콜레스테롤혈중 : 동맥경화, 심혈관계 질환의 위험도↑ • 저콜레스테롤혈중 : 영양부족
LDL-콜리스테롤 (mg/dL)	< 130	130~140	> 160	• 간에서 다른 조직으로 지질 및 콜레스테롤을 운반하는 열할 담당 • 수치 높은 경우 혈관에 콜레스테롤이 축척되면 심혈관 질환의 위험↑
HDL-콜리세테롤 (mg/dL)	> 40	35~40	> 35	• 혈관에 있는 지질 및 콜레스테롤 성분을 간으로 이동시켜 다시 배설하는 역할 담당 • 수치가 높은 경우 심혈관 관계 질환 및 동맥 강화의 위험↓

③ LDL-콜레스테롤을 감소시키는 식생활

• 포화지방산과 콜레스테롤 섭취 감소

LDL-콜레스테롤을 상승시키는 가장 큰 요인 중 하나는 포화지방산이 함유된 지질을 과잉 섭취하는 경우이다. 포화지방산의 섭취를 줄일 때 상승된 LDL-콜레스테롤의 농도가 감소한다. 당뇨병이 있는 경우 포화지방산을 적게 섭취하는 사람은 대체적으로 콜레스테롤 섭취를 하루에 200 ~ 300mg으로 줄일 때 혈중

LDL-콜레스테롤의 농도가 더욱 낮아진다. 콜레스테롤 섭취를 최대한 줄이면 식후 킬로미크론 내 콜레스테롤 함량이 낮아진다. 킬로미크론 내 콜레스테롤 함량이 높으면 동맥 경화증의 원인이 될 수 있다.

표 11-12. 식품과 동맥경화증과의 관계

동맥경화증의 (+) 요인	동맥경화증의 (-) 요인
동물성 단백질, 육류 섭취량, 총 지방량, 콜레스테롤, 총 에너지 섭취량, 달걀, 설탕 등	전분, 식물성 단백질, 섬유질, 어류, 우유, 요쿠르트, 마늘, 양파 등

• **불포화지방산 섭취 증가**

불포화지방산의 섭취는 LDL-콜레스테롤의 농도를 낮춘다. 단일불포화지방산을 함유한 LDL은 쉽게 산화되지 않기 때문에 사실상 그 효과가 더 크다. 동맥 내 플라그 형성에는 LDL자체보다 산화 LDL이 더 큰 영향을 미친다. 특히 저지질, 고탄수화물 식사를 함으로써 혈중 중성지질이 상승하고, HDL-콜레스테롤이 낮아진다. 따라서 포화지방산을 불포화지방산으로 대체하면 혈중 중성지질과 HDL에서 유익한 효과를 얻을 수 있다.

• **식이 섬유질의 섭취 증가**

LDL-콜레스테롤을 낮추는 또 다른 방법은 수용성 섬유질의 섭취를 늘리는 것이다. 식이 섬유질은 담즙산과 결합하여 재흡수를 저해하므로 간은 담즙산을 다시 생산하기 위해 혈액에서 콜레스테롤을 끌어들임으로써 혈액 내 LDL이 제거된다.

④ 혈중 중성지질을 낮추는 방법

혈액의 지질 성분 중 식사에 의하여 가장 쉽게 전환되는 것이 중성지질이다. 과식, 음주, 지질, 탄수화물의 섭취를 절제하고 규칙적인 식사와 생선을 섭취하는 것이 유익하다. 금연, 체중 조절, 규칙적인 운동을 비롯하여 당뇨 증세를 조절하는 것도 도움이 된다.

⑤ 혈중 HDL-콜레스테롤을 높이는 방법

HDL-콜레스테롤을 높이기 위해 신체 활동량을 늘린다. 일주일에 4회, 최소한 45분간 운동을 하면 HDL-콜레스테롤이 5mg/dL 정도 상승한다. 특히 활동량이 적은 사무직에 근무하는 사람들의 심장 건강을 위해 신체 활동량을 증가시키는 것이 바람직하다. 과체중, 특히 복부 주변의 비만을 줄이고 금연하면 HDL-콜레스테롤 농도를 유지하거나 상승시키는 데 도움이 된다.

규칙적인 식사습관, 섭취 열량의 균등한 끼니 분배, 섭취한 열량과 소비 열량의 균형, 총지질 섭취량의 감소 등은 혈중 중성지질을 낮추고 HDL-콜레스테롤 농도를 높여준다. 하루 1~2잔의 알코올 섭취는 HDL-콜레스테롤을 높이고 혈전을 감소시켜 심장 발작 위험도를 낮춘다.

HDL-콜레스테롤을 높이기는 매우 어려운 반면에 LDL-콜레스테롤을 낮추기는 상대적으로 훨씬 쉽다. 사실상 LDL-콜레스테롤이 높고 HDL-콜레스테롤이 낮은 것은 문제가 되지만 LDL-콜레스테롤이 100mg/dL 정도로 감소되고, HDL-콜레스테롤이 낮을 때는 심혈관질환의 위험이 낮다.

7) 비만에 대한 대처 방안

(1) 비만관리를 위한 운동요법

운동을 통해 칼로리를 소모하게 되면 지방을 에너지원으로 활용하므로 몸에 쌓인 지방량을 감소시키게 되며, 근육을 강화시켜 줌으로써 신체의 구성성분 중 지방이 줄어들고 근육이 증가하게 된다.

운동은 유산소 운동으로 땀이 많이 나는 운동이 체중조절에 가장 좋고, 하체 운동을 주로 할 때 생리학적으로 칼로리 소모가 가장 많게 된다. 우리 인체의 근육의 3분의 2 정도가 하체에 분포돼 있기 때문에 하체 운동을 위주로 할 때 가장 열량 소모가 많아진다. 운동의 강도는 강하고 짧게 하는 것보다는, 강도는 낮더라도 시간을 길게 하는 것이 가장 좋으며 처음에는 한 번에 20분 정도에서 시작해 점차 시간을 늘려 정리 운동까지 포함해 40~60분 정도는 하는 것이 좋다.

운동의 횟수는 1주에 3.5회 이상 하는 것이 좋으며 최하 48시간이 경과되기 전에 다시 운동을 해야 그 전의 운동효과가 지속된다. 자전거 타기, 러닝머신에서 걷기, 뛰기, 계단 오르기, 실내 스키운동, 에어로빅댄스 체중 감량에 좋은 운동이며 체중을 어느 정도 감량시킨 후에 웨이트 트레이닝 운동이나 수영을 해서 필요한 근육을 강화시켜 주는 것이 올바른 운동 방법이다.

흔히 대부분의 사람들은 운동의 필요성은 잘 알고 있지만 운동을 위해서는 반드시 체육관, 수영장, 헬스장 등에 가야만 하는 것으로 알고 운동을 미리 포기하는 경향이 많다. 그러나 100kcal의 소비운동량을 살펴보면 보통걸음(35분), 빠른 걸음(25분), 에어로빅 운동(20분), 계단 오르기(15분), 줄넘기(12분), 실외 자전거 타기(30분) 등을 들 수 있으며 우리 일상생활 중에서도 가능한 운동이 많다는 것을 알 수 있다.

하지만 비만인 사람들은 운동을 하기 싫어한다. 따라서 흥미를 유발하면서 개개인의 조건에 맞는 운동이 필요하다.

유산소운동
신체는 충분한 양의 산소를 공급받을 수 있으므로 체지방을 주요 연료로 사용함
(예 : 걷기, 수영, 저전거 타기, 조깅, 에어로빅)

무산소운동
당질만이 에너지급원으로 이용됨. 체지방이 연소될 수 없으므로 근육증강에는 도움이 되나 체중조절의 효과는 없음
(예 : 고강도 근력운동, 단거리 질주)

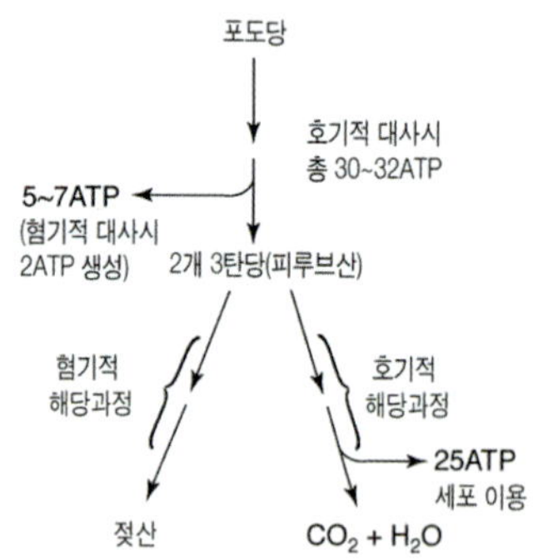

그림 11-20. 유산소 운동과 무산소 운동

표 11-13. 체중 조절을 위한 운동 조건

종 류	• 걷기, 수영, 자전거 타기 등 유산소 운동 • 관절에 충격에 적으면서 심혈관 지구력을 향상시키는 운동을 권장 • 비만인 사람은 체력이 저하되어 있고 민첩하지 못하므로 걷기부터 시작
빈 도	• 일주일에 5번 이상, 주당 3회 미만으로 하는 운동은 거의 효과가 없다. • 주말에 등산, 테니스, 골프 등 일주일치 운동을 몰아서 하고 월요일에 후유증으로 힘들어 하는 것은 건강에 이롭지 않다. • 원하는 체중으로 줄었다고 운동을 갑자기 중단하면 금방 체중이 늘어날 수 있으므로 운동을 생활화해야 한다.
감 도	• 속옷이 약간 젖고 옆 사람과 대화가 가능할 정도의 강도
지속시간	• 한번에 30~40분 정도 • 운동 관련 상해를 방지하기 위해 특히 비만인은 반드시 준비운동과 마무리 운동을 5~10분 정도식 하고 본 운동은 20~30분 정도

(2) 비만관리를 위한 식이요법

체중유지 열량보다 섭취열량을 적게 함으로써 체중의 감소를 유도하는 방법이다. 7000kcal의 열량을 소모했을 때 체지방 1kg이 감소하므로 하루 500칼로리를 매일 줄일 경우 2주에 1kg의 체지방량을 감량할 수 있다. "8주에 10kg 감량 성공" 등 단기간에 많은 체중 감량이 가능한 것처럼 과대 선전하는 곳도 많지만 단순한 체중 감소는 체지방 감량과는 다르다. 단식이나 초저열량 식이, 이뇨제 복용 등으로 인한 체중감소는 탈수에 의한 체내의 수분감소이며 체지방감량이 아니다. 탈수에 의한 체중감량의 경우는 다시 음식이나 수분을 섭취할 경우 원래 체중으로 돌아가게 된다. 실제 감량되어야 하는 것은 체지방이며, 체지방 감량은 결코 단시간에 이루어 질 수 없다. 또한 한 가지 음식물만을 섭취하는 식이요법이나 하루 800kcal 미만의 초저열량식은 에너지원으로 근육의 분해가 일어나 체지방감량이 아닌 근육의 소모가 오게 된다. 체내 근육량이 감소할 경우 기초대사량이 감소해 같은 체중을 유지하기 위해서는 점점 적은 칼로리를 섭취해야 하는 요요현상을 초래한다. 한꺼번에 많이 먹는 것 보다 조금씩 자주 먹는 것이 에너지를 효과적으로 소비할 수 있다.

(3) 비만관리를 위한 정신 요법

일반적으로 급성 스트레스가 있으면 식욕이 떨어지게 되고 만성 스트레스가 있으면 식욕이 증가하게 된다. 직장상사와 갈등이 있는 직장인, 시집식구들과 갈등이 있는 며 느리, 학업에 갈등이 있고 이로 인해 스트레스를 받는 학생들은 자기도 모르게 자꾸 먹게 되어서 비만해지기가 쉽다. 또한 "살을 빼야한다, 다이어트를 해야 한다"는 생각 자체가 스트레스로 작용해 오히려 더 먹게 되는 경우도 있다. 사람은 불안, 초조한 경우에도 자꾸 먹게 되는 경향이 생긴다. 대개 불안, 초조감이 생기게 되면 남성들은 자꾸 술을 마심으로써 풀려고 하고, 여성은 자꾸 먹는 것으로 이러한 문제들을 해소하려고 하는 경향이 많다. 또한 우울증이 있는 사람도 자꾸 먹게 된다. 정신분석학적으로 우울증이란 "의미 있는 대상의 상실"로 인해 생겨나게 되기 때문에 이 상실감을 먹는 것으로 보충하려는 기질이 생겨나 자꾸 먹게 되고 그로 인해 비만해지는 것이다. 그래서 비만해지면 우울증이 더 심해지고 그러면 더 먹게 되고 더 뚱뚱해지는 악순환이 생기게 된다. 따라서 비만관리는 비만과 관련된 심리적인 문제들을 해결해 나가면서 올바른 식이요법, 운동요법, 전문 비만관리 등을 병행해야 한다.

(4) 비만관리를 위한 기타 요법

최근에는 운동요법, 식이요법, 정신적인 요법에 마사지 기법 등 미용의 다양한 관리기법과 접목하여 비만관리가 행해지고 있다. 아로마 요법(aroma therapy)은 식물의 꽃, 잎, 줄기 그리고 뿌리에서 추출한 에센셜 오일의 여러 가지 효과를 이용하여 피부미용과 비만관리 등에 활용되고 있다. 또한 컬러에 대한 여러 가지 심리적인 효과를 이용한 컬러 테라피(color therapy), 물을 이용한 신체의 심리적, 물리적 효과를 유발시킨 다양한 스파 요법 이외에 스톤 테라피(stone therapy), 아유르베다(ayurveda) 등 다양한 프로그램이 복합적으로 활용되고 있다.

참고문헌

2001년도 국민건강 · 영양조사 심층 연계 분석, 한국보건산업진흥원, 2001.
강봉균 외, 동물생리학, 라이프사이언스, 2007.
강해묵, 발생생물학, 라이프사이언스 제7판.
고일섭, 세포생리학, 신광출판사, 1997.
고정식 외, 사람발생학, 고문사, 2004.
김송전 외 3인, 영양화학, 청구문화사, 2005.
김을상 외, 최신생화학, 신광문화사, 2003.
김종열 외, 진단세포학, 신광출판사, 2006.
김한식, 범희주, 미용과학 I, 청구문화사, 2007.
박인국, 생화학, 라이프사이언스, 2002.
박인국, 생화학길라잡이, 라이프사이언스, 2004.
방병호 외, 기본생화학, 진로연구사, 2004.
용준환 외 2인, 인체해부생리학, 도서출판 정담, 1998.
이양자 외, 고급영양학, 신광출판사, 2006.
장재권, 정하열, 현대생화학, 동화기술, 2004.
전용혁, 서영석, 인체해부학, 청구문화사, 2004.
정영태, 정경아, 인체해부생리학, 청구문화사, 2004.
한국인 권장섭취량(제7차 개정), 한국영양학회, 2000.
한국인 영양섭취기준, 한국영양학회, 2005

ADA Report : Position of the American Dietetic Association : Weight management. Journal of the American Dietetic Association 102 : 1145, 2002.
ADA Report : Position of the American Dietetic Association : Food fortification and dietary supplements. Journal of th American Dietetic Association 101 : 115, 2001.
ADA Reports : Position of the American Dietetic Association : The impact of fluoride on health. Journal of America Dietetic Association 101 : 126, 2001.
Albert L. Lehninper, David L. Nelson, and Michall M. Cox(1993) Principales of Biochemistry, 2nd edn, Worth publishers, Inc., New York.
American College of Sports Medicine : ACSM's guidelines for exercise testing and pres- cription. 6th ed. Philadelphia : Lippincott, Williams & Wilkins, 2000.
American College of Sports Medicine and others : Nutrition and Athletic Performance, Medicine & Science in Sprots & Exercise 32 : 2130, 2000.
Andrew NC : Disorders of iron metabolism. The New England Journal of Medicine 341 : 1986, 1999.
Ballew C and other: Serum retinal distributions in residents of the United States : Third National Health and Nutrition Examination Survey, 1988~1994. American Journal of Clinical Nutrition 73 : 594, 20012.
Bell EA, Rolls BJ : Regulation of energy intake: Factors contributing to obesity. In Bowman BA, Russell RM(eds.) : Present knowledge in nutrition. Washington DC : ILSI Press, 2001.
Bingham SA and other : Effect of white versus red on endogenous Nnitrosation in the human colon and further evidence of a does response. Journal of Nutrition 132 : 3522S, 2002.
Bren L : Losing weight : More than counting calories. FDA Consumer, p.16, January- february 2002.
Brownlie and others : Marginal iron deficiency without anemia impairs aerobic adaptation among previously untrainted women. American Journal of Nutrition 85 : 517, 2001.
Cantor, C.R. & Schimmel, P.R.(1980) Biophysical Chemistry, Part I : The Conformation of Biological Macromolecules, W.H. Freeman and Company, San Francisco.

Chen H and others : Dietary patterns and adenocarcinoma of the esophagus and distal stomach. American Journal of Clinical Nutrition 75 : 137, 2002.

Dawson-Hughes B : Osteoporosis. In Bowman BA, Russell RM(eds.) : Present Council : Recommended Dietary Allowances, National Academy Press, 1989.

Deitel M, Shikora SA : The development of the surgical treatment of morbid obesity. Journal of the American College of Nutrition 21(5) : 365, 2002.

Dharmarajan TS, Norkus E P : Approaches to vitamin B12 deficiency : Early treatment may prevent devastating complications, Postgraduate Medicine 110(1) : 00, 2001.

Douglas RM and others : Vitamin C for preventing and treating the common cold. Cochrane Database Systems Reviews 2 : CD000980, 2000.

Dunn JT : Endemic goiter and cretinism : An update on iodine status. Journal of Pediatric Endorcrinology and Metabolism, 14S : 1469, 2001.

Earnest CP : Dietary androgen supplements: Separating substance from hype. The physician and Sportsmedicine 29(5) : 63, 2001.

Eisenstein J and others : High-protein weightloss diets : Are they safe and do they work? A review of the experimental and epidemiologic data. Nutrition Reviews 60(7) : 189, 2002.

Failla ML and others : In Bowman BA, Russell PM(eds.) : Present know ledge in nutrition. 8th ed. Washington DC : International Life Sciences Institute, 2001.

Fersht, A.(1985) Enzyme Structure and Mechanism, W.H. Freeman Company, New York. A clearly written, concise introduction. More advanced.

Feskanich D and others : Vitamin A intake and hip fractures among postmenopausal women. Journal of the American Medical Association 287 : 47, 2002.

Flegal K and other : Prevalence and trends in obesity among adults, 1999~2000. Journal of the American Medical Association 288 : 1723, 2002.

Food and Nutrition Board : Dietary reference intakes for energy, carbohydrate, fiber, fat, fatty acids, cholesterol, protein, and amino acids. The National Academy Press(Washington DC), 2002.

Food and Nutrition Board, Institute of Medicine : Dietary Reference Intakes for calcium, phosphorus, magnesium, vitamin D, and fluoride. Washington, DC : National Academy Press, 1997.

Food and Nutrition Board, Institute of Medicine : Dietary Reference Intakes for vitamin C, vitamin E, selenium, and carotinoids. Washington, DC : national Academy of Sciences, 2000.

Friedenreich CM, Orenstein MR : Physical activity and cancer prevention : etiologic evidence and biological mechanisms. Journal of Nutrition 132 : 3456S, 2002.

Frobe C, Simion FA, Ohlmeyer et al. Prevention of stratum corneum lipid phase transition invitro by glycerol : An alternative mechanism for skin moisturization. J Soc Cosmetic Chem 1990 ; 41 : 51~65.

Giovannucci E : Epidemiologic studies of folate and colorectal neoplasia : A review. Journal of Nutrition 132 : 2350S, 2002.

Go VLW and others : Diet, nutrition and cancer prevention: Where do we go from here? Journal of Nutrition 131 : 3121S, 2001.

Granner DK : Protein synthesis and the genetic code. In Murray RK and others(eds.) : Harper's biochemistry. 25th ed. Stamford, CT : Appleton&Lange, 2000.

Green NS : Folic acid supplementation and prevention of birth defects. Journal of Nutrition 132 : 2356S, 2002.

Hannun YA. Bell RM. Lysosphingolipids inhibits protein kinase C : Implications for the sphingolipids. Science 1989 : 243 : 500~507.

Hannun YA. The sphingomyelin cycle and the sceond messenger function of ceramide. J Bio Chem 1994 : 269 : 3125~3128.

Harnack L and others : An evaluation of the Dietary Guidelines for American in relation to cancer occurrence. American Journal of Clinical Nutrition 76 : 889, 2002.

Heany R P and others : Human serum 25-hydroxycholecalciferol response to extended oral dosing with cholecalciferol. American Journal of Clinical Nutrition 11 : 204, 2003.

Heart Protection Study Collaborative Group : MRC/BHF Heart protection study of antioxidant vitamin supplementation in 20,536 high-risk individuals : A randomized placebo-controlled trial. The LANCET 360 : 23, 2002.

Holer L and other : Systematic review of long term effects of advice to reduce dietary salt in adults. British Medical Journal 325(Spet 21) : 1, 2002.

Jain, M.K.(1988) Introduction to Biological Membranes, 2nd edn, John Whley&Sons, Inc., New York.

Johnston T K : Nutritional implications of vegetarian diets. In Shils ME and others(end.) : Modern nutrition in health and disease. 9th ed. Baltimore : Williams&Wikins, 1999.

Kaplan NM : The dietary guideline for sodium : Should we shake it up? NO. American Journal of Clinical Nutrition 71 : 1020, 2000

Kennedy ET and others: Popular diets : Correlation of health, nutrition, and obesity. Journal of the American Dietetic Association 101 : 411, 2001.

Kesaniemi YA and others : Dose-response issues concerning physical activity and health : An evidence-based symposium. Medicine&Science in Sports&Exercise 33(Suppl) : S351, 2001.

Kleiner SM : Water : An essential but overlooked nutrient. Journal of the American Dietetic Association 99 : 200, 1999.

Lemon PWR : Beyond the Zone : Protein needs for active individuals, Journal of the American College of Nutrition 19 : 513S, 2000.

Ling N : Performance foods for active individuals : Sprots drinks, energy bars and energy gels. Today's Dietitian, p.26 March 2000.

Lodish, H.F.(1988) Anion-exchange and glucose transport proteins : structure, function and distribution. Harvey Lect. 82, 19~46.

Loria CM and other : Choose and prepare foods sith less salt : Dietary advice for all Americans. Journal of Nutrition 131 : 536S, 2001.

Lyznicki JM and others : Obesity : Assessment and management in primary care. American Family Physician 63 : 2185, 2001.

Manore MM : Effect of physical activity on thiamine, riboflavin, and vitamin B-6 requirements. American Journal of Clinical Nutrition 72(Suppl) : 598S, 2000.

Mason JB : Folate in the prevention C as an antioxidant : Evaluation of its role in disease prevention. Journal of the American College of Nutrition 22 : 18, 2003.

Mayes PA : Digestion and absorption. In Murray RK and others(eds.) : Harper's biochemistry. 25th ed. Stamford, CT: Appleton&Lange, 2000.

McCarron DA : The dietary guideline for sodium : Should we shake it up? Yes. American Journal of Clinical Nutrition 71 : 1013, 2000.

McNurlan MA, Garlick PJ : Protein synthesis and degradation. In Stipanuk MH(ed.) : Biochemical and physiological aspects of human nutrition. Philadelphia: W.B. Saunders, 2000.

Metges CC, Barth CA : Metabolic consequences of a high dietary-protein intake in adulthood : Assessment of the available evidence. Journal of Nutrition 130 : 886, 2000.

Nesby-O'Dell S and others: Hypovitaminosis D prevalence and determinants among African American and White women of reproductive age. American Journal of Clinical Nutrition 76 : 187, 2002

Nielsen F : Ultratace minerals, In shils Me and others(eds.) : Modern nutrition in health and disease. 9th ed. Baltimore: Williams&Wilkins, 1999.

NIH Consensus Development panel on Osteoporosis prevention, Diagnosis, and Treatment. Journal of the American Medical Association 285 : 785, 2001.

Norat T, Riboli E : Meat consumption and colorectal cancer: A review of epidemiologic evidence. Nutrition Reviews59(2): 37, 2001.

Norman A : Vitamin D. Vitamin D. In Bowman BA, RM Russel(eds.) : Present knowledge in nutrition. Washington, DC : ILSI Press, 2001.

Padayatty SJ and others : Vitamin C as an antioxidant: Evaluation of its role in disease prevention. Journal of the American College of Nutrition 22 : 18, 2003.

Peter JC and others : Control of energy balance. In Stipanuk MH : Physiological aspects of human nutrition. Philadelphia, PA: W. B. Saunders, 2000.

Poston WS, Foreyt JP : Successful of dietary composition on energy intake and body weight. Journal of the American College of Nutrition 21(2) : 140S, 2002.

Preis, J.(ed)(1980) Carbohydrates : Structure and Function. Vol. 3 of The Biochemistry of Plants : A Comprehensive Treatise(Stumpf, P.K.&Conn, E.E., eds), Academic Press, Inc., New York.

Preuss H : Sodium, chloride, and potassium. In Bowman BA, Russell RM(eds.) : Press knowledge in nutrition. Washington, DC : ILSI Press, 2001.

Rothman, J.E.(1989) Polypeptide chain binding proteins : catalysts of protein folding and related processes in cells. Cell 59, 591~601.

Savage PD : Molecular basis of human neoplasm, In Shils ME and others(eds.) : Modern nutrition in health and disease. 9th ed. Baltimore, MD : Williams&Wilkins, 1999.

Schmidt WD and others : Effects of long versus short bouts of exercise on fitness and weight loss in overweight females. Journal of the American College of Nutrition 20 : 494, 2001.

Solomons N : Vitamin A and carotinoids. In Bowman BA, RM Russel(eds.) : Present knowledge in nutrition. Washington, DC : ILSL Pres, 2001.

Sunde RA : Selenium. In Bowman BA, Russell RM(eds.) : Present knowledge in nutrition. 8th ed. Washington, DC : International Life Sciences Institute, 2001.

Talalay P, Fahey JW : Phytochemicals from cruciferous plants protect against cancer by modulating carcinogen metabolism. Journal of Nutrition 131 : 3027S, 2001.

Torun B, Chew F : Protein-energy malnutrition. In Shils ME and other(eds.) : Modern nutrition in health and disease. 9th ed. Baltimore : Williams & Wilkins, 1999.

Valero MP and others : Vitamin C is associated with reduced risk of cataract in a Mediter- ranean population. Journal of Nutrition 132 : 1299, 2002.

Vastag B : Hormone replacement therapy falls out of favor with expert committee. Journal of the American Medical Association 287 : 1923, 2002.

Warshel, A., Naray-Szabo, G., Sussman, F.,&Hwang, J.-K.(1989) How do serine proteases really work? Biochemisty 28, 3629~3637.

Weinsier RL and others : Free-living activity energy expenditure in women successful and unsuccessful at maintaining a normal body weight. American Journal of Clinical Nutrition 75 : 499, 2002.

Whelton PK and others : Primary prevention of hypertension. Journal of the American Medical Association 288 : 1882, 2002.

Willet WC, Stampfer MJ : What vitamin should I be taking, doctor? The New England Journal of Medicine 345 : 1819, 2001..

Wyatt HR, Hill JO : Let's get serious about promoting physical activity. American Journal of Clinical Nutrition 75 : 449, 2002.

Yip R : Iron. In Bowman BA, Rusell RM(eds.) : Present knowledge in nutrition 8th ed. Washington, DC : International Life Sciences Institute, 2001.

Young VR : Protein and amino acids. In Bowan BA, RM Russell(eds.) : Present knowledge in nutrition. Washington, DC : ILSI Press, 2001.

Yusuf S : Vitamin E supplementation and cardiovascular events in high-risk patients. The New England Journal of Medicine 342 : 254, 2000.

Zoe Diana Draelos and Lauren A. Thaman(2006) Cosmetic Formulation of Skin Care Products, Taylor&Francis Group, New York.

찾아보기

INDEX

[a]

[b]

[c]

[d]

[e]

[f]

[g]

저자약력

김한식(광주여자대학교) 김기영(원광대학교)
김　훈(건양대학교) 박철호(남부대학교)
범희주(순천청암대학) 이성홍(김천대학교)
이은숙(대구한의대학교) 이화정(동신대학교)
정광조(대전대학교) 홍성완(우석대학교)

미용생화학

2009년 9월 10일 초판인쇄
2009년 9월 20일 초판발행

지은이 : 김한식 · 김기영 · 김　훈 · 박철호 · 박희주
이성홍 · 이은숙 · 이화정 · 정광조 · 홍성완
펴낸이 : 이상태
디자인 : 박휘연
펴낸곳 : 청구문화사
주　소 : 120-831 서울특별시 서대문구 연희 1동 436-1
전　화 : 02) 332-0541(代)　FAX : 02) 337-9577
등　록 : 1990년 11월 2일 제9-247호

정가 35,000원

ISBN 978-89-5616-343-7 93590